中国住宅与公共建筑
通风进展 2022

重庆海润节能研究院　组织编写
付祥钊　丁艳蕊　主编

中国建筑工业出版社

图书在版编目（CIP）数据

中国住宅与公共建筑通风进展.2022/付祥钊，丁艳蕊主编；重庆海润节能研究院组织编写. —北京：中国建筑工业出版社，2023.10
ISBN 978-7-112-29154-0

Ⅰ.①中… Ⅱ.①付…②丁…③重… Ⅲ.①住宅—通风工程—进展—中国—2022②公共建筑—通风工程—进展—中国—2022 Ⅳ.①TU834

中国国家版本馆CIP数据核字（2023）第173663号

责任编辑：张文胜
责任校对：芦欣甜
校对整理：张惠雯

中国住宅与公共建筑通风进展2022
重庆海润节能研究院　组织编写
付祥钊　丁艳蕊　主　编

*

中国建筑工业出版社出版、发行（北京海淀三里河路9号）
各地新华书店、建筑书店经销
北京点击世代文化传媒有限公司制版
北京市密东印刷有限公司印刷

*

开本：787毫米×1092毫米　1/16　印张：20¼　字数：504千字
2023年10月第一版　2023年10月第一次印刷
定价：**70.00**元
ISBN 978-7-112-29154-0
（41721）

版权所有　翻印必究
如有内容及印装质量问题，请联系本社读者服务中心退换
电话：（010）58337283　　QQ：2885381756
（地址：北京海淀三里河路9号中国建筑工业出版社604室　邮政编码：100037）

编写委员会

主　编：
付祥钊　重庆海润节能研究院名誉院长
　　　　住宅与公共建筑通风研究组召集人
丁艳蕊　重庆海润节能研究院副院长
　　　　住宅与公共建筑通风研究组联络员

编　委：
郭金成　谭　平　童学江　付祥钊　丁艳蕊

编写组成员：
付祥钊　丁艳蕊　陈　敏　刘丽莹　邓晓梅
檀姊静　孙婵娟

特约撰稿人（按姓氏笔画顺序）：
丁艳蕊　马晓钧　邓晓梅　付　彧　付祥钊
边金龙　刘丽莹　孙婵娟　张华廷　陈　杰
陈　敏　周铁军　官　敏　居发礼　胡星梦
侯余波　徐　皓　郭金成　黄　中　龚家富
廖春晖　檀姊静

特邀评阅人：
李安桂　潘云钢　廖曙江　侯余波　郭金成
童学江　谭　平

前 言

住宅与公共建筑通风关系到所有人的生命安全、身体健康和热舒适，同时也是各年龄段社会成员都参与的社会行动。以往发生的呼吸道传染病疫情表明，通风需要全体社会成员协调才能产生良好的效果。

《中国住宅与公共建筑通风进展》（以下简称《通风进展》）系列出版物的重点不是介绍高深的通风科技前沿，而是秉持直接服务社会的宗旨，面向科技人员、工程人员、建筑管理者、公共卫生与健康行业、通风行业及社会大众，全面系统地介绍我国民用建筑通风实践的整体进展，帮助社会各界更好地认识和参与通风行动。

《通风进展2018》介绍了在空调普及的过程中，通风被工程界忽视的问题、雾霾引起社会对新风的关注、新风技术与产业蓬勃兴起等趋势；指出了通风功能的重点由舒适向健康的转移；强调了建筑环境营造中应通风优先的技术路径。

《通风进展2020》介绍了国家和社会对通风工程的空前重视，通风实现了功能重点向空气安全与健康的转移；工程界引领社会实施通风优先技术路径；支撑全国抗疫的具体行动。

《通风进展2022》在新的社会大背景下，从空气安全与健康角度分析介绍了室内空气品质，更系统、更具体地介绍了建筑厨房、卫生间通风和建筑防排烟方面的进展；经历疫情后，工程界在防疫通风上的标准研编行动；通风产业的发展等。

尽管《通风进展》没有重点介绍高深的通风前沿技术，但一直坚持对有关通风的硕博论文、自然科学基金项目、通风学术技术年会作了综述性的介绍。对于需进入通风领域研究的专业人员确定自己的研究方向等，具有一定的启发性。通风实践中那些需要解决的问题，可以提炼为相关研究课题。

对于高校建筑环境与能源应用专业的师生，《通风进展》也是一本有特殊价值的参考书。

全社会的通风实践是编写《通风进展》的源泉，在此谨向所有通风实践的参与者致谢！

付祥钊　丁艳蕊
2023年3月于重庆科学城

目 录

导 引 ··· 1

2018—2022年影响民用建筑通风的社会大背景 ·· 2
    1　新时代的居住品质——健康 ·· 2
    2　国家双碳战略目标要求——建筑电气化 ·· 2
    3　中国大气环境治理已见成效——大气品质趋向良好 ·· 2
    4　建筑火灾频发 ··· 3

第一篇　通风工程学 ··· 5

室内空气品质需求进展 ··· 6
    1　对室内空气品质的认识 ··· 6
    2　室内空气的标志性参数 ··· 7
        2.1　物理性参数 ··· 7
        2.2　化学性参数 ··· 8
        2.3　生物性参数 ··· 9
        2.4　放射性参数 ·· 10
        2.5　颗粒物参数 ·· 11
        2.6　气味等级 ··· 11
    3　室内空气标准 ··· 13
        3.1　国内室内空气质量标准 ··· 13
        3.2　国外室内空气质量标准 ··· 16
        3.3　国家标准的发展前景 ·· 18
    4　室内空气标志性参数检测技术 ·· 19
        4.1　物理性参数检测技术 ·· 19
        4.2　化学性参数检测技术 ·· 19
        4.3　生物性参数检测技术 ·· 22
        4.4　放射性参数检测技术 ·· 22
        4.5　可吸入颗粒物检测技术 ··· 23
        4.6　气味检测技术 ·· 24
    本章参考文献 ··· 24

厨房通风进展 ·· 27
    1　厨房通风实践进展 ··· 27
        1.1　人类厨房的出现 ··· 27

  1.2 农耕厨房的通风实践 ·· 28
  1.3 城市住宅厨房的通风实践 ·· 29
  1.4 公共建筑厨房的通风实践 ·· 30
 2 厨房通风工程进展 ··· 35
  2.1 厨房通风工程标准 ··· 35
  2.2 厨房通风系统的设备与材料 ··· 38
  2.3 厨房通风系统的设计与建造 ··· 41
  2.4 厨房通风系统的运行与维护 ··· 44
 3 厨房通风发展方向与关键问题 ··· 45
  3.1 影响厨房通风的两个新因素 ··· 45
  3.2 建筑餐厨空间的通风需求与关键问题 ··· 46
 本章参考文献 ··· 46

卫生间通风进展 ··· 49
 1 卫生间通风实践 ··· 49
  1.1 卫生间溯源与变化 ··· 49
  1.2 农村厕所通风 ··· 50
  1.3 城镇独立公共厕所通风实践 ··· 50
  1.4 住宅卫生间通风实践 ··· 51
  1.5 公共建筑内卫生间通风实践 ··· 52
 2 卫生间通风工程进展 ··· 53
  2.1 卫生间通风的社会需求进展 ··· 53
  2.2 卫生间通风标准 ··· 58
  2.3 卫生间通风系统的设计与建造 ··· 59
  2.4 卫生间通风系统的运行与维护 ··· 61
 3 卫生间通风发展趋势 ··· 61
 本章参考文献 ··· 62

防排烟技术与应用 ··· 63
 1 我国民用建筑防排烟技术的发展史 ··· 63
  1.1 防排烟的含义、目的 ··· 63
  1.2 起步期 ··· 63
  1.3 转变期 ··· 64
  1.4 深入认识期 ··· 65
  1.5 相关的工程标准 ··· 65
 2 标准的进展 ··· 66
 3 关于《建筑防烟排烟系统技术标准》GB 51251—2017 的讨论 ······················· 69
  3.1 标准内容的进步 ··· 69
  3.2 关于标准的争议与各地的实施措施 ··· 73
  3.3 标准存在不足的根本原因 ··· 80
 4 关于防排烟的人才培养与研究及研究成果的应用 ··· 80

    4.1 高校相关专业的人才培养方案 ······ 80
    4.2 主要研究机构与主要成果 ······ 83
    4.3 代表人物——刘朝贤的主要研究成果综述 ······ 88
  5 未来期望 ······ 90
    5.1 多领域协同促进消防领域的发展 ······ 90
    5.2 依托建环专业，加大防排烟领域的人才培养力度 ······ 90
    5.3 实现建筑防排烟设计的系统化、性能化 ······ 90
    5.4 因地制宜、对症下药，实现防排烟标准的地方化、类别精细化 ······ 90
    5.5 实现建筑防排烟设备、材料、系统的工业化生产 ······ 90
  本章参考文献 ······ 91

大型深层地下建筑自然通风可行性分析 ······ 92
  1 城市地下空间开发利用 ······ 92
    1.1 城市地下空间的开发进程 ······ 92
    1.2 地下空间的开发态势 ······ 94
  2 城市地下空间空气安全与健康 ······ 95
    2.1 中小型浅层地下空间空气污染状况 ······ 95
    2.2 大型浅层地下空间空气污染状况 ······ 96
    2.3 大型深层地下建筑空气安全与健康的风险分析与防范 ······ 97
  3 地下建筑自然通风的条件 ······ 97
    3.1 关于地下空间自然通风的普遍观点 ······ 97
    3.2 关于地下建筑热压通风的定性实验 ······ 98
    3.3 大型深层地下建筑自然通风功能的形成 ······ 100
  4 城市大型深层地下建筑自然通风规划 ······ 101
    4.1 规划基本原则 ······ 101
    4.2 主要规划内容与方法 ······ 101
  5 大型深层地下建筑自然通风运行 ······ 105
    5.1 大型深层地下建筑空气安全与健康管理与监测报警 ······ 105
    5.2 大型深层地下建筑自然通风运行调节 ······ 106
    5.3 运行优化策略与智慧运行 ······ 107
  6 大型深层地下建筑自然通风风险与防范 ······ 107
  本章参考文献 ······ 108

地下空间热压通风原理分析 ······ 109
  1 地下空间开发利用趋势 ······ 109
  2 关于地下空间自然通风的误判 ······ 110
  3 热压通风"中和面"理论的适用域与误用 ······ 110
  4 关于地下建筑热压通风的定性实验 ······ 111
  5 大型深层地下建筑热压通风的数学模型 ······ 112
  6 结论 ······ 113

第二篇　通风科技研究 ... 115

2021年第二十二届全国通风技术年会综述 ... 116
1　背景 ... 116
1.1　全国通风技术年会的历史沿革 ... 116
1.2　全国通风技术专业委员会简介 ... 116
1.3　近五届全国通风技术年会追述 ... 117
2　2021年全国通风技术年会概述 ... 118
2.1　会议申办 ... 118
2.2　会议过程 ... 118
2.3　论文与报告 ... 119
3　2021年全国通风技术年会评述 ... 119
3.1　主题与特色 ... 119
3.2　首次采用线上形式 ... 120
4　全国通风技术专业委员会会议与2023年承办竞选 ... 120
4.1　委员会会议 ... 120
4.2　2023年承办竞选 ... 121

硕博论文关于通风研究的综述 ... 122
1　城市风环境 ... 122
2　自然通风 ... 124
2.1　空气自然流动与传热 ... 124
2.2　自然通风与污染控制 ... 125
2.3　自然通风节能潜力 ... 125
2.4　自然通风部件和系统 ... 126
3　机械通风 ... 130
3.1　气流组织与热舒适 ... 130
3.2　通风与污染控制 ... 133
3.3　机械通风部件、设备及系统 ... 137
4　太阳能通风与蓄热通风 ... 140
4.1　太阳能烟囱通风 ... 140
4.2　蓄热通风墙 ... 141
4.3　太阳能通风 ... 141
4.4　通风与相变材料结合 ... 142
本章参考文献 ... 144

国家自然科学基金通风研究课题与成果介绍 ... 147
1　概述 ... 147
2　2017—2021年结题项目研究热点分析 ... 148
3　自然通风与室内空气品质 ... 149
3.1　概况 ... 149

  3.2 热压通风 ········· 150
  3.3 特定类型建筑通风 ········· 151
  3.4 通风与环境调节系统 ········· 153
  3.5 污染物输运与疾病传播 ········· 154
 4 城市热湿环境与颗粒物输运 ········· 157
  4.1 概况 ········· 157
  4.2 城市热湿环境 ········· 157
  4.3 空气质量与颗粒物输运 ········· 159
 5 人工环境控制技术、系统与策略 ········· 161
  5.1 室内空气品质控制 ········· 161
  5.2 室内热湿环境控制 ········· 162
  5.3 生产、施工等特殊过程空气质量控制 ········· 162
 附录：自然科学基金结题项目目录 ········· 163

第三篇 通风设计实践 ········· 167

通风设计进展案例1——重庆某五星级酒店厨房通风设计 ········· 168
 1 项目基本情况 ········· 168
 2 厨房通风设计 ········· 169
  2.1 关键设计参数 ········· 169
  2.2 通风方案 ········· 170
  2.3 风量计算 ········· 171
  2.4 设备选用 ········· 172
  2.5 自动控制 ········· 173
  2.6 其他相关技术细节 ········· 173
 3 分析与评论 ········· 173
  3.1 室内设计参数 ········· 174
  3.2 补风量的确定方式 ········· 174
  3.3 油烟罩局部排风计算方法 ········· 174
  3.4 监测与控制 ········· 176

通风设计案例分析2——某大型机场航站楼防排烟系统设计 ········· 177
 1 项目基本情况 ········· 177
 2 防排烟设计 ········· 178
  2.1 防烟设计 ········· 178
  2.2 排烟设计 ········· 179
 3 分析与评论 ········· 181

通风设计进展案例3——某社区通风设计 ········· 182
 1 社区空间层次的通风设计 ········· 182
 2 建筑空间层次的通风设计 ········· 183
 3 在房间空间层次的通风设计 ········· 184

  4 分析与评论 ……………………………………………………………………… 185
  本章参考文献 ……………………………………………………………………… 185

通风设计进展案例 4——某重离子治疗中心暖通空调设计中的通风系统设计 …… 186
  1 设计逻辑上将通风设计由空调附带提升到与空调并重的位置 ………………… 186
  2 深入分析了该项目暖通空调中通风的特定功能需求 …………………………… 186
  3 区别各建筑空间不同的通风功能设计通风方案 ………………………………… 187
  4 按治疗工艺流程设计通风运行方案 ……………………………………………… 187
  5 空调系统、通风系统及防排烟系统相互配合设计 ……………………………… 188
  本章参考文献 ……………………………………………………………………… 188

通风设计进展案例 5——地铁站送风系统新风过量的案例分析 ………………………… 189
  1 案例介绍 …………………………………………………………………………… 189
    1.1 送风机选型偏大与混风室气密性差的关联影响是该地铁站新风量偏大的
      主要原因 ……………………………………………………………………… 189
    1.2 新风机、回（排）风机的影响较小，但三风机的水力平衡能削弱送风机
      选型偏大的负作用 …………………………………………………………… 190
    1.3 风阀关闭的气密性差，全新风阀不能关闭是重要原因 ……………………… 190
  2 案例分析 …………………………………………………………………………… 190
  本章参考文献 ……………………………………………………………………… 191

通风设计案例分析 6——以通风为主的西宁机场登机桥热环境营造 …………………… 192
  1 西宁地区气候特点 ………………………………………………………………… 192
  2 西宁机场登机桥概况 ……………………………………………………………… 192
  3 登机桥夏季热环境营造方案的比选 ……………………………………………… 193
    3.1 两个方案 ……………………………………………………………………… 193
    3.2 夏季两方案的运行效果分析 ………………………………………………… 194
  4 冬季方案——太阳能通风供暖方案 ……………………………………………… 195
  5 该案例设计者的方案效果比较 …………………………………………………… 195
  6 对该案例的分析与评论 …………………………………………………………… 196
    6.1 案例方案的适应性与创新性 ………………………………………………… 196
    6.2 不宜脱离气候条件比较各地间工程方案的投资与能耗 …………………… 197
    6.3 案例设计中的计算机模拟分析 ……………………………………………… 197
  7 西部高原严寒地区推广、借鉴、参考该案例成果的风险分析 ………………… 197
    7.1 机场航站楼热压对夏季方案可行性的影响 ………………………………… 198
    7.2 航站楼对登机桥的遮挡对冬季方案可行性的影响 ………………………… 199
    7.3 冬季方案的暖风机措施的效果还需分析 …………………………………… 199
    7.4 基于登机桥使用特点的气象数据模型 ……………………………………… 199
  本章参考文献 ……………………………………………………………………… 199

通风设计进展案例 7——北京冬奥会场馆设计重视自然通风 ……………………………… 200
  本章参考文献 ……………………………………………………………………… 200

通风设计案例分析 8——深圳超高层住宅厨房排油烟道设计案例分析 ………………… 201

  1 方案1——直通屋顶方案分析 ························ 202
  2 方案2——分段设接力风机方案分析 ···················· 202
  3 风帽形式 ······································· 203
  4 分析与评论 ····································· 203
  本章参考文献 ······································· 204

第四篇 通风标准进展 ··································· 205

国外通风标准进展 ······································ 206
  1 ANSI/ASHRAE Standard 62.1-2019 ······················ 206
  2 ANSI/ASHRAE Standard 62.2-2019 ······················ 207
  3 ANSI/ASHRAE/ASHE Standard 170 ······················ 207
  4 DIN 1946-4-2018 ·································· 209
  本章参考文献 ······································· 212

丹麦近零能耗建筑的通风要求 ······························· 213
  1 住宅通风的基本要求 ································· 213
  2 建筑气密性要求 ··································· 213
  3 带热回收的机械通风与地板辐射供暖 ······················ 213
  4 分析与思考 ····································· 214
    4.1 关于自然通风与机械通风 ··························· 214
    4.2 关于围护结构气密性加强后的通风困难 ··················· 214
    4.3 关于围护结构保温性加强与通风的关系 ··················· 215
    4.4 因地制宜地借鉴国外的通风模式 ······················ 215
  本章参考文献 ······································· 215

国内通风标准进展 ······································ 216
  1 民用建筑标准化改革发展进程 ··························· 216
  2 民用建筑通风标准与相关标准 ··························· 216
    2.1 近年发布实施的民用建筑通风标准与相关标准（表1） ············· 217
    2.2 正在编制或拟编制的民用建筑通风标准与相关标准（表2） ··········· 218
    2.3 民用建筑与工业建筑通风进展 ························ 219
    2.4 近年标准变化趋势 ····························· 219
  3 近年发布的民用建筑通风标准条款的讨论 ····················· 220
    3.1 通用规范中有关通风条款的讨论 ······················ 220
    3.2 近年发布的行业标准有关通风条款的对比 ·················· 223
    3.3 各省市住宅相关设计规范增加新风条款的意义 ················ 224
  4 标准评述 ······································· 224
    4.1 重庆市《居住建筑自然通风设计技术标准（征求意见稿）》 ············ 224
    4.2 江苏省《住宅设计标准》DB 32/3920—2020 ················· 225
    4.3 《综合医院建筑设计规范（局部修订条文征求意见稿）》 ············· 227
    4.4 《医疗建筑通风设计标准（征求意见稿）》 ·················· 227

住宅厨房通风的一个里程碑——《住宅厨房空气污染控制通风设计标准》
T/CECS 850—2021学习与研读 ………………………………………………… 229

第五篇 《医疗建筑通风设计标准》研编 ……………………………… 233

《医疗建筑通风设计标准》编制背景及必要性分析 …………………………… 234
 1 医院建筑通风现状调查 ……………………………………………………… 234
  1.1 调查基本情况 ………………………………………………………… 234
  1.2 调查结果及分析 ……………………………………………………… 234
  1.3 小结 …………………………………………………………………… 236
 2 设计师对建筑通风设计的认识调查 ……………………………………… 237
  2.1 2019年前的调查 ……………………………………………………… 237
  2.2 2019—2020年的调查 ………………………………………………… 238
  2.3 小结 …………………………………………………………………… 239
 3 建筑通风标准现状 ………………………………………………………… 239
 4 "平疫结合"医疗建筑对通风设计标准的需求 …………………………… 239
  4.1 医疗建筑平时和疫情时对通风系统的需求存在本质区别 ………… 239
  4.2 "平疫结合"医疗建筑建设需求急需"平疫结合"通风系统技术提升 … 240
 5 针对"平疫结合"问题的调研分析 ………………………………………… 240
  5.1 调研基本情况 ………………………………………………………… 240
  5.2 调研结果与分析 ……………………………………………………… 240
 6 医疗建筑通风设计标准编制意义 ………………………………………… 241
  6.1 有利于提升通风工程技术发展 ……………………………………… 241
  6.2 将填补现有标准关于"平疫结合"通风系统设计的空缺 …………… 241
 7 总结 ………………………………………………………………………… 242
 本章参考文献 …………………………………………………………………… 242

《医疗建筑通风设计标准》研编学习思考 ………………………………………… 244
 1 对建筑方针的学习思考 …………………………………………………… 244
 2 《建设方案》与《技术导则》的学习思考（一） …………………………… 245
 3 《建设方案》与《技术导则》的学习思考（二） …………………………… 246
 4 《建设方案》与《技术导则》的学习思考（三） …………………………… 247
 5 《建设方案》与《技术导则》的学习思考（四） …………………………… 248
 6 《建设方案》与《技术导则》的学习思考（五） …………………………… 249
 7 《建设方案》与《技术导则》的学习思考（六） …………………………… 250

医院通风空调"平疫结合"及转换措施探讨 ……………………………………… 251
 1 "平疫结合"指导原则 ……………………………………………………… 251
 2 "平疫结合"转换重点与措施 ……………………………………………… 251
  2.1 风管 …………………………………………………………………… 251
  2.2 风口 …………………………………………………………………… 256
  2.3 设备 …………………………………………………………………… 257

		3 结论	262
		本章参考文献	262

医院建筑负压病房"平疫结合"通风气流组织研究 ... 263

- 0 引言 ... 263
- 1 病房气流组织的目的、功能与性能要求 ... 263
  - 1.1 目的 ... 263
  - 1.2 功能 ... 263
  - 1.3 性能要求 ... 264
- 2 气流组织已有研究成果 ... 264
  - 2.1 负压病房标准规范 ... 264
  - 2.2 气流组织科学研究 ... 265
  - 2.3 需要进一步研究的问题 ... 267
- 3 研究路线、方法与方案 ... 268
- 4 气流组织影响因素的理论分析与实验研究 ... 268
  - 4.1 理论分析 ... 268
  - 4.2 实验研究方案 ... 269
  - 4.3 实验系统建造 ... 269
  - 4.4 实验设计 ... 271
  - 4.5 实验结果分析 ... 273
  - 4.6 结论与讨论 ... 275
- 5 数值模拟研究及实验验证 ... 275
  - 5.1 研究方案 ... 275
  - 5.2 物理数学模型及边界条件 ... 277
  - 5.3 结果与讨论 ... 278
  - 5.4 数值模拟的实验验证 ... 281
- 6 研究成果 ... 284
  - 6.1 不同气流组织的原理和性能 ... 284
  - 6.2 气流组织"平疫结合"要点 ... 285
  - 6.3 推荐的"平疫结合"病房气流组织形式 ... 285
- 本章参考文献 ... 287

"平疫结合"型动力分布式通风系统设计与调适指南 ... 289

- 1 系统特点 ... 289
- 2 系统设置 ... 290
- 3 风量计算 ... 290
- 4 风管设计及水力计算 ... 291
  - 4.1 风管设计 ... 291
  - 4.2 水力计算 ... 291
- 5 设备选型 ... 292
  - 5.1 风机选型 ... 292

  5.2 阀门设置 ··· 293
 6 监测与控制 ··· 293
 7 系统调适 ·· 294
  7.1 前提条件 ··· 294
  7.2 调适流程 ··· 294
  7.3 控制逻辑调适 ··· 296

第六篇 通风产业发展 ·· 299

通风产业进展 ··· 300
 1 通风行业环境变化 ·· 300
  1.1 市场环境 ··· 300
  1.2 行业相关政策 ··· 300
  1.3 行业协会发展动向 ·· 302
 2 通风行业发展 ·· 303
  2.1 商用通风系统 ··· 303
  2.2 民用通风系统 ··· 305
 3 通风产业发展 ·· 306
  3.1 产业标准进一步完善与提升 ··· 306
  3.2 单一产品制造向系统化方案的转变 ·· 307
  3.3 工程化向产品工业化的发展 ··· 307
  3.4 通风装备的拓展应用 ·· 308
  3.5 产业集群化的发展现状 ··· 309
 4 通风产业展望 ·· 309

머리말

2018—2022年影响民用建筑通风的社会大背景

重庆海润节能研究院　丁艳蕊　付祥钊

1　新时代的居住品质——健康

居住品质事关人民的生活品质,老百姓对住房的需求日益提高,不再满足于"有房住",更是要求"住好房"。"住好房"意味着更安全、更健康和更舒适的要求。健康建筑是指在满足建筑功能的基础上,为建筑使用者提供更加健康的环境、设施和服务,促进建筑使用者身心健康、实现健康性能提升的建筑。标准对健康建筑的评价设定了六类评价指标体系:空气、水、舒适、健康、人文、服务。《健康住宅评价标准》T/CECS 462—2017对健康住宅的评价设定的6类评价指标体系为:空间舒适、空气清新、用水卫生、环境安静、光照良好和健康促进。不同标准设定的评价指标体系有所不同,但空气品质是建设健康环境的关键,在不同标准中都是不可或缺的内容,《健康建筑评价标准》T/ASC 02—2016中,空气指标居于首位。

2　国家双碳战略目标要求——建筑电气化

2021年11月16日,国家机关事务管理局、国家发展和改革委员会、财政部、生态环境部发布了《深入开展公共机构绿色低碳引领行动促进碳达峰实施方案》(以下简称《实施方案》),以贯彻落实党中央、国务院关于碳达峰、碳中和决策部署,深入推进公共机构节约能源资源绿色低碳发展。《实施方案》提出加快能源利用绿色低碳转型,着力推进终端用能电气化。建筑电气化已成大趋势。

3　中国大气环境治理已见成效——大气品质趋向良好

2011年起,"雾霾"一词经过媒体报道以后,开始被大家广泛关注。2013年,"雾霾"成为年度关键词。中国知网上检索"通风 $PM_{2.5}$"关键词,中文研究成果3977篇,其中学位论文1275篇,学术期刊2377篇,会议文章321篇,成果1篇。成果发表年度从2005年及以前每年不到10篇,到2012上升到每年50篇以上,再到2015年每年100篇以上,2021年达到目前最高峰672篇,成果数量增长迅速,2022年有所减少,成果522篇。

《2021中国生态环境状况公报》指出,2021年全国生态环境质量明显改善,主要体现在"四个更加"。其中一个"更加",是空气更加清新。空气质量达标城市数量、优良天数比例持续上升,主要污染物浓度全面下降。339个地级及以上城市中,218个城市环境空气质量达标，占 64.3%，同比上升 3.5 个百分点；优良天数比例为 87.5%，同比上升 0.5 个百分点。细颗粒物（$PM_{2.5}$）、可吸入颗粒物（PM_{10}）、臭氧（O_3）、二氧化硫（SO_2）、二氧化氮（NO_2）和一氧化碳（CO）6 项指标年均浓度同比首次全部下降，其中，细颗粒物（$PM_{2.5}$）为 30μg/m³，同比下降 9.1%，"十三五"以来，已实现"六连降"；臭氧（O_3）为 137μg/m³，同比下降 0.7%，细颗粒物（$PM_{2.5}$）和臭氧（O_3）浓度连续两年双下降。京津冀及周边地区、长三角地区、汾渭平原等重点区域空气质量改善明显。美国芝加哥大学研究显示，中国在 7 年间减少的空气污染与美国在 30 年间减少的空气污染相当，这有助于降低全球的雾霾水平。从侧面印证了中国大气污染治理取得的显著成效及其对全球环境治理作出的突出贡献。

4 建筑火灾频发

建筑火灾不仅造成直接的财产损失，人员伤亡更是最惨痛的代价。而火灾烟气的严重危害，主要有毒害性、减光性和恐怖性。对人体的危害可以概括为生理危害和心理危害。烟气的毒害性和减光性是生理危害，恐怖性则是心理危害。火灾烟气的毒害主要是因燃烧产生的有毒气体所引起的窒息和对人体器官的刺激，以及高温作用。

第一篇 通风工程学

室内空气品质需求进展

上海理工大学　孙婵娟

1　对室内空气品质的认识

室字:室至者,人所至而止也。表房屋意思时最早可见《诗·小雅·斯干》:"筑室百堵,西南其户"。表内室意思时又可见《礼记·问丧》:"入门而弗见也,上堂又弗见也,入室又弗见也"。在说文解字的源头中,可以从图1所示的小篆字体中看出其组成结构:

图1　"室"字小篆图

在这样一个与我们生活息息相关的地方,从古人对其要求"爰居爰处,爰笑爰语",到如今希望其"安全、健康、舒适",室内空气品质含义的发展过程就是人们对居住环境要求逐渐上升的过程。

从评价上来看,室内空气品质一开始主要依赖于人们对空气的主观感觉,即根据自身需求来判断室内空气品质的高低与否。直到在1989年的空气品质大会上,丹麦的P·O·范格教授提出"空气质量客观反映了人们的需求",一个从客观角度来衡量室内空气品质的标准开始纳入研究。英国CIBSE一位教授给出了如下标准,即:在房间里,有50%的人可以嗅到味道,有20%的人会觉得不舒服,10%的人会觉得有刺激性的东西,而2%以内的人会觉得很不舒服,那么这个时候的室内空气品质可以被接受。20世纪90年代,我国学者也根据主客观相结合的方式,提出了比较全面的空气品质评价方法。

随着如今研究不断深入展开,发现如果房间里氡、CO等有害气体含量较少,人体很难感知,但也会对健康造成一定的伤害,通过采用个人的主观感觉判断来形成衡量室内空气品质的客观指标,并不能准确体现出人体安全、健康、舒适等方面对室内空气品质的要求。根据ASHRAE规范62-1999提出的概念,可接受的室内空气品质被定义为:大部分人在空调房里都比较满意,而且不会有任何一种污染物会对身体造成危害,感觉到的室内空气品质可以被接受，大部分人在空调房里并没有受到刺激和臭味的影响。

如今人们暴露在各种空气污染物中，尤其是城市居民。面对不可避免的空气污染因素，如室外的各种工业废渣、废气，汽车尾气排放，垃圾燃烧处理后的各种气体、化工原料生产过程产生的气体和部分农药的使用等，以及室内的建筑材料、装饰材料及合成纤维、化妆品、洗涤用品、润滑油、消毒剂、杀虫剂、家用电器的电磁辐射等，都含有不同程度的对空气有害的物质。除此以外，一些办公楼，影响室内空气品质的因素还有吸烟，香薰，复印机、打印机等排放的烟雾和异味，大量人员人体活动释放的二氧化碳等。

空调通风系统不仅能够给我们提供舒适环境，也有可能成为各种病毒的传播途径，影响着室内各种物理参数、化学参数乃至生物性参数。面对时常暴发的各类流感等传染性疾病，不得不引起人们对室内空气品质新的思考，并提出新的需求。

研究发现，糟糕的室内空气已经成为导致人们疾病发生的主要因素。随着我国经济水平和科技水平的提升，建筑装修行业产品随之更新换代，越来越多的新型建筑装饰材料出现在房屋、写字楼等空间中。虽然提升了城市的美学水平，但这些建筑装饰材料也带来了甲醛、苯、二甲苯等有害物质。对于室内颗粒物，以可吸入细颗粒物对人体的危害最大，并且颗粒物粒径越小对人体的危害越大：当颗粒物的直径在10μm左右时，大部分沉积在上呼吸道中；当颗粒物的直径在5μm时，就会进入呼吸道的深部；直径在2μm以下的细小颗粒物可完全进入肺泡，随即进入血液，对人体健康具有严重危害。

《民用建筑工程室内环境污染控制规范》GB 50325—2001主要有甲醛、苯、氨、TVOC和氡5项控制指标；《室内空气质量标准》GB/T 18883—2022规定了室内空气污染物的19项控制指标，涉及物理、化学、生物和放射四类污染物指标。由美国绿色建筑协会（UCGBC）和国际WELL建筑研究所（IWBI）联合发起，并于2015年引入中国的WELL标准，是以人的健康为导向的评价体系，其包含了空气、水、营养、光、健身、舒适和心理七大项，共涉及102项指标。

随着空气检测参数的增加，相对应的空气检测技术也不断增加。如针对温度检测的玻璃液体温度计法、针对新风量的示踪气体法，还有为了检测甲醛的AHMT分光光度法、针对二氧化氮设置的改进后的Saltzman法等。在针对某些特殊情况下如VOC等可采用吸附法、光催化净化法等；在面对可吸入颗粒物的情况可以用目前应用比较广泛的静电除尘技术等。面对各种各样影响我们生活居住环境的空气参数，现在不仅有了大量的、可以选择的针对性检测方法，也提出了更严格的标准。

2 室内空气的标志性参数

2.1 物理性参数

室内温度，是国际单位制中7个基本物理量之一，人类最敏感的是空气温度，它对人体的热调节起着主要的作用，对人体的健康和舒适影响极大。温标则是为了保证温度量值的统一和准确，根据测温依据的不同，温标分为经验温标、热力学温标、国际温标。根据温度测量仪表的使用方式，温度测量方法分为接触法和非接触法。

湿度，表示空气干湿程度，即空气中所含水汽多少的物理量。在一定的温度下一定体积的空气里含有的水汽越少，则空气越干燥；水汽越多，则空气越潮湿。在此意义下，常用绝对湿度、相对湿度、比较湿度、混合比、饱和差以及露点等物理量来表示。研究表明，最有益于人体健康的湿度范围为45%～60%。

气流速度是指单位时间内空气在某个方向上流过的距离。当风速小于0.5m/s时，人体无气流感，可维持人体正常代谢；当风速大于0.5m/s时，会有阵阵吹气的感觉，长时间暴露会使人不舒服。不同季节气流对人体的影响是不同的。不同年龄的人群，对相同的气流速度有不同的感受。夏季气温较高时，气流会加速人体的对流和蒸发散热。冬季气温较低时，气流会加速人体散热，特别是在低温高湿环境下。空气流速过大，会带来不舒服的吹风感，人体散热过多会引起感冒。在室内环境中，舒适温度的风速为0.15～0.25m/s。

2.2 化学性参数

臭氧，是一种无色、有毒、有刺激性气味的气体。中国74个关键城市的臭氧质量浓度2017年年平均为164μg/m³，相较于2013年增长了23μg/m³，臭氧污染呈恶化态势。室内空气中的臭氧主要来自室外的光化学烟雾。室内的电视机、复印机、紫外线杀菌灯、电子消毒柜等家用电器，在使用的过程中也会产生臭氧，导致室内空气污染。近地面臭氧不仅会造成植物减产，对人体的呼吸系统、循环系统也会产生不良影响。

二氧化氮，红棕色、有毒、有强烈刺激性臭味的气体。室内空气中二氧化氮主要来源于烹调、取暖用燃料的燃烧、室内吸烟以及进入室内的车辆废气等。二氧化氮是引起支气管炎等呼吸道疾病的有害气体。有研究发现二氧化氮对肺癌发病有显著影响，即随着二氧化氮浓度每升高10μg/m³，肺癌发病率增加0.01%。在荷兰、丹麦开展的队列研究均证实了氮氧化物导致肺癌发病率风险增加。

二氧化硫，无色，有毒、有强烈辛辣刺激气味的气体。相关研究表明，二氧化硫气体浓度超标的环境中，人员患呼吸道疾病的概率明显高于二氧化硫浓度不超标的环境。而二氧化硫气体在烟草烟雾的协调作用下，提高了人体的易感性，吸烟人群处于二氧化硫浓度超标的环境中，患慢性支气管炎的概率显著高于不吸烟的人群。

二氧化碳，无色、无味、无刺激性的气体。室内空气中二氧化碳主要来源于人的呼吸、吸烟以及燃料燃烧的产物。室内空气中二氧化碳的含量在2.0%～3.0%时，可能会引起头晕、头疼、血压升高、呼吸困难、全身乏力等症状。二氧化碳严重超标时，会影响工作和学习的效率。

一氧化碳，无色、无味、无刺激性的剧毒气体。室内空气中的一氧化碳主要来自燃料的不完全燃烧以及吸烟等人员活动。人们受到一氧化碳的污染导致慢性中毒时完全意识不到，有时甚至有舒适的感觉，而一氧化碳的这些特征更增加了它的危害性。有研究发现，一氧化碳能和红细胞中的血红蛋白结合，使输送到人体各组织器官的血液供氧不足，并夺走人体的氧气，使人发生急性中毒，导致昏厥甚至死亡。

氨气，无色、有强烈刺激性臭味的气体。当前高层建筑三种主要室内空气污染氨气、甲醛、氡，其中氨气污染居于首位。室内空气中氨主要来源包括室内排水管道、室内装饰材料、混凝土外加剂等。其中家具涂饰用的添加剂和增白剂大部分都用氨水，但各类氨污染不会在空气中长期积存，对人体危害小。建筑混凝土里添加的高碱混凝土膨胀剂和含尿素的混凝土防冻剂等外加剂含有大量氨类物质，外加剂在墙体中随着温度湿度等环境因素的变化还原成氨气从墙体中缓慢释放出来，造成室内空气中氨浓度的提高。人体短期吸入大量氨气，会出现流泪、咽痛、声音嘶哑、呼吸困难等症状，严重者可发生肺水肿。

甲醛，无色，有强烈刺激性的气体。大量室内装修造成了甲醛对室内空气的严重污染。研究表明人造板引起的室内甲醛污染超过室内甲醛污染浓度的80%。甲醛会刺激人的眼睛和皮肤，对人的肺功能、肝功能及免疫功能都会产生一定的影响。研究表明2020年我国室内装修比例为14.4%，这导致甲醛暴露致癌人数达2548人，占我国新增癌症人数的0.06%，南方甲醛污染致癌人数高于北方，京津冀及周边地区、长三角地区甲醛暴露致癌人数高于其余城市群。

苯，无色、有毒、有强烈芳香气味的透明液体。住宅室内苯主要来自建筑装饰装修材料、涂料、地板、木质板、人造家具以及胶黏剂。苯是室内空气常见污染物中毒性最强的，少量吸入即可造成头晕、头痛、四肢无力。长期处于高浓度的苯污染中会损伤人体神经系统，并引发血液疾病、器官衰竭及细胞癌变等严重疾病。有研究通过对某小区八百多户居民住宅的室内污染物甲醛、苯、甲苯、二甲苯等进行了实测分析，发现室内甲醛、苯、甲苯、TVOC和二甲苯浓度超标率分别为92.1%、39.7%、11.7%、8.9%和1.2%。对于同一房间的不同功能区中，室内苯浓度为卧室＞客厅＞厨房。在人体健康风险评估中，不同年龄段人群均受到室内甲醛和苯的致癌风险，其中老人和儿童受到的致癌风险更大。

甲苯、二甲苯，均为无色、有毒、有芳香气味的液体。室内环境中的甲苯、二甲苯主要来自室内的各种建筑材料、日常用品以及通过人群活动由室外带入室内。甲苯及二甲苯可影响人体的免疫功能。短时间吸入高浓度的甲苯、二甲苯蒸气可引发急性苯中毒，影响中枢神经系统功能，出现兴奋或酒醉感及头疼、头晕、恶心，重症者可致昏迷、抽搐，严重时可因呼吸及循环衰竭而死亡。研究发现长时间接触低浓度苯系物，会导致慢性苯中毒，女性会引起月经过多、经期延长、自然流产率增高。苯系物是人类已知的致癌物质。

苯并[a]芘，无色或微黄色，针状晶体，为多环芳香烃化合物，是环境中普遍存在的动物致癌性很强的一种污染物。各种燃料（煤、石油、木材等）的燃烧都会产生一定量的苯并芘，其吸附在烟尘等固体微粒或者以气态存在，进入空气后，多被吸附在烟、尘等固体微粒上。苯并芘对动物具有较强的局部和全身致癌作用，可诱发多种癌症，损害血液、中枢神经，破坏肝功能和DNA的修复能力等。研究表明人的肺癌与环境中苯并芘的含量之间有着极为密切的关系，目前苯并芘已经成为国内外环境检测的重要指标之一。

总挥发性有机物，包括烃类、卤代烃、氧烃和氮烃。以邻苯二甲酸酯为例，是一种典型的半挥发性有机物，为带有芳香气味的不易挥发的无色透明液体，主要用作增塑剂、润肤剂等，室内空气中邻苯二甲酸酯主要来源于建筑材料、室内装饰材料、日用产品等。毒理学与流行病学研究证明，暴露于含有一定量浓度的邻苯二甲酸值对于人体呼吸系统、生殖系统、内分泌系统有严重的危害。当前研究证明，PVC及合成木等板材以及儿童玩具与室内邻苯二甲酸酯的浓度显著相关。有关研究对室内环境进行连续采样检测发现，当室内温度从21℃升高至50℃时，室内邻苯二甲酸酯的浓度升高3倍。室内总挥发性有机物的影响因素复杂多样，除了常见的温度、湿度等，还可能受到人员活动如抽烟、烹饪等影响。

2.3 生物性参数

生物性污染物也是影响室内空气品质的一个重要因素，室内空气中的生物污染物包括细菌、病毒等微生物，见图2。通过附着在$PM_{2.5}$、PM_{10}等细颗粒物，以及水蒸气等载体上在空气中以气溶胶的形式存在，在空气中极易传播，当人们吸入或接触生物气溶胶后会引起哮喘等呼吸道疾病、鼻炎湿疹等过敏性疾病和一些传染性疾病严重的还会致癌。

细菌生物气溶胶是导致结核病、军团病和超敏性肺炎等疾病的原因。霉菌作为室内环境微生物暴露中的一个重要的污染物，已被证明是呼吸系统健康的危险因素。关于这方面的研究有很多，例如BRUNEKREEF等发现12岁儿童家庭霉菌与持续性喘息之间具有显著正相关性；同样的，Fisk等总结了几种呼吸和哮喘相关健康结果与家中潮湿和霉菌的相关性研究，通过对17项研究的荟萃分析发现，家庭潮湿和霉菌与53%的儿童喘息几率增加有关，家中潮湿或可见霉菌的暴露与儿童喘息症状之间存在正相关。真菌生物同样容易导致哮喘、鼻炎等过敏性疾病，有研究发现许多芽孢杆菌作为生物气溶胶传播，是引起呼吸道不适的强致敏原。

同样室内生物暴露中的尘螨作为一项重要的过敏原被大众熟知，尘螨到现在已被证实与儿童哮喘和变应性疾病有着密切的联系，据统计，全世界高达40%～85%的过敏性哮喘患者对尘螨过敏。基于此，中国室内环境与儿童健康研究（China，Children，Home，Health）课题组于2013年展开了病例对照研究，其中上海课题组收集了上海454份灰尘样品，并调查了床铺尘螨与儿童健康结果的关系，结果表明，接触床铺尘螨可能是儿童过敏症状的危险因素。

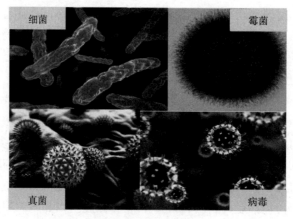

图2 空气中微生物

2.4 放射性参数

在室内空气品质影响因素中，放射性污染也是不容忽视的重要污染。而在室内放射污染中最主要的是氡污染。室内氡的来源有很多，建筑材料则是最主要来源，如花岗岩、砖砂、水泥及石膏等，特别是含放射性元素的天然石材，最容易释出氡。除了建筑材料，室外氡进入室内的方式还有很多，例如地基土壤中的氡可以通过扩散渗透的方式进入室内，也是低层建筑中氡气的主要来源，同样氡还可以通过水和天然气进入室内。

通常条件下氡是无色、无味的气体，化学性质不活泼，却具有很强的迁移活动性，易被吸入肺中，一旦被吸入会对人体健康造成很大危害，因为氡是放射性气体，当人吸入体内后，氡发生衰变的α粒子可对人的呼吸系统造成辐射损伤，引发肺癌。在许多国家中，氡是引起肺癌的第二种最重要因素,据估计我国每年约有5万人因吸入氡气导致肺癌;氡也可以通过人体脂肪影响人的神经系统,使人精神不振;氡还会对人体细胞产生机质性损伤从而引发胎儿畸形、基因畸形遗传等后果;英国的一项研究发现白血病的发病率与室内氡浓度呈正相关,研究认为α粒子辐射可能是一种极强的白血病致病因子。有研究表明,氡对人体的辐射伤害占人体一生中所受到的全部辐射伤害的55%以上,且具有很长的潜伏期,其潜伏期约有15~40年,虽然室内氡的浓度水平不高,但长期受到低浓度氡的辐射比短时间受到高浓度氡的辐射危险性更大。由于氡的这些特性和危害,在此将氡浓度作为放射性参数列入影响室内空气品质的标志性参数。

2.5 颗粒物参数

细颗粒物又称细粒。$PM_{2.5}$ 细颗粒物指环境空气中空气动力学当量直径 ≤ 2.5μm 的颗粒物。它能较长时间悬浮于空气中,其在空气中浓度越高,就代表空气污染越严重。虽然 $PM_{2.5}$ 只是地球大气成分中含量很少的组分,但它对空气质量和能见度等有重要的影响。与粒径较大的大气颗粒物相比,$PM_{2.5}$ 粒径小,面积大,活性强,易附带有毒、有害物质(例如重金属、微生物等),且在大气中的停留时间长、输送距离远,因而对人体健康和大气环境质量的影响更大。

厨房是家居环境中污染最严重的区域,而主要污染行为就是烹饪,约有50%的室内污染来自做饭时燃烧的燃料。在烹饪过程中,每分钟产生可吸入颗粒物 PM_{10} (4.1 ± 16) mg,其中,超细颗粒物 $PM_{2.5}$ 的量为 (1.7 ± 0.6) mg,占 PM_{10} 总量的40%左右。研究中发现,与非烹饪时段相比,在烹饪时段,室内颗粒物质量浓度增加了约5倍,特别是采用油炸或烧烤这两种烹饪方式,会导致 $PM_{2.5}$ 颗粒物浓度急剧增加30%。室内与室外颗粒物质量浓度之比(*I/O*)描述室内外颗粒物质量浓度的差异,在烹饪之前,*I/O* 为0.3;烹饪过程中,*I/O* 增大至1.0,烹饪后,*I/O* 回落为0.7。在居室供暖方面,研究室内热源对颗粒物数量和质量浓度的影响中发现,当石英供暖器启动后,$PM_{2.5}$ 产生量为 2.5×10^{10} 个/min;当旋管加热器启动后,$PM_{2.5}$ 的产生量为 4×10^{10} 个/min;当煤油供暖器启动后,$PM_{2.5}$ 产生量高达 9×10^{11} 个/min。

办公环境中普遍存在由于吸烟而产生的环境烟草烟雾(Environment Tobacco Smoke, ETS)污染。调查发现,在各类办公类环境中,ETS占颗粒物总质量浓度的50%~80%,在休息区和会议室,这个比例则高达80%~90%。在吸烟时,颗粒物的排放强度为14mg/支,环境烟草烟雾的粒径范围在100~1000nm之间。在1支香烟燃烧的过程中,平均每分钟产生的细颗粒物达1.67mg。另外,ETC上载带有大量的多环芳烃(PAHs),这些PAHs大多具有很强的致癌毒性。

2.6 气味等级

《室内空气质量标准》GB/T 18883—2022 对于室内空气质量进行规定,室内空气应无毒、无害、无异常嗅味。同样的,在对室内空气品质进行定义时也描述为:在房间里,50%的人可以嗅到味道,20%的人会觉得不舒服,10%的人会觉得有刺激性的东西,而2%以内的人会觉得不舒服,那么这个时候的室内空气品质可以被接受。室内异味的来源有很多,其中建筑、装修异味是最常见的,随着科技的进步和人们对室内空气质量要求的提高,国内外也出台了很多建筑、装饰装修材料中污染物限量和检测的标准,人们也根据此使用了低释放量的建筑材料和装饰涂料。但研究发现,实际情况下依然有很多人抱怨室内空气质量差,而其中大多数都跟室内的气味有很大关系,虽然气味并不都是有害的,但这些不良气体会使人产生不愉快、不舒适的感觉,长期在这样的环境中工作生活会产生头晕、头痛等问题,由此可见,室内气味也是一个十分重要的室内空气污染问题。因此将气味放入影响室内空气品质的标志性参数。

异味是指由嗅觉器官刺激产生的令人感到不愉快的气味,它直接作用在嗅觉器官上使人产生头痛、恶心等症状,严重的会对人的神经呼吸系统造成损害。在这种情况下,也出台了很多气味评价的标准和方法:由 8 名或以上无嗅觉障碍且可对室内空气气味进行评价的气味评价员,根据现场感受到的气味的强烈程度对室内空气进行评价,包括气味的可接受度、气味强度和愉悦程度,用其表征气味的感官性评价结果。

(1)可接受度

气味评价员根据现场感受到的气味强烈程度,通过假定的评价情景(假设自己每天生活在这种环境中工作或者生活,这种气味的可接受程度是什么。"完全可以接受"设为"+1","完全不可以接受"设为"-1","恰好可以接受和恰好不能接受"设为"0",不可接受程度的评分最小单位为 0.1)。对室内空气的不可接受程度进行划分,通过对所有气味评价员的评分计算算术平均值(保留小数点后一位)得到可接受度。

(2)气味强度

气味评价员根据现场感受到的气味强烈程度,与气味强度描述与强度等级对照表进行匹配,评价气味强度仅可取整数,其最终结果为所有气味评价员评分的算术平均值,保留整数后根据对照表得到对应的气味强度描述,见表 1。

气味强度描述与强度等级对照表　　　　　　　　　　　　　　　表 1

强度等级	气味强度描述
0	无气味
1	非常弱,可察觉
2	味道弱
3	味道明显
4	味道强烈
5	非常强
6	极强,难以忍受

(3)愉悦程度

愉悦程度用于表征气味是令人愉悦的还是令人不愉悦的,将愉悦程度的评级分为 9 级,将"非常令人愉悦"设置为"+4","非常不愉悦"设置为"-4",评价愉悦程度仅可取整数。气味评价员根据现场感受到的气味对愉悦程度进行评分,其终值为所有气味评价员评分的算术平均值,需保留整数。

3 室内空气标准

3.1 国内室内空气质量标准

3.1.1 《室内空气质量标准》GB/T 18883—2022

室内空气质量指标及要求见表2。

室内空气质量指标及要求　　表2

序号	指标分类	指标	计量单位	要求	备注
1	物理性	温度	℃	22～28	夏季
				16～24	冬季
2		相对湿度	%	40～80	夏季
				30～60	冬季
3		风速	m/s	≤0.3	夏季
				≤0.2	冬季
4		新风量	m³/(h·人)	≥30	—
5	化学性	臭氧（O_3）	mg/m³	≤0.16	1h平均
6		二氧化氮（NO_2）	mg/m³	≤0.20	1h平均
7		二氧化硫（SO_2）	mg/m³	≤0.50	1h平均
8		二氧化碳（CO_2）	%	≤0.10	1h平均
9		一氧化碳（CO）	mg/m³	≤10	1h平均
10		氨（NH_3）	mg/m³	≤0.20	1h平均
11		甲醛（HCHO）	mg/m³	≤0.08	1h平均
12		苯（C_6H_6）	mg/m³	≤0.03	1h平均
13		甲苯（C_7H_8）	mg/m³	≤0.20	1h平均
14		二甲苯（C_8H_{10}）	mg/m³	≤0.20	1h平均
15		总挥发性有机化合物（TVOC）	mg/m³	≤0.60	8h平均
16		三氯乙烯（C_2HCl_3）	mg/m³	≤0.006	8h平均
17		四氯乙烯（C_2Cl_4）	mg/m³	≤0.12	8h平均
18		苯并芘（BaP）	ng/m³	≤1.0	24h平均
19		可吸入颗粒物（PM_{10}）	mg/m³	≤0.10	24h平均
20		细颗粒物（$PM_{2.5}$）	mg/m³	≤0.05	24h平均
21	生物性	细菌总数	CFU/m³	≤1500	—
22	放射性	氡（^{222}Rn）	Bq/m³	≤300	年平均（参考水平）

3.1.2 《健康建筑评价标准》T/ASC 02—2021

（1）应对建筑室内空气中甲醛、苯系物（苯、甲苯、二甲苯）、总挥发性有机化合物（TVOC）进行浓度预评估，且室内空气质量应符合现行国家标准《室内空气质量标准》GB/T 18883 的规定。木家具中有害物质限值见表3。

（2）应控制室内颗粒物浓度，室内 $PM_{2.5}$ 年均浓度不应高于 $25\mu g/m^3$，室内 PM_{10} 年均浓度不应高于 $50\mu g/m^3$。

木家具中有害物质限值　　　　　表 3

有害物质指标	限值（mg/m³）
甲醛	≤ 0.05
苯	≤ 0.05
甲苯	≤ 0.1
二甲苯	≤ 0.1
TVOC	≤ 0.3

3.1.3 《绿色室内空气品质评价和施工规范》T/DLGBC 001—2019

绿色室内空气品质标准限值见表 4。

绿色室内空气品质标准限值　　　　　表 4

序号	项目	单位	标准值	
			优质级	良好级
1	温度	℃	24～26（夏季空调）	24～26（夏季空调）
			18～22（冬季采暖）	18～22（冬季采暖）
2	相对湿度	%	40～80（夏季空调）	40～80（夏季空调）
			30～60（冬季采暖）	30～60（冬季采暖）
3	新风量	(m³/h)·人	30	30
4	氨	mg/m³	0.05	0.1
5	臭氧	mg/m³	0.06	0.1
6	甲醛	mg/m³	0.04	0.08
7	苯	mg/m³	0.06	0.08
8	甲苯	mg/m³	0.1	0.18
9	二甲苯	mg/m³	0.1	0.18
10	可吸入颗粒物（$PM_{2.5}$）	μg/m³	15	20
11	TVOC	mg/m³	0.4	0.5
12	菌落总数	CFU/m³	1500	2000
13	氡	Bq/m³	200	400

3.1.4 《绿色建筑评价标准》GB/T 50378—2019

（1）氨、甲醛、苯、总挥发性有机物、氡等污染物浓度低于现行国家标准《室内空气质量标准》GB/T 18883 规定限值的 10%。

（2）室内 $PM_{2.5}$ 年均浓度不高于 $25\mu g/m^3$，且室内 PM_{10} 年均浓度不高于 $50\mu g/m^3$。

3.1.5 《民用建筑工程室内环境污染控制标准》GB 50325—2020

民用建筑室内环境污染物浓度限量见表 5。

民用建筑室内环境污染物浓度限量　　　　　　　　　表5

污染物（单位）	Ⅰ类民用建筑	Ⅱ类民用建筑工程
氡（Bq/m^3）	≤150	≤150
甲醛（mg/m^3）	≤0.07	≤0.08
氨（mg/m^3）	≤0.15	≤0.20
苯（mg/m^3）	≤0.06	≤0.09
甲苯（mg/m^3）	≤0.15	≤0.20
二甲苯（mg/m^3）	≤0.20	≤0.20
TVOC（mg/m^3）	≤0.45	≤0.50

3.1.6 《办公室及公共场所室内空气质素检定计划指南》

室内空气质量指标8h均值见表6。

室内空气质量指标8h均值　　　　　　　　　表6

指标	计量单位	卓越级	良好级
甲醛	$\mu g/m^3$	30	100
TVOC	$\mu g/m^3$	200	600
苯	$\mu g/m^3$	17	—
一氧化碳	$\mu g/m^3$	2000	7000
可吸入颗粒物（PM_{10}）	$\mu g/m^3$	20	100
氡	Bq/m^3	150	167

3.1.7 国内空气质量标准比较分析

（1）《室内空气质量标准》GB/T 18883—2022与《室内空气质量标准》GB/T 18883—2002

《室内空气质量标准》GB/T 18883—2022作为最新修订版本的标准，相较于《室内空气质量标准》GB/T 18883—2002，在参数数量、指标限值等方面均有一定程度的细化和更新。在参数数量方面，化学性指标增加三氯乙烯（C_2HCl_3）、四氯乙烯（C_2Cl_4）和细颗粒物（$PM_{2.5}$）；在指标限值方面，二氧化氮（NO_2）、甲醛（HCHO）、苯（C_6H_6）、可吸入颗粒物（PM_{10}）分别由小于0.24mg/m^3、0.10mg/m^3、0.11mg/m^3、0.15mg/m^3，紧缩至小于0.20mg/m^3、0.08mg/m^3、0.03mg/m^3、0.10mg/m^3；细菌总数由小于2500CFU/m^3紧缩至1500CFU/m^3；相关标准的完善，使得我国室内空气质量标准体系正与国外先进标准缩小差距。

（2）《室内空气质量标准》GB/T 18883—2022与《健康建筑评价标准》T/ASC 02—2021

《健康建筑评价标准》T/ASC 02—2021相较于《室内空气质量标准》GB/T 18883—2022，对于室内空气质量标准更加严格，即建议室内空气中甲醛、苯系物、TVOC浓度均不高于现行国家标准《室内空气质量标准》GB/T 18883规定限值的80%，以及允许全年不保证5d条件下，$PM_{2.5}$日平均浓度不高于35$\mu g/m^3$，PM_{10}日平均浓度不高于75$\mu g/m^3$。相对更为严格的健康建筑评价标准，充分体现了我国对于健康建筑的高标准、高质量的要求。此外，《住宅建筑绿色设计标准》DGJ 08-2139—2021也相应提出了针对室内环境的自然采光和自然通风的要求，为绿色建筑的发展作出一定的贡献。

（3）《室内空气质量标准》GB/T 18883—2022 与《绿色室内空气品质评价和施工规范》T/DLGBC 001—2019

《绿色室内空气品质评价和施工规范》T/DLGBC 001—2019 作为对绿色室内空气品质评价和施工规范的评价标准，相较于《室内空气质量标准》GB/T 18883—2022 既有更加严格之处，也有适当放宽之点。如氨、臭氧、甲苯、二甲苯的良好级标准分别为 $0.1mg/m^3$、$0.1mg/m^3$、$0.18mg/m^3$、$0.18mg/m^3$，高于《室内空气质量标准》GB/T 18883—2022 的 $0.20mg/m^3$、$0.16mg/m^3$、$0.20mg/m^3$、$0.20mg/m^3$；优良级相比良好级，要求更为严格。此外，对于苯和可吸入颗粒物（$PM_{2.5}$），其相比《室内空气质量标准》GB/T 18883—2022 的 $0.03mg/m^3$、$0.10mg/m^3$，分别放宽至 $0.08mg/m^3$、$20μg/m^3$ 的良好级要求。

（4）《室内空气质量标准》GB/T 18883—2022 与《民用建筑工程室内环境污染控制标准》GB 50325—2020

《民用建筑工程室内环境污染控制标准》GB 50325—2020 作为对民用建筑工程室内环境污染控制的评价标准，相较于《室内空气质量标准》GB/T 18883—2022 既有更加严格之处，也有适当放宽之点。如苯的控制标准由 $0.03mg/m^3$ 放宽至 $0.09mg/m^3$（Ⅱ类民用建筑工程）；TVOC 由 $0.60mg/m^3$ 提升至 $0.50mg/m^3$。总体上仍比《室内空气质量标准》GB/T 18883—2022 这一最新修订版本的室内空气质量标准更为严格。

（5）《室内空气质量标准》GB/T 18883—2022 与《办公室及公共场所室内空气质素检定计划指南》

《办公室及公共场所室内空气质素检定计划指南》作为香港地区的室内空气标准，相较于《室内空气质量标准》GB/T 18883—2022，其良好级指标几乎一致，而在卓越级指标一列，则相应提出了更严格的要求，如甲醛、TVOC、苯、一氧化碳、可吸入颗粒物 PM_{10} 分别严格至 $30μg/m^3$、$200μg/m^3$、$17μg/m^3$、$2000μg/m^3$、$20μg/m^3$；对于放射性指标氡，卓越级的要求严格至 $150Bq/m^3$。

目前，我国正在逐步完善和提高室内空气质量标准。然而受限于我国当前的经济发展水平以及科学技术能力，仍有许多污染物种类和限值有待完善相关标准。

3.2 国外室内空气质量标准

3.2.1 日本厚生劳动省规定的 13 种物质室内浓度指导值

13 种物质室内浓度指导值见表 7。

13 种物质室内浓度指导值 表 7

物质名称	室内浓度指导值（$μg/m^3$）	主要来源
甲醛	100	胶合板、壁纸等的黏合剂
乙醛	48	建材、壁纸等的黏合剂
甲苯	260	室内装修材料、家具等黏合剂、涂料
二甲苯	870	室内装修材料、家具等黏合剂、涂料
对二氯苯	240	衣物防虫剂、厕所芳香剂
乙苯	3800	胶合板、家具等黏合剂、涂料
苯乙烯	220	隔热材料、浴室组件、榻榻米里材

续表

物质名称	室内浓度指导值（μg/m³）	主要来源
十四烷	330	煤油、涂料
邻苯二甲酸二丁酯	220	涂料、颜料、黏合剂
邻苯二甲酸二（2-乙己基）酯	120	壁纸、地板材料、电线护套
二嗪磷	0.29	杀虫剂
毒死蜱	1/0.1（儿童）	防蚁剂
肿丁威	33	白蚁驱虫剂

3.2.2 WELL 室内空气质量评价指标

WELL 室内空气质量评价指标见表 8。

WELL 室内空气质量评价指标　　　　表 8

指标	计量单位	要求
甲醛	ppb	≤ 27
TVOC	μg/m³	≤ 500
一氧化碳	ppm	≤ 9
可吸入颗粒物 PM_{10}	μg/m³	≤ 50
可吸入颗粒物 $PM_{2.5}$	μg/m³	≤ 15
氡	Bq/m³	≤ 148

3.2.3 WHO/Europe 室内空气质量评价指标

WHO/Europe 室内空气质量评价指标见表 9。

WHO/Europe 室内空气质量评价指标　　　　表 9

指标	计量单位	要求	备注
甲醛	ppm	≤ 0.081	30min 暴露
甲苯	μg/m³	≤ 0.26	1 周均值
一氧化碳	ppm	≤ 9	8h 均值
可吸入颗粒物 PM_{10}	μg/m³	≤ 50	24h 均值
可吸入颗粒物 $PM_{2.5}$	μg/m³	≤ 25	24h 均值
氡	Bq/m³	≤ 100	—

3.2.4 国际空气质量标准比较分析（以《室内空气质量标准》GB/T 18883—2022 为基准）

（1）《室内空气质量标准》GB/T 18883—2022 与日本厚生劳动省规定的 13 种物质室内浓度指导值

《室内空气质量标准》GB/T 18883—2022 相较于日本厚生劳动省规定的 13 种物质室内浓度指导值，在化学性指标上缺少很多有毒物质的限值，具体为乙醛、对二氯苯、乙苯、苯乙烯、十四烷、邻苯二甲酸二丁酯、邻苯二甲酸二（2-乙己基）酯、二嗪磷、毒死蜱、肿丁威。此外，日本这份规定的室内浓度指导值于2000年颁布，其中的甲醛、甲苯、二甲苯的指导值分别为100μg/m³、260μg/m³、870μg/m³，与最新国标要求接近。启示我们需要更高质量和足够数量的标准与国际接轨。

（2）《室内空气质量标准》GB/T 18883—2022 与 WELL 室内空气质量评价指标

《室内空气质量标准》GB/T 18883—2022 相较于 WELL 室内空气质量评价指标，部分指标限值要求宽松，具体如下：国标对于 TVOC、可吸入颗粒物 PM_{10} 和 $PM_{2.5}$ 的限值分别为小于 0.60mg/m³、0.10mg/m³ 和 0.05mg/m³，而 WELL 的评价指标分别为小于 0.50mg/m³、0.05mg/m³ 和 0.015mg/m³；国标对于放射性指标氡的限值为小于 300Bq/m³，WELL 则为小于 148Bq/m³。此外，WELL 室内空气质量评价指标对于甲醛、一氧化碳的计量单位分别为 ppb 和 ppm，限值要求显著高于国标的 mg/m³。WELL 作为世界公认的室内空气质量评价指标，限于我国目前的经济发展水平和科学技术能力，污染物种类及其限值方面与国外先进标准差距较大。因此，我国需要逐步完善室内空气质量标准体系的构建，从而使其更具有合理性和规范性。

（3）《室内空气质量标准》GB/T 18883—2022 与 WHO/Europe 室内空气质量评价指标

《室内空气质量标准》GB/T 18883—2022 相较于 WHO/Europe 室内空气质量评价指标，部分指标限值要求宽松，具体如下：国标对于可吸入颗粒物 PM_{10} 和 $PM_{2.5}$ 的限值分别为小于 0.10mg/m³ 和 0.05mg/m³，而 WHO/Europe 的评价指标分别为小于 0.05mg/m³ 和 0.025mg/m³；国标对于放射性指标氡的限值为小于 300Bq/m³，WELL 则为小于 148Bq/m³；WHO/Europe 室内空气质量评价指标对于甲醛、一氧化碳的计量单位为 ppm，限值要求显著高于国标的 mg/m³；限制差别最大的为甲苯，国标为小于 0.20mg/m³，WHO/Europe 为小于 0.26μg/m³。WHO/Europe 作为欧盟地区广泛使用的室内空气质量评价指标，因欧盟地区经济发展水平较高，严格控制环境污染，导致室内空气质量评价指标的差异。

3.3 国家标准的发展前景

基于我国目前的经济发展水平和科技发展程度，室内空气相关指标和限值仍和国际先进标准存在差距。随着生态文明思想的建设，我国的环境正逐步改善，也需要更高质量、更多数量的室内空气质量标准匹配，逐步跻身至国际一流水平。与国际上相关室内空气质量标准对比，我国室内空气质量标准可在以下几个方面进一步提高：

（1）对于可吸入颗粒物 PM_{10} 和 $PM_{2.5}$ 的限值进一步严格；

（2）为适应国际标准的发展趋势，化学性指标可以进一步增加，诸如邻苯二甲酸二丁酯、邻苯二甲酸二（2-乙己基）酯、二嗪磷、肿丁威等，以更高质量的标准限值要求提升室内空气品质；

（3）在国家标准的基础上，民用标准诸如健康建筑、绿色建筑的相应标准可进一步严格相应污染物的限值，各个标准之间做到加强关联，进一步完善相关标准的科学性和可行性。

此外，在完善现有标准的同时，也应做到合理借鉴，以充足的理论资料为相应标准的制定提供科学性和理论性。在把握国内实际情况的基础上，建立更为完善、科学的室内空气质量相关标准。

4 室内空气标志性参数检测技术

4.1 物理性参数检测技术

温度检测方法：根据《室内空气质量标准》GB/T 18883—2022 中的规定，主要的温度检测仪表有玻璃水银温度计、数字温度计；检测仪表的总绝对误差为 0.5℃；检测数据记录时间不宜超过 30min。室内温度一般定义为距离地面 2m 以内人活动地区的平均空气温度，检测点一般取房间中央位置，检测点的位置一般距地面 1.0 ~ 1.5m，检测持续时间宜为 24h 的整倍数。

湿度检测方法：根据《室内空气质量标准》GB/T 18883—2022 中的规定，主要的湿度检测仪表有干湿球湿度计以及电容湿度计，干湿球湿度计是通过一种吸湿性材料的变化来测量湿度，电容湿度计是通过水汽扩散到空气中时，所形成的电容变化来测量湿度。湿度测量仪表的精度应不大于 ±3%；湿度测量范围为 12% ~ 100%RH；当室内面积不足 $16m^2$ 时测室中央一点，$16m^2$ 以上但不足 $30m^2$ 测两点（居室对角线三等分，等分点作为测点）；$30m^2$ 以上但不足 $60m^2$ 测三点（居室对角线四等分，等分点作为测点）；$60m^2$ 以上测五点（二对角线上梅花设点）。测点离地面高度 0.8 ~ 1.6m，距离墙壁和热源不小于 0.5m。

气流速度检测方法：主要的风速测量仪表为热球式风速传感器。静态时，热球内部温度最高，热偶的热接点与冷接点的温度差最大，此时热电偶的输出电势最大。当有气流流动时，气流带走热量，使热球温度下降，热电偶的输出电势变小，以此形成了非电量到电量的转化。当室内面积不足 $16m^2$ 时测室中央一点，$16m^2$ 以上但不足 $30m^2$ 测二点（居室对角线三等分，等分点作为测点）；$30m^2$ 以上但不足 $60m^2$ 测三点（居室对角线四等分，等分点作为测点）；$60m^2$ 以上测五点（二对角线上梅花设点）。测点离地面高度 0.8 ~ 1.6m。

新风量测量方法：根据《室内空气质量标准》GB/T 18883—2022 中的规定，主要的新风量检测仪表有气体浓度测定仪、风管风量检测仪。示踪气体法测新风量主要使用的仪器为气体浓度测定仪，先测量室内相应的气体本底值，然后在室内通入一定量的示踪气体，将门窗关闭，使用风扇等设备使示踪气体均匀分布，再使用相应的仪器测出此时室内示踪气体的浓度，经过一定时间（一般取 30 ~ 60min），测量示踪气体的浓度，取得示踪气体衰减的数据，最后根据计算公式，得出室内的新风量。风管法测新风量主要使用的仪器为风管风量检测仪，通风换气系统配备了专门输送新风的管道，直接通过输送的新风的风量，再依据室内空间的大小和人员数量计算得出。找到室内的每一个新风管道，测量其送风面积以及送风面的风速，计算得出总的送风量，最后根据计算公式，得出室内的新风量。

4.2 化学性参数检测技术

4.2.1 臭氧检测技术

目前普遍采用的臭氧浓度检测方法主要有 KI 氧化还原法、靛蓝褪色反应法以及 DPD 法。20 世纪 70 年代后出现了许多和电子技术紧密相关的分析方法，如化学发光法、电化学法、紫外光谱法、荧光法等，已经成为环境臭氧测定的主要方法。

（1）化学发光法。1970 年 R.K.Stevens 等用一些对臭氧敏感的化学发光染料结合体禾硅胶吸附对大气中的臭氧进行了检测。1989 年 Koji Takeuchi 合成了一种化学发光探针 5，

5-二磺酸钠靛蓝用于臭氧的检测，在 0.025～0.410mg/mL 范围内化学发光的强度和臭氧的浓度呈线性关系，其采样方法为连续采样时间至少 45min，采样流量 0.4L/min。

（2）紫外光谱法。臭氧可由紫外光激发氧分子产生得到，同时它本身在紫外光区又有一很强的吸收带，称为 Hartley 吸收带。基于该原理的检测器的应用越来越广泛，通常只需要使用低压汞灯、滤波器、40～60cm 长的样品光池和一只光电管即可制得气态臭氧检测装置。最低检测限达 10.9ppb，体积浓度，并可实现大气其他组分的连续检测，现已向小型化、便携式的方向发展。2009 年 Purnendu K. Dasgupta 等设计了一种用于同时检测大气中 NO_2、O_3 和相对湿度的光纤传感器。使用薄层的硅胶色谱板和 8-氨基-5-磺酸基-1 萘作为反应的收集和感受器，光线的传播是通过三个光电二极管核心，波长分别为 442pm、525pm、850pm，通过计算三个波长处的信号即可检测 O_3、NO_2 和相对湿度。检测方法为监测时间至少 45min，监测间隔 10～15min，结果以时间加权平均值表示。

4.2.2 二氧化氮检测技术

（1）Saltzman 法测定二氧化氮的基本原理：空气中的二氧化氮与吸收液中的对氨基苯磺酸进行重氮化反应，再与 N-（1-萘基）乙二胺盐酸盐作用，生成粉红色的偶氮染料，于波长 540～545nm 范围内用分光光度计测定其吸光度。我国规定用盐酸萘乙二胺比色法作为测定大气中氮氧化物的标准方法。连续采样时间至少 45min，采样流量 0.4L/min。

（2）Saltzman 法和改进的 Saltzman 法比较：吸收液的配方稍有不同，在环境空气中，NO_2 和 NO_x 的浓度较低（1000mg/m³ 以下）的情况下，二者的 Saltzman 实验系数无显著差异。但前者样品的热稳定性优于后者，便于样品的运输和贮藏，更适合 24h 连续监测。连续采样时间至少 45min，采样流量 0.4L/min。

（3）化学发光法检测二氧化氮的原理：基于一氧化氮与臭氧的化学发光反应生成激发态的二氧化氮分子，二氧化氮在返回基态时，放出与一氧化氮浓度成正比的光，用光电倍增管接收即可测得一氧化氮浓度。监测时间至少 45min，监测间隔 10～15min，结果以时间加权平均值表示。

4.2.3 二氧化硫检测技术

目前已经有多种定量分析方法能有效、准确测量二氧化硫的浓度。针对固定的二氧化硫污染源，测试方法为甲醛溶液吸收-盐酸副玫瑰苯胺分光光度法。

二氧化硫被甲醛缓冲溶液吸收后，生成稳定的羟甲基磺酸加成化合物，在样品溶液中加入氢氧化钠使加成化合物分解，释放出的二氧化硫与副玫瑰苯胺、甲醛作用，生成紫红色化合物，用分光光度计在波长 577nm 处测量其吸光度，连续采样时间至少 45min，采样流量 0.5L/min。

4.2.4 二氧化碳检测技术

非分散红外吸收分析法测量空气中 CO_2 时，CO_2 不仅对红外线有选择性吸收特性，且在一定范围内，吸收值与二氧化碳浓度呈线性关系，利用此特性，可以检测空气中二氧化碳浓度。相关国家标准中对不同公共场所中 CO_2 浓度有相应的规定限值，当检测结果处于临界值，测量不确定度对检测结果符合性判定起着非常重要的作用，计算不确定度能减轻检测人员和检测机构的风险，同时，不确定度对检测工作质量控制也有一定的帮助。监测时间至少 45min，监测间隔 10～15min，结果以时间加权平均值表示。

4.2.5 一氧化碳检测技术

一氧化碳是室内外空气中常见的污染物,不分光红外分析法测量空气中一氧化碳浓度是常规的环境检测方法。监测时间至少 45min,监测间隔 10~15min,结果以时间加权平均值表示。

4.2.6 氨检测技术

(1)采用靛酚蓝分光光度法。大型气泡吸收管,有 10mL 刻度线;空气采样器,流量范围 0~2L/min;具塞比色管,10mL;紫外可见光分光光度计,型号 UV2600,使用含有 10mL 吸收液的大型气泡吸收管,以 0.5L/min 的流速收集 5L,并记录采样点的温度和气压,取样后将样品保存在室温下,并在 24h 内进行分析。无氨蒸馏水:将少量高锰酸钾加入一定量实验室用蒸馏水中,颜色呈浅紫红色,再加入少量氢氧化钠使之呈碱性,经过蒸馏,收集中间蒸馏部分的水加入少量硫酸溶液使其呈微酸性,重复蒸馏一次。吸收液 $\{c(H_2SO_4)=0.005mol/L\}$:向无氨水中加入 2.8mL 浓硫酸稀释至 1L,再稀释 10 倍待用。水杨酸溶液 $\{\rho(C_6H_4(CO)COOH)=50g/L\}$:提前配好,溶液呈淡黄色,室温稳定 1 个月。亚硝基铁氰化钠溶液(10g/L):提前配好,冰箱中可稳定一个月。次氯酸钠溶液 $\{c(NaClO)=0.05mol/L\}$:从正规厂家提前购置。连续采样时间至少 45min,采样流量 0.4L/min。

(2)纳氏试剂分光光度法,指在强碱溶液中氨(或铵)能与纳氏试剂(碘化钾的强碱溶液)反应生成黄棕色胶体化合物,此颜色在较宽的波长范围内具有强烈吸收性,通常使用 410~425nm 范围波长光比色定量。连续采样时间至少 45min,采样流量 1L/min。

(3)离子选择电极,是指带有敏感膜的、能对离子或分子态物质有选择性响应的电极,使用此类电极的分析法属于电化学分析中的电位分析法。连续采样时间至少 45min,采样流量 0.5L/min。

4.2.7 甲醛检测技术

(1)AHMT 分光光度法。基本原理是:在碱性条件下 4-氨-3-联氨-5-巯基-1.2.3-三氮杂茂(AHMT)与甲醛混合,轻微摇晃,发生缩合反应,再加入高磷酸钾剧烈振荡,生成紫红色化合物,甲醛浓度与颜色正相关。该方法优点为显色温度较低,室温 20℃ 条件下即可,无需加热,显色时间较短,十几分钟就可生成稳定的产物。酚、乙醛等多种污染物共存,对结果基本没有影响,在几种方法中,此方法抗干扰能力最强。连续采样时间至少 45min,采样流量 0.4L/min。

(2)酚试剂分光光度法。基本原理是:酚试剂(MBTH)与甲醛直接反应生成无色的嗪。在高铁离子存在条件下,嗪与酚试剂的氧化产物反应生成蓝色化合物,该化合物具有紫色可见吸收信号。颜色深浅与甲醛含量直接相关,在 630nm 波长处测定吸光度值,根据浓度和光度值绘制标准曲线,进行定量分析。该方法是作为甲醛测定的国标法,具有较高的准确度和较低的检出限。干扰较少,适用于大多情况下室内空气的检测。乙醛和丙醛的存在,会使测定结果偏高;酚、乙醇不干扰甲醛的测定;二氧化硫的存在会使测定结果偏低。连续采样时间至少 45min,采样流量 0.2L/min。

(3)高效液相色谱法,是以色谱峰的保留时间来进行定性分析,同一物质在同一色谱条件下应有相同的保留时间。但在实际食品添加剂检测中经常会遇到复杂基质样品,由于杂质成分与待测化合物性质相似或接近,就可能在色谱行为上表现一致,即使完全按照检测标准操作，也有各种因素干扰结果的准确性，对于这些色谱峰，仅靠保留时间定性，容易出现漏检、错检、数据不准确和检测时间长等问题。连续采样时间至少45min，采样流量1L/min。

4.2.8 苯、甲苯、二甲苯、总挥发性有机物检测技术

气相色谱法是一种分离技术，利用物质的沸点、极性及吸附性质的差异来实现混合物的分离。气相色谱法用气体作流动相，即载气，一般为惰性气体，载气的主要作用是将样品带入气相色谱法系统进行分离，其本身对分离结果影响很小。气相色谱法通常以表面积大且具有一定活性的吸附剂作为固定相。当多组分混合样品进入色谱柱后，由于各组分的沸点、极性或吸附性能不同，每种组分都会在流动相和固定相之间形成分配、吸附平衡，由于载气的流动性，使各组分在运动中反复多次进行分配、吸附，结果载气中分配浓度大的组分先流出色谱柱，固定相中分配浓度大的后流出色谱柱。组分流出色谱柱后随即进入检测器，检测器将各组分转换成与该组分浓度大小成正比例的电信号。当这些信号被记录下来时就形成色谱图，其包含有全部原始信息。连续采样时间至少45min，采样流量0.1L/min。

4.3 生物性参数检测技术

菌落总数的检测方法有平皿沉降法、过滤法和撞击法。其中，沉降法是指将盛有培养基的平皿放在空气中暴露一定时间，经培养后计算所生长的菌落数。过滤法则是抽取一定量的空气，使其通过一种液体吸附剂，然后取此吸附剂定量培养后计算出菌落数。新颁布的《室内空气质量标准》GB 18883—2022中细菌总数检测采用撞击法，撞击法是采用撞击式空气微生物采样器采样，通过抽气动力作用，使空气通过狭缝或小孔而产生高速气流，使悬浮在空气中的带菌粒子撞击到营养琼脂平板上，经（36±1）℃、48h培养后，计算出每立方米空气中所含的菌落数的采样测定方法。在使用撞击法进行采样时，应以28.3 L/min流量采集10min，并将采样后的营养琼脂平板放在4℃的环境中保存。

4.4 放射性参数检测技术

室内氡的检测方法有很多，在《建筑室内空气中氡检测方法标准》T/CECS 569—2019中提到了5种规定的测量方法，传统的检测室内氡的方法分别为：径迹蚀刻法、活性炭盒法、双滤膜法、气球法和闪烁室法，其中径迹蚀刻法和活性炭盒法都是累积采样，周期分别为3个月和2~7天，周期较长；双滤膜法和气球法为瞬时采样，得到的结果为瞬时结果。随着技术的发展，《建筑室内空气中氡检测方法标准》T/CECS 569—2019中增加了新的室内氡检测方法，即泵吸静电收集能谱分析法、泵吸脉冲电离室法和泵吸闪烁室法。对于不同的情况选用不同的检测方法，但测量结果的不确定度不应大于25%，探测下限不应大于5Bq/m³。在此主要介绍目前常用的几种检测方法。

（1）径迹蚀刻法

径迹蚀刻法原理在于当氡及其子体发射的α粒子轰击探测器时，会使其产生亚微观型损伤径迹。将此探测器在一定条件下进行化学或电化学蚀刻，扩大损伤径迹，以致能用显微镜或自动计数装置进行计数。单位面积上的径迹数与氡浓度和暴露时间的乘积成正比。用刻度系数可将径迹密度换算成氡浓度。此法可测氡浓度的年平均值，并能累积测量环境

水平中的氡浓度,不受到时间、季节、气象因素的影响。

(2)活性炭盒法

活性炭盒法的原理在于当空气扩散进炭床内时,其中的氡被活性炭吸附,同时衰变,新生的子体便沉积在活性炭内。用γ谱仪测量活性炭盒的氡子体特征γ射线峰(或峰群)强度,根据特征峰面积可计算出氡浓度。这种方法可测氡浓度的短期平均值,它具有测量准确、操作简便、采样期间不需要电源、体积小、便于布放和邮寄等优点。但对湿度和温度比较敏感,不适合在户外和湿度较大的地区使用。在实验中,活性炭盒法检测室内的氡浓度受到很多因素的影响,比如封闭时间、房间通风效果和采集时间等。

(3)脉冲电离室法

脉冲电离室法的原理为当空气通过扩散进入或者气泵抽入并经过滤材料进入电离室,在电离室灵敏区中氡及其衰变子体衰变发出的α粒子使空气电离,产生大量电子和正离子,在电场的作用下,这些离子向相反方向的两个不同的电极漂移,在收集电极上形成电压脉冲或电流脉冲,这些脉冲经电子学测量单元放大后记录下来,储存到连续探测器的记忆装置。该方法可进行瞬时检测,也可连续检测。

(4)静电收集法

环境空气中的氡经过滤膜过滤掉子体后进入收集室,收集室一般为半球形或圆柱形,在中心部位装有α能谱探测器,在探测器与收集室之间加有300~4000V的负高压或上万伏的驻极体。收集室中的氡将衰变出新生氡子体(主要是带正电的 ^{218}Po), ^{218}Po 在静电场的作用下被收集到探测器的表面,通过对氡子体放出的α粒子进行测量,计算出氡浓度。同样,此方法可作瞬时测量,也可作连续测量。

(5)闪烁室法

闪烁室法的原理为将待测点的空气吸入事先抽成真空的闪烁室内,闪烁室静置3h后,待氡及其短寿命子体平衡后测量其发射的α粒子。它们入射到闪烁室内的ZnS(Ag)涂层使其产生闪光,光电倍增管把这种光信号变成电脉冲,最后被计数器记录。在确定时间内脉冲数与收集的空气中氡浓度成正比,可由所测脉冲计数率得到待测空气中氡浓度。此方法可作瞬时测量,也可作连续测量。

4.5 可吸入颗粒物检测技术

可吸入颗粒物是存在于人体吸入的空气中且无法用肉眼识别的一种污染物,这种污染物对于长时间作息在室内的人的健康构成巨大的威胁。而目前室内空气质量的研究多限于对一氧化碳、TVOC、甲醛等具有代表性的气体污染物进行监测研究,忽略了室内可吸入颗粒物这一类参数的监测研究。因此,对室内空气可吸入颗粒物进行采集监测并对其质量评价进行研究,既可对可吸入颗粒物参数状况实时掌握,又可对其质量做出可靠评价,实现污染预警。

(1)重量法

重量法测量 $PM_{2.5}$ 浓度普遍采用大流量(单位:m^3/s)采样器,原理为采样泵抽取一定体积的空气进入分割器,将空气动力技术直径小于30μm的颗粒物切割分离,$PM_{2.5}$颗粒随着气流经切割器的出口被阻留在已称重的滤膜上。根据采样前后滤膜的质量差及采样体积,计算出 $PM_{2.5}$ 的浓度。重量法是最直接、最可靠的方法,是验证其他方法是否准确的标杆。重量法大流量采样器测量$PM_{2.5}$的不足的地方是人工工作量大，滤膜采样前后需实验室烘干称重，人工换纸和取样，手工计算$PM_{2.5}$的浓度，自动化程度低，不适合进行远距离监测，且取日均值时需连续采样12h以上，不能反映$PM_{2.5}$浓度的短时间变化情况，不能对沙尘暴等恶劣天气的变化进行实时反映。其优点是成本较低。重量法大流量采样器适用于近郊或经济条件相对落后的小城市，也可用于$PM_{2.5}$污染变化较小的城市，在国内外环境质量评估中应用比较广泛。

（2）β射线吸收法

将$PM_{2.5}$收集到滤纸上，然后照射一束β射线，射线穿过滤纸和颗粒物时由于被散射而衰减，衰减的程度和$PM_{2.5}$的重量成正比。根据射线的衰减就可以计算出$PM_{2.5}$的重量。β粒子实际上是一种快速带电粒子，它的穿透能力较强，当它穿过一定厚度的吸收物质时，其强度随吸收层厚度增加而逐渐减弱的现象叫作β吸收。β射线吸收原理自动监测测量$PM_{2.5}$的优点是要求样品量很少，根据实际需要，采样时间1~99min可调，可每小时自动得出一个监测数据，实时反映空气中$PM_{2.5}$浓度的变化情况，并可进行数据传输，有利于远程监测和自动控制，并极大的减少了人工工作量。其缺点是相对成本比较高。β射线吸收原理自动监测仪适用范围较广，在24h空气质量连续自动监测中应用广泛。在污染较重或地理位置重要的地方，β射线吸收原理自动监测仪可有效的反映出空气中$PM_{2.5}$污染浓度的变化情况，为环境保护部门进行空气质量评估和政府决策提供准确、可靠的数据依据。

（3）微量振荡天平法

利用一头粗一头细的空心玻璃材质管，粗头固定，细头装有滤芯。检测时，对采用自然通风的民用建筑，门窗关闭1h后进行检测；对采用中央空调的房间，应在空调正常运转的条件下进行检测。空气从粗头进、细头出，$PM_{2.5}$就被截留在滤芯上。在电场的作用下，细头以一定频率振荡，该频率和细头重量的平方根成反比。根据振荡频率的变化，可以算出收集到的$PM_{2.5}$的重量。

4.6 气味检测技术

在评价气味的方法中，气味强度、不满意度、愉悦度测试的共同点在于都需要通过气袋收集气体，将气袋连接到嗅辨仪上，之后由气味评价小组通过嗅辨仪对气袋中的气体进行评价打分。在嗅辨时，气味评价员应将嗅辨口置于鼻子和上嘴唇之间，距离1~2cm，缓慢地吸入气体样本。需要注意在进行测试之前每个采样点应至少采集50L气体样本，同样的也应注意对同一个气味样本虽然可以连续多次进行嗅辨，但不能超过3次，否则就要在无气味的场合休息至少10min再进行嗅辨，以免感官适应对结果造成影响。但对这三个参数进行测试时也有不同的地方，例如在进行不同参数的测试时需要的气味评价员数量就有所不同，在评价气味强度和愉悦度时需要至少8名气味评价员，而在评价气味可接受度时则需要至少15名气味评价员。

本章参考文献

[1]　Ram D N. Indoor air quality（IAQ）and energy efficiency[J]. ASHRAE Transactions，2019；125（Part 1）：

231-237. Accessed February 25，2023.

[2] 徐文华. 室内空气品质与通风 [J]. 制冷与空调，2015，15（10）：52, 72-83.

[3] 沈晋明. 室内空气品质的评价 [J]. 暖通空调，1997，27（4）：22-25.

[4] ASHRAE. ASHRAE Terminology of Heating, Ventilation, Air Conditioning & Refrigeration[M]. 2ed. ASHRAE Standards Commitiee, 1991.

[5] Ashok K, Alejandro M，M. Amirul I. Khan，et al. Ventilation and indoor air quality[J].Atmosphere，2022，13（1730）：1730.

[6] 邓芙蓉. 空气颗粒物与健康 [M]. 武汉：湖北科学技术出版社，2019.

[7] Adela P, Alexandra F, Dan I G, et al. Monitoring and prediction of indoor air quality for enhanced occupational health[J]. Intelligent Automation & Soft Computing, 2022, 35（1）：925-940.

[8] 国家市场监督管理总局. 室内空气质量标准：GB/T 18883—2022[S]. 北京：中国标准出版社，2022.

[9] 王莼璐，王毅一，史之浩，等. 基于多源融合数据评估 2014—2018 年中国地表大气臭氧污染变化及其健康影响 [J]. 大气科学学报，2021，44（5）：737-745.

[10] 王临池，葛锡泳，姚玉刚，等. 苏州市肺癌发病死亡与二氧化氮的关系研究 [J]. 中国初级卫生保健，2018，32（10）：63-65.

[11] 李长风. 上海市二氧化硫污染特征及影响因素分析 [J]. 环境卫生工程，2010，18（3）：18-20.

[12] 邓大跃，蔡金岩，周酉西，等. 教室内二氧化碳污染和新风量测定 [J]. 环境科学与技术，2007（9）：45-47，117-118.

[13] 孙维生. 一氧化碳的危害及防治 [J]. 现代职业安全，2002（5）：40-41.

[14] 喻乐华，张和平，童贞恭. 建筑中的氨气污染 [J]. 江西建材，2002（1）：31-32.

[15] 陈玉娟，刘兴荣，李思瑜，等. 兰州市室内建筑用混凝土外加剂的氨释放水平 [J]. 环境与健康杂志，2007，140（2）：93-95.

[16] 李晓东，丁珏. 南通市部分装修住宅室内空气中甲醛浓度的调查 [J]. 预防医学情报杂志，2003（1）：10-11.

[17] 庄晓虹. 室内空气污染分析及典型污染物的释放规律研究 [D]. 沈阳：东北大学，2010.

[18] 霍春岩，刘丽艳，马万里，等. 室内灰尘中 PAEs 污染特征及暴露评价 [J]. 黑龙江大学自然科学学报，2016，33（5），664-670.

[19] Burge H A. Bioaerosols and the Scientific，et al. Method[J]. Ann Allergy Asthma Immunol. 2003，52691（3）：217–219.

[20] Hu W，Wang Z H, Huang S. Biological aerosol particles in polluted regions[J]. Curr Pollut Rep, 2020, 6：1-25.

[21] Tan B B, Weald D, Strickland I, et al. Double-blind controlled trial of effect of house dust-mite allergen avoidance on atopic dermatitis[J]. Lancet, 1996, 347：15–18.

[22] Fisk W J, Lei-Gomez Q, Mendell M J. Meta-analyses of the associations of respiratory health effects with dampness and mold in homes[J]. Indoor Air, 2007, 17：284-296.

[23] Humbal C, Gautam S, Trivedi U. A review on recent progress in observations, and health effects of bioaerosols[J]. Environ Int, 2018, 118：189–193.

[24] Moisés A C, Allan L, Jörg K T, et al. Respiratory allergy caused by house dustmites：What do we really know?[J]. J Allergy Clin Immunol, 2015, 136：38-48.

[25] Huang C, Cai J, Liu W, et al. Associations of household dustmites (Der p 1 and Der f 1) with childhood health outcomesmasked by avoidance behaviors[J]. Building Environment, 2019, 151: 198-206.

[26] 刘嵩. 住房室内氡的危害及其控制措施[J]. 商品与质量, 2011 (S7), 267.

[27] Axelson O, Fredrikson M, Åkerblom G, et al. L. Leukemia in childhood and adolescence and exposure to ionizing radiation in homes built from uranium-containing alum shale concrete[J]. Epidemiology, 2002, 146-150.

[28] 张爱萍. 室内氡污染对健康的危害与防治[J]. 城市建设理论研究（电子版）, 2012,（022）, 1-7.

[29] 李万伟, 李晓红, 张利平, 等. 室内氡污染的研究进展[J]. 环境与健康杂志, 2008, 25（5）: 462-464.

[30] 黄国保, 曾卫新. 厨房油烟在线监测系统及方法[P]. 江西省: CN115586307A, 2023-01-10.

[31] Wolkoff P. Indoor air pollutants in office environments: Assessment of comfort, health, and performance. Int J Hyg Envir Heal, 2013, 216（4）: 371-394.

[32] 张万众, 张彭义. 室内建筑装饰装修材料气味物质及其释放研究进展[J]. 环境科学, 2021, 42（10）: 5046-5058.

[33] 陈鑫. 橡胶复合材料中VOCs的溯源及气味研究[D]. 北京: 北京化工大学, 2021.

[34] 朱振宇, 张鹏, 刘雪峰. 车内气味溯源方法体系研究[J]. 环境与可持续发展, 2018, 43（6）: 210-213.

[35] 黄昌前, 张青, 刘佳玉. 臭氧的检测方法研究[J]. 绿色科技, 2017（8）: 82-83.

[36] 李赵翔, 王煊军, 慕晓刚, 等. 空气中二氧化氮检测技术的研究进展[J]. 装备环境工程, 2022, 19（2）: 124-131.

[37] 姚浔平, 陆蓓蓓, 蒋丽. 不分光红外分析法测定空气中CO_2不确定度分析[J]. 中国卫生检验杂志, 2017, 27（16）: 2427+2430.

[38] 肖军, 韩素玉, 相海恩, 等. 不分光红外分析法测量空气中一氧化碳浓度的不确定度评定模型示范[J]. 轻工标准与质量, 2018, 159（3）: 47-48.

[39] 郭志勇. 室内氨污染分析及其检测方法的研究[J]. 中国建材科技, 2020, 29（3）: 33-34.

[40] 王晓旭, 张敏, 言彬. 三种常见室内空气中甲醛检测方法的对比[J]. 上海计量测试, 2022, 49（5）: 35-37.

[41] 徐辉. 气相色谱法与液相色谱法测定地下水样品中10种有机污染物的研究[D]. 长春: 吉林大学, 2013.

[42] 中华人民共和国生态环境部. 环境空气苯并[α]芘的测定 高效液相色谱法: HJ 956—2018[S]. 北京: 中国环境科学出版社, 2018.

[43] 吴慧. 室内空气中总挥发性有机化合物（TVOC）的检测技术[J]. 中国新技术新产品, 2020, 418（12）: 117-119.

[44] 国家技术监督局. 室内空气中可吸入颗粒物卫生标准: GB/T 17095—1997[S]. 北京: 中国标准出版社.

[45] 代磊, 王小翠, 刘盈智, 等. 气体中颗粒物检测系统和方法[P]. 浙江省: CN115615887A, 2023-01-17.

厨房通风进展

重庆海润节能研究院　丁艳蕊　付祥钊
重庆科技学院　　　刘丽莹

1　厨房通风实践进展

1.1　人类厨房的出现

人类热加工食物最初在室外，这种情景下的炊事需要的是避风雨，而不是通风。随着人类建造能力的增强，房屋（草棚、泥屋等）的内部空间扩大。为了避风雨，炊事行为移到了室内。这时的建筑内部空间是单一的，由一个门洞进出，最初是门扇都没有，墙也不严密。不管室外有无风，从门洞和墙缝进出的空气足以为人的呼吸、柴禾燃烧提供充足的氧气。草盖屋顶、草缝足以让炊事烟气渗透出去，弥散到室外。这种睡眠、休息、炊事、进食的"多功能"建筑空间，一般分为睡眠休息、炊事进食两个区域。在室内外温差作用下形成室内外空气交换路线：室外—门洞、墙缝—睡眠休息区—炊事进食区—上部空间—屋顶缝隙—室外。这不是人为组织的自然通风，是初始房屋建造工艺为了避风雨无意中形成的通风性能。

窗的创造，最初是为了采光和扩展视野（看室外情况）。门扇、窗扇的创造是否同时完成？从安全角度，推测应是门扇先完成。当门扇关闭时，室内黑暗，在墙上高于地面之外，开一个比门小的孔安全地采光和观察室外情况。当屋盖气密性增强后，窗洞与门洞在室外风作用下形成穿堂风，这也是建造者最初没有想到的意外功能。但当风向和风的大小不恰当时，穿堂风将炊事烟气扩散至全屋。

屏风——炊事区的创造。为避免穿堂风的影响，发明了"屏风"横放在门洞室内侧附近的进风主流区，避免室外风的直吹，改变了室内气流，削弱了穿堂风强度，但并没有有效解决室内炊事烟气弥漫的问题。先人用屏风作为隔断，将炊事区从主要空间分隔出去，也就从穿堂风区域中隔出了一个避风的炊事区，这样就形成了两股通风气流，其一是水平流动的由门洞—窗洞进出的主流线；其二是从水平主流分出来的支流，水平主流—分支—隔断的通道口—炊事热源—上升到上部屋顶底下空间—形成烟库—从屋顶孔隙中渗出到室外。

隔断发展成内隔墙，形成了厨室。除以下几种情况外，比较彻底地解决了炊事烟气对古建筑室内空间的污染。这几种情况分别是：屋顶的透气性不足；屋顶对烟气的冷却作用太强；室外空气温度超过厨室内部的空气温度。出现的这些情景，使先人们感到厨房的要领之一是排烟。从看到烟气从屋顶上的裂缝裂口排出，想到了增加缝隙、增大裂口，进而发明了屋顶上的排烟口。为了防止被屋顶冷却的下沉烟气污染室内生活空间，原只与外围墙等高的内隔墙，一直伸高到屋顶，将炊事空间与主空间完全隔离开，形成了一独立于主空间的厨房。此时，只有室内外温差的正、负变换对厨房烟气排出的影响问题难以解决。

前述的措施基本解决了炊事烟气对室内生活的影响，但炊事烟气对厨房内部空间的影响直到人类发明了陶器、创造了锅与灶，将耐烟火的陶器筒从灶膛接出，向上伸出屋顶之外形成烟囱，才得到解决。烟囱是具有工程性质的人类创造物，自此人类的通风工程开始萌芽。

1.2 农耕厨房的通风实践

厨房是农耕生活、生产的基本设施之一。我国农耕时代，普通农户的住房由草木、泥土构造，难以长期存在，大多消失于历史长河之中，又不为文史人士重视，难入史册或文本。好在农耕社会中，农户厨房的变化不大，在20世纪下半叶，即中国城市化进展之初，农村还能看到许多农耕特色很强的厨房。其中的通风系统包含着农耕文明的信息，值得关注。南北方的农耕厨房的最大差别，是北方农耕厨房的烟气在冬季从卧室的炕下穿过，形成具有通风、供暖双重功能的烟气系统；南方厨房没有这样的烟气系统。为了水和柴禾进厨房，南北方农耕厨房均有外门与室外相通。

南北方农耕住宅的厨房都有外门窗、烟囱出口与室外空间相通，其他功能房间也有外门窗等主要孔口与室外空间相通，同时厨房与其他功能房间之间还有内门等开口相互连通，形成了多进出口的通风气流通道。根据长期的居住经验，若室外风直吹厨房外门，厨房烟气会侵入起居室，因此农耕厨房外门都尽量背风（避风），烟囱的室外出口为防止烟气倒灌和有利灶火顺畅燃烧，更注意防风。农耕厨房的通风，主要靠热力作用，烟囱是关键通风设施。农耕厨房通风的主要功能是排除炊事过程产生的烟气，防止其污染住室内空间，动力大小取决于烟囱的高度和烟囱与室外的温差，必要技术措施是厨房外门窗和烟囱出口的避风。使厨房通风系统不能正常运行的主要情景是烟囱内温度低于室外温度，通常出现于夏季的晚炊生火过程，尤其是那些不午炊的农家。由于烟囱内温度低于室外，生火之时，烟囱内是下沉气流，室外空气从烟囱出口倒灌流进灶膛，从灶门口流进厨房。灶膛内初生火时的热烟气上升到灶膛内的烟囱进口，受下沉气流的压制，转随下沉气流一起从灶门口流进厨房，并从厨房的各内外门窗洞口，扩散到其他房间和室外。由于受炉膛内生火烟气的顶撞，烟囱内的下沉气流也相应削弱，并不能直接流到燃烧的柴禾处，而是与烟气混合后流往灶口。柴禾燃烧形成的微弱负压，只有少部分混合气流流到燃烧位置，但氧气含量不足以支撑燃烧，生火失败。这时，得等烟囱中的下沉气流慢慢将烟气带出灶膛，才能再次生火，也并不一定能成功，直到多次反复，使烟囱内壁温度逐渐升高到与室外温度相同，进而超过，形成上升的通风动力，灶火才能稳定燃烧。这一过程的时间可能超过正常的炊事过程。这是比防止风力倒灌更难的热力倒灌，而且烟囱高度越高，热力倒灌作用越强、越难克服。基本技术路线是保持烟囱内的温度始终高于室外。上一次炊事结束时，烟囱内温度达到最高值，然后被继续进入烟囱的厨房内空气冷却而下降，在下一次炊事生火时，烟囱内温度接近于厨房内空气温度。厨房内的空气是室外空气与起居室等室内空气的混合物，温度居于二者之间。若在厨房空气温度低于室外温度时段，烟囱内温度也可能低于室外温度，产生热力倒灌。晴天的下午室外气温升高，农居因热惰性，室内气温低于室外，所以晴天的晚炊容易遭遇热力倒灌。因此炊事结束后，隔断进入烟囱的气流，保持烟囱温度很重要。此外，山坡上的农居，还可能因"下山风"遭遇风力倒灌，此时，整个厨房烟气弥漫，排出的烟气沿山坡流动到山谷，而不是上升。这要求前面所述的烟囱出口不但要避水平风，还要避下沉风（下山风）。

农耕厨房的灶和烟囱的构造，将灶里的燃烧烟气与锅里的烹饪油气有效分开。烟气从烟囱构成的排烟系统排出厨房，烹饪烟气上升到厨房上部空间，从透气的房盖（草顶、小青瓦、小石片等为材料）渗透到屋外，若透气性不够，一般是在房盖上开避风的排气孔。

当农耕厨房的燃烧物不再是柴禾，而改用煤、燃气（沼气），并有自来水接入、有下水道排出时，出现了不设外门和烟囱的厨房，与单层的市民住宅的厨房通风趋同。

1.3 城市住宅厨房的通风实践

最初的市民是从农民中分离出来的，初始的集镇建筑也是由农耕建筑+小作坊（包括餐饮）+小商铺等聚集而成，在厨房及通风方面没有初始原创性成果。一般城市住宅厨房相对于当时的农村厨房，首先是燃料的进步，由柴禾变为柴块，单位容积燃料的热量提高，所需的炉、灶膛空间和厨房空间减小；加工的实物也更为精细，炊事所产生的烟气量和水汽量减少，消除炊事污染物所需的通风量下降，厨房外门的使用功能下降。主流建筑仍是单层，屋顶的透气性依然良好，炊事烟气及水汽能顺畅排出。建筑本体的热惯性明显小于农舍，夏季室温低于室外气温的程度并不大，生火时出现烟囱内温度低于室外的状态容易转变，热力倒灌不严重。古时市民住宅的建筑密度大，街巷窄小，高度较为一致，除周边建筑外，风力作用不及农居，风力倒灌也不严重。古时市民住宅的厨房通风没有农耕建筑难，因而也没有产生比同时代的农耕厨房更好的通风方法和设施。只有市民中分化出的富商大贾，他们的住宅往园林化方向发展，其厨房往往是单独的建筑，正如农村的地主建的庄园、寨子，厨房也是单独设置。这些厨房的通风与宫殿王府内的厨房类似，可另作研究。现代市民厨房通风与农耕厨房通风最大的不同之处是住宅由单层向多层、高层的变化，燃料、给水排水等设施先于农耕厨房。

在几代同室、几人共床的时代，典型的住宅中的一家一间全功能房间，人均居住面积不足 $3m^2$。起初的多层住宅，每户并没有自己的厨房，只在同层有一个共用厨房，甚至没有厨房，各家在走廊里或其他同一空间里支灶做饭，炊事燃料为煤或柴块。楼层高3.6m左右，共用厨房外墙上开窗，下边沿在楼板上1.2m左右；上边沿接近顶板，窗洞全高约2.0m，上部0.4m开小窗作排烟功能，下部1.6m作采光和进风功能。当室外无风时，在厨房与室外温差的作用下，热压通风。春、秋、冬三季，厨房内气温高于室外，炊事烟气能从上部的排烟窗顺利排出，室外空气从下窗的下部进入，可用自然通风的中和面理论进行分析。在夏季的12：00～18：00时段做中、晚饭的时间，厨房内的温度低于室外，室外空气从外窗上部开启的小窗进入，使上升到顶板下的烟气不能从该小窗排出，而是和进气混合后下沉到厨房下部，直到炊事活动使厨房内温度高于室外后，热烟气才从上部排烟窗排出。不论什么季节，只要炊事时的厨房温度高于走廊，厨房内的烟气也会在热压作用下，从厨房门洞顶部流入走廊，同时走廊内空气从门洞下部流进厨房。由于公共厨房炊事时人员频繁进出，不能关闭厨房门，走廊门顶到顶棚底的空间成为蓄烟仓，其中的烟气即使在炊事结束后很久都不能散尽。当室外有风时，如厨房外窗背风，是厨房排烟通风最有利的天气条件；若厨房外窗迎风，则室外风从窗进入，将厨房烟气带入走廊进而进入各户室内，这是排烟最恶劣的天气条件，这时关闭厨房外窗是一种不得不采取的措施。对于以走廊为炊事空间的住宅楼，若内走廊两端与室外相通，穿廊通风较好，大量炊事烟尘排出室外，但这种情况下，走廊两侧房间相对于走廊处于负压，部分烟尘从各户的入户门扩散进入各家，再从其外窗排出。

后期的多层住宅单元楼，开始实现功能分室，每套住房有了厨房，燃料仍以煤为主。建筑设计时努力争取自然通风，厨房外窗保持早期共用厨房外窗形式。这时建筑层高由 3.6m 逐渐降为 3.3m、3.0m，外窗全高由 2.0m 左右下降到 1.6m 左右，上部 0.4m 为排气窗扇，下部 1.2m 为进气窗扇。在热压作用下，只有底部的 0.4m 有效进风，0.4～1.2m 部分换气量很少。由于外窗整体高度减小，热压减弱，很小的迎面风速都能阻挡炊事烟尘、油烟的排出，使其通过厨房门扩散到居室。住户逐渐开始在厨房安装排气扇，直接向室外排出烟尘和油烟。室外空气从厨房外窗进入，形成机械排风、自然进风的通风方式。较之单纯的自然通风，排出效果明显改善，当迎风厨房外窗的室外风较强时，仍可将烟尘、油烟扩散到居室内。本来为形成厨房独自与室外通风换气，避免厨房烟尘、油烟污染居室的厨房外窗，成为造成居室污染的原因。当厨房外窗迎风时应关闭，但实践中，这时关闭厨房外窗的住户并不多。另外，无论是自然排烟还是机械排烟，由于上下左右各户之间的各种房间的外窗与邻家厨房外窗相距不大，邻家厨房排出的烟尘、油烟进入自家居室是经常发生的事。厨房向外直接排烟、油烟成为渐受关注的社会公共问题和环境问题。

为了解决厨房向外直排烟的社会公共问题和环境问题，住宅楼设计了厨房竖向排烟竖井，在各层厨房开启排烟口，从底层贯通各层直到伸出屋面一定高度。在通风功能上，各层厨房外窗只起进风作用。这样，以前各户厨房单独与室外构成的简单通风系统，转变成各层同水平位置重叠的厨房串联于排烟竖井的复杂通风系统。随着社会经济发展、人们生活水平提高，也促使厨房工艺发生了重要变化，炊事燃料由柴块、煤逐渐转变为燃气，微波炉、电饭锅等电炊具进入家庭厨房。排烟风扇被安装在锅上方的排油烟机替代，其排气接入竖向排烟竖井，形成动力分布式排烟系统，使厨房通风系统更加复杂。随着住宅楼由几层发展到 100m 高度以内的 20～30 层的高层，再到超过 100m 高度的超高层。共用竖井的排烟系统的水力工况越来越复杂，加之各层厨房的抽油烟机未纳入统一设计和安装，各户从市场自选的抽油烟机风压与排烟竖井难以合理匹配，各户启闭抽油烟机的时间带有随机性，油烟对排烟竖井尤其是止回阀等的污染造成其水力性质的改变，也对排烟系统的有效性造成障碍。这是一个需要协调运行管理的系统工程。

1.4　公共建筑厨房的通风实践

"民以食为天"，厨房在公共建筑中非常重要，但公共建筑中的厨房在设计时往往被忽视，投入使用后出现诸多问题。杨纯华指出，北京市在 1990 年亚运会及 1995 年世妇会前对饭店宾馆进行突击性检查，客房等公共设施比较容易通过，而厨房中暴露的问题较多，其卫生及工作环境都不能令人满意，文献作者单位对北京的一些饭店、宾馆等的公共厨房进行调查，总结出公共建筑厨房普遍存在的 8 个问题：厨房面积紧张，工艺布置不合理；以烧、炸、炒等作业为主的中餐馆厨房，其内外墙面污染严重，卫生状况差；厨房向邻近其他场所串味；排烟罩油烟污染严重，由排烟罩着火而引起的火灾时有发生；厨房的煤气灶"倒风"，火苗外喷，影响操作使用；厨房的空调系统使用一段时间后效率大大降低，室内温度降不下来，环境得不到改善；厨房室内温度高，工作环境差；厨房吊顶受潮，大面积掉落。稍加分析就可发现，出现这些问题的主要原因是厨房通风不良。

全国工程设计大师李娥飞编著的《暖通空调设计通病分析手册》以及再版的《暖通空调设计与通病分析》也对厨房通风存在的通病进行了提炼，列出了厨房通风问题的8个现象，其中有与杨纯华总结的基本相同的问题，如串味、煤气灶火苗外喷、厨房空调使用一年后降温效果大减或降温失败等，也有其他方面的问题，如宾馆中一个大厨房采用一个集中的排风系统，导致厨房通风耗电多，效果不好；严寒和寒冷地区厨房的排风机设置在室外，冬天排气中的水蒸气及油雾凝结，排风机壳内积水结冰，影响使用；厨房送风直接吹到炊事员的背后，使炊事人员患病等。

针对梳理出的现象和问题，提出了相应的解决措施，如表1所示。

厨房通风的问题、原因及解决措施 表1

现象和问题	原因	解决措施
厨房通风耗电多，效果不好	一个大厨房采用一个集中的排风系统，只要有一个灶使用，排风机就得启动	按具体情况分成2~3个系统，或采用变频风机，高峰负荷时全开
厨房空调使用一年后降温效果减弱或难以降温	厨房的送风系统采用的空气处理方式为部分回风，或采用了风机盘管，或设了单体冷风机。厨房内的空气直接与表冷器接触，油雾很快就会污染和堵塞表冷器上的齿片间隙，使风量大减以及表面传热系数大大下降	厨房的送风系统中，不能使用回风，只能用直流式系统
煤气灶火苗外喷	厨房内送排风量比例不当，使厨房内负压过高所致	考虑补充进气，一般情况下送风量为排风量的85%~95%，厨房的负压值不得大于5Pa
厨房串味	气流组织不好或厨房排风口与空调的室外进风口相距较近，进风不清洁	防止气流组织不当引起的厨房气味倒灌，除了在厨房和餐厅之间设走道过渡之外，把厨房补风量的60%先送到餐厅，再由餐厅流至厨房。尽量避免进风口与厨房排风口设在同一方向，新风进口设在空气比较清洁的地方，并宜设在厨房排风口的上风侧
厨房送风直接吹到炊事员的背后，使炊事人员患病	灶在身前，冷风从背后直吹，使人感冒，腰酸背痛	将冷风送到室内，远离操作区域
厨房排风机壳内积水结冰，影响使用	严寒和寒冷地区厨房的排风机设置在室外，冬天水蒸气及油雾凝结成冰，排风机无法启动，甚至当炉灶使用时，不仅不能排气，还有水滴下来	（1）注意风机的转向，尽量选用水平出口的风机。如果必须选用上出口的风机，应在风机壳的最下边装一根泄水管，及时将积水泄掉。风机室外部分及风管均保温。（2）水平管道要有大于2%的坡度，坡向排气罩方向。（3）排气管道中的流速一般为10m/s左右。（4）风机最好设在排风机房内

随着社会经济发展和技术进步，公共建筑厨房问题得到了改善，如厨房面积问题，相关标准规范给出了确定方法，规定了厨房区域和食品库房面积之和与用餐区域面积比例，可以根据规划的用餐区域面积确定厨房面积；内外墙面污染严重问题，可通过灶具上方设置排油烟机的方法进行解决；排烟罩油烟污染严重、排烟罩着火的问题，可通过改变油烟罩材质以及新产品的开发等得到解决；厨房吊顶受潮脱落的问题，可通过设置排烟罩捕集烹饪产生的水蒸气，以及通过改变装饰方式如采用铝扣板吊顶等得到解决。

目前其他公共建筑厨房通风中仍然存在的问题，分析认为主要是由于厨房通风技术未在工程项目中得到恰当的应用。《全国民用建筑工程设计技术措施暖通空调·动力》（简称《技术措施2009》）以及《民用建筑供暖通风与空气调节设计规范》GB 50736—2012（简称《民规》）、《饮食建筑设计标准》JGJ 64—2017等对厨房通风设计均作出了规定。行业标准《饮食建筑设计标准》JGJ 64—2017中第5.2.4条对厨房内压力、通风方式、油烟净化、通风量、送风温度等作了要求。中国建筑设计研究院有限公司编著的《民用建筑暖通空调设计统一技术措施2022》（简称《统一技术措施2022》）对公共建筑厨房通风从系统设置、风量选择与计算、风口布置、补风系统、油烟净化设施设置、排风系统、通风设备选择等作了详细的技术规定和说明，《统一技术措施2022》相比《技术措施2009》，主要进行了以下变化：

（1）优化了系统设置原则。取消了《技术措施2009》中"应设置全面通风的机械排风"的前提条件"当自然通风不能满足室内环境要求时"。原因是厨房灶具不使用时，灶具排风系统通常也不运行，但厨房空气中仍存在一定的气味，应设置全面机械排风系统，使厨房始终保持负压，防止异味溢出。

（2）改进了排风罩风量的计算。优化了按排风罩口断面以及排风罩周边气流断面计算风量的公式，如增加了排风罩漏风系数、罩口风速以及排风罩周边断面风速的取值规定。

（3）增大了灶具排风量的估算取值。厨房通风不具备准确计算条件时，灶具排风量的换气次数估值规定显著提高至少10～20h^{-1}。原因是近年来营业性餐饮厨房排风的土建条件预留普遍不足，导致实际厨房灶具运行时排风效果不佳。同时，随着灶具平面布置的占地面积在厨房中的比例越来越大，《统一技术措施2022》编制组实际调查后给出了换气次数估算数值。

（4）明确了送、排风口的布置考虑气流组织问题。补风的气流组织应有利于排风系统有效排除污染物，不应有气流组织短路情况。规定补风口应设置于人员活动区，并与全面排风口和排风罩口保持合理间距，防止气流短路。

（5）增加了油烟净化设施以及油烟排放口的设置规定。排油烟风机前应设置油烟净化设施，其设置位置应便于油烟净化设施的维护、清理、更换。油烟排放浓度及净化设备的最低去除效率不应低于国家及地方现行相关标准的规定。经油烟净化和除异味处理后的油烟排放口应远离并与周边环境敏感目标（如住户、办公的可开启外窗、出入通道、冷却塔、风冷设备进风侧，空调、通风系统进风取风口，老人、儿童的室外活动场地，室外主导风向的建筑上风侧）的水平距离不应小于10m。饮食行业单位所在建筑物高度小于或等于15m时，油烟排风口应高出屋顶；建筑物高度大于15m时，油烟排风口高度应不大于15m。

（6）明确了通风设备选择要求。如风压选择应在排风罩阻力、净化设备的风阻力及管道阻力计算值的基础上附加10%～20%的安全系数。当按照排烟罩尺寸计算风量或按照工艺提供的排烟罩风量作为设计风量时，可附加5%～10%的安全系数；当按照换气次数法估算风量时，风机风量不再附加。

这些基于大量工程实践总结出来的工程经验成果，对做好公共建筑厨房通风设计提供了借鉴和参考。将目前厨房通风技术进行恰当应用，很多问题也基本可以避免。

行业标准《饮食建筑设计标准》JGJ 64—2017总则1.0.2条明确规定，标准适用于新建、扩建和改建的有就餐空间的饮食建筑设计，包括单建和附建在旅馆、商业、办公等公共建筑中的饮食建筑。其他标准规范、专著等提出的技术措施和规定未根据建筑类型、厨房规模等对厨房通风系统分别作出不同的要求和规定，默认适用于所有类型公共建筑厨房的通风设计。

公共建筑厨房根据公共建筑不同类型分为商住楼厨房、办公楼厨房、酒店厨房、城市综合体厨房以及平房小餐馆等，虽然从厨房通风系统技术方面看，不论什么建筑类型，也不论厨房的大小，其通风设计的技术要求是一致的，但从厨房通风工程看，各类不同建筑类型的厨房通风，往往各有需要着重考虑的问题：

（1）厨房在公共建筑中的位置问题

《饮食业环境保护技术规范》HJ 554—2010 中 6.2.3 条规定，饮食业单位所在建筑物高度小于等于15m时，油烟排放口应高出屋顶；建筑物高度大于15m时，油烟排放口高度应大于15m。办公建筑和酒店建筑厨房位置相对固定，一般设置在顶层或上部，通过排风竖井将厨房油烟输送到建筑屋顶以上经处理达标后排放，很容易满足规范要求。但也有工程项目将厨房设置在下部。此种情况，油烟如何排放？设置通风竖井将厨房排风输送到建筑屋顶以上，是否有设置竖井的条件？工程代价多大？尤其是高层建筑，通过外立面设置明装管道输送至屋顶排放，相关部门以及建筑物业务是否允许？平层排放时，如何满足规范对排放口设置要求的规定？如何不对邻近敏感区域产生噪声、空气污染等影响？厨房位置设置在下部时，需要重点考虑此类问题。

商业综合体内餐饮设置众多，餐饮位置布置随意，大大增加了厨房通风系统的可实施难度。排风系统如何设置？厨房油烟如何排至室外？一些研究和实践者结合实际工程项目中遇到的问题给出建议：餐饮房间尽量靠上层或顶层布置，便于设置通风竖井，并减少空间占用；不同楼层餐饮房间尽量上下对照布置，便于设置通风竖井和竖向厨房共用通风系统。

（2）油烟净化与排放问题

中餐分为不同的菜系，如川菜、鲁菜、粤菜、淮扬菜、浙江菜、闽菜、湘菜、徽菜八大菜系，包含炒、烧、煎、炸、煮、炖、蒸、烤等不同的烹饪方式，不同菜系采用不同的烹饪方式，其产生的油烟量和有机挥发性颗粒物量不同。

张腾等集中分析了餐饮无组织排放源（街边小吃、火锅店、露天烧烤）及有组织排放源（10家大中型餐馆）油烟 $PM_{2.5}$ 中的 TC（总碳）、元素组分、离子组分和 16 种 PAHs，得到了各类餐饮源油烟 $PM_{2.5}$ 的化学组成特征，结果表明：各餐饮源油烟的 $\rho(PM_{2.5})$ 是大气背景值（$0.1325mg/m^3$）的 3～42 倍，其中露天烧烤油烟的 $\rho(PM_{2.5})$ 最高，达 $5.6598mg/m^3$。不同餐饮源油烟的 $PM_{2.5}$ 中各化学组分均为 $w(TC)$（38.1%～75.8%）> w（元素组分）（4.5%～27.0%）> w（离子组分）（2.7%～22.6%），并且 $\rho(PM_{2.5})$ 与 $w(TC)$ 呈显著正相关（$R=0.99$）。菲（PHE）、芘（PYR）、荧蒽（FLT）的质量分数在各类餐饮源油烟的 PAHs 中均普遍较高，分别为 13.8%～21.6%、9.2%～26.5%、6.9%～22.0%。大中型餐馆油烟的 PAHs 中苯并[ghi]芘（BPE）的质量分数最高（27.5%），而在其他餐饮源中均小于 6.7%；䓛（CHR）的质量分数最低（3.3%），而在其他餐饮源中均大于 5.3%。露天烧烤油烟的 PAHs 中芘、荧蒽的质量分数分别是其他餐饮源的 2.7 和 2.3 倍以上；萘（NAP）的质量分数（0.3%）较小，但在其他餐饮源中均大于 11.4%，可以作为特定餐饮源油烟的特征物种。

由厨房油烟的化学组分特征可知,厨房油烟排放和处理不当会对环境以及附近居民产生严重影响。

有调研测试,选取石家庄主城区及其周边区域的烧烤、川菜、西式快餐、上海菜、中式快餐5类菜系作为测试研究对象,经采样检测得出不同菜系的烹饪油烟对应的VOCs浓度依次为12.91mg/m³、7.96mg/m³、6.11mg/m³、4.14mg/m³、3.69mg/m³。采样的5个餐厅均安装了油烟净化设备/净化器,各个菜系餐厅的净化设施去除效率均较高,从高到低依次是上海菜、西式快餐、中式快餐、川菜和烧烤,去除效率分别为95.76%、92.29%、92.18%、91.71%和87.64%,达到标准中的要求,最终油烟排放浓度均小于2mg/m³,满足标准规范达标排放,但仍被附近居民投诉。

中小型餐饮大多集中分布在人口密集区域,尤其是商场沿街两侧和居民楼底层,多数餐饮为个体经营,具有散、乱、小等特点,普遍存在油烟无序排放等问题。餐饮油烟呈现间歇性排放,具有排放量大、分布面广、高度分散等特征,同时排气筒高度偏低导致低空扩散性较强。厨房油烟排放位置距离敏感区太近会对邻近居民产生严重影响。如何进行排风油烟净化与排放,排放位置如何确定,排放标准如何选择,以及尽量避免对邻近区域住户产生噪声、空气污染等影响,同时尽量减少对建筑立面的影响,是需要关注的问题。

全电厨房推行后,没有了燃气燃烧,减少了事故排风以及燃烧所产生二氧化碳的通风稀释排放需求,厨房排风主要考虑烹饪所产生的油烟和热蒸汽的排放。《饮食业环境保护技术规范》HJ 554—2010中第6.1.1条规定,厨房的炉灶、蒸箱、烤炉(箱)等加工设施上方应设置集气罩,油烟气与热蒸汽的排风管道宜分别设置。蒸煮餐饮油烟量少,VOCs和$PM_{2.5}$等颗粒物的排放量少,主要是热蒸汽的排放,对厨房通风的要求以及排放要求是否会有所降低?是否可以水平直排?有人向生态环境部提出过咨询:油烟气与热蒸汽的排风管道分别设置后,热蒸汽排放口的布置要求是否与油烟气排放口布置要求类同或者降低?得到生态环境部的回复:《饮食业环境保护技术规范》HJ 554—2010要求厨房的炉灶、蒸箱、烤炉(箱)等加工设施上方应设置集气罩,油烟气与热蒸汽的排风管道宜分别设置,并对油烟排放口的布置要求进行了规定。对于热蒸汽排放口的布置未做要求,但要避免对周边居民生活产生影响而导致投诉。同时指出,带异味的蒸煮热蒸汽属于饮食业产生的特殊气味,参照《恶臭污染物排放标准》GB 14554—1993臭气浓度指标执行,即对于蒸煮餐饮的热蒸汽排放口位置没有过多要求,但需要对蒸煮热蒸汽的气味净化问题格外注意。

(3)专业配合问题

厨房通风工程设计,不仅仅是暖通专业的事情,更需要建筑专业、工艺专业共同配合。与建筑专业紧密配合,确定厨房位置、烟道位置、油烟排放位置等,以便合理布置厨房通风系统;与工艺设计专业配合,根据厨房工艺确定厨房通风量、气流组织等。厨房工艺设计专业介入晚,建筑专业与通风设计专业协调不够,导致厨房通风设计容易出现如厨房通风系统设计不合理、通风量不足、气流组织不合理、油烟排放位置不当等诸多问题。厨房工艺设计提前介入,同时加强与建筑专业的配合时,有助于协调工程实践中存在的重点问题。

2 厨房通风工程进展

2.1 厨房通风工程标准

2.1.1 国外标准综述

目前美国和欧洲部分国家已有专门适用于商业厨房通风系统的设计标准、规范或导则，如表2所示。

国外商业厨房通风系统设计相关标准、规范、导则　　　表2

国家	类别	名称	年份（年）	主要内容
美国	标准	ASHRAE Standard 154-Ventilation for commercial cooking operations	2016	从排烟罩、排放系统、补风、系统控制四部分对排油烟系统设计进行规定
		International Mechanical Code	2015	商业厨房排油烟系统风管和排风设备；商业厨房排烟罩；商业厨房补风系统；防火系统
		ASHRAE Standard 90.1-Energy standard for buildings except Low-Rise residential buildings	2010	增加了对商业厨房排风系统的规定，从节能角度对通风系统设计提出要求
	规范	California Title 24-building efficiency regulations	2014	给出厨房通风系统设计节能要求
	导则	FSCI White Papet-Commercial kitchen ventilation 'best practice' design & specification guidelines	2006	指出厨房通风系统设计面临的挑战，并从排烟罩、按需控制、油脂净化等方面给出厨房排油烟系统设计建议
		IARC -Minnesota commercial kitchen-ventilation guidelines	2010	给出厨房通风系统设计、计算、运行的一般准则
欧洲	标准	EN16282-Equipment for commercial kitchen-components for ventilation in commercial kitchens（Part 1-8）	2017	给出通风系统设计的一般要求，排烟罩、通风顶棚、送风口和排风口、通风管道及油脂分离器的设计和安全要求，以及烹饪烟气处理设备要求和测试
	导则	YD12052 Vcntilation cuipment for kitchens	2017	针对德国商业厨房，确定通风系统设计基本原则、室内环境要求、气流组织、排风量计算、排烟量、送排风系统设备、防火、运行及维护等
		HSE-Ventilation in catering kitchens	2017	针对采用天然气灶具的厨房给出了厨房高效通风系统的设计目标和设计依据，并从排烟罩（设计、性能、维护）、补风、冷空气、烟气排放等方面进行了简单的建议
		Halton design guide for indoor air climate in commercial kitchens	2007	介绍商业厨房通风系统设计基本原理，不同通风形式、通风系统的设计流程
	规范	DW/172 Specification for kitchen ventilation Systems	2005	针对英国商业厨房从设计依据、排烟量、类型和尺寸、排风量计算、补风设计、材质、设备、防火、制作、安装等方面进行了规定

为解决商业厨房复杂的通风系统问题，美国ASHRAE技术委员会在2003年首次制定了用于商业厨房通风系统设计的ASHRAE 154标准"Ventilation for Commercial Cooking

Operations",标准从"排烟罩(Exhaust Hoods)""排放系统(Exhaust Systems)""补风(Replacement Air)"三个部分给出了设计依据。至今为止,该标准已经过两次修订。2011年标准增加了"系统控制(System Controls)"的内容,从"运行控制(Operating Controls)"和"按需控制通风(Demand-Control Ventilation)"两方面对系统提出要求。并依据最新的研究成果对标准已有的三部分内容进行增删和修改,如"排烟罩"部分:①依据ASHRAE RP1362测试结果,将灶具分类依据由"灶具表面温度"改为"捕集排出污染物所需的排风量";②增加排烟罩制作要求:Ⅰ类排烟罩需满足UL710标准要求,Ⅱ类排烟罩需满足ASHRAE 154-2011标准中4.2、4.5-4.8的要求;③加严了排烟罩超出灶具的尺寸(表);④增加排烟罩内部补风;⑤增加Ⅰ类排烟罩油脂过滤测定,测定依据ASTM 2519标准进行;⑥增加排烟罩性能测试要求。"排放系统"部分,增加了"管道制作、安装、密封性测试及运行维护"的要求。"补风"部分,对送风方式及送风速度给出规定。2016年修订版主要补充了"按需控制通风"方面的内容。

ASHRAE 154的发布,给国际机械规范International Mechanical Code(IMC)中厨房通风相关部分的修订提供了基础。2010年,ASHRAE 90.1标准"Energy Standard for Buildings except Low-Rise Residential Buildings"增加了商业厨房排风系统条文,从节能角度对通风系统设计提出要求。随后2014年加利福尼亚的California Title 24中也增加了有关厨房通风的相关规定。

另外,美国的一些社团也制订了设计导则指导厨房通风系统设计。如北美的国际餐饮顾问协会2006年发布了白皮书"Commercial Kitchen Ventilation 'Best Practice' Design & Specification Guidelines",明尼苏达州的机构审查委员会发布了导则"Minnesota Commercial Kitchen-Ventilation Guidelines"。这两个文件不是设计规范,是给设计人员提供指导的文件以帮助合理设计商业厨房排油烟通风系统。

在欧洲,欧洲标准委员会(CEN)制定标准EN16282 "Equipment for commercial kitchen-components for ventilation in commercial kitchens",欧盟国家依据该标准进行商业厨房通风系统系统设计。德国和英国分别依据该标准制订了各自的导则或规范VDI2052 Ventilation equipment for kitchens和DW/172 Specification for Kitchen Ventilation Systems。Health and Safety Executive(HSE)针对采用天然气灶具的厨房发布了设计导则"Ventilation in catering kitchens",给出了厨房高效通风系统的设计目标和设计依据,并从排烟罩(设计、性能、维护)、补风、冷空气、烟气排放等方面给出了建议。该导则是非强制性文件,为厨房油烟系统设计提供指导。另外Halton也为解决商业厨房室内环境问题制订了设计导则。

2.1.2 国内标准综述

我国厨房通风系统设计相关的标准、规范与技术措施见表3。

国内厨房通风系统设计相关标准、规范   表3

类别	名称	年份(年)	主要内容
技术措施	《全国民用建筑工程设计技术措施暖通空调·动力》	2009	从厨房通风系统形式、排风罩设计、排风量技术、补风设计、风口布置等方面给出规定

续表

类别	名称	年份（年）	主要内容
标准	《饮食建筑设计标准》JGJ 64	2017	给出厨房热加工间区域通风系统设计要求
规范	《民用建筑供暖通风与空气调节设计规范》GB 50376	2012	给出公共厨房中发热量大且散发大量油烟和蒸汽的厨房设备的通风设计要求
标准	《住宅厨房空气污染控制通风设计标准》T/CECS 850-2021	2021	分住宅厨房气流组织设计及污染物控制排风量、住宅厨房公共排油烟系统设计、排油烟装置及排油烟风道设计、检测与控制系统设计、防火、安全、噪声控制设计几个部分，详细给出了住宅厨房通风系统设计的措施

《饮食建筑设计标准》JGJ 64—2017对厨房区域通风系统形式进行了规定，指出厨房热加工间宜采用机械排风，产生油烟的设备应设含油烟净化装置的机械排风系统，排放气体应满足国家有关排放标准的要求等。《民用建筑供暖通风与空气调节设计规范》GB 50736—2012（以下简称《民规》）6.3.5条给出公共厨房通风相关规定，指出发热量大且散发大量油烟和蒸汽的厨房设备应设排气罩等局部机械排风设施，产生油烟设备的排风应设置油烟净化设施，其油烟排放浓度及净化设备的最低去除效率不应低于国家现行相关标准的规定；采用机械排风的区域，当自然补风不能满足要求时，应采用机械补风，厨房相对于其他区域应保持负压，补风量宜为排风量的80%~90%，严寒和寒冷地区宜对机械补风采取加热措施等。

除住宅厨房通风设计的专项标准外，目前国内暂无商业厨房通风系统设计的专项标准，但油烟排放要求有专项标准。国标《饮食业油烟排放标准》GB 18483—2001对饮食业单位的油烟最高排放浓度和油烟净化设施的最低油烟去除效率作了规定：灶头数小于3个的小型厨房净化设施最低去除效率不低于60%，小于6个的中型厨房不低于75%，大于等于6个的大型厨房不低于85%。各地方标准对油烟最高排放浓度和油烟净化设施的最低油烟去除效率提出了更高要求（表4），并要求设置在线监控设施。此外，2022年2月，辽宁省环境科学学会申报立项了《辽宁省餐饮业油烟排放技术指南》的团体标准。

国内一些地区的餐饮业油烟排放标准（现行） 表4

地区	地方标准
上海	《饮食行业环境保护设计规程》DGJ 08—110 《餐饮业油烟排放标准》DB 31/844
山东	《饮食业油烟排放标准》DB 37/597
海南	《海滨酒店、餐饮店污水油烟排放标准》DB 46/163
天津	《餐饮业油烟排放标准》DB 12/644
深圳	《饮食业油烟排放控制规范》SZDB/Z 254
北京	《餐饮业大气污染物排放标准》DB 11/1488
重庆	《餐饮业大气污染物排放标准》DB 50/859
河南	《餐饮业油烟污染物排放标准》DB 41/1604

2.2 厨房通风系统的设备与材料

2.2.1 排烟罩

厨房排烟罩主要有伞形排烟罩、油网式排烟罩、运水烟罩几种形式。

伞形排烟罩：主要用于洗碗水池、洗碗机及小型单台烹调设备的排除污染气体，通常安装在设备的上方，一般不设过滤和净化装置。在厨房中采用的伞形罩截面多为长方形。特点是结构简单、容易制造，风量设计合理时排风效果良好，是厨房中必备的设备。

油网式排烟罩：厨房最常用的一种排油烟罩，罩体水平投影面为长方形，横截面似半边的伞形烟罩。长度根据灶具的数量和摆放长度决定，高度为550mm，宽度一般为1250mm，前沿带送风装置的总宽为1500mm左右。罩体内一侧以60°的斜度装有迷宫式过滤油网，有一定的油烟过滤能力，经常在一般餐厅的厨房中使用。

运水烟罩：基本工作原理是将配有洗涤液的水经水泵加压后送到烟罩内喷洒成扇形，从罩体下方上来的油污气体在与扇形水面接触中被去污净化，而水经气液分离扇分离后流回水箱。运水烟罩有排污、加水、加洗涤液、循环等整套的自动控制系统，操作使用很方便。经此烟罩净化后的气体除油率可达到90%左右，基本不再污染管道，同时由于水雾的隔离作用，这种烟罩有一定的防火功能。

2.2.2 排风机

常用的排风机有轴流风机、离心风机和柜式离心风机。

轴流风机：风机的进风口与出风口平行，特点是机身小、风量大、风压小、噪声一般。轴流风机只适用于风管长度短、弯头少的情况，安装油烟净化器后很少应用。

离心风机：风机的进口与出风口垂直，其特点是机身大小一般、风量一般、风压大、噪声大、风量可调节。离心风机应用较多，但其缺点是噪声太大，不适宜装在室内，只能设置在室外，需做降噪处理。

柜式离心风机：风机的进风口与出风口平行，其特点是机身大、风量一般、风压小、噪声小、风量可调节。风柜适用于风管、弯头不过长过多的情况，常在排烟罩与油烟排放口有一段距离的厨房排油烟系统中选用。

2.2.3 油烟净化设备

商业厨房油烟净化设备包含油脂净化设备和烟气净化设备。油脂净化的主要技术有惯性分离法、过滤法、洗涤法、高压静电法和复合法5种，其基本工作原理是运用颗粒物的净化机理去除油烟中的颗粒物。烟气VOCs净化主要有活性炭吸附、高压静电、燃烧法、光催化和等离子体等技术。

油烟净化设备主要采用机械分离和静电净化的双重作用。含油烟废气在风机的作用下吸入管道，进入油烟净化器的一线净化分离均衡装置，采用重力惯性净化技术，对大粒径油雾粒子进行物理分离并且均衡整流。油烟净化示意图如图1所示。

《吸油烟机及其他烹饪烟气吸排装置》GB/T 17713规定了吸油烟机的气味降低度和油脂分离度的性能指标要求。气味降低度即吸油烟机在规定的试验条件下，降低室内异常气味的能力，分常态气味降低度和瞬时气味降低度。常态气味降低度，即在规定的试验条件下，实验室持续、定量产生异味气体时，吸油烟机同步运转，30min内降低室内异常气味的能力。瞬时气味降低度，即在规定的试验条件下，当实验室异常气味浓度达到最大时，开启吸油

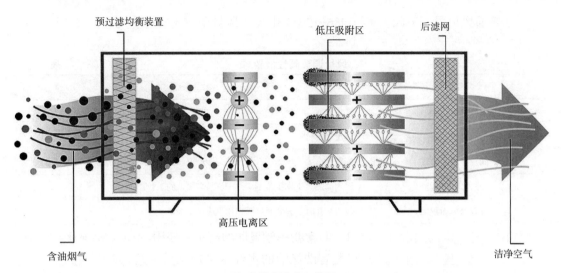

图 1　油烟净化示意图

烟机，3min 内降低室内异常气味的能力。标准规定，外排式吸油烟机的常态气味降低度应不小于 90%，且瞬时气味降低度应不小于 50%。油脂分离度即吸油烟机在规定的试验条件下，从油烟气体中分离出油脂的能力。标准规定，外排式吸油烟机的油脂分离度应不小于 80%。

《吸油烟机能效限定值及能效等级》GB 29539 规定了吸油烟机的能效等级、能效限定值以及节能评价值等。吸油烟机的能效以全压效率、待机功率、关机功率、常态气味降低度、油脂排放限制分为 5 级，1 级能效最高，5 级为能效限定值，2 级为节能评价值。1 级和 2 级能效等级的吸油烟机，全压效率要求有所差别，1 级全压效率≥23%，2 级全压效率≥21%，待机功率、关机功率和常态气味降低度要求相同，待机功率≤2.0W，关机功率≤1.0W，常态气味降低度≥95%。

《住宅厨房空气污染控制通风设计标准》T/CECS 850 规定，吸油烟机应优先选用符合现行国家标准《吸油烟机能效限定值及能效等级》GB 29539 中节能评价值要求的设备。

2.2.4　风阀

厨房通风系统涉及的阀门有调节阀、止逆阀、防火调节阀 3 类。

关于风量调节阀的设置，《民规》中第 6.6.8 条规定，通风设备的进风口或出风口处宜设调节阀，调节阀宜选用多叶式或花瓣式。《统一技术措施 2022》中第 3.12.7 条规定，通风系统应在适当的位置设置风量调节阀。采用对开式调节阀时，宜与风机保持一定的直管段距离；大型风机的吸入口宜采用光圈式入口阀。厨房通风系统设置调节阀是通风系统实际运行中，部分负荷下为调节风机风量、风压所采取的措施，实现系统阻力平衡调节以及变风量运行。厨房排油烟管道穿越防火墙、防火隔墙处应设置 150℃防火调节阀，温度达到 150℃时自动关闭并联锁，停止排风机运行。

住宅尤其是高层住宅一般都是利用公共烟道排出油烟，容易遇到厨房返味；需要安装止逆阀。止逆阀又叫止回阀、单向阀，厨房止逆阀有两种，一种是烟道止逆阀，还有一种是烟机止逆阀。烟道止逆阀安装在厨房烟道上，防止烟道内油烟倒灌以及异物或者昆虫、动物掉入排气管内；烟机止逆阀是油烟机自带的，安装在烟机顶部与伸缩烟管连接。

《建筑通风风量调节阀》JG/T 436—2014 中关于风量调节阀的性能规定如表 5 所示。

风量调节阀性能要求 表 5

性能	要求
阀片漏风量	详见表 6
阀体漏风量	详见表 7
阀片相对变形量	当阀片全关，风阀前后静压差为 2000Pa 时，阀片相对变形量不应大于 0.0022
最大工作压差	风阀的最大工作压差不应小于产品名义值的 1.1 倍
有效通风面积比	风阀全开时，有效通风面积比不应小于 80%
最小开启静压	止回阀或余压阀由全闭到全开过程中，自垂阀片启动前，阀前的最小开启静压不应大于 8Pa
风量与阀门静压无关性	定风量阀在指定阀前静压范围内，输出风量与设定风量的平均偏差不应大于 8%
风阀耐温性	风阀在高温环境 1h 后，应能启闭自如，阀体结构无变形、松动。阀片漏风量应不大于其常温检测数值的 1.2 倍

阀片泄漏等级与允许漏风量 表 6

阀片泄漏等级	允许泄漏量 $Q[m^3/(h \cdot m^2)]$
零级泄漏（阀片耐压 2500Pa 时）	0
高密闭型风阀	$\leq 0.15\Delta P^{0.58}$
中密闭型风阀	$\leq 0.60\Delta P^{0.58}$
密闭型风阀	$\leq 2.70\Delta P^{0.58}$
普通型风阀	$\leq 17.00\Delta P^{0.58}$

注：1. 本标准为空气标准状态下，阀片允许漏风量；
2. ΔP 为阀片前后承受的压力差，单位为 Pa；
3. 住宅厨房卫生间止回阀阀片漏风量参考中密闭型风阀执行；
4. 计算阀片漏风量时，漏风面积按照风阀内框尺寸计算。

阀体泄漏等级与允许漏风量 表 7

阀体泄漏等级	允许泄漏量 $Q[m^3/(h \cdot m^2)]$
A 级阀体漏风量	$\leq 0.003P^{0.55}$
B 级阀体漏风量	$\leq 0.01P^{0.55}$
C 级阀体漏风量	$\leq 0.03P^{0.55}$

注：1. 本标准为空气标准状态下，阀体允许漏风量；
2. P 为标准状态下，阀体内承受的压力，单位为 Pa；
3. 计算阀体漏风量时，漏风面积按照风阀内框尺寸计算。

《排油烟气防火止回阀》XF/T 798—2008 中关于厨房排油烟气防火止回阀的性能规定如表 8 所示。

厨房排油烟气防火止回阀性能要求 表8

性能	要求
阀片的开启角度	厨房用止回阀在开启压力为80Pa时，阀片应能达到完全开启，最大开启角度应不小于60°
感温元件	用于厨房排油烟管道上的止回阀感温元件的公称动作温度为150℃，止回阀感温元件在(140±2)℃的恒温油浴中，5min内应不动作；在(156±2)℃的恒温油浴中，1min内应动作
启、闭可靠性	正常工作状态下，厨房用止回阀应能承受300Pa开启压差，经历连续10000次启、闭试验
环境温度下的漏风量	在环境温度下，止回阀处于止回状态，阀片前后保持(150±15)Pa的负压差，其单位面积上的漏风量（标准状态）应不大于500m³/(m²·h)
耐火性能	止回阀的耐火时间应不小于1h，耐火试验开始后1min内，止回阀应达到温控关闭状态。在规定的耐火时间内，使处于开启状态、止回状态下的温控关闭状态的止回阀叶片两侧保持(300±15)Pa的正、负压差，其单位面积上的漏风量（标准状态）应不大于700m³/(m²·h)

2.2.5 风管材料

厨房通风管道风管材料经历了一定的发展，2000年以前的文献调研发现，厨房排油烟还有利用土建竖井的，也有文献指出风管一般采用1.0~1.5mm钢板制作。《2009年版全国民用建筑工程设计技术措施·暖通空调动力》规定，厨房排风系统风管宜采用1.5mm厚钢板焊接制作。2010年以后的文献调研，厨房通风系统的管道应采用不燃材料，排油烟管道采用或建议采用厚度不小于1.5mm的镀锌钢板或钢板、不小于1.2mm厚或2mm厚不锈钢板或不锈钢板焊接制作。

《统一技术措施2022》规定，厨房油烟净化排油烟风管宜采用不锈钢板焊接制作，并明确要求不应采用土建式风道。

普通钢板化学成分只是由碳和铁构成，内部的结构比较单一，强度也较为一般，耐腐蚀性能一般，使用时间久后会出现生锈情况，耐高温性也较弱，厨房排风系统管道长期处于高温、高油烟环境下，容易腐蚀。不锈钢板与普通钢板不同，根据不同的设计和施工要求，其化学成分添加了合金元素，使得内部分子结构变得极其复杂，同时内部的分子作用力也变得十分强，在强度方面会有很大的提升；耐腐蚀性能也比较好，不容易出现生锈的情况；耐高温性能也较好。

2.3 厨房通风系统的设计与建造

厨房通风系统的设计按照相关标准规范以及专著中总结的工程经验成果基本可以顺利完成。但关于局部排风量、厨房气流组织以及油烟净化等方面的问题，仍是目前工程技术研究比较关注的内容。

2.3.1 通风量计算

厨房通风主要包括局部排风（排烟）、全面排风（房间换气）和局部补风、全面补风，根据项目情况有时还需要考虑厨房事故通风和消防排烟。全面排风按照房间换气次数确定，同时为保证厨房内5Pa左右的负压，补风量取排风量的80%~90%；局部排风作为控制和排除厨房油烟的重要措施，局部排风量的计算是工程项目设计以及工程技术研究关注的重点。

目前国内有三种方法用于确定厨房局部排风量，分别为按污染源个数确定、按罩口/罩面风速法确定以及基于热平衡法确定。

（1）按污染源个数确定排风量

《饮食业油烟排放标准》GB 18483—2001 适用于现有饮食业单位、排放油烟的食品加工单位和非经营性单位内部职工食堂等各类（除居民家庭油烟排放）饮食业厨房。其规定了每个基准灶头对应的发热功率为 $1.67×10^8$J/h，对应的排气罩灶面投影面积为 $1.1m^2$，每个基准灶头的排风量为 $2000m^3/h$。

（2）按罩口/罩面风速法确定排风量

根据《暖通空调·动力技术措施》2009 版，排风罩的最小排风量应按以下计算的大值选取：

1）计算公式

$$L = 1000 \times P \times H$$

式中，L——排风量（m^3/h）；

P——排风罩的周边长（靠墙侧的边不计）(m)；

H——罩口距灶面的距离（m）。

2）按罩口断面的风速不小于 0.5m/s 计算风量

《统一技术措施2022》对工程经验设计排风量的计算进行了改进，提出取以下计算得到的大值：

①按排风罩口断面计算风量

$$L_1 = 3600 \times A \times v_1 \times k$$

式中，L_1——按罩口断面风速计算的排风量（m^3/h）；

A——排风罩罩口截面积（m^2）；

v_1——罩口风速，按 0.5~0.6m/s 取值；

k——排风罩漏风系数，可取 1.02~1.05。

②按排风罩周边气流计算风量

$$L_2 = 3600 \times P \times H \times v_2 \times k$$

式中，L_2——按罩周边风速计算的排风量（m^3/h）；

P——排风罩敞开面（不靠墙）的周长（m）；

H——罩口边沿距灶面的最小距离（m）；

v_2——排风罩周边断面风速，按 0.3~0.4m/s 取值；

k——排风罩漏风系数，可取 1.02~1.05。

（3）基于热平衡法确定排风量

基于热平衡法确定排风量的计算公式如下：

$$L = Q/0.337 \times (t_p - t_t)$$
$$Q = Q_1 + Q_2 + Q_3 + Q_4$$

式中，L——通风换气量（m^3/h）；

Q——室内显热发热量（W）；

Q_1——厨房设备发热量，按工艺提供数据计算，或直接由设备厂家提供数据（W）；

Q_2——操作人员散热量，取 90（W/人）；

Q_3——照明灯具散热量（W）；

Q_4——外围护结构冷负荷（W）；

t_p——室内排风设计温度（℃），冬季取15℃，夏季取35℃；

t_t——送风温度（℃）。

赵玉娇对以上3种计算方法指出：饮食业的烹饪情况很复杂，炉灶大小各不相同，炉灶有广式、苏式等不同形式；除了灶头外还有汤锅、煲仔、蒸锅烤箱等；在功能上，有烹调间、蒸煮间、面点间、烧烤间、西餐加工间、洗碗间等，其散热量及污染物散发量都不同，采用污染源个数确定排风量，即简单按灶头数量确定排风量不恰当。按罩口/罩面风速法确定排风量的方法，未考虑厨房烹饪器具的实际放热量，在许多情况下，评估值往往超过实际需求量，基于个案计算，在中度负荷情况下，粗略计算方法超出实际需求风量2～3倍，在重度情况下，超出1.4～1.8倍。基于热平衡法确定排风量的方法中没有考虑到排烟罩的安装位置等影响因子，对于工程中不同类型的排烟罩的指导意义不大。

由此，赵玉娇提出了基于热羽流流量进行计算的厨房通风设计精确计算方法，并依据Risto Kosonen的试验研究数据，对两种常用的热羽流流量计算方程在饮食业厨房通风设计中的应用进行了分析修正，得到了适用于厨房热羽流流量计算的虚拟原点系数的经验公式。

《住宅厨房空气污染控制通风设计标准》T/CECS 850—2021中第4.2.1的条文说明给出了对流热羽流量的计算公式以及基于热羽流量的厨房局部机械排风量，计算公式相对复杂，但计算结果更精确。

2.3.2　气流组织设计

厨房通风的气流组织需要考虑建筑外部和建筑内部气流组织设计。

建筑内部气流涉及两个层面。第一层面，是厨房与相邻区域之间的空气定向流气流组织，通常是通过排风量与送风量之间的差值实现。厨房设计补风量取排风量的80%～90%，使厨房相对餐厅及其他区域保持负压，气流从其他区域流入厨房，保证厨房空气不外溢，防止串味。商用厨房，尤其是自然补风效果较差的商用厨房，必须设置机械补风，保证负压值不大于5Pa，防止自然进风不足导致燃气燃烧不充分，机械排风量不能达到设计要求，以及厨房负压过大对厨房灶具的使用产生影响，如燃气灶火苗外喷等。第二层面，是厨房内部的气流组织。《统一技术措施2022》规定，厨房送风口、排风口的布置，不应影响灶具的排风效果。灶具排风的补风风口应沿排风罩方向布置，与排风罩的间距不宜小于0.7m；全面排风的补风送风口，应设置于人员活动区，并与全面排风口和排风罩口保持合理的间距，防止气流短路。

建筑外部气流主要涉及厨房通风系统室外排风口以及其他通风系统的室外新风取风口。工程设计中新风取风口应尽可能与厨房通风系统室外排风口布置在不同方向，并位于排风口的上风向，以免取风口与排风口距离太近或位于排风口的下风向，导致厨房排风进入取风口送入室内，污染室内空气。

《饮食业环境保护技术规范》HJ 554—2010中第6.2.2条规定，经油烟净化后的油烟排放口与周边环境敏感目标距离不应小于20m；经油烟净化和除异味处理后的油烟排放口与周边环境敏感目标距离不应小于10m。《统一技术措施2022》指出，油烟排放口应远离的区域有：①住户、办公室的可开启外窗、出入通道；②冷却塔、风冷设备进风侧；③空调、通风系统新风取风口；④老人、儿童的室外活动场地；⑤室外主导风向的建筑上风侧。

2.3.3　油烟气味净化

烹饪过程中产生的油烟气味是不可忽视的大气污染源，《国务院关于印发大气污染防治行动计划的通知》（国发〔2013〕37号）明确要求开展餐饮油烟污染治理。城区餐饮服务经营场所应安装高效油烟净化设施，推广使用高效净化型家用吸油烟机。《统一技术措施2022》中3.8.9条规定，排油烟风机前应设置油烟净化设施。其设置位置应便于油烟净化设施的维护、清理、更换。油烟排放限值以及油烟净化设备的最低油烟去除效率，国家和各地方出台的餐饮业油烟排放标准中均有相关规定。

2.3.4　通风系统设计

厨房通风系统有集中式动力排油烟系统、分散式动力排油烟系统以及复合式动力排油烟系统。集中式动力排油烟系统不设置吸油烟机，依靠排油烟罩和集中风机动力进行排风；分散式动力排油烟系统以吸油烟机为动力进行排风；复合式动力排油烟系统是吸油烟机与集中风机联合进行排风。针对住宅厨房，若每个住户的厨房不设置各自的排油烟风机，仅依靠自然排风作用，较难将厨房烟气有效排除。若仅在每户的厨房设置排油烟风机，由于各户开机运行时间的不同时性，可能会导致住户间的相互污染。因此，目前我国住宅厨房排油烟多采用复合式动力排油烟系统。

公共建筑厨房通风系统不宜过大，使用时间段不相同的排油烟机其排风系统宜分别设置。厨房排烟管道的水平段不宜太长，一般水平最远距离不应超过15m，并且要有2%以上的坡度，水平末端设活接头，以方便清理油垢。排风速度不得低于10m/s，以防风速过低使油附着于烟道上，接排风罩的支管应设风量调节阀。

《统一技术措施2022》规定，厨房油烟净化排风系统，排风管段在室内宜设计为负压段，并尽可能避免穿越防火分区；水平设置的风管应设不小于0.2%的坡度，坡向排水点或排风罩，最低点设有除油装置及带存水弯的凝结水导流管。主风管设计风速宜为10~12m/s，排风罩接风管的喉部风速宜为4~6m/s。严寒和寒冷地区的排油烟管敷设在室外的补风应设保温，室内竖向管道不应与消防管道共用土建管道井。

相比《技术措施2009》规定的风管风速不应小于8m/s且不宜大于10m/s、排风罩接风管的喉部风速应为4~5m/s，《统一技术措施2022》对风速大小的建议有所提高。

2.3.5　通风设备选型

厨房排油烟风机的选择根据通风系统计算风量和风压确定，排油烟风机在选用时，要考虑系统管路的结构和系统阻力与风机的特性（压力、流量、转速）要匹配。

相关标准规范未对通风设备的选择给出明确的规定。《统一技术措施2022》中规定，灶具排风机应优先选用离心式风机或排油烟专用外置电机型箱式风机；风压选择应根据排风罩阻力、净化设备的风阻力（两级净化）及管道阻力，根据水力计算确定，并在计算阻力值的基础上附加10%~20%的安全系数；当按照排烟罩尺寸计算风量或按照工艺提供的排烟罩风量作为计算风量时，风机选型风量可附加5%~10%的安全系数；当按照换气次数法估算风量时，风机风量不应再附加。当一个排风系统连接多个排油烟风机时，由于灶具使用时间的不同，导致排油烟风机同时开启率不同，可选用变频或变速风机，实现按需变风量运行，降低运行能耗。

2.4　厨房通风系统的运行与维护

2.4.1　系统运行

目前相关标准规范中没有关于厨房通风系统运行的规定。《统一技术措施2022》中第 3.8.7 条要求，厨房补风系统的设置宜与排风系统和排烟系统相对应，且应设置联锁启停功能。补风系统根据运行季节不同，可进行空气降温或加热处理。

厨房通风系统有全面排风与全面补风系统、局部排风（排油烟风机）与局部补风系统。全面排风系统的补风首先考虑从邻近空调房间自然补风，为防止空气交叉污染等，宜设置与全面排风系统联锁运行的全面机械补风系统。公共厨房局部排风系统风量较大，自然补风容易导致厨房负压过大、排油烟不畅，应设置与局部排风（排油烟风机）联锁启停的机械补风系统。

厨房通风系统的运行可分为"忙时"和"闲时"两种状态。"忙时"状态，灶具工作，开启局部排风（排油烟风机）和全面排风，分别联动开启局部补风和全面补风系统；当灶具停止工作即进入"闲时"状态时，关闭局部补风系统，联锁关闭局部排风（排油烟风机），只开启全面排风和全面补风系统。保持全面通风系统持续不间断运行，改善厨房空气质量。油烟净化设备应与局部排风（排油烟风机）联动启停运行。

2.4.2 清洗维护

沈常玉根据对 33 个中餐馆排放口油脂堆积情况的调研，将油脂度分为四个等级：无油脂堆积、少量油脂堆积、较多油脂堆积、大量油脂堆积。等级分类按照排放口周围油脂堆积面积占可覆盖排放气体的最小面积的比值确定，0～10% 为无油脂堆积，10%～50% 为少量油脂堆积，50%～100% 为较多油脂堆积，>100% 为大量油脂堆积。各等级比例依次为 18.18%、9.09%、36.36%、36.37%。中餐馆排放口油脂堆积情况较严重，有明显油脂堆积（较多和大量）的比例高达 72.73%，少量或无油脂堆积比例为 27.27%。油脂堆积程度的影响因素很多，如系统清洗间隔时长和灶头数。研究建议灶头数大于 4 个的餐馆，应适当缩短系统清洗间隔时长，2 个月内较好。

厨房油烟的排放效果受清洗维护周期的影响较大。有关清洗周期的取值，《饮食业油烟排放标准》GB 18483—2001 未做出规定，各省市发布的餐饮业大气污染物排放标准作了相关要求，如北京、重庆，要求净化设备至少每月清洗、维护或更换滤料 1 次；其他如深圳、天津、河南等地方标准提出了集排气系统和净化设施应定期维护保养的要求。

3 厨房通风发展方向与关键问题

3.1 影响厨房通风的两个新因素

3.1.1 建筑电气化

国家机关事务管理局、国家发展和改革委员会、财政部、生态环境部四部委联合发布的《深入开展公共机构绿色低碳引领行动 促进碳达峰实施方案》中提出，"鼓励逐步以高效电磁灶具替代燃气、液化石油气灶具，推动有条件的公共机构率先建设全电厨房"。全电厨房相较于传统厨房优势明显，不仅节能高效，同时由于使用电能无明火，精准控油控温，规避了燃气泄漏、油锅爆燃等安全隐患，更加安全可靠。全电厨房更节能、高效和安全，但厨房烹饪过程仍然会产生油烟，需要设置排油烟系统。

3.1.2 厨餐空间融合

厨房与餐厅空间的融合即餐厨一体化是社会文化和家庭生活发展进步的需求，住宅厨房和餐厅的融合，将使得烹饪不再是一个被墙和门隔开的孤独劳作，而是一个一家人都能参与的美好生活场景。一家人可以一起聊天、备菜，家人之间的互动性更高。可增进家人之间的情感交流，让烹饪成为一种乐趣与享受。餐厨一体化设计，可以提高空间的利用率，让餐桌也成为厨房的一部分，使其作为备餐的操作台面，同时橱柜也可作为餐边柜使用，收纳也更加便捷。

3.2 建筑餐厨空间的通风需求与关键问题

随着全电厨房建设，燃气将退出民用建筑，没有了燃气燃烧，减少了对燃烧所需通风的需求，规避了燃气泄漏、油锅爆燃等安全隐患，相应减弱了对事故通风的需求。一系列绿色低碳建筑行动所带来的建筑内的变化，通风任务会如何变化？建筑通风工程如何适应？这需要从事建筑通风行业的工程技术和研究人员做一步的思考分析和研究。

国家"双碳"战略目标的提出影响着各行各业，减碳意味着用能形式的改变以及保障效果的前提下用能的节约。建筑通风工程的用能形式主要为电能，为响应"双碳"目标，需要通风设备能效的提升，通风系统技术将朝着更加节能的方向发展，甚至逐步侧重太阳能通风技术的开发研究。

本章参考文献

[1] 杨纯华.一谈公共建筑的厨房——常见"病态"现象剖析[C].全国暖通空调制冷1996年学术会议资料集，1996，193-196.

[2] 潘信峰.酒店厨房通风设计要点[J].浙江建筑，2016，33（2）：58~60.

[3] 刘海宾.山野厨房通风系统设计思考[J].建筑热能通风空调，2020，39（5）：95~97.

[4] 张腾，彭林，李颖慧，等.餐饮源油烟中$PM_{2.5}$的化学组分特征[J].环境科学研究，2016，29（2）：183-191.

[5] 郑少卿.餐饮业油烟中VOCs的排放特征及其治理技术的研究[D].石家庄：河北科技大学，2017.

[6] 程璟涛.建筑布局对商业餐饮油烟排放扩散影响的研究[D].南京：南京工业大学，2014.

[7] 沈常玉.商业厨房排油烟系统调研及排风量研究[D]天津：天津大学，2019.

[8] International Code Council. International mechanical code（IMC）[S]. Washington, D.C., 2012.

[9] ANSI/ASHRAE Standard 154. Ventilation for commercial cooking operations[S]. American Society of Heating, Refrigeration, and Air-conditioning Engineers, Atlanta GA, 2016.

[10] ANSI/ASHRAE Standard 90.1. Energy standard for buildings except low-rise residential buildings[S]. American Society of Heating, Refrigeration, and Air-conditioning Engineers, Atlanta GA, 2013.

[11] California Title 24. Building Energy Efficiency Standards[S]. California Energy Commission：California, 2014.

[12] European Committee for Standardization. BS EN 16282 Equipment for commercial kitchens–Components for ventilation in commercial kitchens[S]. BSI Standards, UK, 2017.

[13] Verein Deutscher Ingenieure. VDI 2052 Blatt 1Ventilation equipment for kitchens[S]. Verein Deutscher Ingenieure, Germany, 2017.

[14] Heating and Ventilating Contractors' Association. DW172 HVCA Specification for kitchen ventilation systems[S]. Hvca, UK, 2005.

[15] ANSI/ASHRAE Standard 154. Ventilation for commercial cooking operations[S]. American Society of Heating, Refrigeration, and Air-conditioning Engineers, Atlanta GA, 2003.

[16] ANSI/ASHRAE Standard 154. Ventilation for commercial cooking operations[S]. American Society of Heating, Refrigeration, and Air-conditioning Engineers, Atlanta GA, 2011.

[17] UL Standard 710. Exhaust hoods for commercial cooking equipment, 6th ed[S]. Underwriters Laboratories, Northbrook IL, 2012.

[18] ASTM Standard F2519. Testmethod for grease particle capture efficiency of commercial kitchen filters and extractors[S]. American Society for Testing and Materials, West Conshohocken PA, 2011.

[19] ANSI/ASHRAE Standard 90.1. Energy standard for buildings except low-rise residential buildings[S]. American Society of Heating, Refrigeration, and Air-conditioning Engineers, Atlanta GA, 2010.

[20] 住房和城乡建设部工程质量安全监管司.全国民用建筑工程设计技术措施–暖通空调、动力,JSCS-4[S].北京:中国计划出版社,2009.

[21] 中华人民共和国住房和城乡建设部.饮食建筑设计标准:JGJ 64—2017[S].北京:中国建筑工业出版社,2017.

[22] 中华人民共和国住房和城乡建设部.民用建筑供暖通风与空气调节设计规范:GB 50736—2012[S].北京:中国建筑工业出版社,2012.

[23] 中国工程建设标准化协会.住宅厨房空气污染控制通风设计标准:T/CECS 850—2021[S].北京:中国建筑工业出版社,2021.

[24] National Fire Protection Association. ANSI/NFIPA 96 standard for the installation of equipment for removal of smoke and grease-laden vapors from commercial cooking equipment[S]. National Fire Protection Association, USA, 1984.

[25] 中华人民共和国国家质量监督检验检疫总局.吸油烟机:GB/T 17713—2011[S].北京:中国标准出版社,2012.

[26] 中华人民共和国国家质量监督检验检疫总局.吸油烟机能效限定值及能效等级:GB 29539—2013[S].北京:中国标准出版社,2013.

[27] 中华人民共和国住房和城乡建设部.建筑通风风量调节阀:JG/T 436—2014[S].北京:中国标准出版社,2014.

[28] 周强.厨房通风初探[J].重庆建筑大学学报,1997,19(5):131-136.

[29] 孙志国.有关公共建筑厨房排风问题[J].林业科技情报.1997,(4):41-42.

[30] 石建中.厨房的通风空调设计与油烟的净化[J].武汉纺织大学学报,2012,25(3):63-65.

[31] 张红玲.大型职工餐厅厨房通风设计[J].铁路技术创新,2013,(4):63-65.

[32] 徐丽媛.酒店餐饮厨房通风系统若干问题的探讨[J].建筑科学,2013,(19):241.

[33] 卢培龙.酒店装修改造项目中厨房通风排烟设计的探讨[J].江西建材,2022,9:127-128.

[34] 余浩.商业综合体项目厨房通风系统设计探讨[J].安装,2013,(5):37-39.

[35] 赵玉娇.厨房污染物控制原理与局部排烟罩性能研究[D],西安:西安建筑科技大学,2013.

[36] 北京市质量技术监督局,北京市环境保护局.餐饮业大气污染物排放标准:DB 11/1488—2018[S/OL],2018.

[37] 重庆市环境保护局,重庆市质量技术监督局.重庆市餐饮业大气污染物排放标准:DB 50/859—2018[S/OL],2018.

[38] 赵思佳. 结合现代厨房设备的中小学食堂厨房空间设计研究 [D]. 西安：西安建筑科技大学，2021.

[39] 曹文慧. 餐饮业厨师工作满意度对离职意愿的影响研究 [D]. 长沙：中南林业科技大学，2020.

[40] 黄茹茜，李洪枚. 餐饮业厨师职业健康研究进展 [C]// 中国环境科学学会. 2018 中国环境科学学会科学技术年会论文集（第四卷），2018.

[41] 邓红，王鑫. 厨师的健康状况分析及膳食指导 [J]. 四川烹饪高等专科学校学报，2011.

卫生间通风进展

重庆海润节能研究院　付祥钊　丁艳蕊

1　卫生间通风实践

1.1　卫生间溯源与变化

厕所初始的使用价值，是为人提供避开他人视线的大小便空间，更确切的说，是避开异性视线的大小便空间（上一章表明，厨房的基本使用价值是为人提供避风的炊事空间，二者都起源于"避"），是人性化的精神文明标志物。

最初的厕所，尽可能设在远离建筑的偏背位置，在地上挖个坑，用竹木枝条、庄稼秸秆、板块组成视线遮挡物，用茅草、稻草等作遮雨顶棚，通俗的名称是"茅坑""茅房"等。"厕所"是后来的书面文字名称。起初由于没有输送粪便污水的排水设施，粪便不能及时冲走，而是靠人工掏出、运走。20世纪60年代，北京厕所的粪便都还在靠人工掏运。粪便不能及时冲走也掏不尽，茅房成为人们不得不接受的空气污染源。简陋的视线遮挡物，以及较弱的挡风功能，导致臭气随风飘散。一个茅房周围很大范围内的建筑都会时不时地受到臭气的侵扰。处于主导风向下风侧的房间，只得长期关闭外窗。

长期的实际感受发现，无风或微风时，茅房里臭；小风时茅房里不臭，茅房外下风区臭；大风、强风时，茅房内外臭气都不明显。如何应对风向及大小的随机变化，控制臭气的扩散，使茅房内外都不臭，最直接的办法是用风机形成大风、强风，吹过茅房。但在贫困和能源匮乏的年代，人们买不起风机，也用不起风机，这逼着人们采用建筑措施控制臭气，创造了各种形式的自然通风厕所，其共同的技术方案是组织下进上排的气流路线。将只是挡视线而透风的墙改成不透风的墙，在两侧墙根（按地面处）开进风口，墙顶开有挡风板的出气口，厕所内纵轴线上砌纵墙，既是男女区的隔断，也是防止穿堂风的内挡风墙。不管在哪个风向上，都能形成下进上出的通风气流，基本实现厕所内臭气不浓，排气高于四周建筑窗户（单层平房），易于进入室外风的主流中充分稀释扩散。

改进型是屋顶建为通风屋顶，或在屋顶上建排风塔。这种方案的主要问题是当室外气温高于厕所内气温且风不弱小时，会发生倒灌，厕所内臭气从侧墙根的开口排出，沿地面扩散，周边行人只能掩鼻而行。这样自然通风的旱厕一直沿用到20世纪末。有了市政给排水设施后，水冲厕所逐渐替代了旱厕，气味污染源强度下降，在倒灌时的气味也小了很多。由于对个人隐私保护的重视，厕所在设计时对同性视线的规避也给予了注意，男、女分区的两大空间分隔变成了按便位的分间。厕所单一空间的全面通风气流组织变为各便位间并联通风网络。卫生观念的增强，推动厕所增加了满足便前便后洗水的洗手空间，厕所别称洗手间、卫生间；人性化的考虑，增设了供为婴儿更换尿不湿等的家庭间、便于残障人士的无障碍间以及女士们整理容颜的整装间……公共厕所成为多个不同功能空间组合的综合体，通风系统具有了多级网络。自然通风已经很难满足其通风需求，复杂的气流组织和机械通风成为主流。住宅、酒店客房的卫生间还增加了洗浴间，安置了淋浴器和浴缸。有了干、湿分区，湿区内使用时产生的水蒸气和热量，为气流组织增加了新的要求，并使卫生间的使用工况发生阶段性变化，而属于同一排风系统的各卫生间的工况变化不是同时的，因此通风系统需灵活的变工况运行。多卫生间通风系统的复杂变工况运行需求，指向了自动化与智能化。高品质、绿色零碳的卫生间空气环境，必须有现代科学技术的支撑。

1.2　农村厕所通风

农村厕所包括农家厕所和公共区域的厕所。从农耕角度，大小便是农家肥的组成部分。过去农家厕所往往与饲养的牲畜圈共用粪坑，开敞性较大，四周空气流动性好，在风的作用下，虽有气流扩散，但人畜粪便混合，且以草食畜粪便为主，通常没有达到恶臭的程度。人们习以为常，不很在意。

随着农村生产与经济的发展，牲畜的饲养棚圈与农居住宅分离。农家有了简陋的厕所，具有大小便和淋浴功能，接近于城镇住宅卫生间。由于通风环境较好，无需特意考虑。自然通风的风量大、效果好，即使风向不当，卫生间内气压上升，气流流入起居室、卧室等生活空间，气味亦不明显。所以没有获得工程设计上的特别关注。

乡村旅游业的发展，尤其农村民宿业从农家乐接受了现代旅游业的观念，在保持农居的传统文化风貌的同时，注意了住宿品质的提高。作为家庭民宿的农家，卫生间设施努力向旅游酒店学习。因为是单层或两至三层建筑，没有多层、高层酒店客房卫生间共用排风竖井之类的复杂的流体网络问题，简单的换气扇向外直排，就可获得良好的通风效果。

北方只是聚居功能的农村庄通常没有公共厕所，农村的乡镇才有公共厕所。农村乡镇公共厕所长期是旱厕，其中粪便直接掏运到田地做肥料。通风方面如上节所述，建筑通风设施更简陋，但通风的环境条件较城市好，恶臭问题不严重，主要问题是脏。

乡村建设、乡村振兴与"厕所革命"等，使农村厕所面貌一新，通风不再是难题。

1.3　城镇独立公共厕所通风实践

城镇独立公共厕所指城镇公共活动场所、街道旁或巷内的公用厕所。不包含公共建筑内的厕所。

早期城镇独立公共厕所是旱厕，之后是水冲厕所，采用的是自然通风。实践证明仅靠自然通风不能在各种天气条件下达到通风要求。当风向及风力大小变化，或室外气温高于公共厕所内气温时，都会发生臭气外泄和公共厕所内人的呼吸区臭味浓度重、难以忍受的情况。

在社会经济水平稍高后，开始出现具有机械排风的公共厕所。技术方案是在原自然排风窗位置安装排风扇（开始用的是工业排风扇，噪声大），形成上部机械排风，下部自然进风口底边离地面约 0.5m。依靠四周建筑的阻挡和公共厕所入口的屏蔽壁，削弱风力，避免公共厕所内形成正压或下部穿堂风。维持公共厕所内相对于室外负压状况下的上排下进的通风气流组织路线，稀释公共厕所内的臭味及四周行人区域异味。公共厕所内外空气环境明显改善。

随着对隐私权的重视，公共厕所在男女分区的基础上，进一步按厕位分间，增加了洗手区，厕所功能空间的组合更加复杂。但在狭小的厕位分间内，臭味得不到及时稀释，由此，产生了按厕位组织通风气流基础上的分区通风。公共厕所通风从单空间全面通风细化为二层次、多建筑组合单元的网络通风。为保障不利空间的通风需求，同时节能且易调节，除配置主通风机外，为不利空间配置了局部风机。"集中动力＋阀门调节"的通风网络发展成"主风机＋分布式局部风机"的通风网络，网络通风由阀门调节发展为分布式动力调节。

随着旅游业的发展，公共厕所成了景点的主要设施，也在某种程度上成了城市的名片和文化水平的标志，尤其是交通点、观光打卡地，这些位于黄金地段的独立公共厕所，对气味的控制有了等级要求。当进一步将这些要求参数化，并有了相应的气味参数检测手段后，将会有力推进公共厕所通风水平的提升。

1.4 住宅卫生间通风实践

住宅卫生间的配置也是居住水平提高的重要标志。住宅的人均使用面积大小是住宅怎样配置卫生间的关键性因素。在住宅的室内空间还是多功能时，当然不可能有家庭的卫生间。最初在住宅楼附近设置公共厕所，其通风状况如"卫生间通风实践"和"城镇独立公共厕所通风实践"所述。意义重大的进步是在住宅楼内设置公共厕所，通常在底层楼梯口附近，住户从此不再冒着雨雪上厕所。之后改善为每层设公共厕所，更加方便。这些建设在住宅楼内的公共厕所，最初采用的都是自然通风，在卫生间墙的上部，大约2.5m高度左右开启排风窗（下边距地面2.0m以上）。在卫生间门的下部开启避视线的百叶进风口，组织通风气流。当卫生间没有外墙时，排风口通常开在卫生间门框之上，这样实际上形成了卫生间与公共走廊之间的自然通风换气，卫生间的气味都在公共走廊内扩散。若同楼的邻居内相处较好，又有尽责尽心的志愿组织者，大家会协商轮值做好公共卫生间内的清洁卫生，楼道内的气味较小。反之，卫生间会肮脏得无处下足，楼道内臭气弥漫。住宅设计者注意到了这些情况，在设计时，强调设置卫生间向室外的排气窗。即使这样，当卫生间排气窗迎风时，排气窗却成了进气窗，臭气从卫生间门下部百叶进风口流出，排到走廊内。在年主导风向是北向的地方，住宅楼内仍然经常有明显的气味，但比排气窗直接开在走廊内好很多。然而由于理解上的偏差，"卫生间要有向室外排气的外窗"变化成"卫生间要有可开启的外窗"，以实现自然通风与自然采光（通常称之为明厕），这一与污染房间通风工程要点的不协调的要求，至今还出现在一些强调优先采用自然通风的设计标准手册中。

最初各户的卫生间只有一个厕位，非常狭小，个子大的人在里面转身都不方便，而且各户还把洗浴的功能也放在里面。主要的通风方式有以下几种：①卫生间外墙上部开窗口排气到室外，卫生间门下部百叶风口从户内进风；②卫生间外墙上、下部向室外开窗，上窗排气，下窗进风；③卫生间外墙只开一个窗，窗洞宽度小，高度1.2m以上，上半部分排风，下半部分进风。方式②、③门下部有的有百叶，有的没有。居住者注意保持卫生间清洁卫生，显著降低了其中的气味强度，即使在室外风向、气温的不利状况时发生卫生间通风气流反向进入居室，也没有听到因卫生间气味"吃不下饭、睡不着觉"的反映。逐渐有住户在卫生间上部排气扇口安装排风扇，构成机械排风、自然进风的通风方式。由于此时卫生间空间很小，为 $3m^3$ 左右，耗电功率只需10W左右。这是民间创造的通风方式，本文列为第④种方式。除消耗一点电以外，方式④的通风效果优于①、②、③三种纯自然通风方式，避免了通风气流的反向，并在冬季为洗浴者提供了较好的热舒适度，减少了洗浴时受凉感冒的风险。但①、④方式将卫生间通风与居室通风关联了起来。

随着人均居住面积的增加，每户卫生间的面积有所扩大，尤其是商品房，对人们改善居住条件的要求更敏感、反应更快。每套住房的卫生间功能不断增加，洗漱台盆进了卫生间；坐便器替代蹲式便器或并列；淋浴不在厕位上进行，有了单独区域；设置了浴盆；洗衣机也可置于卫生间；增加洗浴时更换衣服的干式区域，还有了女士化妆台等。简陋的单厕位的卫生间，成为住宅内舒适的多功能空间。随之对通风提出了高品质的复杂要求。由于功能的多样化，卫生间内可能有2人以上同时使用不同的功能，要求通风控制各种气味外，还要控制水蒸气在卫生间各区的漫延，进而防止向居室空间的扩散。因此需要进行两级空间的清、污等级划分：第一级，卫生间与居室，卫生间是污染空间，居室是清洁空间，气流应从居室流向卫生间，卫生间应相对居室为负压；第二级，卫生间内厕位、洗浴为污染空间，洗漱、更衣、化妆为清洁空间，气流应从洗漱、更衣、化妆空间流向厕位间、洗浴间。若室外环境不容许卫生间直接向外排气，需在一定高度以上竖向排气，多层、高层、超高层住宅楼的各层住宅卫生间没有条件单独置排气管伸出屋面向上排气，可行的方案是置共用的立管或排气竖井。这就将同一水平位置的卫生间构建成一个排风系统，若有卫生间采用的是将卫生间通风与居室通风关联的①、④方式，就构成了住宅楼的3级通风网络，在增加复杂性的同时，具有更好的效果与节能性能。在这一通风网络中，卫生间排风机是系统可以高效运行的核心保障，总排风机的基本作用是维持总排风立管或竖井内的负压。总排风立管或竖井在各层的汇流三通的水力特性是整个系统水力特性是否良好的关键。自然风力和热压力，既是通风系统可利用的动力，更是需要防范的干扰因素。

现代住宅楼的通风实践表明，住宅是各家住户的私人领地，各家的卫生间怎样使用、卫生间通风设施怎样运行，很难引导。以卫生间通风为核心的3级通风系统的设计、建造和运行不可能完全由通风工程师设计、建造和运行管理。需要通风工程管理与技术人员主动、耐心地与各住户建立和运行良好的协调关系。这一复杂难题必然导向大数据与智能化。

1.5 公共建筑内卫生间通风实践

深圳市地方标准《医疗卫生机构卫生间建设与管理指南》DB4403/T 182—2021（以下简称《指南》）于2021.9.1实施。《指南》总则规定"宜高于国家标准，同时向国际先进标准看齐和超越"。这是将通风工程全过程（设计、施工、运行）贯通的标准。

在术语和定义中，明确了"异味强度等级"是人们通过嗅觉感觉到的卫生间内部异味（包括臭味）对人的影响的强弱程度。异味强度分为3个等级：臭味强度≤2，即无明显异味；臭味强度≤1，即基本无异味；臭味强度为0，即无异味。《指南》将医疗机构卫生间分为3个等级：基础型、舒适型和高雅型，对应的通风要求和技术措施见表1。除臭措施遵循了往往被忽略的"首先清除、削弱污染源"的通风技术路线，推荐采用负压除臭味便器、负压排水式小便斗、防干涸地漏等。在气流组织方面，推荐采用上进风、下排风气流组织形式，采用"进、排、鼻三点一线无混旋换气法，实现了靠近污染源排风"。根据卫生间内部的功能分区，采用分功能区气流组织，细化到每个厕位。高雅型卫生间采用智能通风，实现智慧管理，提高通风效果，节约通风能耗和减少管理人员，呈现了公共建筑卫生间通风的发展趋势。

医疗卫生间通风要求（摘自《指南》） 表1

内容	基础型卫生间	舒适型卫生间	高雅型卫生间
通风设施	室内通风良好，换气次数≥8h^{-1}	室内通风良好，有强制排风设备，换气次数≥10h^{-1}	室内通风良好，有自动通排风设备，自动智能调节，换气次数≥12h^{-1}
除臭措施	宜采用除臭便器、防腐水封地漏，有基本的除臭设备	与基础型卫生间相比，增加专业化除臭设备和生物除臭手段，推广水溶性厕纸，避免用过积存	与舒适型卫生间相比，增加智能化除臭设备
异味强度	无明显异味（臭味强度≤2）	基本无异味（臭味强度≤1）	无异味（臭味强度为0）可根据监测自动启动通风除臭装置
氨浓度	≤0.6mg/m^3	≤0.2mg/m^3	≤0.1mg/m^3
硫化氢浓度	≤0.006mg/m^3	≤0.005mg/m^3	≤0.001mg/m^3

注：1.《民规》第6.3.6条规定：公共卫生间应设机械排风系统，其通风量宜按换气次数确定。该条文说明：卫生间处于负压区，以防止气味流入其他公共区域；机械通风换气次数5～10h^{-1}。
2.《统一技术措施2022》第3.11.1条规定：无可开启外窗的公共卫生间应设机械排风。第3.11.2条给出交通建筑、商业综合体、体育场馆、观演建筑（人流量大）换气次数为15～20h^{-1}，办公楼、学校换气次数10～15h^{-1}。

2 卫生间通风工程进展

2.1 卫生间通风的社会需求进展

2.1.1 住宅卫生间需求进展

20世纪90年代以前的住宅卫生间，一般不设置通风措施，采用自然通风。带外窗的卫生间将外窗作为排风口；不带外窗的卫生间，仅设置自然通风竖井；也有些多层和低层住宅将卫生间布置在楼梯间附近，卫生间和楼梯间之间设置高窗作为排风口。卫生间门下方的百叶作为室内空气进入卫生间的补风口。受建筑本身热压和室外风压的影响，很大程度上卫生间自然通风达不到效果，还容易产生倒灌现象，污染住宅居室内空气。卫生间的使用是间歇性的，一旦需要，即应能大量排风，使换气次数达到10h^{-1}以上，然而最理想状态的自然通风也难以达到。随着卫生间自然通风问题的暴露，研究者提出了解决我国住宅卫生间通风的措施，即采用机械通风的方式：一种是每户卫生间装一台通风器，通风口带止回阀，防止气体倒灌；另外一种是每户不装通风器，在每单元的屋顶设置屋顶风机。

高媛通过对住宅内卫生间空气品质的问卷调查发现，住宅内卫生间排气效果极差，异味易向室内其他房间排放，严重影响卫生间及室内其他房间的空气品质。在机械排风条件下，通过对比分析不同排风口位置（顶棚中央、坐便器上方、侧墙下方）的浓度分布云图和流线分布云图，污染物浓度限值达到国家标准限值以下，排风口在顶棚中央时需要排风扇工作10min，排风口在坐便器上方时需要排风扇工作9min，排风口在侧墙下方时需要排风扇工作8min。因此当排风口设置在侧墙下方时，污染物的排除路径最短、扩散范围最小；当排风口在顶棚中央时，污染物的浓度最大，排除路径最长，扩散范围最大。

2.1.2 公共建筑卫生间需求进展

目前绝大多数公共建筑卫生间所采用的机械通风方式为"顶部机械排风+自然进风"，即仅在卫生间顶部布置机械排风口，通过排风保证卫生间内负压，从而防止臭味传出。这种传统的通风设计和自然通风相比较，可以更好的改善室内空气品质，是常见的封闭式公共卫生间所采用的通风方法。然而，这种通风方式存在很大的缺点，一方面没有考虑机械排风会导致公共卫生间送入的新风量远远不足，另一方面也没有考虑到污染气体会从便池位置上方发生扩散，从而使整个卫生间的空气都受到污染。

李程等采用 Airpak 软件对上海世博园区公共建筑卫生间室内污染物浓度进行模拟。通过模拟3种不同通风方式（上送风下分散排风、上送风下集中排风、上送风上排风），换气次数为 $15h^{-1}$ 时，卫生间内空气龄以及 H_2S 和 NH_3 平均质量百分比在上送风下分散排风方案时效果最好；在确定通风方式为上送风下分散排风、换气次数为 $15h^{-1}$ 的前提下，通过改变小便器和大便器的排风口中心高度，比较对应污染物质量平均百分比，得到小便器和大便器对应的下排风口高度分别为 1.0m 和 0.6m 时，室内 H_2S 和 NH_3 的平均质量百分比最小，为最佳排风口高度。

王晨辉通过数值模拟研究了公共建筑卫生间的污染物扩散情况，并比较了不同换气次数（$5h^{-1}$、$10h^{-1}$、$15h^{-1}$、$20h^{-1}$）、不同门洞开启位置（门洞正向开启、门洞侧向开启）、不同排风口高度（0.1m、0.3m、0.6m、0.9m、1.2m）以及不同气流组织（单独机械排风、上送上排、上送下排）卫生间的速度、污染物浓度分布情况，得出结论：随着换气次数的增大，卫生间内整体污染物浓度呈现下降趋势，其中小便间由于没有隔板，空气流动性较好，排风效果明显强于大便间，因此在公共建筑卫生间采用"顶部机械排风+门洞进风"的通风形式时，增大换气次数仅仅有利于改善大便间以外的区域，大便间内的污染物不能得到有效的稀释与排除。采用"机械排风+门洞进风"的通风方式时，排风口设置在靠近污染源的侧墙下方比设置在卫生间顶部更容易得到较低的污染物浓度，排风口应尽量均匀布置在污染源附近，布置高度越小越好。

2.1.3 独立卫生间需求进展

独立卫生间的通风优先采用自然通风，在不利于开窗的附属公共厕所和自然通风不足的公共厕所应采用机械通风。

图1为广岛公园公共厕所。以纸鹤为灵感设计，这些或纯白或明丽的建筑，散落在城市各处，但都朝向同一方向，整齐划一，形成了一道城市风景。这些公共厕所上面有圆形通风孔和有机玻璃窗，实现良好的自然通风。

图1 广岛公园公共厕所

图2为金华建筑公园公共厕所。这些建筑看起来更像雕塑，而不像公共厕所。弯曲的管状结构便于通风和自然采光，同时保护使用者隐私。

图 2　金华建筑公园公共厕所

智能通风系统是近年来随着智能设备的成熟逐步运用在新建或者改造公共厕所的机械通风措施。广州天河区黄村东公共厕所是一个改造的智能公共厕所，智能通风系统针对臭味源头设置了多个有针对性的抽风口（图 3），分别位于蹲位上方、男厕小便区下方和顶棚处，保障了室内的空气质量。

图 3　广州天河区黄村东公共厕所智能通风系统

随着改善厕所空气环境的卫生间通风需求，从消除恶臭到消除异味，再到目前的健康舒适品质提升，卫生间通风系统形式也有明显的发展。从自然排风到机械排风，从每户卫生间装一台通风器的机械排风系统，每户不装通风器、在每单元的屋顶设置屋顶风机的机械排风系统，发展出排风系统同时设置集中排风机和各分区独立控制的排风设备的系统形式。对于机械排风仍旧存在的空气污染问题，从卫生间内气流组织入手，研究得出卫生间内排风口应设置在便器附近，以从源头控制污染。同时在系统形式以及气流组织等方面优化了卫生间通风系统，提升卫生间通风效果。目前关于便器附近设置下排风口的分析研究成果较多，实际项目中也有部分应用，深圳市也将相关规定写入了《医疗卫生机构卫生间建设与管理指南》DB4403/T 182—2021。

厕所革命是改善建筑环境、提升城市形象，同时改善人民健康以及环境状况的一项重要举措。我国厕所革命早在中华人民共和国成立初期提出"两管五改"（即管水、管粪，改水井、改厕所、改畜圈、改炉灶、改造环境）工作时就开始了，2015 年厕所革命再次被提上议程。2015 年初，国家旅游局开始在全国范围推动厕所革命。厕所革命逐步从景区扩展到全域、从城市扩展到农村、从数量增加到质量提升，受到广大群众的普遍欢迎。

城市公共厕所中可见的智慧化"轻松驿站"由公共卫生间、自动售货机和共享充电设施等部分组成。驿站的屏幕上会显示卫生间的使用状态、温湿度以及户外天气情况，站内还设有共享充电宝和可以扫码获取的纸巾。"轻松驿站"简洁流畅的造型下，是智能化设施设备和智慧化的管理系统。在微生物降解、空气抑菌等多种技术的帮助下，"轻松驿站"规避了传统厕所的臭气难题和"邻避效应"困扰。图4~图6为"轻松驿站"的外部和内部设施图片。

图4 "轻松驿站"的外部和内部图示

图5 "轻松驿站"智慧显示屏　　　图6 "轻松驿站"排风和空气抑菌设施

厕所革命所开展的公共厕所升级如智慧化的"轻松驿站"让人舒适方便，但目前仍存在不足之处，如运行维护管理欠缺等。图7为笔者所拍摄的某街边"轻松驿站"移动公共厕所内的卫生情况，左侧图片显示坐便器正后方设置排风设施，当如厕时马桶盖打开，排风设施被遮挡，排风效果欠佳，应进一步优化坐便器附近排风设施的设置位置；右侧图片显示便池用后未冲洗，厕内卫生条件较差。此外，仍存在很多外观漂亮的新建或老旧厕所，未采取通风改善措施，异味明显。图8和图9是某旅游景区的公共厕所，在图8拍摄位置即能明显闻到异味，图 9 为厕所内部情况。观察发现，厕所内没有设置机械通风设施设备，也未做好自然通风的气流路径规划，不能有效控制污染空气的排放。

图 7 "轻松驿站"内卫生情况

图 8 某旅游景区厕所外部图示

图 9 某旅游景区厕所内部图示

卫生间通风直接关系着室内空气环境品质的安全与健康，人们越来越重视卫生间气味的控制。《健康住宅评价标准》T/CECS 462—2017 和《健康建筑评价标准》T/ASC 02—2021 对卫生间通风提出了要求，全国各级政府也在积极推进厕所革命。使用者对空气品质安全与健康的意识在不断加强，要求也在不断提高，建设者和运行管理者对卫生间通风工程技术的提升，以及工程实施效果的重视也应同步加强，共同推进卫生间通风工程技术的进步。

2.2 卫生间通风标准

《城市公共厕所卫生标准》GB/T 17217—1998 中涉及卫生间通风的条文仅有第 3 章表 1，规定一类和二类水冲式公共厕所换气次数不小于 $5h^{-1}$，对三类水冲式公共厕所和非水冲式厕所没有要求。《公共厕所卫生规范》GB/T 17217—2021 代替了《城市公共厕所卫生标准》GB/T 17217—1998，取消了 1998 版标准表 1 中公共厕所的分级。现行 2021 版标准涉及卫生间通风的条文有 4.2.4.3 条、4.3.2.1.10 条、5.1.1 条共 3 条。第 4.2.4.3 条规定，厕所内通风流向，宜由盥洗区与工作人员休息区向小便区、大便区，避免反流。第 4.3.2.1.10 条规定，厕所应设置自然通风，换气次数达不到标准的公共厕所应设置机械通风装置，采暖地区公共厕所应设置采暖设备。第 5.1.1 条表 1 规定，附属式和独立式公共厕所换气次数 $\geq 5h^{-1}$。

现行 2021 版《公共厕所卫生规范》GB/T 17217—2021 相比被废止的 1998 版《城市公共厕所卫生标准》GB/T 17217—1998，换气次数的要求没有变化，明显的进步是增加了 4.2.4.3 条关于气流组织的要求，以及 4.3.2.1.10 条关于通风方式的规定。气流组织是否合理是通风效果能否实现的关键因素，小便区、大便区是污染区，盥洗区与工作人员休息区是相对清洁区，避免小便区、大便区的气流反流，即空气不外溢，保障了其他区域的空气不被污染，保持相对清洁。气流组织和换气次数的实现需要依靠通风方式保障，现行 2021 版《公共厕所卫生规范》GB/T 17217—2021 明确要求当自然通风达不到要求时应设置机械通风装置。

现行《城市公共厕所设计标准》CJJ 14—2016 和被废止的《城市公共厕所设计标准》CJJ 14—2005 中关于卫生间通风的条文内容如表 2 所示。

卫生间通风条文　　　　表 2

《城市公共厕所设计标准》CJJ 14—2005	《城市公共厕所设计标准》CJJ 14—2016
3.3.6　公共厕所应合理布置通风方式，每个厕位不应小于 $40m^3/h$ 换气率，每个小便位不应小于 $20m^3/h$ 的换气率，并应优先考虑自然通风。当换气量不足时，应增设机械通风。机械通风的换气频率应达到 3 次/h 以上。设置机械通风时，通风口应设在蹲（坐、站）位上方 1.75m 以上。大便器应采用具有水封功能的前冲式蹲便器，小便器宜采用半挂式便斗。有条件时可采用单厕排风的空气交换方式。公共厕所在使用过程中的臭味应符合现行国家标准《城市公共厕所卫生标准》GB/T 17217 和《恶臭污染物排放标准》GB 14554 的要求	4.3.4　公共厕所的通风设计应符合下列规定： 1　应优先考虑自然通风，当自然通风不能满足要求时应增设机械通风。通风量的计算应根据侧位数以坐位、蹲位不小于 $40m^3/h$、站位不小于 $20m^3/h$ 和保证厕所间的通风换气频率 5 次/h 分别进行计算，取其中大值为计算结果； 2　寒冷、严寒地区大、小便位宜设附墙垂直风道； 3　机械通风的通风口位置应根据气流组织设计的结果布置； 4　公共厕所排水管道的主干管应设通气管，通气管宜采用塑料排水管，管径不应小于 75mm
	6.0.3　条第 8 款规定，对于活动式公共厕所，厕间内应合理布置通风方式，通风换气频率不应小于 5 次/h

续表

《城市公共厕所设计标准》CJJ 14—2005	《城市公共厕所设计标准》CJJ 14—2016
3.3.9 公共厕所的建筑通风、采光面积与地面面积比不应小于1:8，外墙侧窗不能满足要求时可增设天窗。南方可增设地窗	4.3.2 条第3款规定，独立式厕所的建筑通风、采光面积之和与地面面积比不宜小于1:8，当外墙侧窗不能满足要求时可增设天窗。
3.3.3 条规定，厕所平面布置宜将管道、通风等附属设施集中在单独的夹道中	第13款规定，宜将管道、通风等附属设施集中设置在单独的夹道中
4.0.7 条规定，化粪池应设置排气管，宜将管道直接引到墙内的独立管道向室外高空排放。管道不应漏气，并应做防腐处理。三类公共厕所宜使用隔臭便器，在大便通槽后方宜设置垂直排气通道，把恶臭气引向高空排放	—
4.0.10 独立式公共厕所的通风设计应符合下列要求： 1 厕所的纵轴应垂直于夏季主导风向，并应综合考虑太阳辐射以及夏季暴雨的袭击等； 2 门窗开启角度应增大，改善厕所的通风效果； 3 挑檐宽度应加大，导风入室； 4 开设天窗时，宜在天窗外侧加设挡风板，以保证通风效果； 5 宜增设引气排风道	5.0.8 独立式公共厕所的通风设计应符合下列规定： 1 厕所的纵轴宜垂直于夏季主导风向，并应综合考虑太阳辐射的夏季暴雨袭击等因素； 2 门窗开启角度应增大，改善厕所的通风效果； 3 开设天窗时，宜在天窗外侧加设挡风板，保证通风效果； 4 应设通气管
4.0.17 通风孔及排水沟等通至厕所外的开口处，应设防鼠铁箅	5.0.17 通风孔等通至厕所外的开口处应设铁箅防鼠
5.0.4 条表5.0.4中要求，一类和二类附属式公共厕所设机械排风孔和风扇	—
6.0.2 条表6.0.2中要求，对于活动式公共厕所、组装厕所、单位厕所、拖动厕所、无障碍厕所设百叶窗和风扇，汽车厕所车窗留通风缝，设风扇	—

现行2016版《城市公共厕所设计标准》CJJ 14—2016 相比已废止的2005版，提出了更合理的规定，但对具体通风措施的规定有所弱化。主要区别在于：

（1）现行2016版《城市公共厕所设计标准》CJJ 14—2016 中关于公共厕所通风换气量的规定有所调整：坐位、蹲位不小于 $40m^3/h$，站位不小于 $20m^3/h$ 和保证厕所间的通风换气频率 $5h^{-1}$，取其中大值。

（2）已废止的2005版《城市公共厕所设计标准》CJJ 14—2005 规定，设置机械通风时，通风口应设在蹲（坐、站）位上方1.75m以上，直接明确了排风口布置在上部。现行《城市公共厕所设计标准》CJJ 14—2016 规定，机械通风的通风口位置应根据气流组织设计的结果布置，更加注重依据合理的气流组织布置风口。

（3）已废止的2005版《城市公共厕所设计标准》CJJ 14—2005 明确规定附属式公共厕所设机械排风孔和风扇，活动式公共厕所设百叶窗和风扇；现行2016版《城市公共厕所设计标准》CJJ 14—2016 只提出了通风量和气流组织设计的要求，对通风设施没有明确规定。

2.3 卫生间通风系统的设计与建造

个别卫生间如简单独立式卫生间，自然通风或安装排气扇可达到卫生间良好的通风效果，但也不乏众多住宅和公共建筑卫生间由于风向、风速等原因，卫生间自然通风效果不佳，或卫生间在内区无法利用自然通风等，并且不能利用排气扇直接向外排风。因此需要精心设计卫生间通风系统，既达到卫生间内的通风效果，又不对外部空间产生影响。

《民规》中6.3.4条规定：住宅无外窗卫生间应采用机械排风系统或预留机械排风系统开口，且应留有必要的进风面积；卫生间全面通风换气次数不宜小于3h^{-1}；卫生间宜设竖向排风道，竖向排风道应具有防火、防倒灌及均匀排气的功能，并应采取防止支管回流和竖井泄漏的措施。顶部应设置防止室外风倒灌装置。6.3.6条规定：公共卫生间应设机械排风系统，其通风量宜按换气次数确定。该条文说明：卫生间处于负压区，以防止气味流入其他公共区域；机械通风换气次数5~10h^{-1}。

《统一技术措施2022》中涉及卫生间通风系统的规定有3.11.1条、3.11.2条、3.11.6条和3.11.7条共4条，如表3所示。

《统一技术措施2022》有关卫生间通风系统的规定　　　　表3

条文序号	条文内容
3.11.1条	无可开启外窗的公共卫生间、酒店客房卫生间、私人（VIP）卫生间、开水间、淋浴间、更衣室等可能产生污浊气体或水蒸气的房间，应设机械排风系统，有可开启外窗的公共卫生间，宜设置机械排风系统，设计应符合下列要求： 1. 宜采用机械排风、自然补风方式； 2. 卫生间排风系统宜独立设置，当与其配合使用的淋浴间等排风合并设置时，应有防止串气味的措施； 3. 卫生间排风不得与主要功能房间、开水间、母婴室、化妆间、储藏室等的排风系统合并设置
3.11.2条	卫生间的排风量或排风换气次数，按下列原则计算确定： 1. 航站楼、铁路客运站、交通枢纽、港口码头、商业综合体、体育场馆、观演建筑内设置的卫生间：15~20h^{-1}； 2. 办公楼、学校内设置的公共卫生间：10~15h^{-1}； 3. 小型独立卫生间、餐饮报建配套卫生间、VIP套件卫生间：8~10h^{-1}； 4. 设置有集中新风送风的酒店客房卫生间，排风量取所在房间新风量的70%~80%
3.11.6条	当排风系统同时设置集中排风机和个分区独立控制的排风设备时，排风系统的设计应符合以下要求： 1. 各区域排风机及其排风支管，按照所承担的排风量确定； 2. 排风总管和集中排风机的设计风量，应考虑各区域排风的同时使用系数，办公、商业建筑的公共卫生间可取0.8~0.9；酒店客房卫生间可取0.7~0.8；住宅卫生间可取0.4~0.5；有工艺要求的排风系统，按照工艺要求确定； 3. 当办公、商业建筑的公共卫生间排风系统的集中排风机安装容量大于或等于3.0kW，以及住宅厨房排油烟系统、酒店客房卫生间和住宅卫生间排风系统的集中排风机安装容量大于或等于2.2kW时，宜采用变速风机
3.11.7条	公共浴室、洗浴中心各房间或区域的空气压力分布应为：浴室、按摩湿区、卫生间＜更衣区及服务区＜办理等其他配套公共区域。湿区宜设置气窗；无气窗设置条件时，应设独立的机械排风系统，其排风量宜按照10~15h^{-1}换气次数计算

第3.11.1条涉及卫生间通风系统形式（机械、自然）和排风系统的独立设置。卫生间是一个持续性的污染源，宜采用机械排风系统持续性排风，保证卫生间内的污染空气不外溢。公共建筑中的大型卫生间通常不设置房间门，而是采用迷宫式布局，即采用具有视线遮挡作用的前厅、休息区、转换通道等进行使用区与公共区的分隔，有利于排风系统的自然补风。为防止空气品质不佳的排风影响其他功能房间，卫生间排风系统应独立设置。当与淋浴间等排风合并设置时，应设防止串气味的措施。

相比《民规》中的规定，《统一技术措施2022》中第3.11.2条关于卫生间通风量的确定，对建筑类型的考虑更加详细，排风量或排风换气次数的要求也更高。

基于工程实践经验和工程应用效果，《统一技术措施 2022》中第 3.11.6 条给出了常见的应用形式"集中排风机＋分区排风设备"即动力分布式排风系统的系统风量、风机选择等相关规定，规范了卫生间动力分布式排风系统的设计要求。

唐李立对某一候车大厅公共卫生间的排风系统效能不足、臭味严重的原因进行了排查及分析，发现原因有 3 个：其一，该分析对象的排风系统负担上下二层候车厅 3 个卫生间，另加一个与站台层候车厅相邻的公安卫生间的排风，其中一个卫生间与其他卫生间位置距离较远，造成风管路径较长，与系统排风机的额定参数相比，系统负荷过大，即系统划分与设备选型不匹配、不合理。其二，排风管路为了避让诸如空调、排烟、新风、消防等系统管路而迂回线路，弯头、三通等配件增多，管路总长度和局部阻力增大，同时风管管径较小，增加了空气流动损耗。其三，排风系统已投入运营多年，管道的密封、隔振、降噪等效果下降，管道漏风，管道内的隔栅网灰尘附着，且存在施工质量欠缺，管内有施工垃圾等，影响排风效果。基于原因分析，对于如何解决车站候车厅公共卫生间通风问题，从优化排风管道布置（构建独立排风系统）、精心施工等方面提出了系统整改要点。风管走线尽量直线布置，避免连续转弯线路，减少风机能耗。关于施工，提出风管采用镀锌钢板材质，厚度 0.75mm，风管法兰接头用绒布粘垫，固定风管龙骨架吊杆等采用镀锌钢材，且在龙骨架上设检修马道。风管与排风口连接处设 300mm 柔性减振接头，防止振动产生的固体噪声传递。支管布置中，让末端支管长度尽量接近，以利于阻力平衡；除末端外，其余风口增设导流板，引导气流更加通畅。

2.4 卫生间通风系统的运行与维护

相关标准规范对卫生间通风系统运行与维护方面的规定基本为空白。多数卫生间运行维护管理不当，有些为了节能或避免噪声干扰等各种原因，排风系统不运行；有些无论有没有人、人多人少，都是处于定速状态。粗放的运行维护管理和控制策略往往难以保障卫生间的通风效果或不利于节能。吴伯谦等关于排风系统的控制策略，提出节能公司已经开发出一种 VOC 控制器，能够根据室内有机挥发物（VOC）的浓度自动调节排风系统在高、中、低三挡之间切换。如果采用变频排风机，则该控制器可以驱动变频器控制排风机的转速，达到节能目的。付祥钊提出，住宅卫生间的机械排风宜采用双速风机，卫生间有人使用时大风量（$3h^{-1}$）运行，无人使用时小风量（$1h^{-1}$）运行。目前市场上已有能进行智能转换的成熟产品。

目前公共场所卫生间的清洁和设施维护管理已得到加强，制定卫生管理制度，为卫生间环境品质提供了基础保障。卫生间通风系统的运行与维护是保障卫生间以及其相邻区域空气环境品质的关键，但所了解到的卫生管理制度中并未提出对卫生间通风系统运行维护的管理要求，还需要加强对卫生间通风系统的重视和运行管理。

3 卫生间通风发展趋势

正如目前已投放市场使用的"轻松驿站"，移动式智慧化公共厕所将成为趋势，功能也将更加多元化。如集休息驿站、自助购物、娱乐休闲、广告宣传、智慧厕所等功能为一体，并融合物联网、传感感知、云计算、大数据等创新技术。

卫生间功能的多样化发展，将对卫生间内的卫生环境品质提出更高要求，如卫生间内进行多重气味控制、便器排风控制、便器附近局部排风控制以及厕内全面排风控制。厕内全面通风技术经过了长时间的发展，目前在厕所中使用成熟；便器附近局部排风方面也已经开展了不少研究，也在一些公共厕所中得到应用，还需进一步的工程实践和推广。除了从环境空间的角度研发卫生间通风技术和相关产品，便器排风也可成为新产品研发方向。

移动智慧化独立公共厕所所能使用的建设空间极为有限，推动了由市场施工向工厂化生产的转变，这给通风的精细化带来了机会。在实验和数字模拟的基础上，精确设计其通风系统，尤其是各种公共厕所空间的气流组织和整个通风网络的水力平衡。通风的动力设备和调节机构的性能将更加可靠，公共厕所的实际通风性能、效果等不再因为施工质量等问题与设计值产生明显偏差。通风的自动化、智能化也将能够在工厂化生产中实现。

本章参考文献

[1] 王师白，卜伟平.住宅卫生间通风技术的研究[J].建筑科学，1990，（2）：31-34.

[2] 徐明.住宅卫生间通风的改进[J].住宅科技，1994，5：39.

[3] 高媛.住宅内卫生间排风口位置对机械排风效果影响的模拟研究[D].沈阳：沈阳建筑大学，2018.

[4] 李程，王如竹.公共卫生间通风气流组织及室内环境研究[J].中国制冷学会2009年学术年会论文集，2009.

[5] 王晨辉.公共建筑卫生间污染物扩散及通风控制数值模拟[D].西安：西安建筑科技大学，2020.

[6] 苏振强.厕所革命背景下景区公共厕所设计研究[D].广州：华南理工大学，2020.

[7] 中华人民共和国国家市场监督管理总局.城市公共厕所卫生标准：GB/T 17217—1998[S].北京：中国标准出版社，1998.

[8] 中华人民共和国国家技术监督局.公共厕所卫生规范：GB/T 17217—2021[S].北京：中国标准出版社，2021.

[9] 中华人民共和国住房和城乡建设部.城市公共厕所设计标准：CJJ 14—2016[S].北京：中国建筑工业出版社，2016.

[10] 中华人民共和国住房和城乡建设部.城市公共厕所设计标准：CJJ 14—2005[S].北京：中国建筑工业出版社，2005.

[11] 唐李立.公共卫生间排风系统效能不足原因分析及整改[J].建筑技术开发，2015，42（7）：74-75.

[12] 吴伯谦，王凡.公共建筑卫生间通风系统设计方法探讨[J].暖通空调，2013，43：316-318.

[13] 付祥钊，丁艳蕊.夏热冬冷地区居住建筑空气与热湿环境调控设计探讨[J].暖通空调，2021，51（10）：58-62.

防排烟技术与应用

武汉科技大学 陈敏

1 我国民用建筑防排烟技术的发展史

1.1 防排烟的含义、目的

建筑火灾具有火势蔓延迅速、扑救困难、容易造成人员伤亡和严重经济损失等特点。火灾发生时，建筑物室内装饰装修使用的易燃、可燃材料的燃烧会产生大量烟气，这些烟气具有毒害性、减光性和恐怖性等危害。烟气的毒害性使受灾人员或扑救人员直接中毒或窒息而亡，还会导致人员因缺氧或一氧化碳中毒晕倒而被火烧死；烟气的减光性和恐怖性会削弱人员视距、引起恐慌，无法迅速辨识疏散线路及出口，造成火场混乱，给疏散和扑救带来困难。国内外火灾事故统计数据表明，因火烧死的人数约占 1/3~1/2，且其中多数先受烟气毒害晕倒而后烧死。因此，建筑工程中设置防烟、排烟系统，就是为了及时排出火灾产生的高温烟气，阻止烟气向非着火区扩散，确保人员在疏散过程中不会受到烟气的直接作用，同时为消防救援人员进行灭火救援创造有利条件。

防排烟系统分为自然通风系统和机械加压送风系统两种，前者以自然通风方式防止火灾烟气在前室、楼梯间、避难层（间）等空间内积聚；后者是通过机械送风实现疏散通道与走道间的压力梯度的形成，阻止火灾烟气侵入前室、楼梯间、避难层（间）等空间。排烟系统也分为自然排烟系统和机械排烟系统，其作用就是尽快将烟气排至建筑外，利于人员快速找到疏散通道，减少人员伤亡。

防排烟系统与火灾自动报警系统联动。火灾发生时，火灾自动报警系统迅速启动防排烟设备，防止火灾烟气扩散，及时排烟排热，确保火场人员安全疏散。

建筑是与人们生活紧密关联的社会产物，其发展受到国家政治、经济等多方面因素的影响。随着建筑的发展，建筑火灾的特点也随之发生变化。社会发展初期，建筑体量小、功能单一，建材中化学材料少，火灾风险相对较小，灭火及救援难度也较小。随着建筑业的发展，建筑物体量逐渐增大、功能结构日益复杂，各种新型建筑材料大量使用，火灾危险程度发生很大的变化，对防火、防排烟的要求也日益提高。纵观我国民用建筑的发展历程，大致可分为三个阶段：短缺阶段、探索阶段、市场化阶段，与之对应，建筑防火、防排烟技术的发展也可分为起步期、转变期、深入认识期。

1.2 起步期

中华人民共和国成立之初，住宅以单层砖木结构的平房和简易房为主。1953 年，我国进入第一个五年计划，以苏联模式为蓝本，复苏经济、发展工业，住宅建设也直接采用苏联的住宅设计标准，传统的院落式住宅不复存在，内廊式单元住宅大片兴起，成为主要的住宅形式，居民多户合住，共用厨房和卫生间。20世纪50年代末期，国民经济发展面临困境，住宅建设进展缓慢，开始追求小面积、低标准的住宅形式。在降低住宅设计标准的前提下，将仿苏联的内廊式单元住宅作相应改造，缩短内廊，变成短内廊式住宅。同时，将厨房与卫生间分离到各个居室空间，进一步缩减居室面积。1966年建工部提出《关于住宅宿舍建筑标准的意见》，规定人均居住面积不大于$4m^2$，户均居住面积不大于$18m^2$，基于此原则，城市多建低标准楼房。1973年，国家建委对住宅建筑面积又有相应的调整，放宽居住面积，以家庭为单位的独门独户成套小住宅被普遍接受。在住宅加大进深后，便在住宅单元平面设计凹槽，为中间的小方厅提供自然光线，形成"小亮厅"住宅。此时，居民的心理需求开始作用于住宅形式。随着物质生活水平的提高，住宅逐渐从"睡眠型"向"起居型"过渡。70年代，城市化步伐加快，部分大城市，如北京和上海，出现城市发展与土地利用之间的矛盾，为缓解城市建设用地短缺的现状，出现钢筋混凝土结构的高层集合住宅，但是受当时建筑材料、工程结构、施工技术、设备条件等因素的制约，并没有成为主要的城市住宅形式。

这一时期，我国处于住房短缺阶段。居民住房以土坯草屋为主，建材多为木、竹、草等可燃材料，且建筑形体低矮，多散布于后街小巷。受经济条件所限，住宅家装材料较为简单，内部装修可燃物不多，发生火灾时，火焰及烟气扩散以水平蔓延为主，火焰、辐射热、烧伤等导致人员伤亡以及财物的损毁，救援的重点在于灭火及抢救火场中的人与物。

1.3 转变期

1979年，我国开始改革开放，发展生产力的同时，关于住宅建设的理论研究逐渐丰富起来。针对城市建设用地集约化的思考，学术界在高层住宅与多层住宅之间展开论证，认为在大城市中建设多层住宅比高层住宅更节约用地，造价和周期都要更优越。因此，20世纪80年代，砖混结构的多层集合住宅在大城市中盛行，层数在六七层左右。同时，随着国民经济显著提高，物质生活逐渐丰富，满足居民交往与娱乐的活动空间成为住宅设计的新思路，住宅功能开始重视居民的生活需求。1983年，国务院再次放宽住宅设计标准，随后高标准、大户型的住宅开始在大城市中出现。80年代中期，房地产市场开始在部分沿海城市试点，住宅商品化缓缓起步，商品房应运而生。90年代初期，房地产市场发展趋于稳定。大城市流动人口的增加、城市化的加快，导致城市建设用地更加紧张。此时，高层建筑材料的发展与施工技术的成熟使大城市高层住宅得以发展。同时私家车开始增多，出于对停车位的考虑，高层建筑地下空间被利用起来，提高了土地利用率。

这一时期，我国的民用建筑处于多种形式的探索阶段。此时的高层在9~11层之间更为普遍。住宅趋向于多元化发展，市场对住宅建设的作用逐渐体现出来。大城市多出现9~11层高层住宅，中型城市以多层住宅居多，小城市以低层单元住宅为主。居民用房由草房变瓦房、楼房，由土木结构转向砖木结构、砖混结构演变。因经济水平提升，住宅家装材料变得较为丰富，化学建材与用品大量增加，可燃物增多，火灾发生初期，火焰及烟气扩散以水平蔓延为主，随后存在烟气竖向蔓延的风险，烟气容易扩散至非着火区。火灾危害主要为烟气毒害导致人员伤亡，其次是财物的损毁。救援的重点在于控制烟气扩散，及时抢救人员。

20世纪80年代中期,我国开始关注机械防烟技术的研究,在"八五""九五"期间对高层建筑楼梯间和地下商业街的控烟技术及烟气流动特性进行了大量的研究,取得了一些重大成果,为有关规范的制修订和工程防排烟设计提供了可靠的技术依据,建立了一些有较高水平的大型实验设备,如世界上规模最大的高层建筑火灾试验塔、地下商业街和商场火灾试验室、大空间火灾试验馆等,比较深刻地了解和认识了火灾中烟气的运动特性及其可能产生的危害。1989年我国还成功建设了以火灾科学基础研究为基本定位的国家级实验室——火灾科学国家重点实验室,其研究方向涵盖火灾形成与发展的动力学演化、火灾防治关键技术原理、火灾安全工程理论与方法学等方面。

1.4 深入认识期

1995年7月,国务院颁发《关于深化城镇住房制度改革的决定》,政府开始关注城市中低收入群体的住房问题,提出具有社会保障性质的经济适用房,并决定实施"安居工程"。住宅建设开始朝着商品化与保障中低收入群体安居的两个方向发展。1995年以来,随着经济的进一步发展,人们生活水平日益提升,住房条件不断得以改善。大量高层、超高层住宅不断涌现,新型建筑家装材料也层出不穷。与此同时,公共建筑也开始得以发展,各类新建公共建筑面积不断增长。无论是住宅还是公共建筑,建筑体量、布局都发生了明显的变化,随之也增加了火灾风险及灭火救援难度。火灾发生时,确保建筑全空间无烟气几乎不可能,构建人员疏散通道、集中保障疏散安全才是可行之策。随着建筑层数的增多、单层面积的增大,同时构建竖向和水平的安全疏散通道至关重要,火灾初期能够及时启动防排烟系统,有效防止烟气进入疏散通道内,保障人员安全疏散则是这一时期灭火救援工作的重中之重。

这一时期,火灾科学国家重点实验室持续得到了国家自然科学基金、国家重点基础研究发展规划项目、中国科学院知识创新项目、"211工程"和"985工程"建设项目等的支持,与国内外大学和科研机构建立了多领域、多学科交叉的合作体系,在火灾科学基础研究领域取得了长足进步。此外,公安部直属的天津、四川、沈阳和上海消防研究所,清华大学、浙江大学、中国矿业大学、香港理工大学、南京理工大学、青岛化工大学、东北林业大学等都在火灾科学研究方面开展了扎实的工作。

1.5 相关的工程标准

我国建筑防火、防排烟标准经历了从无到有的阶段,相关的工程标准见表1。

建筑防火、防排烟标准 表1

	标准名称	编制/发布单位	实施时间	阶段
已废止标准	《工业企业及住宅区建筑设计防火标准》	苏联重工企业建设部	1952	起步期
	《工业企业及居住区建筑设计防火标准》H102—51	苏联国家建设委员会	1956	
	《工业企业和居住区建筑设计暂行防火标准》102—56	公安部、建筑工程部	1956.9.1	
	《关于建筑设计防火的原则规定》	国家基本建设委员会、公安部	1960	

续表

	标准名称	编制/发布单位	实施时间	阶段
已废止标准	《建筑设计防火规范》TJ16—74	公安部、燃料化学工业部	1975.3.1	起步期
	《高层民用建筑设计防火规范》GBJ45—82（试行）	国家经济委员会和公安部	1983.6.1	转变期
	《建筑设计防火规范》GBJ16—87	公安部	1988.5.1	
	《高层民用建筑设计防火规范》GB 50045—95	建设部	1995.11.1	
	《汽车库、修车库、停车场设计防火规范》GB 50067—97	建设部	1998.5.1	
	《建筑设计防火规范》GB 50016—2006	建设部、国家质量监督检验检疫总局	2006.12.1	
现行标准	《飞机库设计防火规范》GB 50284—2008	住房和城乡建设部	2009.7.1	深入认识期
	《人民防空工程设计防火规范》GB 50098—2009	住房和城乡建设部、国家质量监督检验检疫总局	2009.10.1	
	《纺织工程设计防火规范》GB 50565—2010	住房和城乡建设部、国家质量监督检验检疫总局	2010.12.1	
	《酒厂设计防火规范》GB 50694—2011	住房和城乡建设部	2012.6.1	
	《核电厂常规岛设计防火规范》GB 50745—2012	住房和城乡建设部	2012.10.1	
	《汽车库、修车库、停车场设计防火规范》GB 50067—2014	住房和城乡建设部、国家质量监督检验检疫总局	2015.8.1	
	《民用机场航站楼设计防火规范》GB 51236—2017	住房和城乡建设部	2018.1.1	
	《建筑防烟排烟系统技术标准》GB 51251—2017	住房和城乡建设部、国家质量监督检验检疫总局	2018.8.1	
	《建筑设计防火规范》GB 50014—2014（2018修订版）	住房和城乡建设部、国家质量监督检验检疫总局	2018.10.1	
	《消防设施通用规范》GB 55036—2022	住房和城乡建设部、国家市场监督管理总局	2023.3.1	
	《建筑防火通用规范》GB 55037—2022	住房和城乡建设部、国家市场监督管理总局	2023.6.1	

2 标准的进展

工厂和住宅等建筑物建设起步阶段，由于国内建筑防火标准的缺失，建筑物的防火设计无据可依，于是开始学习苏联的规范。1952年，东北工业出版社率先出版了杨春禄先生翻译的苏联重工企业建设部制订的《工业企业及住宅区建筑设计防火标准》，作为土建设计参考资料。此后，建筑工程部技术司组织本司干部张玉书等人翻译了苏联国家建设委员会于1954年11月4日批准的《工业企业及居住区建筑设计防火标准》H102—51，于1956年1月由建筑工程出版社出版。由于苏联国家建委批准的同名标准批准机关级别较高，在我国又由官方正式组织翻译，因此影响力较大，参考价值也较高。苏联的标准可供建筑设计人员及建筑院校师生参考，但毕竟不具备法律效力。

1956年4月，国家建设委员会审查批准了由公安部和建筑工程部编制的《工业企业和居住区建筑设计暂行防火标准》102—56，自1956年9月1日起试行。该标准以苏联《工业企业及居住区建筑设计防火标准》H102—54为蓝本制订，同样设8章2附录，前者条款72条，后者103条。两个标准的内容相似，只是后者根据我国国情，对前者的一些条款做了修改增补，在必要的地方加注。例如，第一条适用范围里加了两个重要的"注"：①在设计改建的工业企业、居住区及工业用、居住用和社会公用的单独建筑物时，如按本标准的某些规定实行遇有困难时，应与公安部门协商解决。②六层及六层以上居住建筑的防火要求，另行规定。该标准尽管内容与苏联版本的差别不大，但具备法律效力。它的批准和试行，在我国的建筑设计防火规范史上具有划时代的意义。

1960年，国家基本建设委员会和公安部联合颁布了《关于建筑设计防火的原则规定》，重申《工业企业和居住区建筑设计暂行防火标准》102—56必须严格贯彻。该规定共8条、1000余字，具有法律效力。为了便于该规定的执行，国家基本建设委员会和公安部另制订建筑设计防火技术资料，供设计部门参考。建筑设计防火技术资料的章节设置与《工业企业和居住区建筑设计暂行防火标准》102—56基本相同，只是少数地方做了修改，但这份资料不具备法律效力，只是《关于建筑设计防火的原则规定》的一个资料性附件。《关于建筑设计的原则规定》的出台说明《工业企业和居住区建筑设计暂行防火标准》102—56没有得到严格的贯彻，国家有关部门必须重申建筑设计防火标准的重要意义。

1975年，国家基本建设委员会、公安部和燃料化学工业部批准了《建筑设计防火规范》TJ16—74，于1975年3月1日试行。此规范的批准和试行，意味着我国有了正式的建筑设计防火规范，成为我国建筑防火规范史上的第一个里程碑。该规范共分9章和6个附录，在《关于建筑设计防火的原则规定》的基础上，明确了防火等级、生产的火灾危险性分类、防火间距、消防给水，并增加了仓库等规定。

改革开放后，经济迅速发展，原来罕见的高层建筑在各地大量兴建。为了保障高层建筑的防火安全，社会上亟需相关的设计防火标准，而《建筑设计防火规范》TJ16—74中没有关于高层建筑防火的条款，另一方面，《建筑设计防火规范》TJ16—74从1975年3月1日起才试行，当时其他内容需要修订的不多，于是开始单独制订高层民用建筑设计防火标准。1982年，国家经济委员会和公安部联合批准了由公安部主编的《高层民用建筑设计防火规范》GBJ45—82（试行），该规范于1983年6月1日起试行，这在我国建筑设计防火标准规范史上是一个填补空白的新突破，它适应改革开放后我国大量兴建的高层民用建筑防火管理的需要，是我国高层民用建筑防火规范的里程碑，我国从此针对高层民用建筑防火设计做出了单独规定。1995年5月13日，建设部批准《高层民用建筑设计防火规范》GB 50045—95为国家强制性标准，自1995年11月1日起实施。该规范汲取了1985年哈尔滨天鹅饭店火灾的教训，对《高层民用建筑防火设计规范》GBJ45—82做了重大修改。该规范被业界称作"强条"，在同年底和1997年、2001年及2005年分别做了局部调整和完善。

在《高层民用建筑设计防火规范》GBJ45—82出台后，《建筑设计防火规范》TJ16—74也在继续修订。1987年8月26日，由公安部会同有关部门共同修订的《建筑设计防火规范》GBJ16—87经有关部门会审，作为国家标准颁布，该规范于1988年5月1日起施行。该规范在1995年、1997年和2001年做了局部修订，共19章5个附录。2006年7月12日，建设部和国家质量检验检疫总局发布了《建筑设计防火规范》GB 50016—2006，于2006年12月1日实施。这意味着《建筑设计防火规范》与《高层民用建筑设计防火规范》各自分别修订。

随着我国经济的迅速发展，《建筑设计防火规范》GB 50016—2006 和2005 版的《高层民用建筑设计防火规范》GB 50045—95 已难以适应工程建设的现实需要。各类火灾事故也反映出一些标准亟需完善的问题。另外，这两部规范之间的一些不协调，以及这两部规范与其他防火设计规范之间的一些不协调，给规范的执行带来了较大的困难。在此背景下，住房和城乡建设部于2014年8月27日发布国家标准《建筑设计防火规范》GB 50016—2014，2015年5月1日起实施，它是我国第一部统一的建筑设计通用防火规范，共12章，425条，较前期规范更为完整地统筹了建筑分类要求，在术语描述、建筑类别及耐火等级、平面规划设计、建筑防火构造等多方面进行优化。该标准的批准和实施，在我国建筑设计防火规范史上树起一座新的里程碑。三年后，《建筑设计防火规范》GB 50014—2014 的修订版于2018 年10月1日起实施。

2008—2017 年，还发布实施了适用于各行业、各领域的防火规范，如：《飞机库设计防火规范》GB 50284—2008、《人民防空工程设计防火规范》GB 50098—2009、《纺织工程设计防火规范》GB 50565—2010、《酒厂设计防火规范》GB 50694—2011、《核电厂常规岛设计防火规范》GB 50745—2012、《汽车库、修车库、停车场设计防火规范》GB 50067—2014、《民用机场航站楼设计防火规范》GB 51236—2017。

国内外的多次火灾表明，火灾中产生的烟气具有遮光性、毒性和高温特性，从而成为造成火灾人员伤亡和重大财产损失的主要因素。为确保人员的安全疏散、消防扑救的顺利进行以及有效保护消防救援人员的安全，组织合理的烟气气流、建立科学有效的烟气控制设施十分必要。建筑防排烟系统设计是建筑防火安全设计的重要组成部分，编制防排烟技术标准是完善建筑防火设计标准体系的必然要求。随着经济建设的发展，我国高层建筑和大规模公共建筑越来越多，正在逐步发展与完善的建筑防火设计技术体系涵盖了与建筑防火设计相关的建筑、结构、电气、消防给水灭火等专业，但在建筑防排烟系统方面没用详细、完整的专项技术标准与技术规范，因此，作为建筑防火设计标准体系的重要组成部分的《防排烟技术标准》的编制势在必行。2006年，原建设部下发了"关于印发《2006年工程建设标准规范制定、修订计划（第一批）》的通知"（建标 E2006177 号）的要求，经公安部消防局批准，公安部四川消防研究所申报立项，会同上海市公安消防总队和国内 12 个科研单位、设计院及有关厂家开始共同编制《建筑防烟排烟系统技术标准》。12 年后，《建筑防烟排烟系统技术标准》GB 51251—2017 于 2018 年 8 月 1 日正式实施，这是我国在建筑防排烟系统方面的第一部专项技术标准。

为适应国际技术法规与技术标准通行规则，2016年以来，住房和城乡建设部陆续印发《深化工程建设标准化工作改革的意见》等文件，提出政府制定强制性标准、社会团体制定自愿采用性标准的长远目标，明确了逐步用全文强制性工程建设规范取代现行标准中分散的强制性条文的改革任务，逐步形成由法律、行政法规、部门规章中的技术性规定与全文强制性工程建设规范构成的"技术法规"体系。强制性工程建设规范体系覆盖工程建设领域各类建设工程项目，分为工程项目类规范（简称项目规范）和通用技术类规范（简称通用规范）两种类型。项目规范以工程建设项目整体为对象，以项目的规模、布局、功能、性能和关键技术措施等五大要素为主要内容。通用规范以实现工程建设项目功能性能要求的各专业通用技术为对象，以勘察、设计、施工、维修、养护等通用技术要求为主要内容。在全文强制性工程建设规范体系中，项目规范为主干，通用规范是对各类项目共性的、通用的专业性关键技术措施的规定。在此背景下，住房和城乡建设部、国家市场监督管理总局于2022年7月15日联合发布了《消防设施通用规范》GB 55036—2022（以下简称《通用规范》），该《通用规范》于2023年3月1日起实施，旨在使建设工程中的消防设施有效发挥作用、减少火灾危害。《通用规范》包括12章，其中第11章为"防烟与排烟系统"，包括5条"一般规定"、6条"防烟"条文和6条"排烟"条文，对防排烟系统及系统中的管道、阀门、组件的性能，机械加压送风管道与机械排烟管道的材料、密闭性，加压送风机和排烟风机的公称风量，风机的启动方式等作出了总体规定；规定了机械加压送风系统的设置部位及要求、自然通风防烟的条件、机械加压送风系统的风量及余压要求、机械加压送风系统与火灾自动报警系统的联动要求；对机械排烟系统的设置部位、排烟防火阀、补风等作出了规定。

2023年1月19日，住房和城乡建设部正式发布公告，批准《建筑防火通用规范》为国家标准，编号为GB 55037—2022，自2023年6月1日起实施。该规范为强制性工程建设规范，全部条文必须严格执行，内容共涉及32本规范，废止了其他工程建设标准的780余项强制性条文。

3 关于《建筑防烟排烟系统技术标准》GB 51251—2017的讨论

3.1 标准内容的进步

《建筑防烟排烟系统技术标准》GB 51251—2017（以下简称《防排烟标准》）于2018年8月1日正式实施，这是我国第一部建筑防烟排烟方面的专项技术标准。该标准适用于新建、扩建和改建的工业与民用建筑的防烟、排烟系统的设计、施工、验收及维护管理，旨在合理设计建筑防烟、排烟系统，保证施工质量，规范验收和维护管理，减少火灾危害，保护人身和财产安全。

在《防排烟标准》编制过程中，编制组遵循国家有关法律、法规和技术标准，深入调研建筑防排烟系统设计和工程应用情况，认真总结火灾事故教训和建筑防排烟系统工程应用实践经验，参考国内外最新相关标准规范，吸收先进的科研成果，广泛征求设计、监理、施工、产品制造、消防监督等各有关单位相关意见。具体包括：

（1）参考国内外相关技术标准中有效技术规范与规程。包括：《高层民用建筑设计规范》GB 50045—95（2005年版）、《建筑设计防火规范》GB 50016—2006、《建筑防排烟技术规程》DGJ 08-88—2006、美国 *Standard for smoke control systems* NFPA92—2012、*Standard for smoke and heat venting* NFPA204—2002、英国 BS（5588，7346）、澳大利亚《消防设计规范》AS2419、日本《建筑防火安全法规》等。

（2）总结国内近些年大型火灾的经验教训，包括：深圳2008年9月21日俱乐部火灾、上海2010年11月15日高层住宅火灾、天津2012年6月30日商场火灾的发生原因及造成大量人员伤亡、重大财产损失的经验教训，建立更合理、更有效的防排烟系统体系。

（3）调研国内各个科研单位对防排烟技术的理论研究、实验成果，以及设计、生产厂家及公安消防部门的意见，为《防排烟标准》的编制提供理论与实验依据。

作为我国第一部建筑防烟排烟系统的专项技术标准，内容包括从设计、施工、调试、验收到运维全过程，主要涵盖以下方面：

（1）明确了制订《防排烟标准》的目的、意义及适用范围。

（2）对《防排烟标准》涉及的专业术语进行了定义。

（3）规定了不同类型与高度建筑防排烟系统的设置原则。

（4）规定了防烟与排烟（补风）系统的计算方法和设置要求。

（5）规定了需要进行火场热烟排放的场所和设置要求。

（6）规定了防排烟设施与报警系统的启动与联动控制要求。

（7）规定了防排烟系统设备材料进场检验和系统的安装、调试与验收基本要求。

（8）规定了防排烟系统的运行维护管理基本要求。

《防排烟标准》包括总则、术语与符号、防烟系统设计、排烟系统设计、系统控制、施工、调试、验收和维护管理9个章节，共193条。其中，强制性条文20条，主要分布在防烟系统设计、排烟系统设计和系统控制这3章中，这3章也是标准的重点内容。设置了7个附录，主要为不同火灾规模下机械排烟量、排烟口最大排烟量及防烟排烟系统安装、调试、验收、运维等环节需要使用的表格。

在标准编制过程中，编制组结合相关标准的实施经验，采用了国内外相对成熟的技术成果和方法。该标准较以前实施的防排烟系统技术规范科学性更强，内容更详细，要求也更全面。设计理念和具体参数设置与以前规范规定有很大不同，比如：基于烟羽流概念的排烟量计算方法，防烟分区的划分方法，增设了便于火灾救援现场便于破拆的固定窗，保证防排烟系统可靠性的措施等。同时在编制过程中注重与建筑防火设计技术标准体系的协调性，例如，将需要设置防排烟系统的部位与场所相关内容纳入《防排烟标准》中。具体内容如下：

（1）系统地明确了防排烟设计与计算的专用术语与符号

系统地明确了火灾烟气控制系统理论和防排烟设计的专业术语与计算符号，包括21个常用的防排烟系统术语和63个防排烟计算所用的符号，有利于防烟系统选择和排烟系统计算的理解和应用。

（2）将国内外先进的防排烟理论与经验应用于《防排烟标准》

1）明确了排烟设计中有关术语与基本概念

根据火灾烟气生成与流动特性，明确了空间净高H、挡烟垂壁高度、储烟仓高度、清晰高度、最小清晰高度H_q及烟层底部高度Z的基本概念及相互之间的关系。最小清晰高度是发生火灾时保证室内人员安全疏散和方便消防人员扑救的最低要求。在烟气控制分析计算中必须满足以下条件：烟层底部高度$Z \geqslant$最小清晰高度H_q。

由于自然通风和机械排烟动力的差异，对于不同排烟方式下的储烟仓高度（挡烟垂壁高度）要求也不一样：自然排烟储烟仓高度不小于0.2H，且不小于500mm；机械排烟储烟仓高度不小于0.1H，且不小于500mm。

据此基本概念和国内外相关研究成果，为确保烟气被有效控制和排烟系统有效运行，规定了防烟分区划分原则：防烟分区长边最大允许的长度为空间净高的8倍左右。对于高度大于9.0m的空间，可以不设挡烟设施；对于宽度不大于2.5m的走道，其防烟分区的长边长度可以延长到 60m。

2）增加了火灾烟气生成量的计算方法

参照国际上先进的烟气流动与控制研究成果和标准，将常用烟羽流及烟气控制公式纳入《防排烟标准》中，有助于设计人员正确认识和理解火灾烟气生成原理，掌握烟气控制的设计要点，提高设计水平。

（3）明确了防烟系统与排烟系统均可采用自然和机械两种通风方式

自然通风方式相比机械加压送风系统或排烟系统具有简单易行、经济、可靠的特点，同时长期实践表明，自然通风方式是行之有效的防烟和排烟方式。

在原国家相关规范中，自然通风防烟与可开启外窗自然排烟均安排在"自然排烟"章节中，为了更好地体现《防排烟标准》编制的逻辑性，同时便于设计人员掌握要点，将自然防烟与自然排烟相关内容分别纳入防烟系统设计与排烟系统设计中。

建筑防排烟系统设计都应根据建筑的使用性质、高度、平面布置、通风条件等因素选择自然或机械防烟方式。根据火灾热烟气上升的基本原理，推荐优先采用自然排烟系统。

（4）完善了防烟设施要求，细化了防烟计算方法

根据建筑使用性质、建筑高度、建筑安全疏散设施平面布局、通风条件、加压送风口位置等各种影响防烟效果的因素及空气、烟气流动特性，从提高系统可靠性、安全性角度出发，详细规定了自然通风防烟与机械加压送风防烟系统的使用场合、应用条件、设置方法和要求等内容。

1）进一步完善了自然通风防烟设施的要求

根据建筑物使用性质、建筑高度等因素对通风的影响，规定了自然通风防烟方式的应用条件。以建筑高度限制防烟系统的选择，主要是考虑自然通风效果会受风速与风压的影响；而建筑使用性质主要反映了火灾时人员对建筑内部消防设施（疏散走道和疏散楼梯）的熟悉程度。考虑到住宅室内人员密度低，且居住人员对大楼的疏散设施比较熟悉，疏散难度较公共建筑与工业建筑小，因此对住宅采取自然通风防烟方式的建筑高度限制适当放宽至 100m。

明确了楼梯间、前室、避难层（间）自然通风防烟方式设置要求。原国家相关规范中对楼梯间、前室和避难层（间）采用自然通风防烟方式的要求不够明确，《防排烟标准》设置专门章节明确了开窗（口）面积、位置等内容，并对外窗开启装置的要求作出了明确的规定，提高了自然防烟系统的可靠性。

2）进一步完善了机械防烟设施要求，细化了防烟计算方法和取值规定

明确了防烟楼梯间、前室、避难走道及其前室的机械防烟设置要求：包括不同条件下的楼梯间及其前室的机械加压送风防烟系统的设置原则、机房设置、场所、送风管道的材料、风速、风管制作及耐火极限、进风口位置等要求；同时新增了直灌式加压送风系统的设置要求。

依据流体力学原理和理论计算公式，从楼梯间与前室机械防烟系统的构成、系统控制方式及火灾防烟方法出发，分别列出了楼梯间和前室加压送风量计算公式，并细化了防烟计算方法和取值规定；解决了楼梯间与前室不同送风状态、前室设置多个门等实际工程需求，并规定了不同送风速度下的楼梯门漏风的计算压差；提供了常见情况下加压送风计算风量表，方便选用。

明确了加压送风系统设计风量不小于系统计算风量1.2倍的要求。

新增了避难层（间）、避难走道及其前室送风量的计算方法。

（5）完善了排烟设施要求，细化了排烟计算方法

根据建筑火灾排烟的基本原理和国内外的研究成果，从提高系统可靠性、安全性出发，详细规定了自然排烟与机械排烟系统的设置要求。

1) 明确了排烟系统设置基本原则

排烟系统的设计需要根据建筑的使用性质、平面布局及通风条件等因素，选择合适的形式。长期的工程实践表明，自然排烟方式具有简单易行、经济、可靠等优点，因此《防排烟标准》要求，当具备条件时应优先采用自然排烟系统。考虑到自然排烟与机械排烟方式相互之间对气流的干扰，为确保排烟效果，规定同一防烟分区采用同一种排烟方式。

2) 完善了自然排烟设置要求

从距离、高度、开启方向、有效面积、布置、开启装置等方面对自然排烟窗（口）设置作出了具体要求；对于采用自然排烟设施、可燃物多、火灾热释放功率大的厂房和仓库，在排烟窗的布置位置和密度方面作了明确规定。同时还新增加了走廊、回廊采用自然排烟方式的具体设置要求。

3) 进一步完善了机械排烟设施要求

明确了机械排烟系统设置要求：水平排烟系统应独立设置，竖直排烟系统应分段独立设置。明确了机械排烟口设置要求，包括排烟距离、平面和高度位置、最大排烟量、排烟口风速等。

4) 细化了排烟系统的设计计算方法

引用了美国 *Standard for smoke control systems* NFPA92-2012 中热释放速率（t^2 火灾增长模型）、轴对称型烟羽流、阳台溢出型烟羽流、窗口型烟羽流的一些计算公式，包括烟羽流质量流量、烟层平均温度、温差、体积流量计算公式，还包括火灾热释放速率、最小清晰高度、单个排烟口最大允许排烟量、自然排烟窗（口）面积计算公式，并就各类公式使用条件和计算方法作了详细的说明和规定，在条文说明中列举了具体计算案例，便于设计人员掌握。

明确了防烟分区计算排烟量、排烟系统计算排烟量、排烟系统设计风量的计算方法和三者之间的关系。计算防烟分区排烟量时，对于建筑高度6m及以下所结合原国家规范的方法采用指标法计算，对于建筑高度6m以上场所采用国际上成熟的计算方法计算，并提供了方便选用的排烟量计算表格。同时明确了系统设计排烟量的计算步骤。

目前我国带有中庭的建筑越来越普遍，而中庭一旦发生火灾，其蔓延速度快、危险性较大，因此标准对中庭排烟设施及排烟量作出了特别的规定。

（6）明确了防烟系统与排烟系统联动控制要求

火灾防排烟自动控制系统是保证整个防排烟系统能正确协调工作的重要组成部分，因此该部分的主要内容都作为强制性条文出现。标准对加压送风机、排烟风机、排烟补风机4种启动方式及排烟风机、排烟补风机超温联动关闭等作了详细要求。同时还明确了加压送风系统相关设施（风机、风口、阀门）、排烟与排烟补风系统相关设施（排烟阀、排烟口、风机、挡烟垂壁等）的联动控制要求。考虑到火灾时火场发展迅速，标准还对相关联动设备的动作时间提出了明确的要求。

（7）增加了保证系统可靠性、防止火灾蔓延的具体技术措施

根据众多项目的经验，从影响防烟、排烟、排烟补风系统实际运行效果的多种因素出发，标准还在机房、室外风口、管道及管道井等方面作了详细的规定，以有效保证防烟排烟系统的可靠性，防止火灾蔓延。主要体现在以下几个方面：

1）从耐火等级、管理维护空间方面对防排烟风机的专用机房设置提出了要求。

2）对排烟机房与空调通风机房合用时的技术措施作了明确规定。

3）对机械加压送风系统、补风系统的取风口与排烟系统室外排烟口的高差、水平具体作了具体要求。

4）对防烟排烟系统、排烟补风系统的管道材料、管道耐火极限，需要设置防火阀、排烟防火阀的部位，以及排烟管道隔热保温等方面作了详细规定。

5）当排烟系统与通风空调系统无法分设时，工况转换风阀的数量不应超过10个。

6）考虑到实际工程中风管（道）的漏风、风机制造标准中允许漏风量的偏差、风机产品质量参差不齐等因素，标准要求机械加压送风、排烟系统设计风量应为系统计算风量的1.2倍。

3.2 关于标准的争议与各地的实施措施

3.2.1 关于标准的争议

《建筑防排烟系统技术标准》GB 51251—2017（以下简称《防排烟标准》）自实施以来，受到了工程界、学术界的高度关注，引起了热烈的讨论。其中有代表性的意见包括：

（1）刘朝贤的观点

中国建筑西南设计研究院有限公司前总工刘朝贤认为：火灾发生过程中，人与烟气的博弈好比一盘棋局，防排烟规范主体是"棋手"，所有设施、方法等都是"棋子"，棋局的胜负体现棋手的水平。一盘棋的胜负，取决于"棋手"的"运筹帷幄"和对每颗"棋子"的功能、适应条件的把握，并结合建筑布局作出正确决策。刘朝贤认为，《防排烟标准》在理论、理念、思维逻辑、防烟排烟方案、加压送风量与排烟量的计算、加压与排烟部位等方面存在以下问题：

1）"以静制动"的理念存在问题。火灾过程中的烟气量、温度、压力、成分都是变化的、动态的，而标准中规定的排烟风机的风量是固定值。

2）设计疏散开启门的楼层数量"N_1"的问题。防火门同时开启的数量 n 实际都在防火门总数的90%以上，已远远超出《防排烟标准》中 $N_1=1\sim3$ 的范围。

3）将加压送风量的理论计算模型压差法与流速法是否适用于高层建筑的问题，交由火灾实验塔楼的测试数值为判定依据存在问题。火灾的发展和人员的疏散过程是动态的，实测时完全模拟这种动态过程是难以实现的。实测数据时，是难以形成火灾时同时开启防火门数量 N_2、$N_{1,1}$、$N_{1,2}$ 的动态条件的。防火门的启闭时间、开度大小、开关门方式也无法完全模拟真实火灾场景。

4）压差法和流速法二者从理论上都超越了空气流动规律的底线，不适用于高层建筑加压送风量计算，可采用"当量流通面积流量分配法"计算加压送风量。

5）技术规范条文的支点是技术规律，关键数据要慎用。

6）堵截烟气入侵的最佳加压部位为前室或合用前室，而不是防烟楼梯间。

7) 自然排防烟设施可靠度不高,应被淘汰,从"以人为本"出发,为了安全疏散,必须保证楼梯间无烟,而防烟楼梯间本无烟,应采用只向前室或合用前室机械加压送风的防烟设施。

8) 防烟和排烟是紧密相关、不可分割的整体,二者缺一不可。对于排烟设施,《防排烟标准》第4.1.1条及《高层民用建筑设计防火规范》GB 50045—95第8.1.2条将自然排烟设施与机械排烟设施并列,要求前者优先采用,这一规定欠妥。需要排烟的部位有两处:一处是着火房间,应按布局采取相关措施;另一处是疏散走道,只能采用机械排烟。

9) 排烟系统划分存在问题。疏散走道不能采用可开启外窗自然排烟。需要排烟的房间应按房间的布局条件分别采用排烟设施:对具有一面外墙的房间,在该地点自然排烟极限高度 H_j 以下的房间,可采用自然排烟,H_j 高度以上只能采用机械排烟;对具有多个朝向可开启外窗的房间,自然排烟的高度不受限制;对没有外墙的房间只能采用机械排烟。

(2) 李思成的观点

中国人民警察大学李思成教授对《防排烟标准》中关于排烟设计的若干条文进行了分析,论文发表于《暖通空调》2020年第50卷第12期、《燃烧科学与技术》2022年第28卷第4期。李思成教授发现《防排烟标准》若干条文规定存在一些有待商榷的地方,通过理论计算、调查分析和翻阅相关资料,对标准中若干条文提出如下见解和建议:

1) 净高小于或等于6m的着火房间排烟量

房间发生火灾后,如能有效排烟,可以把烟气控制在着火房间内,避免进入走道或其他区域。因此,着火房间的排烟非常重要。对于需要排烟的房间,《建筑设计防火规范》GB 50016—2014第8.5.3条和8.5.4条规定"公共建筑内建筑面积大于100m^{2}且经常有人停留的地上房间应设置排烟设施;公共建筑内建筑面积大于300m^{2}且可燃物较多的地上房间应设置排烟设施;地下或半地下建筑(室)、地上建筑内的无窗房间,当总建筑面积大于200m^{2}或一个房间建筑面积大于50m^2,且经常有人停留或可燃物较多时,应设置排烟设施。"对于排烟量,特别是净高小于或等于6m的着火房间的排烟量,《防排烟标准》第4.6.3条规定"建筑空间净高小于或等于6m的场所,其排烟量应按不小于60m^3/(h·m^2)计算,且取值不小于15000m^3/h,或设置有效面积不小于该房间建筑面积2%的自然排烟窗(口)。"按照《建规》的要求,对于无窗房间,当房间建筑面积大于50m^{2}时,应该设置排烟设施。《防排烟标准》规定了着火房间的最小排烟量15000m^3/h。对于50m^{2}的房间,当空间净高为3m时,换气次数可达100h^{-1};当空间净高为4m时,换气次数可达75h^{-1}。对于着火房间,如此大的换气次数,可能会造成瞬时压力大幅下降,使烟气排不出去,因此合适的换气次数非常重要。查阅《建规》的相关规定,换气次数最大的是《建规》第9.3.16条,燃气锅炉房事故排风量换气次数不少于12h^{-1}。《人民防空工程设计防火规范》GB 50098—2009第6.3.1条第3款,对中庭的最大排烟量按其体积的6h^{-1}换气计算。经过对国内性能化报告的查阅,发现排烟量换气次数最大约为20h^{-1}。对于《防排烟标准》规定的60m^3/(h·m^2)的排烟量,按房间净空高度为3m换算,换气次数为20h^{-1}。根据进一步的保守估计,房间的换气次数可按最大不超过50h^{-1}推算,可以据此来推算着火房间的排烟量。根据此标准,对于建筑空间净高小于或等于6m的房间,排烟量可按下列要求计算:当单个防烟分区建筑面积小于或等于100m²时,其计算排烟量不应小于7200m³/h;当单个防烟分区建筑面积大于100m²时,其排烟量应按不小于60m³/(h·m²)计算,且不应小于15000m³/h。对于50m²的房间,当空间净高为3m时,换气次数为8h⁻¹;对于110m²的房间,当空间净高为3m时,换气次数可达46h⁻¹,没有出现换气次数太大的情况。

2)防烟分区临界蓄烟面积

防烟分区能够有效阻碍火灾烟气的蔓延扩散,是排烟系统设计中的一个主要部分,其合理划分十分重要。防烟分区面积的大小是划分防烟分区的关键参数之一,如果防烟分区面积过大,会增大烟气扩散面积,不利于人员疏散和火灾扑救;同时,不受限制的高温火灾烟气会使喷头启动个数增加,加重自动喷淋系统的负担,降低喷淋强度,影响灭火效果。相反,如果防烟分区面积过小,热烟气沉降速度加快,烟气越过挡烟垂壁外溢,影响控烟效果,同时,工程造价增加,不利于工程设计。国际上,一般采用具体工程具体计算的方法进行防烟分区划分,也有一些国家依据当地的建筑规范进行防烟分区划分。《防排烟标准》第4.2.4条对防烟分区的划分提出了具体规定,规定了根据不同空间净高确定最大允许面积的防烟分区,并规定了不同高度下防烟分区长边的最大允许长度,但防烟分区的面积都只规定了最大值,而对最小值没有规定。为有效控制火灾烟气,在排烟系统启动时,火灾烟气不能从着火防烟分区蔓延出来。因此,防烟分区面积应该有最小值,即防烟分区的临界蓄烟面积。根据防烟分区排烟量和排烟系统的启动时间,可以计算得到排烟系统启动前,建筑防烟分区内所产生的烟气体积,再结合储烟仓厚度,即可确定不同空间净高下防烟分区的临界蓄烟面积。在空间净高不超过9m的情况下,火灾热释放速率分别为2.5MW、3.0MW、4.0MW的防烟分区临界蓄烟面积明显小于火灾热释放速率分别为8.0MW、10.0MW、20.0MW的防烟分区临界蓄烟面积,即建筑内设置有自动喷水灭火系统的防烟分区临界蓄烟面积,小于建筑内未设置自动喷水灭火系统的防烟分区临界蓄烟面积。这主要是因为火灾热释放速率越大,产生的烟羽流质量流量越大,排烟量越大,造成排烟系统启动前0.5m厚的储烟仓内烟气体积增大,则防烟分区的临界蓄烟面积相应增大。防烟分区的临界蓄烟面积随空间净高的增大而增大,这说明随着空间净高的增大,火灾产生的烟羽流质量流量增大,排烟量增大,同时火灾探测器动作响应时间增大,进而排烟系统启动前0.5m厚的储烟仓内烟气体积增大,因此,防烟分区的临界蓄烟面积相应增加。因此,防烟分区的面积,不应仅考虑最大值,还应该根据防烟分区内的火灾荷载、空间净高、储烟仓厚度和排烟系统的启动时间考虑其最小值,即防烟分区临界蓄烟面积。

3)疏散走道的排烟

疏散走道是人员疏散的第二安全区,需保证走道不受火灾烟气的威胁。因此,《建规》第8.5.3条第5款规定"建筑内长度大于20m的疏散走道应设置排烟设施"。对于走道内的排烟方式和排烟量,《防排烟标准》第4.6.3条第3款和第4款作了详细规定。第3款规定"当公共建筑仅需在走道或回廊设置排烟时,其机械排烟量不应小于13000m³/h,或在走道两端(侧)均设置面积不小于2m²的自然排烟窗(口)且两侧自然排烟窗(口)的距离不应小于走道长度的2/3"。第4款规定"当公共建筑房间内与走道或回廊均需设置排烟时,其走道或回廊的机械排烟量可按60m³/(h·m²)计算,且不小于13000m³/h,或设置有效面积不小于走道、回廊建筑面积2%的自然排烟窗(口)。"发生火灾之后,走道中的火灾烟气主要来自于房间,进入走道内火灾烟气量的大小与紧邻房间的可燃物的多少有关，房间的大小也是确定该房间是否采取排烟措施的一个重要指标。从第 3 款的规定来看，当公共建筑仅需在走道或回廊设置排烟时，应理解为房间面积小于 50m² 且总面积小于 200m²，房间不需排烟，但走道或回廊长度大于 20m 的情况除外。如走道或回廊采用自然排烟时，走道两端（侧）均应设置面积不小于 2m² 的自然排烟窗（口）。根据规范要求，在走道两端设置面积总和不小于 4m² 的要求在工程上很难实现。有的设计人员为了便于设计，创造利用第 4 款规定的条件，在某一房间设置自然排烟，以谋求在走道设置面积为 2% 的自然排烟窗（口）。然而，这与规范的本意并不相符。第 4 款规定房间内与走道或回廊均需设置排烟，是房间的大小应满足《防排烟标准》设置排烟的要求，并不是房间是否排烟。从危险性分析来看，公共建筑房间内与走道或回廊均需设置排烟的情况应该比公共建筑仅需在走道或回廊设置排烟的情况要危险。但从规定来看，与第 3 款相比，第 4 款对机械排烟的要求高，而对自然排烟的要求低，这与危险性大小的应对措施并不相符。为了更好地排出走道中的烟气，又不至于工程上不可行，建议《防排烟标准》在修订时，不再对与走道相邻的房间排烟情况进行综合分析，只分析走道或回廊的排烟量，即当走道或回廊采用机械排烟方式时，机械排烟量可按 60m²/（h·m²）计算，且不小于 13000m³/h；当采用自然排烟时，在走道或回廊两端（侧）设置总有效面积不小于走道或回廊地面面积的 2% 的自然排烟窗（口），且两端（侧）自然排烟窗（口）之间的距离不应小于走道或回廊长度的 2/3。

4）固定窗的设置

楼梯间作为火灾发生后人员疏散的唯一生命通道，应保证绝对安全。另外，与消防电梯合用前室的楼梯间作为消防员灭火与救援的通道，为使消防救援人员在一个安全的环境中灭火和救援，保证消防员人身安全和工作效率，也应该保证无烟环境。然而，由于设备可靠性或设计、施工等原因，火灾发生后，防烟系统不能启动或者发挥不了有效防烟的作用，火灾烟气可能会进入楼梯间，进入楼梯间的火灾烟气快速排出并非易事。为了解决这个问题，《防排烟标准》提出固定窗的概念，即在楼梯间的顶部或靠外墙的侧墙上设置固定窗，固定窗平时不可开启，在发生火灾时可由消防员或其他人员人工破拆，以排出火场中的浓烟和高温。对于固定窗具体的设置参数，《防排烟标准》第 3.3.11 条规定"设置机械加压送风系统的封闭楼梯间、防烟楼梯间，尚应在其顶部设置不小于 1m² 的固定窗。靠外墙的防烟楼梯间，尚应在其外墙上每 5 层内设置总面积不小于 2m² 的固定窗"。当楼梯间直通楼顶时，在顶部设置固定窗比较容易实现。然而，许多高层、超高层建筑的楼梯间并不直通楼顶。如《建规》第 5.5.23 条规定，建筑高度大于 100m 的公共建筑，应设置避难层（间）。通向避难层（间）的疏散楼梯应在避难层分隔、同层错位或上下层断开。这样，超高层建筑内区的楼梯间被避难层分隔成上、下梯段，在顶部设置固定窗显然不符合避难层的相关要求。

为了解决这种情况，《浙江省消防技术规范难点问题操作技术指南》的补充文件"建筑防烟排烟系统补充技术要求"第 47 条规定，在各避难层的下梯段部分的顶部或进入该梯段的前室（或合用前室）设置直通室外的排热通道（其耐火极限不低于 1.5h），该排热通道在外墙上设置的固定窗，可作为下梯段楼梯间顶部的固定窗使用。此规定表面上看来是设置了一个延长的固定窗，但是进入楼梯间的火灾烟气经过长距离冷却，一般温度较低，且水平方向的排热通道没有高差，综合起来，浮力效应较小，很难把烟气排出去。所以，当高层或超高层建筑内核中楼梯间不直通楼顶时，设置长距离水平排热通道的方法并不能有效排出烟气，建议通过消防管理等其他加强措施保证楼梯间不进入烟气。

（3）其他问题

虽然编制组在编制工作中尽量做到细致与全面，但由于《防排烟标准》是我国第一部关于建筑防排烟的技术标准，涉及很多新的防排烟控制理论、设计技术手段和施工方法，难免会存在考虑不周的情况，部分条文涉及的技术措施可操作性较差，部分技术指标及措施参考自国外标准，其科学性、合理性有待提升。从目前实施情况看，存在以下问题：

1）某些部位排热固定窗设置困难

随着建筑规模日益扩大，平面布局越来越错综复杂，对于不靠外墙且不出屋顶的楼梯间、超高层布置于核心筒内的分段楼梯间、地下与地上共用楼梯间的地下楼梯部分和大面积的内区公共活动室场所等建筑部位，排热固定窗的设置变得十分困难，需要在后续中明确具体可行的做法。

2）土建井道中具有耐火极限等级要求的风管的施工工艺

对于设置在土建井道内有耐火极限等级要求的风管，其所用的耐火材料、施工方法有待解决。同时，土建井道自身具有良好的耐火等级，对于单独设于土建井内的排烟风管的耐火要求应进行进一步探讨。

3）缺乏具有明确定量指标的"中庭"定义

目前《民用建筑设计术语标准》GB/T 50504—2009中对于"中庭"仅有定性定义，而没有具有明确的定量指标的定义；而《防排烟标准》中虽然规定了中庭的排烟量，但如何认定中庭，目前没有明确要求，每个人认识会有偏差，造成执行困难。

4）火灾烟气控制的最优化设计问题

虽然《防排烟标准》中引入了国内外关于火灾烟气的研究成果和计算公式，但条文本身的一些要求又限制了设计人员最优化设计的积极性，显得不够合理。

5）《防排烟标准》中"建筑高度"的不同解释问题

《防排烟标准》的防烟系统设计章节、排烟系统设计章节中多次提到"建筑高度"，准确理解其不同含义才能正确应用该标准。《防排烟标准》4.1节所提及的"建筑高度"适用于建筑的定性，与《建筑设计防火规范（2018年版）》GB 50016—2014一致；而其他章节中所提及的"建筑高度"应看所指对象，用于对系统分段控制时，指的是"系统服务高度"。

3.2.2　各地的实施措施

《建筑防排烟系统技术标准》GB 51251—2017自2018年8月1日起实施以来，为了更好地贯彻和执行，解决标准执行中遇到的困难，四川、江苏、浙江等地消防及建设主管部门纷纷制订了一系列建设工程消防设计审查要点、防排烟标准设计指南等技术文件。

（1）四川

1）《四川省房屋建筑工程消防设计技术审查要点（试行）》

为了贯彻落实《中华人民共和国消防法》《建设工程消防设计审查验收管理暂行规定》（住房和城乡建设部令第51号）等有关法律法规和政策要求，进一步做好四川省房屋建筑工程消防设计技术审查工作，提高消防设计技术审查水平，保障消防设计质量，四川省住房和城乡建设厅于2022年8月10日发布了"关于印发《四川省房屋建筑工程消防设计技术审查要点（试行）》的通知"（以下简称《技术审查要点》）。《技术审查要点》由中国建筑西南设计研究院有限公司、四川省建设工程消防和勘察设计技术中心会同有关单位组织编写，主要内容包括：总则；相关法律和技术标准；技术审查控制要求；通用性问题说明；总平面布局；防火分区和平面布置；安全疏散和避难；建筑构件和构造；结构；给水排水；电气；暖通；特殊建筑和场所；厂房和仓库。

3.6节"暖通专业审查控制要求"，条文3.6.1第3～12款规定了消防设计说明应包含的防排烟相关内容；条文3.6.2规定了防排烟计算书的内容，明确了净高大于6.0m场所排烟量、自然排烟口及补风口面积的计算方法；条文3.6.3规定了防排烟设计图纸应包含的信息。

第4章"通用性问题说明"对建筑分类与定性、建筑高度、楼梯等《防排烟技术标准》中存在疑惑的概念进行了解释。

第12章"暖通"包括"一般规定""防烟系统""排烟系统"和"其他"4部分，明确了防烟系统、排烟系统的设计原则，防排烟方式的选用规定，防排烟系统设计的具体要求以及《防排烟技术标准》中相关条文的适用条件。

2）《消防设计和技术审查问题研究》（防排烟专业）

《消防设计和技术审查问题研究》（防排烟专业）的技术文件（2023年1月16日）同样由"一般规定""防烟系统""排烟系统"和"其他"4部分组成，对《防排烟技术标准》执行过程中设计人员普遍存疑的62个问题给出了答复，包括：为何提倡优先采用自然排烟系统；防排烟系统接室外的竖向井道是否可以采用土建风道；防排烟系统是否可与其他通风空调系统共用井道；防排烟系统服务高度的概念；"三合一前室"的剪刀楼梯间是否可以采用自然通风系统；前室加压送风口顶送时的相关规定；机械加压送风系统的楼梯间是否需要设置固定窗；《防排烟技术标准》3.4.6条公式中特殊情况下 A_k、N_1 以及门洞风速的取值方法；中庭与高大空间如何区分；挡烟垂壁的高度要求；走道与不规则平面的防烟分区划分方法；特殊场所机械排烟场所固定窗的设置；自然排烟口和自然补风口面积的计算方法；侧开窗排烟的自然排烟口有效面积的计算方法；高大空间排烟量的计算方法；排烟系统设计的空间净高的确定方法等。

3）《川渝地区建筑防烟排烟系统实施技术指南（试行）》

为了结合川渝地区建筑工程的实际特点，在工程建设中更好地执行《防排烟技术标准》，协调与其他现行标准规范中防排烟设计相关内容，统一在建筑防排烟设计、图审、施工和验收等环节对《防排烟技术标准》相关技术要求的认识，由四川省勘察设计协会、重庆市勘察设计协会组织中国建筑西南设计研究院有限公司等单位共同编制了《川渝地区建筑防烟排烟系统实施技术指南（试行）》（以下简称《技术指南》），已于2020年12月29日发布。《技术指南》共有54项条文，主要内容包括：总则，防烟系统，排烟系统，固定窗设计，机房与管道，系统控制。

"总则"明确了《防排烟技术标准》相关内容的专业分工、标准1.0.2条特殊用途建筑的理解与执行要点。

"防烟系统"明确了"建筑高度""三合一"前室及其楼梯间的防烟方式、前室加压送风口的设置方式、地上楼梯间与地下楼梯间共用的理解与执行、前室机械加压送风系统负担楼层数不大于3层时的风口形式、避难走道前室的机械加压送风系统、自然通风的防烟方式、自然通风方式的开窗高度和手动开启装置、机械加压送风系统的竖向划分、直灌式加压送风系统、地上部分与地下部分楼梯间共用机械加压送风系统的条件、首层前室的防烟方式、避难层（间）的可开启外窗、机械加压送风系统的设计风量与计算风量、避难走道及其前室的余压值、楼梯间与前室加压送风量的计算、坡地建筑的基本规定、临坡式坡地建筑的防烟设计、嵌入式坡地建筑的防烟设计、安全区域的防火阀设置。

"排烟系统"明确了排烟系统的设置、挡烟垂壁的做法、防烟分区的划分、排烟系统的设计风量与计算风量、用于排烟系统设计的空间净高的确定方法、排烟量计算、中庭与高大空间的区分、中庭排烟、工业建筑的自然排烟设施、排烟系统的竖向划分、走道或净高不大于3m区域的排烟口设置、关于排烟口的间距、吊顶内可燃物的判定、补风系统、商业步行街防烟分区的划分、一个排烟系统负担多个防烟分区时排烟量的计算、火灾热释放率、排烟防火阀的设置、设有电动汽车充电设施的汽车库排烟系统设置、设置气体灭火系统或细水雾灭火系统的场所（防护区）的排烟与通风。

"固定窗设置"明确了楼梯间的固定窗设置、机械排烟场所的固定窗设置。

"机房与管理"明确了加压送风机和排烟风机的机房设置原则、机械加压送风系统和机械排烟系统对外井道的做法、竖向管道独立设置管井的措施、排烟管道的耐火极限、防排烟系统管道的制作与检验。

"系统控制"规定了防排烟系统中所有参与联动控制的阀门应在消防控制室显示其启闭状态，明确了加压送风机、排烟风机、补风机的控制要求。

《川渝地区建筑防烟排烟系统实施技术指南（试行）》的实施对《防排烟技术标准》在实施阶段中存在的一些问题进行了释疑，结合川渝地区的实际特点，尤其是针对当地特有的坡地建筑，给出了坡地建筑防排烟技术措施。此外，《技术指南》还结合当前电动汽车的发展，明确了设有电动汽车充电设施的汽车库排烟系统设置要求。

（2）江苏

2020年8月，江苏省住房和城乡建设厅、江苏省建筑设计院有限公司联合江苏省建设工程设计施工图审查管理中心、中衡设计集团有限公司、南京长江都市建筑设计股份有限公司联合编制了《江苏省建设工程消防设计审查验收工作相关规范、标准技术难点问题解答》（新建筑部分），对工业建筑、住宅建筑、公共建筑和车库建筑的消防设计中的一些问题做出了解释和答复，包括：对于前室有多个入口情况，前室、合用前室、共用前室的机械加压风口未设置在前室顶部或正对每个前室入口的墙面时，楼梯间应采用机械加压送风系统；三合一前室必须设置机械加压送风系统；剪刀楼梯间采用自然通风方式防烟时的要求；可开启外窗或开口的面积的含义；含有地下室的建筑封闭楼梯间的防烟系统设置要求；直灌式加压送风的适用条件；机械排烟风机出风口和自然补风口的要求；《防排烟技术标准》3.4.6条公式中特殊情况下A_k、N_1的取值方法；中庭和高大空间的区别；防烟分区的划分方法；走道与回廊的排烟设计要求；非平吊顶及阶梯报告厅等空间的净高确定方法；侧向排烟时计算公式中参数的定义及取值等。

（3）浙江

为了更好地贯彻和执行《防排烟标准》，浙江省消防救援总队会同浙江省住房和城乡建设厅组织浙江省工业设计研究院、浙江大学建筑设计研究院有限公司等单位编制了《浙江省消防技术规范难点问题操作技术指南》，于2018年1月1日起实施。2019年4月12日又印发了《建筑防烟排烟系统补充技术要求》（2019年版），作为补充技术要求，进一步对建筑防排烟系统的设计、图审、施工和验收环节中对《防排烟技术标准》的理解和执行存在的疑问给予了明确答复，共涉及防烟系统设计、排烟系统设计、固定窗的设置、系统控制、系统施工调试和验收等方面的 50 个问题。

对比四川、江苏、浙江等地陆续发布的防排烟审查要点或技术难点答疑文件可以发现，各地设计人员在理解与执行《防排烟技术标准》时存在许多共同的困惑，技术文件给出的解释与答复也大体相似。各地发布的《实施措施》《技术要点/指南》等文件弥补了《防排烟技术标准》的不足与缺陷。

3.3 标准存在不足的根本原因

《建筑防烟排烟系统技术标准》GB 51251—2017 是我国第一部建筑防排烟方面的专项技术标准，填补了我国在防排烟专项技术领域标准缺失的空白，意义重大。作为防排烟专项技术标准的首次尝试，存在不足在所难免，其根本原因主要有以下几点：

（1）长期以来，空气调节的理论、技术、设计标准与规范不断发展，走向成熟，与之相比，通风与防排烟领域未能引起足够的重视。火灾与烟气扩散的基础理论研究不足，相关实验研究条件有限、实验难度较大，实验数据存在很大程度的缺失，标准制订过程中往往只能借鉴国外的经验或国内有限的实战经验，由此对条文的科学性、合理性与可操作性产生的影响难以避免。

（2）国内在消防领域的研究力量较为分散，各有其工作重点。消防体制改革以后，应急管理部门主要负责消防救援，而消防工程建设归属住建部。高校消防工程专业师资力量与人才培养数量均有限，人才培养体系尚不健全。相关科研机构的研究重点偏向于防火领域，对防排烟的研究较为有限。

（3）建筑防排烟是复杂的技术，各地、各类建筑、各个建筑之间都存在显著的差异，对于重要技术参数的具体取值，虽然设计和审查时容易把控，但不可能达到普遍的合理性。

4 关于防排烟的人才培养与研究及研究成果的应用

4.1 高校相关专业的人才培养方案

目前，国内尚未开设防排烟专业，该领域的本科人才培养大多依托于消防工程、安全工程、建筑学、建筑环境与能源应用工程、给水排水工程等专业。

1998 年 7 月，教育部颁布了《普通高等学校本科专业目录和专业介绍》，将消防工程归入工学中的公安技术类专业，并对其实行开放政策，允许地方院校设立消防工程专业。我国火灾科学与消防工程教育迅速发展，相继开办了中专、大专和本科教育，硕士、博士研究生的培养也逐年增多。截至 2022 年，我国已有 22 所本科院校设置了消防工程专业（表 2）。其中以中国人民警察大学为龙头，天津、南京、昆明、西安、乌鲁木齐消防指挥学校为骨干的消防工程本专科学历教育，全国各消防总队教导大队的短期培训和职业培训为辅助的职业队伍的培养，目前已成为我国消防领域人才输送的主体，今后也仍然会是这一学科培养人才的主要基地。地方院校如中国科技大学、北京理工大学、中国矿业大学、西安建筑科技大学、重庆大学、东北大学、武汉大学等，则承担着有关火灾科学与消防工程研究方向的硕士、博士的培养，这些地方院校的研究生主要集中在安全、建筑设计、暖通空调、市政工程、减灾防灾等专业方向上。但由于目前火灾科学与消防工程学科没有明确的定位，严重制约了我国高层次消防人才的培养。目前，火灾科学与消防工程学科的有关内容只有"消防工程"在国家学科专业目录中，隶属于一级学科"安全全科学技术"下的"二级学科"，属于三级学科，而本学科中有关反映火灾基本理论、消防安全管理、建筑火灾等内容在学科目录中均未列入，教育部的招生目录中也同样只设"消防工程"专业，其中专业内容有待改进。

开设消防工程专业的本科院校　　　　表2

序号	院校	开始招生年份	所在院（系）
1	中国人民警察大学（原中国人民武装警察部队学院）	1985	消防工程系
2	沈阳航空航天大学	1995	安全工程学院
3	中国矿业大学	2001	安全工程学院
4	西南林业大学	2003	土木工程学院
5	南京工业大学	2003	城市建设与安全工程学院
6	华北水利水电大学	2003	环境与市政工程学院
7	中国矿业大学（北京）	2003	安全科学技术学院
8	中南大学	2004	土木工程学院
9	西南交通大学	2004	地球科学与环境工程学院
10	河南理工大学	2006	安全科学与工程学院
11	内蒙古农业大学	2009	林学院
12	西安科技大学	2009	能源学院
13	重庆科技学院	2009	安全工程学院
14	四川警察学院	2012	治安系
15	河北建筑工程学院	2018	市政与环境工程系
16	沈阳航空航天大学	1995	安全工程学院
17	吉林建筑大学	2021	应急科学与工程学院
18	常州大学	2020	安全科学与工程学院
19	安徽理工大学	1998	安全科学与工程学院
20	西南交通大学	2003	地球科学与环境工程学院
21	中国民用航空飞行学院	2019	民航安全工程学院
22	中国消防救援学院	2018	消防工程系

在消防工程专业教师队伍中，科班出身的教师不足一半，有的高校甚至不足1/4，大部分教师的专业为消防工程相关专业，如安全工程、给水排水工程等，还有一小部分教师的专业为基础专业。

消防工程专业是一个火灾学与安全科学交叉的专业，所学专业核心课程主要包括消防燃烧学、火灾化学、建筑防火设计、消防给水排水及水灭火工程、火灾探测与自动报警、建筑通风与防排烟、消防工程施工与概预算、火灾风险评估与性能化设计、工业消防安全技术等。学生的就业方向可以是消防队消防安全技术和管理岗位，消防工程设计和施工单位，消防技术研究和产品开发、生产机构，消防安全评估与咨询，大型企业的消防安全管理岗位。培养模式和课程体系对人才培养质量具有决定性影响。由于各院校的学科背景及学科优势不尽相同，其典型模式是将行业特色体现在专业基础课和专业选修课上，即仍保留院系原有优势行业课程。消防工程专业所在学院可在一定程度反映其办学特色，如：中南大学消防工程专业设在土木工程学院，设有结构力学、混凝土结构设计原理等土木行业特色课程；河南理工大学消防工程专业设在安全工程学院，设有矿井通风、矿井火灾防治等煤炭行业特色课程；内蒙古农业大学消防工程专业设在林学院，设有林火原理、林火生态与管理等林业特色课程。这一模式下，专业基础课强调消防工程基础学科知识平台的构建，专业方向课和专业选修课则突出其行业背景，展现了各院校原有的学科优势。

然而，对于建筑防排烟这一领域的人才培养而言，消防工程、安全工程等专业虽有所涉及，设置了《建筑防火与防排烟》《建筑防排烟课程设计》等课程，但由于学时有限，对学生的培养力度也有限，如中南大学土木工程学院消防工程专业《防排烟工程》仅有40学时、《防排烟工程课程设计》仅有1周。

南京工业大学建筑环境与能源应用工程专业以"建筑安全与防排烟技术"作为特色方向之一，在通识教育和建环专业教育的基础上设置了建筑消防专业方向。建筑消防专业方向以《消防系统性能化设计》《建筑消防技术》（16学时）等主要课程为依托，培养有特色的建筑安全与防排烟领域的人才。重庆大学建筑环境与能源应用工程专业也一直开设《建筑消防设备工程》（32学时）、《专业综合课程设计》（4周，五个方向：自控、消防、供热、燃气、BIM）。

对于研究生的培养，根据中国知网"防排烟"相关的硕博学位论文搜索结果（图1），西安建筑科技大学、重庆大学等高校的供热、供燃气、通风及空调工程，安全技术工程等专业在该领域的人才培养较为突出。

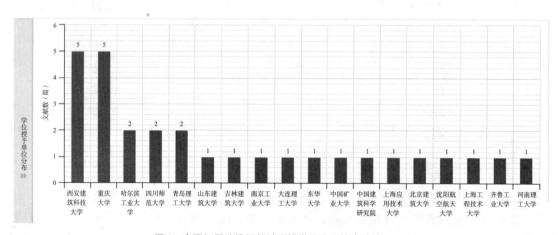

图1 中国知网防排烟领域硕博学位论文检索统计（一）

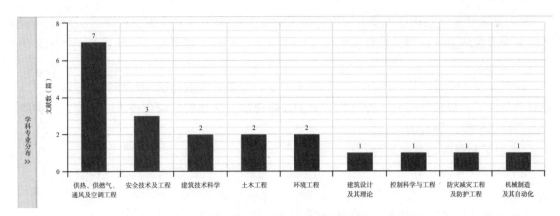

图1 中国知网防排烟领域硕博学位论文检索统计（二）

4.2 主要研究机构与主要成果

我国火灾科学与消防工程这一学科的设置时间不长，但以中国科技大学火灾科学国家重点实验室的建立作为这一学科的标志，奠定了火灾科学与消防工程学科在我国科学界的学术地位。20世纪90年代以来，我国针对地下建筑、大空间建筑等火灾防治重大科研课题，公安部天津、上海、四川、沈阳的消防研究所，中国科技大学，中国建筑科学研究院等多家科研机构联合攻关，取得了多项科研成果，极大地促进了消防工程研究的发展，逐步形成了火灾科学与消防工程并行的局面。

4.2.1 中国科学技术大学火灾科学国家重点实验室

（1）机构简介

火灾科学国家重点实验室是利用世界银行贷款和国内配套投资建立的我国火灾科学基础研究领域唯一的国家级研究机构。1989年通过立项论证，1992年获准边建设边对外开放，1995年通过国家验收，已在火灾科学基础研究领域成为国际知名的研究基地和学术中心。实验室有8个研究室：建筑火灾研究室、森林与城市火灾安全研究室、工业火灾研究室、火灾风险评估研究室、火灾化学研究室、火灾监测监控研究室、清洁高效灭火研究室、计算机模拟研究室；3个研究所：安全材料研究所、能源火灾安全研究所、航空航天火灾安全研究所。

实验室的主要研究方向为火灾动力学演化理论、火灾防治关键技术、火灾安全工程理论及方法学和公共安全应急理论及方法。

1）火灾动力学演化理论：重点针对火灾孕育、发生和发展乃至突变成灾的自然过程，研究火灾和烟气形成与蔓延的机理与规律，建立体现火灾复杂性（多维、非定常、非线性等）的理论模型，为火灾过程的预测提供科学基础。

2）火灾防治关键技术：重点研究清洁阻燃、智能探测和清洁高效灭火等防治关键技术原理，发展新一代主动式火灾防治技术，为修订和制订火灾安全技术标准与规范提供技术支撑。

3）火灾安全工程理论及方法学：重点研究火灾系统和外界环境的相互作用，发展火灾环境下的人群疏散模型，建立耦合火灾动力学和统计理论的火灾风险评估方法学，为新兴的火灾安全性能化设计提供理论指导。

4）公共安全应急理论及方法：揭示特大火灾及衍生公共安全事件的孕育、发生、发展到突变成灾的演化规律，发展公共安全事件预防、监测、预警及应急处置关键技术和决策方法。

建筑火灾研究室以受限空间火灾为研究重点，探索火灾演化机理和烟气输运规律，以及紧急条件下人群疏散特征，发展先进火灾风险评估方法和智慧应急技术，为建筑火灾防控提供科学依据。研究方向包括：

1）可燃物热解与着火规律；

2）建筑（如高层建筑、地铁、隧道、综合管廊等）火灾蔓延及其烟气控制人群应急疏散策略；

3）建筑火灾风险评估方法与智慧应急技术。

（2）近十年主要研究项目及成果

1）城市高层建筑重大火灾防控关键基础问题研究

项目负责人：孙金华教授

项目类别：国家重点基础研究发展计划（973）项目

项目执行期：2012—2016年

主持单位：中国科学技术大学

项目拟解决如下三个关键科学问题：

①建筑外墙保温材料的火灾特性及安全设计；

②高层建筑的火灾立体蔓延及其对建筑结构的损伤机制；

③高层建筑多作用力耦合驱动的火灾烟气输运及多模式协同的人群疏散。

主要研究内容及目标：科学认识常用外墙保温材料的火灾特性，建立外墙保温材料的火灾安全评价方法和标准；揭示高层建筑火灾立体蔓延的行为规律，发展相应的阻控方法；揭示火灾环境下高层建筑关键构件和节点的损伤机制，发展其失效预测模型与综合抗火能力评价方法；揭示高层建筑复杂空间内多作用力耦合驱动下火灾烟气的输运规律，发展多技术协同的烟气控制方法，以及耦合烟气控制的高层建筑人群多模式协同疏散技术及优化疏导方法；提升高层建筑自身对重大火灾的防控能力。

围绕项目的目标设置5个课题：

①建筑外墙保温材料的火灾特性与安全设计；

②高层建筑立体火蔓延行为及其阻控机制；

③火灾作用下高层建筑关键构件和节点的损伤机制与防护；

④多作用力耦合驱动下高层建筑火灾的烟气输运规律与控制；

⑤高层建筑火灾中人群的多模式协同疏散及优化疏导。

2）多作用力耦合驱动的高层建筑火灾烟气输运规律与控制

项目负责人：杨立中研究员

项目类别：国家重点基础研究发展计划（973）项目"城市高层建筑重大火灾防控关键基础问题研究"课题

项目执行期：2012—2016年

主持单位：中国科学技术大学

课题承担单位：中国科学技术大学、清华大学项目摘要：

本课题的研究目标：揭示热浮力、惯性力和环境风压等多作用力耦合驱动下高层建筑内火灾烟气输运规律，发展适用于不同空间尺度、复杂性结构和边界（初始）条件的高层建筑火灾烟气输运数值预测方法，以及多技术协同的火灾烟气控制方法。

具体研究内容包括：

①多作用力耦合驱动的高层建筑复杂空间火灾烟气输运规律

揭示高层建筑内电梯竖井活塞效应、竖向通道烟囱效应对火灾烟气蔓延的影响机制；研究火灾热浮力、机械通风、环境风压等多作用力耦合驱动下火灾烟气的输运规律，建立高层建筑复杂空间火灾烟气输运模型。

②高层建筑火灾烟气输运的多尺度数值预测方法

耦合静态和动态网格运算，将区域模拟、网络模拟、雷诺平均（RNS）与大涡模拟（LES）方法相结合，建立适用于不同空间尺度、复杂性结构和边界（初始）条件的高层建筑火灾烟气输运数值预测方法与平台。

③多技术协同的高层建筑火灾烟气控制方法

揭示加压送风、水（雾）幕分隔、机械和自然排烟等对高层建筑火灾烟气蔓延的耦合影响机制，建立多技术协同的火灾烟气控制方法，发展高层建筑火灾烟气控制系统的效能评估模型与优化设计方法。

3）高层建筑立体火蔓延行为及其阻隔机制

项目负责人：孙金华教授

项目类别：国家重点基础研究发展计划（973）项目"城市高层建筑重大火灾防控关键基础问题研究"课题

项目执行期：2012—2016年

主持单位：中国科学技术大学

课题承担单位：中国科学技术大学、中国建筑科学研究院

项目摘要：

本课题的研究目标是：建立高温颗粒和火焰引燃高层建筑外立面典型可燃材料的临界判据和数学物理模型；揭示在不同建筑结构、燃料条件和环境风作用下建筑开口火溢流、外立面火蔓延及其向建筑内部蔓延的行为规律；发展有效阻隔外立面垂直火蔓延与内外相互蔓延的技术方法。

具体研究内容包括：

①高层建筑外立面的引燃机制

研究不同边界和环境条件下高温颗粒（焊花、烟火等）引燃典型可燃材料的机制、临界判据和数学物理模型；研究建筑开口火溢流的卷吸行为、流场结构与特征参数分布特征，揭示其高温火焰对外立面保温系统的破坏与引燃机制。

②外立面火蔓延及其向室内蔓延行为

揭示高层建筑外立面火蔓延的传热主控机制，建立耦合热浮力、环境气流、外墙结构特征与外墙保温材料熔融特性的外立面火蔓延模型；揭示环境风与热浮力等耦合作用下外立面火向建筑内部蔓延的行为规律。

③高层建筑立体火蔓延的阻隔方法

分析热浮力和环境风耦合作用下，窗槛墙、防火挑檐等外墙结构对开口火溢流特征参数与垂直火蔓延规律的影响，揭示水喷淋对外立面火及其向内部蔓延的抑制机制，发展耦合窗槛墙、防火挑檐和水喷淋的立体火蔓延阻隔技术方法。

4）建筑物内火蔓延规律

项目负责人：范维澄教授

项目类别：国家重点基础研究发展计划（973）项目"火灾动力学演化与防治基础"课题

项目执行期：2012—2016年

主持单位：中国科学技术大学

项目摘要：

本课题研究我国典型可燃物（森林、草原和典型建筑材料）表面火蔓延过程的机理和规律，以及地理与气象等环境因素对火蔓延过程的影响，建立体现热解、相变、流动、传热传质与复杂化学反应耦合作用的火蔓延模型；探索特殊火行为的特征及其非线性动力学机理。具体研究内容包括：热解、相变、流动、传热传质与化学反应的相互耦合作用；特殊火行为的非线性动力学模型及能反映非线性本质的数值方法；火灾与结构的相互作用。

4.2.2 应急管理部天津消防研究所

（1）机构简介

应急管理部天津消防研究所成立于1965年2月，是专职从事消防救援科学研究及相关科技服务的公益性科研事业单位。天津消防研究所建有办公区、第一试验基地和第二试验基地，基地建有燃烧试验馆、建筑构件耐火试验馆、高层建筑火灾试验馆和综合试验馆等核心场馆，可开展覆盖火灾防治、灭火救援、应急装备及消防员防护等全链条消防救援科学研究试验。天津消防研究所是我国消防界唯一的国际标准化组织ISO/TC21/SC6（泡沫、干粉灭火剂及其灭火系统分技术委员会）秘书处承担单位，也是国际消防研究所所长论坛（FORUM）成员单位。同时是"国家固定灭火系统和耐火构件质量检验检测中心""国家消防工程技术研究中心""工业与公共建筑火灾防控技术应急管理部重点实验室""全国消防标准化分技术委员会第一、第二、第三、第八、第十一分技术委员会"和消防安全工程学术核心期刊《消防科学与技术》编辑部等机构的依托单位。

（2）主要研究项目及成果

建所至今，天津消防研究所承担各类科研项目2400余项，荣获各级别科研荣誉奖励300项，其中国家级15项、省部级154项；制定发布国家标准122项、行业标准65项、国家工程建设规范17项、国际标准4项，现行有效的国家消防标准规范中，由天津消防研究所主编并承担日常管理的占比近50%。

改革转隶后，天津消防研究所充分依托在火灾基础科学、建筑防火技术、工业消防技术、灭火剂与灭火装备、火灾调查技术、消防救援技术、智慧消防与信息化技术、消防产品检测与认证技术、消防标准化等领域新技术新成果，按照应急管理部和消防救援局对天津消防研究所的新要求新定位，将研究范围扩至警情大数据分析、特种灾害救援技术、农村消防、消防政策与管理理论等多方面。

官网公布的科研成果：软件类15项，技术方法类21项，社会火灾防控产品类28项，装备类31项。其中与建筑消防相关的仅有技术方法类1项：超高层建筑消防安全技术。

该技术成果基于我国超高层建筑的防火设计现状，开展了大量试验验证和数值分析研究工作，包括巨型构件耐火极限数值模拟、水喷淋保护玻璃防火试验、高大中庭热烟试验、上海中心大厦人员疏散试验、楼梯电梯混合疏散数值模拟等，给出了建筑高度超过 250m 的超高层建筑在结构防火、防火分隔、安全疏散、消防设施等方面的防火设计加强措施技术方案。

4.2.3 应急管理部上海消防研究所

应急管理部上海消防研究所（原公安部上海消防研究所）成立于 1965 年，是国家级社会公益型科研机构。上海消防研究所主要从事消防救援领域的科学研究、技术研发、标准规范制修订、装备产品质量检验和科技服务、技术支撑等工作。上海消防研究所拥有消防与应急救援国家工程研究中心（上海）、国家消防工程技术研究中心（上海）、灭火救援技术与装备应急管理部重点实验室等 3 个消防救援领域顶尖的研发与成果转化平台，可有效支撑装备研发、产业化和在消防救援队伍的推广应用。上海消防研究所是国际标准化组织 ISO/TC21/SC2 和 ISO/TC21/SC14 的国内技术归口单位，是全国消防标准化技术委员会消防车、泵，消防器具与配件，消防员防护装备，森林草原等 4 个消防分技术委员会的挂靠单位，是国家消防装备质量检测检验中心、国家级汽车新产品定型鉴定试验和汽车产品质量监督检验机构、国家级科技成果检测鉴定检验机构、上海市消防产品质量监督检验站的依托单位，归口承担我国 95% 以上消防应急救援装备产品国家标准的制修订和消防应急救援装备产品的检验工作。

上海消防研究所内设 5 个职能处室以及科研开发、消防产品检测、火灾物证鉴定和成果转化与推广应用 4 个业务机构。科研工作主要由第一研究室（灭火技术与装备）、第二研究室（抢险救援技术与装备）、第三研究室（消防员防护技术与装备）、第四研究室（作战训练与职业健康）、第五研究室（消防管理与安全评估）、第六研究室（智慧消防与标准规范）、第七研究室（物证鉴定）7 个研究室承担；火灾物证鉴定工作主要由应急管理部消防救援局上海火灾物证鉴定中心承担；消防产品检验工作由国家消防装备质量检验检测中心承担；科技成果的转化与推广应用工作主要由国家消防工程技术研究中心（上海）和上海倍安实业有限公司承担。此外，上海消防研究所承担着应急管理部消防救援局消防装备质量站的日常工作职能，承担或参与全国消防救援队伍装备质量管理、规划评估、业务培训、事故调查等具体工作，承担全国消防装备数据中心建设与管理相关具体工作。

截至 2021 年底，上海消防研究所共完成科研项目 1750 余项、标准规范 410 余项；获得专利 629 项。其中，280 余项成果分别获国家级、省（部）级、局级的科学技术奖，包括国家发明及科技进步奖 15 项、省（部）级科技进步奖 260 项。

4.2.4 应急管理部四川消防研究所

（1）机构简介

应急管理部四川消防研究所始建于 1963 年，是国内最早成立的综合性建筑防火研究所。主要从事建筑火灾理论、建筑结构防火、火灾风险评估、建筑火灾烧损鉴定、建筑防排烟、自动喷水灭火、阻燃技术及建筑防火保护、火灾烟气毒性评价、人员疏散、火灾痕迹物件分析技术、自然灾害应急救援、消防员职业安全与健康等的研究，同时承担新型防火建筑构（配）件和防火阻燃材料的研发以及防火材料的检测。设有国家防火建筑材料质量检验检测中心、应急管理部四川消防研究所司法鉴定中心等 30 余个专业实验室和鉴定检测机构。

（2）近十年主要研究项目及成果

四川消防研究所主持的《高层建筑楼梯间正压送风机械排烟技术研究》获1998年国家科学技术进步三等奖，"地下商业街火灾烟气流动特性试验研究""地下商业建筑通风排烟技术参数的试验研究""高层建筑楼梯井直灌式送风加压的研究"分别于2002年、2003年、2007年获公安部科学技术奖。

4.2.5 应急管理部沈阳消防研究所

应急管理部沈阳消防研究所成立于1965年，主要开展电气火灾防治、火灾探测报警与联动控制、消防信息化、消防通信指挥、消防侦检与防护、人工智能与无人救援、火灾物证鉴定、智慧消防等领域科研、检验、标准化和工程应用等工作。目前设6个研究室、1个国家级工程研究中心、1个国家级质检中心、2个省级重点实验室，以及多个全国消防标准化及消防行业技术组织，面向消防救援行业和全社会提供消防科学技术支撑与服务。

第一研究室开展消防与应急救援通信和信息化技术研究；第二研究室开展火灾监测预警、探测报警、消防联动控制、应急疏散引导及消防安全评估等研究；第三研究室开展新能源、地下空间、特殊建筑工程等灭火救援技术研究；第四研究室开展消防与应急救援标准规范与消防科学技术信息研究，承担消防标准化相关具体工作；第五研究室开展易燃易爆物品、危险化学品及其他危险源现场侦检、防护研究；第六研究室（物证鉴定中心）开展灾害事故调查技术研究，承担事故调查、物证鉴定、技术培训等相关具体工作。

沈阳消防研究所现有科技人员近300名，所址占地面积80000m^2、建筑面积77060m^2，拥有大空间火灾实验室、电气火灾模拟实验室、电磁兼容实验室等大批专业设施和一批具有国际先进水平的实验仪器。建所50余年，共荣获国家级奖励4项、省（部）级奖励200余项，拥有各类技术专利200余项，软件著作权近300个，始终引领消防电子行业的科技进步与发展。

4.3 代表人物——刘朝贤的主要研究成果综述

中国建筑西南设计研究院有限公司前总工刘朝贤对防排烟方面的理论研究持续40余年。1998—2018年期间，在《暖通空调》《制冷与空调》等期刊发表防排烟论文25篇（表3），这些论文围绕高层民用建筑的防烟设计展开研究，应用概率论及流体力学理论，研究了高层民用建筑防烟系统可靠性、火灾疏散时开门规律、加压气流流动模型、防烟机理、加压防烟技术条件、疏散用防火门的开关特性以及超压问题等议题。

其核心思想如下：

（1）防烟楼梯间及其合用前室分别加压，其可靠性不升反降；

（2）火灾疏散时，同时开启门的数量不是2~3，而是一个与多个条件（各层疏散人员的数量m、防烟系统负担的层数n、防火门的疏散特性如每疏散一人所需的时间τ、门的开度$L\%$）有因果关系的分布函数规律，是一个具有动态特性的量；

（3）不是开门数而是气流通路数直接影响门洞处的气流速度；

（4）加压防烟用"关门时保持加压空间正压，开门时保证门洞处风速"的静态技术条件，不能用于对防烟效果的评价；

（5）前室全开风口的做法，不仅使大量加压空气流入非着火层，而且全开风口的风量分布也是极不均匀的，计算发现，32层的高层建筑最大风口风量与最小风量之比达7.8∶1；

（6）常闭型风口关闭时的漏风量惊人，《高层民用建筑防火设计规范》GB 50045—95（2005年版）没有区分建筑物层数、风口尺寸及风速的大小，一律取系统总风量的25%作为漏风量是不确切的；

（7）向防烟楼梯间加压、前室加压风口"全开"或"三开"等的措施充分说明了用静止的观念去处理一个随机的、动态的问题造成失误的必然性。

刘朝贤认为，前室与其他部位是互不相通的，防火门、墙、楼板等具有很高的耐火极限，烟气不可能通过这些围挡物扩散，唯一的通道只有可能通过前室进入防烟楼梯间，对防御烟气，前室就成为"要塞"，走道与前室之间的防火门就成为"关口"，在"关口"部位截止烟气，比任何其他部位要容易得多，只要把住关口，就能从根本上保证加压防烟系统的可靠性。因而借用古代"孙子谋略"——"避实击虚"的策略，基于对加压防烟客观规律的认识，提出了只向着火层前室加压送风防烟的一整套理论和方法，包括新的技术条件、风量计算模型、设计方法等，以期加压防烟完全摆脱同时开启门数量的规律以及其他许许多多复杂因素和不定因素对防烟效果的影响。

刘朝贤防排烟论文　　　　　　　　　　　　　　　　表3

序号	论文题目	出版物及时间
1	加压送风有关问题的探讨	制冷与空调，1998，（4）
2	对高层建筑房间自然排烟极限高度的探讨	制冷与空调，2007，（4）
3	对高层建筑防烟楼梯间自然排烟的可行性探讨	制冷与空调，2007，21增刊
4	对《高层民用建筑设计防火规范》第8.2.3条的解析与商榷	制冷与空调，2007，21增刊
5	高层建筑房间开启外窗朝向数量对自然排烟可靠性的影响	制冷与空调，2007，21（增刊）
6	对加压送风防烟中同时开启门数量的理解与分析	暖通空调，2008，38（2）
7	对自然排烟防烟"自然条件"的可靠性分析	暖通空调，2008，38（10）
8	对《高层民用建筑设计防火规范》中自然排烟条文规定的理解与分析	制冷与空调，2008，22（6）
9	"当量流通面积流量分配法"在加压送风量计算中的应用	暖通空调，2009，39（8）
10	《高层民用建筑设计防火规范》第6、8两章矛盾性质及解决方案的探讨	暖通空调，2009，39（12）
11	对高层建筑加压送风优化防烟方案"论据链"的分析与探讨	暖通空调，2010，40（4）
12	对高层建筑加压送风优化防烟方案"论据链"的分析与探讨	暖通空调，2010，40（4）
13	多叶排烟口/多叶加压送风口气密性标准如何应用的探讨	暖通空调，2011，41（11）
14	对高层建筑加压送风防烟章节几个主要问题的分析与修改意见	制冷与空调，2011，25（6）
15	对防烟楼梯间及其合用前室分别加压送风防烟方案的流体网络分析	暖通空调，2011，41（1）
16	加压送风系统关闭风口漏风量计算的方法	暖通空调，2012，42（4）
17	对《建筑设计防火规范》流速法计算模型的理解与分析	第十五届西南地区暖通热能动力及空调制冷学术年会论文集，2013
18	对现行国家建筑外门窗气密性指标不能采用单位面积渗透量表述的论证	制冷与空调，2014，28（4）
19	建筑物外门窗气密性能标准如何应用的研究	制冷与空调，2014，28（4）
20	高层建筑防排烟研究（1）：压差法和流速法不宜用于高层建筑加压送风量计算	暖通空调，2015，45（9）
21	高层建筑防排烟研究（2）：对高层建筑加压送风系统划分的研究	暖通空调，2015，45（10）
22	高层建筑防排烟研究（3）：再论当量流通面积流量分配法在加压送风量计算中的应用	暖通空调，2015，45，（11）

续表

序号	论文题目	出版物及时间
23	论《再论当量流通面积流量分配法在加压送风量计算中的应用》的谬略	制冷与空调，2016，（2）
24	高层建筑加压送风量控制表的研究	制冷与空调，2016，（2）
25	对《建筑防烟排放系统技术标准》《规范》等有关问题的分析	制冷与空调，2018，（5）

5 未来期望

5.1 多领域协同促进消防领域的发展

应急管理部门、住房城乡建设部门加强交流合作，多渠道、多方位推进建筑防排烟领域的设计、审查、施工与验收工作。科研院所与高校加强消防领域的科研合作，实现优势互补。科研院所、高校、企业、管理部门实现四方联动，开展产、学、研、管合作，及时研究工程建设中急需解决的基础理论问题，及时将科研成果转化为科技产品、运用于工程实践，及时总结方法与技术，形成工程标准条文，指导建筑消防工程建设。

5.2 依托建环专业，加大防排烟领域的人才培养力度

以建筑环境与能源应用工程学科为基础，以通风行业为技术支撑，促进建筑防排烟领域的发展。建筑环境与能源应用工程专业（简称"建环专业"）的学科基础涵盖了烟气流动与通风理论，建环专业有条件、有优势结合自身资源，依托理论教学、课程设计与毕业设计等实践教学环节，加大防排烟领域的人才培养力度，形成专业特色，为行业的发展提供优秀的人才。

5.3 实现建筑防排烟设计的系统化、性能化

突破既有的设计思维模式，理性地参考国外标准，摒弃不合理的烟气流动分析理论，借助流体网络模型，形成系统化的建筑防排烟设计方法，实现性能化设计的目标。运用火灾烟气动力学的原理与方法，根据建筑物的结构、功能、开口、火灾荷载分布、建筑物内人员特点，以及建筑不同空间条件、功能条件，明确建筑防排烟系统的性能要求，制订为能达到防火控烟、安全疏散而采取的各种防排烟措施，并将其有机结合起来，构成建筑的总体防排烟设计方案。

5.4 因地制宜、对症下药，实现防排烟标准的地方化、类别精细化

结合地区特色，提出具有可操作性的防排烟技术措施及设计方法，制订适用于当地建筑的防排烟技术标准。根据各类建筑的实际特点，总结其火灾烟气扩散规律，有针对性地提出可靠的防排烟技术措施，分类制订符合建筑功能、布局特点、火灾特性的防排烟技术标准。在《建筑防烟排烟系统技术标准》GB 51251—2017 共性化规定的基础上，辅以个性化的技术措施及指标，提升标准的科学性、适用性和可操作性。

5.5 实现建筑防排烟设备、材料、系统的工业化生产

绿色制造、智能制造、建筑工业化是现阶段建筑行业发展的三大方向。建筑防排烟设

备、管材及附件的生产也应贯彻绿色制造、智能制造、工业化生产的理念，尽可能实现防排烟系统集成、模块式生产，如开发生产模块式疏散通道等。

其次，贯彻"智慧消防"理念，将建筑防排烟设施与其他消防设施进行联网，实时监控，并运用大数据分析技术对监测数据进行智能研判。在传统设施的基础上，优化设施设备，加入无线传感技术、物联网和大数据等手段，实现环境感知、行为管理、流程把控、智能研判、科学指挥等目标，将火灾风险和影响降到最低。

本章参考文献

[1] 范维澄，刘乃安.中国火灾科学基础研究进展与展望[J].中国科学技术大学学报，2006，36（1）:1-8.

[2] 兰彬，钱建民.国内外防排烟技术研究的现状和研究方向[J].消防科学与技术，2001，2: 17-19.

[3] 寿炜炜，任家龙.《建筑防烟排烟系统技术标准》GB 51251-2017 编制要点[J].暖通空调，2019，49（5）: 34-39.

[4] 李思成.《建筑防烟排烟系统技术标准》GB 51251-2017 中关于排烟设计若干条文分析[J].暖通空调，2020，50（12）: 13-19.

[5] 陈颖，李思成.《建筑防烟排烟系统技术标准》GB 51251-2017 中若干条文分析[J].燃烧科学与技术，2022，28（4）: 417-422.

大型深层地下建筑自然通风可行性分析

重庆大学　付彧　周铁军

1　城市地下空间开发利用

1.1　城市地下空间的开发进程

地下空间的开发一直伴随着人类的发展史，从早期简陋单一的地下空间如居室、墓葬、存储等，随着社会需求与工程技术的发展，逐步具备了越来越多的功能，如交通、商业、教育、娱乐等。

随着城市建设的高速发展，我国开展了地铁建设。首条地铁 1965 年建于北京；1993 年开通的上海地铁是世界上现今规模最大、线路最长的地铁系统。目前北京、上海、广州、深圳等一线城市建成了完善的地铁轨道交通网络；南京、重庆、武汉、成都等城市轨道交通基本网络全面建成；诸如南通、石家庄、兰州等城市的轨道交通主干线建成，使我国地铁轨道交通的总体水平提升到一个全新高度。轨道交通的快速发展带动了大型地下交通枢纽的建设。北京西客站地下交通集散枢纽中心集铁路站、地铁、公交、停车场、商业为一体；深圳福田综合地下交通枢纽 2015 年底完工，集高速铁路、城际铁路、地铁交通、公交及出租车等多种交通设施于一体，总建筑面积达 14.7 万 m^2。部分大城市为更好保持城市格局中湖泊、江河、山丘的原始风貌，选择采用地下城市隧道，如武汉下穿东湖的隧道全长约 10.6km；杭州紫之隧道全长 13.9km；山城重庆通过华岩隧道、两江隧道等将城市主城区有效连接，实现了城市功能的互联互通。大规模的地下交通建设，为城市地下空间的开发利用积累了宝贵的工程实践经验、发展了新的技术体系。

进入 21 世纪以来，"大城市病"的问题趋于明显，城市地下空间的综合开发需求达到新的规模。我国建成的超过 1 万 m^2 的地下综合体达到 200 个以上，其中上海虹桥地下商业服务区地下空间开发面积达到 260 万 m^2，其街区间通过 20 条地下通道以及枢纽连接国家会展中心（上海）地下通道；北京王府井通过地下街形式将地铁车站、地下商场有效组合，配套步道系统、下沉式花园等空间转化形式，构建王府井立体化地下商业系统。我国各种地下设施也在积极建设之中，陕西汉阳陵地下博物馆就地开发保护、杭州修建地下医疗空间，此外，还有深地科学实验室、地下文娱健身中心、地下仓储中心等功能的多元化、复合化地下空间开发，规模由几万平方米、几十万平方米发展到超过百万平方米。部分城市大型地下综合体规模见表 1。

部分城市大型地下综合体规模　　　　表1

名称	建筑面积（万 m²）	开发层数	建造状态 建成	建造状态 规划在建	所在城市
广州国际金融城	213.6	地下五层		√	广州
钱江新城核心区	210	地下四层	√		杭州
虹桥商务区核心区	200	地下四层	√		上海
万博商务区	171	地下四层		√	广州
王家墩商务区核心区地下空间	142.4	地下四层		√	武汉
江湾-五角场广场	100	地下四层	√		上海
世博园区地下综合体	65	地下三层	√		上海
北京CBD核心区	52	地下五层		√	北京
光谷中心城	51.6	地下三层		√	武汉
北京中关村西区	50	地下三层	√		北京
珠江新城核心区	44	地下三层	√		广州
新街口地下综合体	40	地下三层		√	南京
太湖新城核心区	30.6	地下三层		√	苏州
奥体中心地下综合体	29.7	地下两层		√	杭州
广州南站地下综合体	20.4	地下三层		√	广州
拱北口岸广场地下综合体	15	地下三层	√		珠海
深圳福田站	14.7	地下三层	√		深圳
大连胜利广场	12	地下四层	√		大连

　　对地下空间进行合理的分层是有效利用城市地下资源的重要手段。1990年日本学者渡部羽四郎（Yashiro Watanabe）从地下建筑的功能使用角度提出分层开发地下空间的四分法，将地下空间分为4层：浅层（地下0～10m）、次浅层（地下10～30m）、次深层（地下30～50m）、深层（地下50～100m）。这一分层理论对我国的地下空间规划产生了较大的影响。北京、深圳和成都等地采用了日本的四分法，而上海、广州等地采用了三分法（0～15m，15～30m，30m以下）。有的研究者提出了新的4层分界（0～15m，15～30m，30～50m，50～100m）。在地下空间规模不断扩大的同时，开发深度也在不断加深，我国2000m以下的深地科学实验室也已建成投入使用。从表2可以看出，多数城市将地下15m作为浅层界限，部分城市也以地下0～10m为浅层界限，绝大部分城市将地下0～30m定义为次浅层或中层，少部分城市以地下10～40m为中层界限。就次深层而言，目前只有人口超过千万的城市进行了相应规划，国内以地下50m为界限。从划分层次看，多数大型城市将地下空间划分为3层，多以地下30m以内作为浅层和次浅层，超过地下30m作为深层。人口密集的特大型城市则将地下划分为4层，其中地下30～50m作为中层，超过50m为深层。部分特大城市以地下100m作为深层界限。大型深层地下空间的利用目前大多处于规划阶段，尚未进行有效的开发。3层划分与4层划分的主要区别为深部地下空间的划分方式。我国在《城市地下空间规划标准》GB/T51358—2019中提出城市地下空间可分为浅层（0～-15m）、次浅层（-15～-30m）、次深层（-30～-50m）和深层（-50m以下）4层。

部分城市地下空间埋深的分层 表2

城市	浅层埋深（m）	次浅层埋深（m）	次深层埋深（m）	深层埋深（m）
北京	0~10	10~30	30~50	50~100
上海	0~15	15~40	>40	—
广州	0~15	15~30	>30	—
天津	0~10	10~30	30~50	>50
东京	0~15	15~30	30~100	>100
巴黎	0~15	15~30	>30	—
成都	0~15	15~30	30~50	50~100
杭州	0~10	10~30	>30	—
深圳	0~10	10~30	30~50	50~100
南京	0~15	15~40	>40	—

城市的发展水平和发展阶段决定了长期的地下开发规模与深度。《北京地下空间总规2004》的前期重点开发深度为地下10~30m，计划到2050年开发深度至地下30~100m，届时地下空间将占城市建筑总量的20%。

1.2 地下空间的开发态势

地下空间作为一种潜在的土地资源，是城市未来的一个重要发展方向。与地面工程相比，地下工程开发具有不可逆性，早期修建的地下空间会影响到后续地下空间的开发，且该影响难以消除。为更好地开发与利用地下空间，其规划需要更加慎重且具有前瞻性。北京按照具体功能的混合程度将规划区划分为3类，即单一功能区、混合功能区和综合功能区。广州、深圳等城市新增了储备区，这样更有利于总体把控城市地下空间的功能规划。不同的分层可以更好地划分地下空间的功能，减少不同埋深地下工程之间的相互干扰；按各种功能设施要求的层高不同进行分层，更有利于充分利用地下空间；深层地下空间开发成本与难度高于浅层，故地下空间的开发是自上而下的。

商业价值和人口密度决定了城市区域的发展需求，决定地面和地下设施开发的重要性。城市规模大小决定其地下空间整体的开发规模。就经济方面而言，地下工程因其造价高昂，城市的经济水平需发展到一定程度才有能力开发相应层次的地下空间。在经济基础的支撑下，人口数量和密度进一步影响到地下空间的开发深度。如加拿大蒙特利尔市为适应当地寒冷的气候，开发了地下商业步行网络，涉及多种功能。由于当地人口数量少、密度小，有限的需求导致大多只开发到一到二层。与此相类似的其他北美主要城市地下开发，也因较低的人口密度而以浅层开发为主。城市内部各区域均有其发展的特殊性，故不同区域的区位条件会对局部的分层产生影响。区位条件的主要组成有用地类型、已有建筑、商业价值、人口密度等因素。常见的城市用地类型中，商业区域和交通枢纽的地下空间所开发深度最大，如日本东京的新宿车站和六本木区域均开发至较深地层。住宅、公园广场等区域的地下空间多为停车设施，开发层数多为1~3层，通常只涉及浅层区域。城市道路通常是公共用地，其地下常布设线状公共地下设施，如下水道、综合管廊、地铁、快速干道等，这些设施的埋深不一，所涉及的区域较广，可起到沟通其他地下空间的作用。工业区域由于人流密度小、设施分散,目前开发的价值最低,但同时其地下空间开发潜力较大,也是未来地下物流设施的开发重点区域。既有设施的影响主要体现在建筑的地下部分,这些设施有原早修建的地下工程、开挖的矿洞以及地面建筑的地下基础结构等。由于地下设施难以变动,合理的分布会在一定程度上促进地下空间的进一步发展;反之,杂乱无章的地下设施会对后期地下空间的开发带来极大不便。

深层地下空间的开发目前大多处于规划阶段。一种普遍的观点认为,浅层空间的开发可有效利用坡地,减小通风难度,可以而且已经大规模开发;而深层地下空间与浅层空间不同,通风困难,宜主要布设人流量较小且规模不大的设施。

谢和平院士等提出了未来地下生态城市构想,采用分层而建的形式,将未来地下空间开发分为5个层级:①地下轨道交通与(人防)避难设施(<50m);②地下宜居城市(50~100m);其形成独立的深地自循环生态系统;③地下生态圈及战略资源储备(100~500m);④地下能源循环系统(500~2000m);⑤深地科学实验室及深地能源开采(>2000m)。该构想的核心在于构建一个能实现能量自平衡的相对独立生态,实现深地未来地下城市大气循环、能源供应、生态重构等,确保其安全、可持续运行。这些构思为未来地下城市的规划布局提出了全新的思路,为大规模开发地下空间展现了丰富的前景。其中"地下城市大气循环"有两种基本模式:其一,地下城市与地面大气间的空气循环,这是地下城市的通风问题,本书将分析其采用工程手段的可行性;其二,地下城市内部空气的"生态自循环",对人类具有更为重大的意义,有很多科学问题需要研究、很多技术需要开发。

大型深层地下建筑已成为地下空间开发利用的重要态势,特点可归结为:规模更大、层次更深、功能更多;要求更安全、更健康、更宜居、更高效。

2 城市地下空间空气安全与健康

2.1 中小型浅层地下空间空气污染状况

众多调研发现,地下空间的空气环境问题十分突出。中小型浅层地下空间空气污染物主要包括生物、化学、物理、放射性4个大类。各种污染物来源各不相同,遍布室内外,多与地下空间内部的建筑设计、装修、功能属性、空调系统等因素有关,也与地面空气污染有关。

氡污染是地下空间空气污染的一大特征。《建筑环境通用规范》GB 55016—2021规定了室内空气中氡污染浓度限量≤150Bq/m³。早在1963年北京地区的调查就发现地下室内氡浓度明显高于地面建筑(表3)。某市曾对68个人防工程进行了氡及其子体的室内污染浓度的普查测定,结果表明,氡浓度变化范围为33.3~2046Bq/m³。

不同建筑物内空气中氡浓度平均值(单位:×10⁻¹⁴Ci/L) 表3

建筑物类型	氡	氡子体
农村土房	33.5	74.8
旧式砖瓦房	49.6	122.5
水磨石地混凝土楼	57	148
地下室	172.8	417.6
室外大气	16.8 ~ 70.4	

地下空间空气污染与地点选择有关。城市地下空间地处繁华地区，人员密度较大，内部污染源较多，还会散发大量的热湿量。相对封闭的建筑结构、通风不良、新鲜空气不足，导致内部积累了大量污染物，如二氧化碳、总挥发性有机化合物（TVOCs）、甲醛、微生物、可吸入颗粒物（PM_{10}）、细颗粒物（$PM_{2.5}$）等。诸多原因导致地下空间空气环境恶化，对人群的安全与健康造成威胁，如表4所示。

地下空间污染物积累原因分析　　　　　　　　表4

原因	空气污染物源分析
所在地带繁华	地下生活空间多处于市中心繁华地带，周围多是繁忙的公路及大道，污染物较多，例如世博园，地处上海市世博地区，人流、车流往往较大
通风进出口位置不合理	建筑物的废气出口与建筑过近，且地下空间地势较低，易造成气体污染物回流
空调系统运行不当	当空调系统处于工作状态时，建筑物通常处于负压状态，既改变了温湿度，也影响了空气的流动
装修污染	商场等进行装修时没有屏障，加重空气污染程度
店面功能产生污染	商场不免有饭店厨房、美容美发、美甲、洗手间、垃圾间、更衣室等个别店面对空气环境造成污染
建材家具污染	部分建材、家具本身带有污染物，有些物品结构性质导致其易湿易潮，使污染物滞留
保洁污染	工作人员在进行杀虫灭菌的工作时，使用包括杀虫剂等时会造成有机污染

2.2 大型浅层地下空间空气污染状况

对于功能单一的中小型地下空间空气污染现状、特征、成因已有结论，形成了工程控制标准、技术措施，而对于污染源种类多、环境更为复杂的面积超过100万 m^2 的大型浅层地下空间研究较少。城市大型浅层地下空间内部功能复杂，人员总量大，极易积累大量种类繁多的空气污染物及有害物，包括TVOCs、甲醛、二氧化碳、一氧化碳、可吸入颗粒物（PM_{10}）、细颗粒物（$PM_{2.5}$）、放射性气体氡以及微生物等。

上海市某大型浅层地下空间，综合了地下商场、地下车库、地铁车站、地下走廊、地下能源中心、市政综合管沟、建设设备用房为一体，四周由各种娱乐中心、会议中心、展览中心围绕，集零售、餐饮、娱乐、休闲、文化、展示于一体，具有较好的代表性。其交通状况良好，加之该地下商场在夏季炎热时开启空调，多有市民来乘凉，人流量大。地下空间空气污染存在以下特征：地下商业街 CO_2 的浓度在国家卫生标准线附近，在极个别人流高峰期及人群聚集地有超标现象，在餐饮区域周围有所上升，在车库与商场连接处有微弱提升，CO_2 源为人员呼吸、餐饮燃烧装置、车库车辆等；甲醛是TVOCs的主要代表物，除少数区域外，最大值均超国家标准，与现场调研时该地下空间正在装修的店面较多有关；TVOCs浓度与人流量呈正相关，人流较大的午间及晚间TVOCs（最大值）、TVOCs（平均值）超标2~6倍，在非营业时间也普遍超标；微生物浓度部分人流较大时刻超出2倍以上，在人流量较大点发现9种潜在致病性细菌，存在较大的病原性微生物污染爆发的隐患；悬浮颗粒物来源分为室内和室外，其中室外为主要来源，占比达54%~90%。该大型地下空间虽然有一定的机械通风设备，但直接控制空气污染源的排风量严重不足，单纯地靠增加新风量稀释室内污染物，能耗增加，效果不佳。设备用房是地下商业综合体工作人员的工作地点之一，污水处理房、油水分离房、空调机房等内部TVOCs、甲醛、颗粒物浓度均超标，环境较为恶劣，机房、泵房与商业线平行布置，相距20~30m，易造成交叉污染。

综上所述，迫切需要研究有效的控制措施以应对大型浅层地下空间的空气质量保障问题，尤其要加强和改善通风措施。设计、建造、调试和运行管理等阶段，都应保证进入地下空间的新风量充足、符合空气质量标准。

2.3 大型深层地下建筑空气安全与健康的风险分析与防范

大型深层地下建筑尚在开发规划阶段，还没有建设与使用的案例。从大型浅层地下空间的空气污染状况分析认识大型深层地下建筑空气污染特点，有利于防范其空气安全与健康风险。

大型深层地下建筑与浅层地下空间的区别是"深"。首先，由于埋深在地面50m以下，地上全天候的热状态和风状态对地下空间空气环境的影响大大减弱；第二，由于深，地下与地上无组织的空气交换微弱，只要保证了充足的通风量，控制好新风质量，就能避免地上空气污染对深层地下空间内空气安全与健康的影响；第三，由于深，地下空间的废气只能集中排放，只要使排气达到环境排放标准，就切断了地下空间使用对地上空气环境的污染。这三点表明，深层地下空间与地上空气的关联性可控，主要的空气污染源来自其内部，功能相同的地下空间，无论深浅，内部的空气污染源种类基本相同，强弱与使用情境有关。内部功能复杂的大型深层地下建筑与浅层一样，会积累种类繁多的空气污染物及有害物，包括TVOCs、甲醛、二氧化碳、一氧化碳、可吸入颗粒物（PM_{10}）、细颗粒物（$PM_{2.5}$）、放射性气体氡以及微生物等，还会有大量的热量和湿量散发，各类不同功能区的空间关联，也极易造成交叉污染。因此，从浅层地下空间建设与使用实践得出的空气安全与健康结论对于大型深层地下空间也是成立的，其中"室内空气污染源的强弱与通风设施的优劣是两个紧密关联的决定室内空气安全与健康的关键因素"的结论最为重要。大型深层地下空间的开发应从污染源控制、通风设施两方面保障空气安全与健康。

地下空间的建设与运营实践中，投资者、建造者、经营者等往往会为了经济原因，忽视室内空气污染源控制，少启动或不启动通风设施，造成人为的空气安全与健康风险。在大型深层地下建筑消除这类风险，需从管理和技术两方面采取措施。从管理角度，应严格执行空气安全与卫生标准，在没有深入研究深层地下空间人居环境的卫生学之前，可借用地面或浅层地下人居空间的空气环境质量标准，如《建筑环境通用规范》GB 55016—2021、《室内空气质量标准》GB/T 18883—2022、《人防工程平时使用环境卫生要求》GB/T 17216—2012等；其二，综合优化通风设施的建造费和运行费。

3 地下建筑自然通风的条件

3.1 关于地下空间自然通风的普遍观点

2022年4月1日实施的《建筑环境通用规范》GB 55016—2021是工程建设项目的"控制性底线要求"，并且"工程建设项目的勘察、设计、施工、验收、维修、养护、拆除等建设活动全过程中必须严格执行"。其"5.1.1 室内空气污染物控制应按下列顺序采取控制措施"中列出优先的主动措施是"采取自然通风措施改善室内空气品质"。所有关于建筑环境、建筑节能、绿色建筑的标准规范，无论地上还是地下，无一例外地强调优先考虑采用自然通风措施。学术界一直重视自然通风研究，成果也不少。但工程实践中，自然通风往往首先被否定，尤其是在地下空间开发利用中，规划、设计者普遍的看法是"地下空间的自然通风条件很差，甚至不具备自然通风条件，很难像地面建筑那样可用开门、开窗等简单的办法直接改善室内微气候条件。"只有依靠机械通风或空气调节的方法才能满足人体健康的要求。这样的观点和认识严重地阻碍了自然通风在地下空间中的应用。

"地下空间不具备自然通风条件"所述的"自然通风条件"是指：

（1）风压通风的条件：在建筑外围护结构的迎风面和背风面都有足够的可开启面积；

（2）热压通风的条件：建筑内外存在温差且建筑外围护结构表面的进风口与排风口存在高差。

地下空间的外围护结构是半无限大的岩土，没有迎风面、背风面，也没有存在高差的进、排风口，当然"不具备自然通风条件"。但这些"自然通风条件"只是针对地面建筑而言的，地下建筑具有别样的自然通风条件。

3.2 关于地下建筑热压通风的定性实验

3.2.1 实验目的与实验系统设计

实验目的：验证深层地下空间的自然通风现象；辨识深层地下空间自然通风的机理；明确深层地下空间自然通风的基本条件。

实验系统共设计4个。

第一实验系统：采用长、宽、高相近的长方体箱体，六面隔热，顶部设有气密性良好的可开启操作观察盖，内部空间用水平稀疏网格分为上、中1、中2、底4层，各层任何位置都可设置蜡烛，如图1所示。

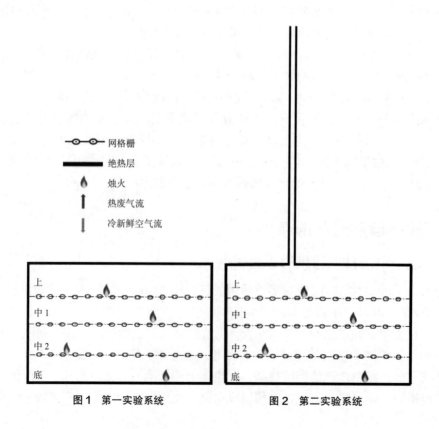

图1 第一实验系统　　　　　图2 第二实验系统

第二实验系统：在第一实验系统的顶板上避开操作观察盖的任意位置开一孔，直径大约为箱体宽度的 1/5，在孔上连接同直径的隔热圆立管，不必竖直，高度大于箱体高度的 2 倍，孔与管的连接处作气密性隔热处理，如图 2 所示。

第三实验系统：在第一实验系统的顶板两端，避开操作观察盖的任意位置各开一孔，直径小于箱体宽度的 1/5，在孔上各连接同直径的隔热圆立管，不必竖直，高度大于箱体高度的 2 倍，孔与管的连接处作气密性隔热处理，如图 3 所示。

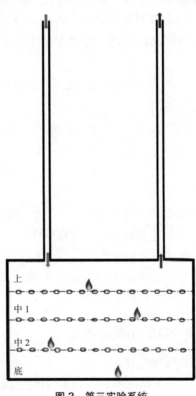

图 3　第三实验系统

3.2.2　实验设计与实验观察

在各实验系统都设计 1 组蜡烛数量和位置不同的实验。

第一实验系统实验组 S1 设计 3 个实验，分别为 S1-1、S1-2、S1-3。

S1-1 在中 2 层任一位置放置 1 支蜡烛并点燃，随即关闭操作观察盖，观察蜡烛燃烧状况。发现蜡烛起初旺盛，燃烧一段时间后，逐渐减弱，最后熄灭。将 1 支蜡烛分别放在上、中 1、底层任一位置，重复实验，观察到相同现象。

S1-2 在中 2 层两端各放置 1 支蜡烛并点燃，随即关闭操作观察盖，观察蜡烛燃烧状况。发现 2 支蜡烛起初旺盛，燃烧一段时间后，逐渐减弱，先后熄灭；重复实验，除 2 支蜡烛熄灭的先后顺序可能不同外，其余现象相同。

S1-3 将 2 支蜡烛分别放在上层和底层的任一位置点燃，重复实验。除观察到上层蜡烛总是先于底层熄灭外，其余同 S1-2。

第二实验系统实验组 S2 设计 3 个实验，分别为 S2-1、S2-2、S2-3。蜡烛数量和位置与第一实验组各个实验对应相同,观察到的现象也对应相同。

第三实验系统实验组 S3 设计 4 个实验,分别为 S3-1、S3-2、S3-3、S3-4。

S3-1 实验蜡烛 4 支,散布在中 2 层;

S3-2 实验蜡烛 4 支,集中在中 2 层一端;

S3-3 实验蜡烛 4 支,箱体同一端的上、中 1、中 2、底层各一支;

S3-4 实验蜡烛 4 支,上层左端一支,中 1、中 2 层中部各 1 支,底层右端 1 支。

第三组实验观察到的现象与第一、第二组不相同,起初蜡烛旺盛燃烧,一段时间后,由上到下逐渐减弱,再后由下到上恢复旺盛燃烧;此时,两根管上口一热一冷,热管上口出气,冷管上口进气,热管比冷管靠蜡烛近。蜡烛保持燃烧直至蜡油耗尽。

3.2.3 实验现象分析

(1)实验组 S1 的实验现象表明,封闭在地下的空间(没有)不能长久支撑耗氧过程,空间上部的氧浓度下降速度比下部快。

(2)实验组 S2 的实验现象表明,靠一个细长的通道与地面连通,不能形成自然通风。

(3)实验组 S3 的实验现象表明,通过在空间顶开通两个与地面连通的细长通道,能够形成自然通风。

3.2.4 实验结论

(1)没有通风的地下空间不能保障其内部的空气安全与健康。

(2)封闭的地下空间没有基本的通风条件;仅有一个连通地面通道的深层地下空间形不成自然通风动力,也不能保障其内部的空气安全与健康。

(3)有两个及以上与地面连通通道的大型深层地下建筑,若能保持一个及以上的热通道和一个及以上的冷通道,就能形成自然通风动力。

3.3 大型深层地下建筑自然通风功能的形成

3.3.1 不同几何特征空间内的通风气流特点

按几何形状,建筑空间可划分为条状空间、层状空间、团状空间 3 类,各自内部的通风气流具有不同的特点。

条状空间的三维尺度中,由其横断面的中心连接而成的轴线长度远远大于横断面上的二维尺度,横断面的二维尺度大小相近。条状空间不一定是笔直,其轴线不一定是直线,可以弯曲,也不一定水平或竖直方向,可以是倾斜的。条状空间的横断面形状和大小也是可变的。以条状空间轴线为主坐标、横断面的二正交方向为次坐标,构成条状空间的三维坐标。将条状空间内通风气流的三维流动,分解成沿轴向的主流和横断面上的次流,产生通风作用的是主流。

层状空间的三维尺度中,有一维尺度大大地小于其他二维,视为层状空间的厚度或高度,是层状空间的次坐标;其他两个维度是层状空间的主坐标,尺度的数量级相近。层状空间内气流流动分解为主坐标方向的平面主流和次坐标方向的次流。平面主流产生通风作用。

团状空间的三维尺度大小相当。团状空间内主流与次流之分,取决于流动动力的大小和方向,可用流动分析找出其主流的流动路线。

顺序连接空间组合体中各个空间内的主流流动路线,就构成整个空间组合内的自然通风的气流路径。

3.3.2 具有自然通风功能的地下建筑空间组合体"L"的构建

根据地下建筑热压通风的数理模型，可以按图3构建具有自然通风功能的地下建筑空间组合体"L"。

在地下建筑本体空间 A_0 的上方（不必是正上方）的地面大气范围内，选取新鲜空气采集区域，简称新风采集区，在该区域内确定1个及以上新鲜空气采集区位置，简称新风点，从新风点开孔，构建连通地下建筑本体 A_0 的空间，作为新鲜空气流入 A_0 的通道简称新风道 A_1。

同样在 A_0 上方（不必是正上方）地面大气范围内，选取容许排放地下建筑污废空气区域，简称废气排放区，在该区域内确定1个及以上废气排放位置，在其水平投影点开孔，构建向下连通 A_0 顶部的空间，作为地下建筑本体 A_0 排放废气的通道简称排风道 A_2。

地下建筑本体 A_0 内各种热源（人体、照明、设备等）散发的热量使空气升温、密度减小，形成热射流。遵循有限空间内热对流规律，热废气携带 A_0 内的热量和空气污染物上升到 A_0 顶部，进入排气道 A_2，通过 A_2 向上排出地面。由于排出废气，在 A_0 内部形成的负压通过 A_1 将地面新鲜空气吸引入地下建筑本体空间 A_0 内，形成了由地面大气—A_1—A_0—A_2—地面大气的空气流动空间组合环路 L_0。地下建筑散发的热量使 A_2 内空气温度 t_2 大于 A_1 内的空气温度 t_1，是形成空间组合环路 L_0 流动的动力，实现了地下建筑空间 A_0 的热压通风，空间组合体"L"（A_1—A_0—A_2）具有了自然通风功能。

空间组合体 L 由新风道 A_1、地下建筑本体 A_0、排风道 A_2 依次串接连通而成。A_1、A_2 属条状形空间；A_0 属团状空间。采用本篇3.3.1节所述方法，确定各空间的主流线，将它们依次连接，再与地面大气区域对接，形成闭式的一元流环路空间，其中的气流流动可用一元环流理论进行分析。利用地下建筑热压通风的数理模型，可对大型深层地下建筑自然通风的规划、设计进行计算分析。

4 城市大型深层地下建筑自然通风规划

4.1 规划基本原则

大型深层地下空间开发，目前只有少数人口超过千万的城市进行了相应规划。国内以地下50m为界限，深层地下空间的开发目前大多处于规划阶段，尚未进行有效的开发，部分特大城市以地下100m作为深层界限。大型深层地下建筑开发规划应包含自然通风规划，应坚持平灾兼顾、空气安全与健康综合处理，改变平时通风、人防安全、消防防排烟功能分割以及系统分裂的状态。将"以人为本"的原则贯彻到规划之中，提供安全、健康、舒适、宜居的人性化环境。

4.2 主要规划内容与方法

4.2.1 主要规划内容与基本思路

主要规划内容有：

（1）新风需求辨识、新风采集点位置、新风采集区范围；

（2）地面新风采集与处理设施体量；

（3）排风点位置、地面排风处理与排放设施体量；

（4）新风通道、排风通道等。

主要任务是规划满足新风需求的空间组合体 L。

上述规划内容表明，自然通风规划必须与大型深层地下建筑规划同步协调进行。通风专业必须从规划之初就进入规划团队，在地下空间规划总主持人的组织协调下，与规划团队成员密切联系，完成地下空间自然通风规划内容。同时还要主动与地面规划的相关方面加强直接沟通。

首先，根据所规划的地下空间规模、主要功能，确定自然通风系统的能力——总通风量；

第二，根据总风量，测算新风采集装置和排风装置体量，合理确定新风采集装置和排风装置位置；合理确定新风库、排风库体量和在地下空间本体中的位置；确定新风道、排风道路径走向；

第三，根据地下空间使用过程中的总散热量，确定可能形成的自然通风系统环路动力——热压；

第四，合理选定新风通道、排风通道内的断面平均风速，计算断面面积；估算系统环路阻力，判断环路阻力是否与环路动力平衡；

第五，调整新风通道、排风通道断面积，改变断面平均流速，实现环路阻力与环路动力的平衡；

第六，将新风通道、排风通道的走向、断面大小报送地下空间总体规划主管部门，取得同意。

4.2.2 辨识通风需求、规划新风采集区

规划首先要清楚辨识地下空间的通风需求。

作为人居环境的地下空间，基本目标是确保地下空间人员的生命安全与身体健康，前者是紧急状态下的通风目的，后者是正常状态下的通风目的。不宜将热舒适作为地下人居空间通风的基本目的。

身体健康为基本目的功能定位和规划大小作依据。地面建筑通常按室内空气品质的卫生学标准，确定地下人居功能空间内的对应空气污染物散发量，引入的室外空气的污染物浓度，用下式计算各污染物浓度达标所需的通风量 L_i，取其最大值为通风需求量 L_0。

$$L_i = \frac{M_i}{n_i - n_{i0}}; \quad L_0 = \max(L_i); \quad i=1, 2, \cdots, n$$

地下空间，尤其是深度地下空间，自然通风系统的规模大小受到诸多方面的约束，在通风需求辨识中宜通过各空气污染物的源特性分拆，综合采取"清除、削弱、围闭、局部直排"等措施，减少进入人员活动区的空气污染量 M_i。在规划阶段，重在"清除"。那些散发污染物、通风需求成为 $\max(L_i)$，且不能通过削弱、围闭、局部直排消减的功能空间，宜从地下功能规划中删除。由于二氧化碳源的主要部分往往是人的呼吸，不能清除，也不能削弱、围闭、局部直排也难以实施，因此在规划阶段宜明确以室内空气卫生标准中的二氧化碳浓度质变和地下空间的人员总量确定通风需求，即 $L_0 = L_{CO_2} = \left(\frac{M}{n_i - n_0}\right)_{CO_2}$。这在数学上是简单的，但在规划中是复杂的、困难的。复杂在于 M_{CO_2} 的确定，困难在于 M_{CO_2} 的主要决定因素——地下空间的人员总数，不是通风专业能单独决定的。若总体规划中没有确

定的总人数资料，通风规划需专题研究确定总人数或人员密度，切不可轻率确定。当人员数 N 与总二氧化碳散发量 M_{CO_2} 之间的数学关系 $M_{CO_2} = f(N)$ 也难确定时，可按如式计算总通风量 $L_0 = \Sigma L_i N_i$，其中 L_i 和 N_i 分别是功能空间 i 人均通风量和人员数。这也需要根据总体规划的相关资料确定，而地面建筑各功能空间的人均通风量是可以参考的。

新风采集点是大型深层地下建筑自然通风系统的新风入口，直接连接到自然通风系统的新风通道，室外新鲜空气由此经新风通道进入地下空间的新风库。采集点位置由平面和高度三维空间坐标确定。规划新风采集点位置不必限于地下空间本体上方区域，可以超出。主要考虑因素是采集位置的空气质量和高品质空气的容量或提供能力。

每小时 $100 \times 10^4 m^3$ 的新鲜空气需求，必须有足够的新鲜空气采集空间（新风采集区）。能够全天候满足需求的新风采集区规划，宜从以下三方面展开：

（1）分析当地气候特点和全年各种天气过程中的风场特性，尤其是风向、风速的动态分布。我国气象科学的发展，气象服务部门已经有能力、有条件并愿意提供这类服务。作为地下空间自然通风的规划者，主要是要明确提出具体要求，并让气象服务部门了解需要提供什么样的气象参数。在形成这类服务的初期，需要自然通风研究者提供或与当地气象服务部门合作形成"基于新风采集的气象分析模型"。

（2）分析各种气象条件下，上风侧的空气污染源位置与特性，以及空气污染物的漂移路径与扩散范围。这需要环境监测服务部门提供相应的服务。地下空间自然通风规划者应从地下空间新风质量要求出发，结合新风采集气象分析模型，配合环保监督服务部门，完成各种气象条件下当地的空气污染物浓度分布图谱。这套图谱对当地所有地上、地下建筑的新风采集规划都有帮助，可上升为当地城市地上、地下空间开发利用的基础信息资料。

（3）根据新风需求，结合当地的新风采集气象模型和空气污染物浓度分布图谱，规划者提出新风采集区的空间边界，报相关管理部门批准，并给予保护。具体的保护需求，也由规划者提出并报批。

以上三方面表明，"地下城市"这样的大规模地下空间开发利用，可靠合理的新风采集区的规划，还有许多科学问题和方法论需要系统研究。

4.2.3 规划新风采集与处理设施体量

新风采集与处理设施由新风口、应急关闭阀、新风净化、新风热湿处理等部分构成。这些构成决定了设施的体量，可能部分在地面上，部分在地面下。

新风采集区是包围新风采集点的室外三维空间区域，进入新风采集点的室外空气汇流区边界是该区域范围的边界。

这三者是大型深层地下建筑自然通风系统可靠性和有效性的重要影响因素，也直接影响着所在地面区域若干功能的效果，必须通过规划进行协调。

新风采集与处理设施是地下建筑自然通风系统的关键构成，主要功能是获得满足品质要求的室外新鲜空气，规划时需首先选定其在地面的位置。

（1）可通过计算流体力学分析采集所需新风量的汇流范围，确定在该范围内有无空气污染源，以及在新风采集的过程中，范围外的污染空气是否流入。

（2）根据总通风量 L_0、风口有效风速 V_0，确定新风采集口的有效通风面积 F_0。

$$F_0 = \frac{L_0}{V_0}$$

（3）新风采集设施的体积，既是流体力学问题，也是建筑美学问题，二者要兼顾，但在与地面环境协调，甚至能提升地面环境品质方面，设施的建筑美学往往更为关键。设施流体力学性能的关键是保障风口的汇流范围在新风采集区内，并在室外风的作用下，在风口外形成正压，避免产生负压。这些是设计阶段新风采集设施选型方面要着力解决的问题。规划阶段需重点保证的是设施外表面能布置开口面积 F_s。

4.2.4 确定排风点位置、排风处理与排放设施体量

排风点是大型深层地下建筑自然通风系统排风通道的出口，地下空间内的污废空气经排风通道由此排出，其位置也是由三维空间坐标确定。排风点的规划位置，主要取决于地面空气环境保护的要求，同时要避免排气扩散到新风采集区内，所以排风点位置的选取应在新风采集区确定之后。

排风口的规划高度也是根据地面空气环境保护要求确定。在规划中，要取得允许的排气扩散空间。排气的污染程度越小，能获取的排气扩散空间越大，要求的排放口高度也越低。排气净化处理是否必需、应处理到什么程度，与这些因素相关。

由总排风量与排放口风速，确定排风设施的水平断面积。同时排放口风速的大小也影响自然通风系统的环路阻力与动力的平衡。规划阶段合理确定排放口风速，是一个综合的技术经济问题，通风专业不宜仅从通风优化单方面作决定，要重视有关方面的意见。

规划阶段，地下建筑本体内的具体使用功能若尚未完全确定，宜根据所规划的基地功能，确定排风的污染状况，规划排风是否处理及处理深度，在排风设施中规划排风处理设备所需的空间。

在排风设施体量确定之后，排风设施的造型规划方案又是一个涉及美学与流体力学的综合问题。从美学方面考虑，应与地面环境融洽协调，更好的为地面环境增色；从流体力学方面考虑要有利于废气排出，避免室外风在排风口形成正压，阻塞排风。

规划排风点的空间位置，可借用当地的"新风采集气象分析模型"中的风场信息，分析排风的全天候排散规律，尤其是主要空气污染物的浓度分布，提交环保部门批准。

排风处理与排放设施由排放口、排风处理设备、应急关闭阀构成，其体量由排风点高度和构成设备元件的尺寸大小决定。

4.2.5 确定新风道、排风道走向与断面积

新风道上接新风采集装置，下连新风库，其走向与断面尺寸大小一方面影响到自然通风的输送能力，另一方面与地下空间同地面的人流、物流通道存在复杂的关联关系，甚至有共用可能性；还可能涉及地下空间的岩土稳定性、水分布等，必须在规划阶段协调处理。并且需分析作为消防救援疏散通道的可行性。

排风道下接排风库，上连排风口，其走向与断面尺寸大小一方面影响到自然通风对地下空间内污废空气的排除能力，以及火灾时的排烟功能，还可能涉及地下空间的岩土稳定性、水分布等，必须在规划阶段协调处理。

4.2.6 形成具有热压通风功能的空间组合体 L 的规划

顺序连接确定了基本尺寸的新风道、地下建筑本体、排风道，完成空间组合体 L 的构建，再分析其整体可行性，作必要调整。

5 大型深层地下建筑自然通风运行

5.1 大型深层地下建筑空气安全与健康管理与监测报警

5.1.1 空气安全与健康管理

管理大型深层地下建筑的空气安全与健康，应从严格实施空气安全与健康标准入手，这涉及应急救援与卫生健康两大类。安全与健康同等重要，但在管理层面，一是灾难应急，一是平时保障，紧急程度有重大差异，具体工程中，二者的应对措施迥然不同，这需要卫生健康、消防、人防等管理部门的协同指导、指令，避免各自为政，将平灾截然分开。应按"平灾结合"的原则，在同一个自然通风体系中通过灾难应急和平时保障两大运行工况的及时转换，综合形成保障空气安全与健康的双重运行方案。

法律法规是实施管理的依据。国家或地方关于地下空间的管理法规中应该涵盖地下空间空气安全与健康，推动各级管理部门编制实施地下空间空气安全与健康标准、规范，列出地下空间自然通风的平时健康底线和灾情安全红线，综合制定科学合理的平时空气健康保障措施和灾情下的安全应急预案，并予以落实。

需要的科学基础和技术支撑，其一是自然通风设施在平时健康通风、火灾时的防排烟、疫情期的防感染通风、战时与恐怖行为下的防毒等多功能的综合应对理论和形成强大能力的方法；其二是划定平时健康底线和灾情安全红线的科学依据和方法。

5.1.2 平时空气健康的监控参数

卫生学上常以空气中二氧化碳浓度作为评价空气清洁程度的指标。一般要求居室中二氧化碳浓度不超过 1000～1500ppm。当其浓度达到 2000～3000ppm 时便可刺激呼吸中枢神经，引起呼吸运动增强和心、脑血管扩张；当其浓度达到 8000ppm 时，呼吸开始受抑制，机体的机能发生障碍，当其浓度超过 8000ppm 时可发生意识消失，呼吸麻痹而死亡。20世纪 70 年代中期曾在钢筋混凝土构筑的地下防护建筑物内模拟战时紧急情况下的密闭试验，当二氧化碳浓度达到 5000ppm 时，受试者虽有较强的不适感，但生理检查尚可，心理反应感到尚可忍耐。但仅是卫生学结果还不足以划定大型地下空间空气健康的底线和空气安全的红线，还需要综合社会学、工程学理论，兼顾诸多方面，合理、恰当地划定。

5.1.3 空气安全与健康监测报警

地下空间空气健康监测与报警，要执行地下空间空气质量标准，按标准规定的空气质量参数进行检测；按地下空间空气安全与健康相关标准规范划定的地下空间空气健康参数的底线进行报警。

地下空间空气安全监测与报警，要执行灾情状态（火灾、疫情、事故、战争、恐怖行为等）下的地下空间空气安全标准，按标准规定的空气安全参数进行检测，按划定的地下空间空气安全红线进行报警。

在自然通风设施的管理中，这两类监测报警有许多监测参数是相同的，监测点也是相同的，但报警的健康底线值与安全红线值是不同的。平灾结合的自然通风空气安全与健康监测报警需综合为一个系统，才能达到可靠、高效、经济的要求。同时需要强调注意区别平时状况的空气质量底线与灾情下的空气安全红线，二者的报警信号必须明显不同，绝对不能相似相混。

平灾结合的监测报警理论、方法和系统构建与运行技术需要尽早开展研究。其监测点分布理论与方法、大数据分析理论与方法、智慧技术值得重视。

5.2 大型深层地下建筑自然通风运行调节

5.2.1 大型深层地下建筑自然通风平灾结合的状态转换

大型深层地下建筑自然通风运行调节应平灾结合。平灾结合的综合运行调节，首先应实现平时和灾情两种状况的及时、快捷、可靠转换。转换指令分别来自整个地下空间应急管理机构（上级指令）和自然通风体系自身的运行监控系统（内部指令），上级指令优先。相对于消防、疫情、事故、战争、恐怖事件等不同灾情的上级指令，自然通风体系应有针对性的应急方案，在规定时间内完成平时状态向防灾状态的转换；上级指令撤销灾情状态后，自然通风体系按内部指令平稳进行由防灾工况向平时工况的转换。当自然通风体系的运行监控系统发现险情，若是体系自身的风险，按内部指令处理，同时上报上级应急管理部门，听候上级指令。若是体系外风险，及时上报，按上级指令应对。无论自然通风还是机械通风，平灾结合运行都比平、灾体系分列，各自运行安全可靠、经济有效。平灾结合运行，尤其是其中的状态转换复杂，影响因素众多，决策逻辑复杂，需要借助智慧技术提高安全可靠性和经济性。

5.2.2 大型深层地下建筑空气污染的基本控制策略

由于通风不易，大型深层地下建筑控制空气污染物对人体伤害的基本策略是污染源管控优先，然后才是通风控制。具体控制措施的顺序是：控制空气污染源（消除、削弱、封闭）；限制空气污染物的扩散区域（缩小污染区）；在污染区内直排空气污染物；稀释呼吸区的空气污染物浓度。其中，后两者属通风控制措施。当检测到呼吸区某种空气污染物超标时，应先检测污染源状况，寻找控制方法；然后分析污染区情况，确定缩小污染区的措施；随后加强、改善污染区局部排风；最后增加新风量，稀释降低呼吸区空气污染物浓度。

5.2.3 大型深层地下建筑自然通风体系的运行调控参数

平时条件下，自然通风体系的运行目的是保障地下空间内空气健康，底线是达到室内空气质量标准，追求目标是优良空气品质，运行调控的是空气品质参数。与健康空气有关的品质参数较多，相互关联性复杂，基于现有科技水平，从工程的安全可靠、高效经济出发，既不能逐一调节，也无适用的综合性空气品质参数。可行的思路是按照基本控制策略，选择污染源广泛分布、难以控制，污染区难以缩小的空气污染物浓度作为自然通风运行的调控参数。那些污染源和污染区相对容易控制的空气污染物浓度则作为呼吸区空气质量的监测参数，这些参数值超过空气质量标准限值，应检查分析其污染源状况，改善加强管控措施，不需立即调整自然通风体系的运行；当其值达到安全红线，立即报警，依规转为灾情状态。

根据国家"双碳"目标、降低化石能源消费、建筑能源电气化等要求，燃烧这类集中强烈的二氧化碳源在人居的大型深层地下建筑内基本清除，地下空间中的主要二氧化碳源是其中的人员。该二氧化碳源不能清除、削弱、封闭或限制，只能通过通风措施降低其在呼吸区的浓度，进而从地下空间排出。地面建筑已普遍采用二氧化碳浓度作为分析民用建筑空间通风效果的评价参数。从卫生学角度，人居地下空间同样可采用二氧化碳浓度作为内空气品质的表征参数。在地面室外空气品质达标，地下空间内除人以外的各种空气污染源得到有效控制的条件下，二氧化碳浓度达标，其他空气污染物浓度也不易超标。实施室内空气质量标准所要求的二氧化碳浓度检测元件、显示仪表、信息传输、数据分析等都已达到工程自动化、智慧化的要求，安全可靠、高效经济。普遍意义上，二氧化碳浓度最适合作为大型深层地下建筑自然通风体系的运行调控参数。

5.2.4 运行调控参数目标值与调控

运行调控参数目标值宜按3个层级列出：空气品质优良值、空气健康底线值、空气安全红线值。空气品质优良值是一个优于室内空气品质标准的浓度可变化区间，可由各个地下空间的使用者、经营者、运行管理部门等与自然通风的运行者共同协商，以管理规程、合同等有约束力的文件确定，作为正常运行的调控区间；强制性标准中的浓度上限是空气健康底线值，若超出，控制系统进入应急状态，调动分析程序，采取恰当的应对措施，使浓度恢复到优良区；安全红线由应急管理部门制定，一旦突破，立即报警，按预案或上级指令转入灾情状态。

作为大型深层地下建筑自然通风体系调控参数的二氧化碳浓度的三层级目标值，本可行性分析初步建议如下，后期还需要充分论证：

空气品质优良区间：小于800ppm；

空气健康底线：1500ppm；

空气安全红线：2500ppm。

当个别或少数区域二氧化碳浓度超出优良区间时，往往可通过调节新风分配比例解决；出现多数区域甚至全面二氧化碳浓度超出优良区间时，应即刻分析检查二氧化碳源状况，首先是地下空间内人员总数是否超出预设值，同时调节自然通风系统，增大自然通风量，使二氧化碳浓度返回优良区间内。当二氧化碳浓度突破空气质量底线值，且未能通过自然通风系统的调节使其降低时则报警，并启动应急预案。在二氧化碳浓度处于优良区间的条件下，其他空气污染物浓度超标，应报警并分析查找原因，采取合理措施，若无效果，应报安全管理系统决定是否进入灾害状态。

5.3 运行优化策略与智慧运行

首先应优化运行调控的逻辑，在此基础上构建智慧模型。需要的工作包括基于大型深层地下建筑自然通风体系的专用数据库建设、公用数据库利用、形成相关的工程价值观、工程思维、研究智慧产生与应用的机理、形成智慧的能力等。这些都不是大型深层地下建筑自然通风的可行性障碍，属于优化范畴。

6 大型深层地下建筑自然通风风险与防范

大型深层地下建筑自然通风风险与防范首先应分析风险的根源。风险可能来自自然通风动力的方向性变化，自然通风基本功能空间组合被破坏，使用状况超出预期情境，气候、气象、地质、疫情等风险，恐怖战争等人为风险。需要开展有效的研究。

本章参考文献

[1] 刘云鹏，乔永康，彭芳乐. 城市大型地下综合体的建设现状调研分析 [C]// 中国土木工程学会2017年学术年会论文集. 2017，51-62.

[2] 辛韫潇，李晓昭，戴佳铃，等. 城市地下空间开发分层体系的研究 [J]. 地学前缘，2019，26（3）：104-112.

[3] 中华人民共和国住房和城乡建设部. 城市地下空间规划标准：GB/T 51358—2019[S]. 北京：中国计划出版社，2019.

[4] 雷升祥. 城市地下空间开发利用现状及未来发展理念 [J]. 地下空间与工程学报，2019，15（4）：965-976.

[5] 赵阜东，陈保健，焦冠然. 地下建筑可持续性设计方法——地下建筑自然通风设计研究 [J]. 地下空间与工程学报，2006，2（4）：532-538.

[6] 郭海林. 地下空间内的空气环境质量 [J]. 地下空间，1991，11（1）：50-52.

[7] 徐毓泽，张丽，杨勇，等. 城市典型地下生活空间空气质量保障现状 [J]. 洁净与空调技术，2019，3（1）：91-95.

[8] 朱颖心. 建筑环境学 [M]. 北京：中国建筑工业出版社，2016.

[9] 徐毓泽. 上海市典型综合型地下空间空气污染特征分析 [J]. 环境监测管理与技术，2020，32（1）：60-63.

[10] 韩宗伟，王嘉，邵晓亮，等. 城市典型地下空间的空气污染特征及其净化对策 [J]. 暖通空调，2009，39（11）：21-30.

[11] 胡迪琴，魏鸿辉，黎映雯，等. 广州市典型地下空间空气质量调查初探 [J]. 广州环境科学，2013（1）：5-8.

[12] 国家人民防空办公室，中华人民共和国卫生部. 人防工程平时使用环境卫生要求：GB/T 17216—2012[S]. 北京：中国标准出版社，2012.

[13] 中华人民共和国住房和城乡建设部. 民用建筑工程室内环境污染控制规范：GB 50325—2013[S]. 北京：中国计划出版社，2013.

[14] 卫生部卫生法制与监督司. 室内空气质量标准实施指南：GB/T 18883—2002[S]. 北京：中国标准出版社，2003.

[15] 赵鸿佐. 室内热对流与通风 [M]. 北京：中国建筑工业出版社，2010.

[16] 李晓峰. 建筑自然通风设计与应用 [M]. 北京：中国建筑工业出版社，2018.

[17] 付祥钊，肖益民. 流体输配管网 [M]. 北京：中国建筑工业出版社，2018.

[18] 刘亚南. 地下建筑热压通风多态性研究 [D]. 重庆：重庆大学，2020.

地下空间热压通风原理分析

重庆海润研究院　付祥钊　丁艳蕊

1 地下空间开发利用趋势

战争推动了防空洞等地下掩蔽空间的开发。抗日战争中，重庆等城市开挖的防空洞在抗拒日军大轰炸中发挥了重要作用。20世纪60至70年代，"大三线"建设了众多地下工厂；20世纪70年代起，全国大小城市开始了广泛的防空洞建设；1978年提出"平战结合"的人防工程建设方针；1986年进一步提出人防工程"平战结合"应与城市建设相结合。

随着城市建设的高速发展，我国开展了地铁建设，轨道交通的快速发展带动了大型地下交通枢纽的建设，为城市地下空间的开发利用积累了宝贵的工程实践经验、发展了新的技术体系。

进入21世纪以来，城市地下空间的综合开发需求达到新的规模。我国建成的超过1万m^2的地下综合体达到200个以上，各种地下设施也在积极建设之中，地下博物馆、地下医疗空间、地下文娱健身中心、地下仓储中心等，复合化地下空间，开发规模由几万平方米、几十万平方米发展到超过百万平方米，未来地下生态城市则将达数百万甚至上千万平方米。此外，深地科学实验室埋深达2000m以上。

对地下空间进行合理的分层是有效利用城市地下资源的重要手段。1990年日本学者渡部羽四郎（Yashiro Watanabe）从地下建筑的功能使用角度提出分层开发地下空间的四分法，将地下空间分为4层：浅层（地下0~10m）、次浅层（地下10~30m）、次深层（地下30~50m）、深层（地下50~100mm）。我国《城市地下空间规划标准》提出城市地下空间可分为浅层（0~-15m）、次浅层（-15~-30m）、次深层（-30~-50m）和深层（-50m以下）4层。

未来地下生态城市构想采用分层而建的形式，将未来地下空间开发分为5个层级：①地下轨道交通与避难设施（人防）（<50m）；②地下宜居城市（50~100m），其形成独立的深地自循环生态系统；③地下生态圈及战略资源储备（100~500m）；④地下能源循环系统（500~2000m）；⑤深地科学实验室及深地能源开采（>2000m）。该构想的核心在于构建一个能实现能量自平衡的相对独立生态，实现深地未来地下城市大气循环、能源供应、生态重构等，确保其安全、可持续运行。本文认为"地下城市大气循环"有两种基本模式，①地下城市与地面大气间的空气循环，这是地下城市的通风问题，本文将分析其采用工程手段的可行性；②地下城市内部空气的"生态自循环"，这对人类具有更为重大的意义，有很多科学问题需要研究，很多技术需要开发。

大型深层地下建筑已成为地下空间开发利用的重要态势，特点包括：规模更大、层次更深、功能更多，要求更安全、更健康、更宜居、更高效。深层地下空间的开发目前尚处于规划阶段，在通风方面存在不同的观点。一种普遍的观点认为浅层空间的开发可有效利用坡地，减小通风难度，已经大规模开发；而深层地下空间与浅层不同，通风困难，只宜布设人流量较小且规模不大的设施。

2　关于地下空间自然通风的误判

基于"大型深层地下建筑自然通风可行性分析"一篇"3.1 关于地下空间自然通风的普遍观点"，设计者普遍认为，地下空间的自然通风条件很差，深层地下空间不具备自然通风条件。因此，设计采用了机械通风方案的映秀湾、鲁布革水电站等地下工程，在长期实际运行中并未开启所建造的机械通风系统，仅依靠工程建造和运行所需的连通地面的电缆管线、运输井洞等，形成自然通风，保障地下空间的空气安全与健康。深埋地下的小湾水电站，设计单位与高校紧密合作，采用理论分析、计算模拟和相似模型试验，科学严谨地论证了自然通风在小湾水电站的可行性。小湾水电站建造的自然通风系统在长期运行中，可靠地保障了深埋地下的电站枢纽的空气安全与健康。尽管有了这些大型地下工程自然通风的成果案例，仍然没能显著改变"深层地下空间不具备自然通风条件"的观点。

"地下空间不具备自然通风条件"所述的"自然通风条件"是：

（1）风压通风的条件，在建筑外围护结构的迎风面和背风面都有足够的可开启面积；

（2）热压通风的条件，建筑内外存在温差且建筑外围护结构表面的进风口与排风口存在高差。

深层地下空间当然不具备这些"自然通风条件"。但是，是否能够就此能判决深层地下空间不能采用自然通风，那些深层地下空间自然通风成果案例又该怎样认识，回答这些问题，需从上述的"自然通风条件"着手。

3　热压通风"中和面"理论的适用域与误用

上述"热压通风的条件"来自热压通风的"中和面"理论。前辈孙一坚先生在《工业通风》中系统且明确地讲述了热压通风的"中和面"的概念和以其为核心的建筑热压通风的中和面理论（以下简称"中和面理论"）。以中和面理论为基础，形成了一套可以手算的工程计算分析方法。几乎所有涉及工业通风的标准规范和设计手册都采用了中和面理论的计算分析方法，在没有计算机的情况下，成功地设计、建造了大量的热车间的自然通风系统，保护了工人的劳动卫生，满足了生产工艺要求，同时节约了能源。这是通风工程学的一座重要里程碑，也是工业通风工程成功的实践成果。随后的民用建筑通风工程也在自然通风分析计算中普遍采用了中和面理论及其方法。遗憾的是，中和面理论在民用建筑通风中没能取得可与工业通风比肩的成就。大多数工程中，由中和面理论导出的热压通风条件成为否定采用热压自然通风的依据。

中和面理论导出的热压计算式表明，热压大小正比于室内外温差与进排风口高差的乘积，若这二者任一为零，则热压为零。这个极易理解的数学结论，使设计师很简便地得出：若建筑不存在室内外温差或进排风口没有高差，则不可能实现热压通风的结论，并将此二者都不为零作为判断建筑能否采用热压通风的基本条件。其中的逻辑问题是，简化条件下建筑热压大小的数学关系，是否可作为所有建筑能否采用热压通风的判据？这涉及中和面理论的适用域。不同的建筑可以构建不同的自然通风工作原理，相应的自然通风条件也就不一样。地下建筑与热车间，建筑特征和内部热量特征都截然不同，二者的热压通风不可能采用同样的工作原理、要求同样的工作条件。可以针对自己的特点，形成不同于地面建筑的自然通风工作原理，并不需要满足其特定的"自然通风条件"。

建筑自然通风的基本科学原理，是利用空气中的热量分布不均形成的空气流动动力，实现建筑内外空气的自然交换。风压通风的动力之源是大气中的热量分布不均；中和面理论的热压通风动力之源是建筑内外空气的热量不均。中和面理论在获取简易的计算分析方法时，作了两个重要的条件简化：其一，建筑内部热量分布均匀、空气温度分布也均匀；其二，建筑内部空间高大空旷、不考虑内部空气流动。这两个简化假设符合热车间的特点，但不符合大多数民用建筑，尤其是地下建筑。地下建筑内的热量分布不均，空气温度分布也不均，各种功能空间的分割，使地下建筑内部空间组合复杂，空气流动相应复杂。这就产生了一个工程思维的逻辑判断问题，是由此判断地下建筑没有热压通风的条件，还是判断中和面理论与方法不宜用来分析地下建筑热压通风？

建筑围护结构，将一统的自然空间分为室外空间和室内空间。风压通风利用了室外空间热分布不均形成的动力源；中和面理论的热压通风利用了室内外空间之间热差异形成的动力源。那么地下建筑内部空间组合的热量分布不均、空气温度分布不均能成为地下建筑热压通风的动力源吗？

对工程的认识是一个逐渐深入的过程。任何阶段，必要的简化假设是工程得以进展的必要条件。同时，任何简化假设总会掩盖一些工程资源与工程可行性。由热力学的熵增原理，任何空间的热动力来自热分布的不均匀，均匀化都会导致该空间热动力的丧失。中和面理论的简化假设，不能改变建筑内部空间的热不均匀，只是将其盖起来，好集中注意力利用建筑内外的热不均匀，进行热压通风的工程分析。遗憾的是，几十年来我们没有努力去开发中和面理论假设所掩盖的室内热分布不均所具有的热压通风动力，反而不恰当地用中和面理论的热压通风条件，否定了无数民用建筑、地下建筑的热压通风的可行性。地下建筑自然通风的理论研究、技术开发、工程实践都应理解中和面理论只适用于分析符合其简化假设条件的建筑热压通风，但不能作为建筑是否具有热压通风可能性的普适性判据。

建筑内热分布不均形成的空气热流动是复杂的，因此也就具有形成热压通风的多样可能性，只是不容易辨识。

可以用定性实验证明：不满足中和面理论热压通风条件的地下建筑同样具有热压通风的可能性。

4 关于地下建筑热压通风的定性实验

基于"大型深层地下建筑自然通风可行性分析"一篇中"3.2节 关于地下建筑热压通风的定性实验"，观察到，蜡烛起初旺盛燃烧，一段时间后，由上到下逐渐减弱，很快，转为由下到上恢复旺盛燃烧。此时，连接在箱体顶板的圆管上口变热，排出热空气，直插箱体底部的圆管上口保持冷态，环境冷空气进入。蜡烛保持稳定燃烧直至蜡油耗尽。

进一步构建如图 1 所示的第四实验系统，实验现象表明，通过在地下空间构建两个与地面连通的细长通道，并将其中之一向下延伸到地下空间的底部，能够稳定保障所需的新鲜空气。

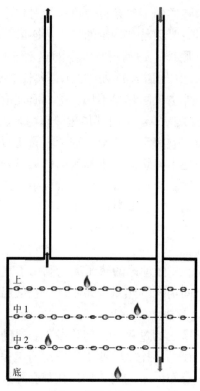

图 1　第四实验系统

由此得到以下结论：

（1）地下空间若没有与地面连通的气流空间，不能保障其内部的空气安全与健康；

（2）按图 1 将一通道连接在地下建筑本体空间顶部，另一通道延伸到地下建筑本体底部，由此所构成的建筑空间组合体，具有自然通风条件，能形成自然通风，保障地下建筑的空气安全与健康。

5　大型深层地下建筑热压通风的数学模型

根据"大型深层地下建筑自然通风可行性分析"一篇中"3.3.1 节 不同几何特征空间内的通风气流特点"，以及"3.3.2 节 具有自然通风功能的地下建筑空间组合体'L'的构建"的相关内容分析，将新风道 A_1、地下建筑本体 A_0、排风道 A_2 依次串接连通而构成空间组合体 L。建筑空间组合体 L 可能具备热压通风功能。

A_1、A_2 属条状形空间；A_0 属团状空间。确定各空间的主流，将它们依次连接，再与地面大气区域对接，形成一元流环路，其中的气流流动可用一元环流理论进行分析。

根据地下建筑的功能组合，使用情境设定，计算地下建筑内的人员、照明、设备等总散热量，扣除与岩土的换热量，获得通风带走的热量，结合保障空气健康所需的新风量，可获得进排风道内空气温度分布，进而获得进排风道内空气密度分布，用一元环流分析法可计算得到地下建筑空间组合 L 的自然通风动力——热压 ΔP_L 的值。

$$\Delta P_L = \oint_L \rho_L \vec{g} \cdot \vec{dL}$$

式中，ΔP_L——环路 L 的热压；

$\oint_L$——沿环路 L 的积分；

ρ_L——沿环路 L 分布的空气密度；

$\vec{g} \cdot \vec{dL}$——重力加速度的矢量 $\vec{g}$ 和环路 L 的微元向量 $\vec{dL}$ 的点积。

根据地下建筑保障平时空气健康所需的新风量，综合工程的资源与约束，初定进排风道的断面风速，可初步计算出进排风道截面积，进而通过对次流和连接处的气流所形成的流动阻力的分析，计算所需新风量在环路 L 中流动的总阻力 ΔE_L。

$$\Delta E_L = \Sigma_L Z_i (V_i)$$

式中，ΔE_L——环路 L 的阻力；

Z_i——环路 i 段的阻力；

V_i——环路 i 段的截面速度；

Σ_L——对环路 L 的所有段求和。

在资源与约束的范围内，调整进排风道截面大小，改变截面速度，使热压与流动阻力的大小满足流体力学伯努利方程：

$$\Delta P_L = \Delta E_L$$

此时的进排风道截面积即为保障所需新风量的下限值，设计的进排风道截面积应合理的大于下限值。

6 结论

（1）地下建筑有条件采用热压通风，不能用中和面理论否定地下建筑采用热压通风的可行性。

（2）本文构建了能形成热压通风的建筑空间组合体；建立了地下建筑热压通风数理模型。

（3）地下建筑热压通风的动力来自于地下建筑使用过程中散发的热量在建筑空间组合体内的不均匀分布，聚集了热量的部分竖向空间与没有热量进入的部分竖向空间共同产生的热压，形成了稳定可靠的自然通风。

（4）分析计算地下建筑热压通风的基础理论是流体力学一元流环路理论、热源热射流理论、有限空间热对流理论、射流与汇流理论等。

第二篇 通风科技研究

2021年第二十二届全国通风技术年会综述

长安大学　檀姊静
北京联合大学　马晓钧

1　背景

中国建筑学会暖通空调分会成立于1978年，其前身为1962年成立的建筑设备委员会。中国制冷学会空调热泵专业委员会成立于1977年，其前身为第五学组。自1978年，中国建筑学会暖通空调分会和中国制冷学会空调热泵专业委员会联合召开了第一届"全国暖通空调制冷学术年会"后，两学会简称"暖通空调学会两委会"，秘书处设在中国建筑科学研究院建筑环境与能源研究院。两委会由全国范围内科研院所、设计院、高等院校的专家学者及工程、生产制造、运行管理等专业技术人员共同组成，共设有7个专业委员会，分别为：供暖专业委员会、通风专业委员会、空调专业委员会、热泵专业委员会、计算机模拟专业委员会、空气净化专业委员会和青年委员会。

1.1　全国通风技术年会的历史沿革

全国通风技术年会是面向高等院校、科研机构、设计单位、专业技术企业等通风领域专家、学者及技术人员的全国性专业技术交流平台，其由中国建筑学会暖通空调分会下设的通风技术学组（现为通风技术专业委员会）发起创办。首届全国通风技术年会于1979年召开，其后每两年举办一届，截至2021年共举办二十二届。

1.2　全国通风技术专业委员会简介

通风技术专业委员会，是中国建筑学会暖通空调分会与中国制冷学会空调热泵专业委员会（两学会简称"暖通空调学会两委会"）下设的7个专业技术委员会之一。其以推动我国通风技术发展和行业进步为主要目标，以带动、引领、促进全国范围内通风技术领域的合作与交流及科学普及为主要责任。委员会由来自全国高等院校、科研机构、设计单位、专业技术企业的专家、学者及技术人员共同组成。委员会委员采用任期制，每届任期五年，期满且考核通过者可进入下一聘期。委员增补采用推荐制，现任委员每人每年可提名1名候选人，形成候选人名单。候选人名单于当年的通风技术专业委员会全体会议上进行表决，表决通过者获得通风技术专业委员会委员资格。通风技术专业委员会现任委员（理事）共68名，其中主任委员1人，副主任委员5人，委员62人，任期为2019年11月至2024年4月。现任主任委员由清华大学李先庭教授担任，副主任委员分别由东华大学沈恒根教授、西安建筑科技大学李安桂教授、北京城建设计发展集团股份有限公司副总经理李国庆教授级高级工程师、西安科技大学黄翔教授、中国中元国际工程公司李著萱教授级高级工程师担任。现任委员中49人来自高等院校，19人来自工程界相关单位。

通风技术专业委员会委员工作包含以下四项内容：①参加通风领域学术交流活动，即参加全国暖通空调制冷学术年会、全国通风技术年会等学术会议；②参加通风技术专业委员会会议；③参加通风技术专业委员会及全国暖通空调学会两委会主办的各类科普及学术活动，包括各类邀请报告、讲座等；④向通风技术专业委员会推荐新委员，以及参与行业企业接洽等相关活动。

通风技术专业委员会下设秘书组，成员为通风专业委员会委员兼任。现任秘书组成员共6人，其中秘书长1人，由通风专业委员会委员、北京联合大学马晓钧教授兼任。秘书组工作包含以下三项内容：①与通风技术专业委员会委员之间的日常联络与沟通；②协助全国暖通空调学会两委会开展通风技术专业相关工作；③完成通风技术专业委员会委员的新增与退出相关工作。

1.3 近五届全国通风技术年会追述

第十七至第二十届全国通风技术年会由中国建筑学会暖通空调分会主办，第二十一届由中国建筑科学研究院有限公司、暖通空调产业技术创新联盟、中国建筑学会暖通空调分会、中国制冷学会空调热泵专业委员会共同主办。各高校、地方学会及专业技术企业承办或协办。

自2011年以来的近五届全国通风技术年会举办地、承办单位、协办单位、报告及论文情况如表1所示。

近五届全国通风技术年会概况　　　　表1

年份(年)	届数	举办地	承办单位	协办单位	报告情况	论文情况
2011	十七	重庆	重庆大学，重庆海润节能研究院	—	特邀主题报告9个，专场报告29个	论文集收录41篇
2013	十八	包头	内蒙古科技大学	巴科尔环境系统（佛山）有限公司	特邀主题报告9个，专场报告24个	论文集收录30篇
2015	十九	成都	四川大学，四川省建设科技协会暖通空调专委会	西南交通大学、欧博诺贸易（北京）有限公司协办	特邀主题报告21个，专场报告39个	论文集收录72篇
2017	二十	马鞍山	安徽工业大学	安徽省暖通空调学会	特邀主题报告10个，专场报告63个	论文集收录97篇，其中优秀论文18篇
2019	二十一	昆明	中国建筑科学研究院有限公司、暖通空调产业技术创新联盟、中国建筑学会暖通空调分会、中国制冷学会空调热泵专业委员会共同主办		特邀主题报告9个，专场报告26个	论文集收录38篇，其中优秀论文10篇

第十七届全国通风技术年会于2011年10月26日至28日在重庆举行。来自科研、教学、设计、工程等相关单位的150余名代表参会。除大会论坛外，本届年会设有通风理论、工程应用、专业教育教学3个分论坛。

第十八届全国通风技术年会于2013年8月17日至18日在内蒙古包头举行。来自全国20余所高校、10余家科研机构及技术企业的100余名代表参会。

第十九届全国通风技术学术年会于 2015 年 8 月 24 日至 26 日在四川成都召开。来自全国 40 余所高校、20 余家科研机构及技术企业的 200 余名代表参会。除大会论坛外，本届年会设有通风与绿色建筑、通风与建筑节能、通风与舒适健康、地下空间通风与火灾安全、工业通风、结构供暖供冷 6 个分论坛。

第二十届全国通风技术年会于 2017 年 11 月 8 日至 10 日在安徽马鞍山举行。参会代表 200 余人。除大会论坛外，本届年会设有民用建筑通风、工业通风、地下空间通风、防排烟、城市通风、通风新技术 6 个分论坛。

第二十一届全国通风技术年会于 2019 年 12 月 4 日在云南昆明举行。本届年会由中国建筑科学研究院有限公司、暖通空调产业技术创新联盟、中国建筑学会暖通空调分会、中国制冷学会空调热泵专业委员会共同主办，与"第三届中国暖通空调产业年会"同期举行。本届年会以"通风与健康"为主要议题，重点就建筑通风与健康问题的多学科交叉研究开展交流，除大会论坛外，设有通风气流组织与环境控制、不同建筑功能空间通风技术两个分论坛。

2 2021 年全国通风技术年会概述

2.1 会议申办

2020 年 10 月 14 日，长安大学建筑环境与能源应用工程系教师代表于全国通风技术专业委员会 2020 年年度会议中向组委会提出第二十二届全国通风技术年会的申办请求，并在会中就本校、本地区的办会能力、人员储备、硬件条件进行了详细汇报。经过通风专业委员会全体委员的现场表决，确定长安大学为 2021 年第二十二届全国通风技术年会承办单位。

2.2 会议过程

2.2.1 会议主办单位、协办单位、承办单位

2021 年第二十二届全国通风技术年会由中国建筑科学研究院有限公司、暖通空调产业技术创新联盟主办，西安制冷学会、中国建筑学会暖通空调分会、中国制冷学会空调热泵专业委员会协办，建科环能科技有限公司与长安大学共同承办。

2.2.2 会议议程

经主办单位、协办单位及承办单位三方协商确定，第二十二届全国通风技术年会于 2021 年 10 月 20 日至 22 日于陕西西安召开（线上），会议总日程及论坛安排见表 2。

第二十二届全国通风技术年会总日程　　　表 2

2022 年 10 月 21 日		
时间	会议内容	主持人
08：30-12：00	开幕式 大会论坛	李安桂教授（西安建筑科技大学） 沈恒根教授（东华大学） 王怡教授（西安建筑科技大学）

续表

2022年10月21日		
时间	会议内容	主持人
13：30-17：30	专题论坛1：通风与空气质量	刘京教授（哈尔滨工业大学） 高军教授（同济大学）
	专题论坛2：通风与疾病传播及健康效应	赵福云教授（武汉大学） 官燕玲教授（长安大学）
	专题论坛3：通风与热舒适、热环境	黄志甲教授（安徽工业大学） 宋高举教授级高工（机械工业第六设计研究院有限公司）

2022年10月22日		
时间	会议内容	主持人
08：30-12：00	专题论坛4：通风与低碳、节能	龙恩深教授（四川大学） 沈铮教授级高工（北京市政工程设计研究院有限公司）
	专题论坛5：通风模拟、监测与评价技术	杨昌智教授（湖南大学） 王丽慧教授（上海理工大学）
	专题论坛6：通风相关政策、标准及相关交叉学科研究	李景广教授级高工（上海科建集团股份有限公司） 任兆成教授级高工（中国恩菲工程技术有限公司）
13：30-15：00	专题论坛1~6总结	黄翔教授（西安工程大学）
	闭幕总结	李先庭教授（CAHVAC副理事长，通风专委会主任委员，清华大学）

2.3 论文与报告

2021年第二十二届全国通风技术年会共收到来自全国共59家单位的论文投稿91篇，根据来稿论文研究方向划分为通风与空气质量，通风与疾病传播及健康效应，通风与热舒适、热环境，通风与低碳、节能，通风模拟、监测与评价技术，通风相关政策、标准及交叉学科研究6个方向。录用稿件在中国建筑科学研究院有限公司建筑环境与能源研究院主办的《建筑环境与能源》杂志2021年第10期以会议论文集形式全文刊登。

2021年第二十二届全国通风技术年会会议总报告数量达71个，其中大会主题报告7个，专场主旨报告8个，分组报告56个，来自全国50家单位的71位专家、学者在会上进行了汇报交流，报告数量创全国通风技术年会历史最高值。

3 2021年全国通风技术年会评述

3.1 主题与特色

3.1.1 通风与"双碳"目标

2021年1月13日，生态环境部印发《关于统筹和加强应对气候变化与生态环境保护相关工作的指导意见》；2021年2月22日，国务院发布了《关于加快建立健全绿色低碳循环发展经济体系的指导意见》；2021年9月22日，中共中央、国务院印发《关于完整准确全面贯彻新发展理念做好碳达峰碳中和工作的意见》。

2021年是我国全面贯彻和落实"双碳"战略目标的第一年，国务院及各级政府相继印发相关《实施意见》，并提出全方位全过程推进生态优先、绿色低碳的高质量发展的相关举措。

通风领域在全社会实现"双碳"目标中扮演着重要的角色，在通风领域中完整、准确、全面的贯彻新发展理念，能够为我国如期实现"双碳"目标提供重要支撑。因此，"双碳"目标下的通风领域发展成为本届全国通风技术年会的重要议题之一。在本届会议的大会主旨报告中，清华大学李先庭教授对我国"双碳"战略目标进行了阐释，并针对通风领域在我国实现"双碳"目标过程中所处的地位及作用开展了讨论。他指出，在实现"双碳"战略目标过程中，通风领域相关研究能够在工业厂房通风降温与除尘净化，地铁、水电站、核电站、矿井等地下工程的通风降温与健康保障，数据中心冷却与能量综合应用，交通枢纽建筑通风降温与节能等方面起到重要作用。

3.1.2 通风与健康

2016年10月25日，中共中央、国务院印发《"健康中国2030"规划纲要》（简称《规划纲要》），《规划纲要》是2016—2030年推进健康中国建设、提高人民健康水平的重要行动纲领。规划纲要指出，2016—2030年是推进健康中国建设的重要战略机遇期。推进健康中国建设，是全面建成小康社会、基本实现社会主义现代化的重要基础，是全面提升中华民族健康素质、实现人民健康与经济社会协调发展的国家战略，是积极参与全球健康治理、履行2030年可持续发展议程国际承诺的重大举措。

通风作为人工环境领域重要的健康维系手段，在健康中国建设中承担着重要的任务和使命。在健康环境营造中，卫生预防、公共卫生保障是极为重要的一环。

在这样的背景下，本届通风年会将通风与健康相关研究作为重点讨论的议题之一。在大会主旨报告中，清华大学李先庭教授对通风与健康的关系进行了阐释，并指出传染性疾病在密闭空间中的传播规律是通风与健康研究领域的重要方向。此外，本届通风年会专门开设以通风与疾病传播及健康效应为主题的分论坛，邀请全国各单位的专家、学者，对通风与健康问题多学科交叉的相关研究开展讨论与交流。

3.2 首次采用线上形式

本届会议采用全程线上形式召开，是全国通风技术学术年会历史上首次以线上形式开展。本届会议以免注册、免缴费的形式向全国通风领域学者及工程界人士完全开放。来自全国各地的近350名代表踊跃参会，参会代表采用实时语音以及弹幕等形式参与讨论，会场气氛热烈。本届会议首次采用线上流量监控等方式，对参会规模进行了实时统计，6场分论坛的峰值参会人数均达到150人以上，部分分论坛会场峰值人数达300人，气氛热烈，交流充分。

4 全国通风技术专业委员会会议与2023年承办竞选

4.1 委员会会议

2021年10月20日，CAHVAC通风专业委员会全体委员工作会议以线上形式召开，64名委员参与了本次会议。委员会会议中，CAHVAC通风专业委员会秘书长马晓钧教授对通风技术专业委员会2021年年度工作进行了汇报。其在汇报中对通风技术专业委员会概况、委员的工作与责任进行详细阐述。现任CAHVAC通风技术专业委员会共有委员（理事）64人，其任期为2019年11月至2024年4月，其中主任委员由清华大学李先庭教授担任，副主任委员由东华大学沈恒根教授、西安建筑科技大学李安桂教授、北京城建设计发展集团股份有限公司副总经理李国庆教授级高级工程师、西安科技大学黄翔教授、中国中元国际工程公司李著萱教授级高级工程师担任。CAHVAC通风技术专业委员会秘书组共6人，其中秘书长由北京联合大学马晓钧教授担任，其余成员有：西安建筑科技大学高然教授、四川大学王军副教授、北京科技大学邵晓亮副教授、华中科技大学王飞飞副教授以及长安大学檀姊静副教授。现任委员中46人来自学术界，18人来自工程界。2015—2019年，共增补委员18人，2019—2021年增补3人。

4.2　2023年承办竞选

本届CAHVAC通风专业委员会全体委员工作会议开展了2023年全国通风技术年会承办单位的选举工作。重庆市科技学院联合重庆海润节能技术股份有限公司、南华大学、华中科技大学三家单位提出了2023年全国通风技术年会承办申请，并分别进行了申报论证与答辩。在听取了三家单位或联合组织的答辩后，CAHVAC通风专业委员会全体委员对2023年全国通风技术年会承办权进行了线上无记名投票。华中科技大学以最高票数赢得2023年全国通风技术年会承办资格。

硕博论文关于通风研究的综述

重庆科技学院　刘丽莹

本文共综述了 2019—2021 年的 81 篇硕博论文，其中硕士学位论文 75 篇，博士学位论文 6 篇。研究内容包含城市风环境（9%）、建筑自然通风（33%）、机械通风（41%）、太阳能通风与蓄热通风（17%）等。其中城市风环境的研究主要集中在利用城市通风改善城市热环境和城市污染等方面；建筑自然通风的研究主要集中在自然风在建筑内的流动特性、自然风的测量、自然风的污染控制能力和全年通风的节能潜力的研究，以及为了改善自然通风效果的通风窗、捕风器、导风板的研究，同时针对办公楼、门诊楼、学校建筑、住宅建筑，研究了如何利用建筑设计，改善自然通风条件，进而实现良好的室内空气品质和节能降碳；机械通风的研究主要集中在利用气流组织实现室内热舒适、利用通风进行室内污染的控制，以及通风部件、设备及系统的设计等方面；机械通风的研究从传统的混合通风，扩展到了碰撞射流、贴附射流、层式通风、涡环通风、置换通风等新型高效的气流组织，同时研究凸显了对室内健康环境的关注，针对普通办公建筑中的为 CO_2、$PM_{2.5}$ 和 VOCs 污染物，医院的病毒飞沫污染物，卫生间的 NH_3 和 H_2S，住宅厨房燃烧和烹饪污染物等都进行了与实际应用场景关联紧密的研究，在机械通风设备和系统部分突出了对新风机组和系统的研究。除此之外，研究了可再生能源——太阳能以及相变吸热材料在通风节能中的应用，凸显了国家"双碳"战略下对建筑冷热源节能路径研究的需求。

1　城市风环境

良好的城市风环境是宜居城市住区的重要组成部分，王冠通过数值模拟研究城市环境下，相关风环境评估指标的不同特征、分类以及应用方式，归纳形成城市风环境评估体系；分析城市呼吸评价指标与城市建筑三维格局之间的关联性，识别各个影响因素的表现差异，形成便于应用的设计策略；以徐州市为例进行以城市通风为导向的设计研究，将风环境导向的设计策略与经典设计方法结合，证明了该设计策略对于改良城市风环境的可行性和长远价值。

我国城市化发展导致城市空气环境不断恶化，城市建筑周围的微气候空气环境直接影响居民呼吸健康。刘呈威研究了城市通风下空气热污染物输运与动力学特性。从城市内部街区空气环境热质输运过程结构、城市交通工业废气排放引发光化学反应生成的二次气态污染物扩散机制、内陆城市湖泊与城市热岛环流耦合特征等多个方面开展了相关基础科研工作。研究发现了城市街区峡谷中的空气流动受到环境风和街区峡谷自身热浮升力驱动的影响规律；交通汽车尾气排放促进城市街区峡谷中气态污染物的形成及扩散，环境风流动会导致污染物慢慢迁移扩散至街区峡谷背风面一侧；汽车尾气排放对距地面约 2m 的行人层高度区域影响最大；城市街区中的交通汽车尾气排放污染源 NO_x 释放位置影响街区峡谷中各种污染物的迁移和扩散；下垫面结构对城市热岛羽流的偏移量产生影响。

城市高密度人口聚集导致高强度的污染物和废热排放，使得城市形成了特殊的局部气候，形成"城市热岛"和"城市污染岛"等现象。梅硕俊等针对城市冠层的通风问题，分别分析了在风压作用、热压作用和风压 - 热压共同作用下城市冠层内的通风换气能力，针对城市突发污染泄漏的扩散问题，分析了污染羽在城区的发展。风压城市通风研究发现增加风道数量减弱了自然风对城市冠层底部的净化能力，在建筑群内部出现了显著污染物滞留。同时发现减小建筑密度却能大幅度提高行人层的换气能力。热压城市通风研究得出了建筑墙面的温升对于街谷内换气率的影响，并以估算经验式的形式给出。风压 - 热压共同作用下的城市通风研究方面，大高宽比的街谷中，边缘街谷由于顶部处于低压区，导致产生了异常大的污染物滞留时间，约为其他街谷的 20 倍，增加地面热流能够降低污染物滞留。在城区有害污染物扩散分析方面，发现污染物释放位置的气流形态显著改变了污染羽的偏转。在缺乏垂直运动的条件下，建筑群对污染物的扩散起到主导作用，而在垂直运动强烈的位置，污染羽被迅速抬升到较高的位置，其扩散则受到风向的主导。徐颖从山坡风与城市建筑群热岛环流的相互作用出发，采用理论模型与计算流体动力学方法深入理解山坡风与建筑群通风耦合特性，研究可知：①在夜间时段下城市街区建筑物高度越低，其对不同山坡角度的适应能力越强，其街区空气环境质量能随山坡风引入而得到提升；而较高建筑物的街区仅适宜建立在角度较大的（更陡峭）山坡附近，而且建筑物的排列栋数越多，越会导致街区后端的内部空气环境变差。②日间时段下，选定建筑高度的城市街区中，山坡角度越缓则对城市的热量缓解效果越微弱，而山坡角度最大时却会产生一定的反作用，导致街区内的热量出现堆积的情况，接近 27.5° 的山坡对城市街区的整体风环境效果最佳。

建筑群的密度迅速增加，街道两侧鳞次栉比的高大建筑物与街道形成众多"街道峡谷"，严重影响了街区尾气污染物的扩散稀释，使得污染物在街道内聚集，对过往行人的身体健康危害严重。高政采用 CFD 数值模拟技术对三维城市建筑布局下，微尺度范围内的街谷风环境与污染物扩散进行分析，分析了建筑布局和建筑相对高度两种单一影响因素对街区空气环境的影响，以及某段城市复杂建筑格局下街区空气环境。何镡针对行列式建筑群风环境与污染物扩散进行了模拟研究。针对街道峡谷形式下的长条形建筑群，采用污染物无量纲浓度来衡量街道高度比的变化对整体街谷流场及污染物扩散的影响，双车道的设置可为研究实际机动车尾气排放提供思路。

建筑尺度下的热羽流对城市通风、污染物扩散及建筑群微气候有着重要的意义。施博仁采用实验测试和数值模拟相结合的研究方法对建筑立面热羽流特性进行研究。考虑静风条件，对实际建筑尺度模型在三种不同壁面热流密度下的建筑热羽流特性进行模拟分析，结果表明，建筑壁面热流密度的大小对热羽流的影响，在离面较近、距地较高的区域较为显著，而对离面较远、距地较低的地方影响较小。且建筑热羽流影响范围主要取决于建筑高度。通过研究在不同风向、风速的背景风条件下，建筑立面热羽流对建筑局域热环境和风环境的影响，结果表明，对于热环境，建筑热羽流对建筑局域温度场的影响尺度较小。对于风环境，当发热面为迎风面、风速达到 2m/s 时，热羽流的作用不大；当发热面为背风面风速为 1.5m/s 和 2m/s 时，在距地高度 10m 处热羽流对风速场的作用比较微小，可以忽略不计；对于建筑顶部的风速场，当风向平行于发热面、风速达到 2m/s 时，就可以忽略热羽流的影响。

2 自然通风

2.1 空气自然流动与传热

自然风具有脉动特性，会对建筑风压自然通风带来影响。掌握自然风特性及预测方法是自然通风效果的评价的前提。陶丹玉建立预测方法可以依据不同大小的平均风速得到自然风时程。具体是通过对自然风的实时三维风速数据测试，分析自然风的平均风速特性和脉动风速特性（湍流强度、湍流积分尺度、相关相干函数、功率谱密度等）。采用小波分析与时间序列法中的 ARIMA 模型相结合的方法对风速时程进行了分析，得到风速时程的计算模型，并应用该方法对多个气候条件下的实测自然风的数据进行建模，通过对比发现这些模型具有相同的形式。针对 100min 具有 1～2 级风速强度的实测自然风，采用基于谐波叠加的 Matlab 编程的方法对其脉动风速时程进行模拟，并将模拟得到的脉动风速与实测得到的脉动风速的特性（包括频率分布、功率谱密度、自相关性）进行了对比验证。王洋洋基于室外自然风的风向和预测模型，通过数值计算的手段，在相同平均风速下，对比研究了考虑脉动特性的自然风与未考虑脉动特性、假设风速恒定的恒定风的通风效果。研究结果表明，通风效果的差异与平均风速值相关，平均风速小于等于 0.5m/s 时，脉动自然风通风效果优于恒定风；平均风速值大于等于 0.8m/s 时，脉动自然风通风效果不如恒定风，且平均风速越大，通风效果差异越大。

自然通风通常是不稳定的通风，风量的测量一直是一个难题，但是风量大小直接影响通风效果，其测量、计算方法的研究具有一定工程意义。风量测量计算方法可采用现场测量、数值模拟等方法。宣哲琦采用示踪气体衰减法现场测量获得房间的换气次数，衰减法测量室内换气次数是基于室内示踪气体浓度均匀的情况而言，所以在房间内布置风扇对房间内空气进行搅拌使得室内的示踪气体浓度均匀，通过数据分析发现，在开风扇的情况下示踪气体浓度衰减较为均匀。在示踪气体的选择上，应尽量选择扩散系数较大、能够与空气充分混合的气体。数值模拟法采用 EnergyPlus 软件对被测住宅进行建模和计算单区、多区的风量，发现单区风量小于实测风量，数值计算时需要考虑门窗的有效渗透面积以及热膨胀系数对有效渗透面积的影响。

自然通风可以利用夏季的夜间自然冷源，带走室内的热量，来保持室内良好的热环境。夜间热压通风的节能效果主要取决于通风气流与围护结构表面间的对流换热过程。热压通风时通风气流与围护结构各个内表面的对流传热系数不同，王安全通过实验和数值计算研究得到地面的对流换热系数最大，北墙、东墙、西墙、南墙依次减小，天花板最小；在通风稳定阶段，各表面的换热系数大致保持恒定；地面换热量在房间总换热量中占比最大，东墙、西墙、北墙、南墙依次减小，天花板最小，通风过程中各表面换热量占比基本恒定；南窗和北窗的大小不同，但两窗户处中和面的位置相近，且基本不随时间变化。室内外初始温差、围护结构初始温度对房间换热系数影响较小，窗口特性、房间进深等因素对房间换热系数影响较大；在窗口面积相同的情况下，窗口高度越大，房间换热系数越大；房间进深越小，房间换热系数越大。多元拟合得到了各表面处的对流换热关联式以及房间平均对流换热关联式，前者仅适用于通廊式建筑的门窗热压通风情形，后者的普适性较好，适用于此类建筑的门窗热压通风或风压通风情形。

由温差驱动的热压通风现象在地下建筑中广泛存在。刘亚南等基于回路风量法的地下建筑通风网络模型 LOOPVENT 耦合了通风与传热模型，能够模拟具有复杂网格结构的地下建筑通风问题。以某地下水电站为例，利用 LOOPVENT 对地下建筑自然通风的热压多态分布进行了计算。然后利用缩比模型实验法对热压通风多解性进行了实验研究，建立了典型的双开口地下水电站工程 1∶20 的缩比模型。二阶段 CFD 模拟法可以再现通风多态现象。为了分析局部热源作用下地下建筑热压通风多解的形成过程，研究采用了实验与 CFD 相结合的方法。首先，利用烟雾发生器对某双区域地下建筑的两种稳态热压通风进行了可视化。然后，测试了该模型的内部空气温度及速度，选取各测试截面的典型点的温度与不同湍流模型下的温度场进行了对比，最终选择了误差较小的 RNG k-ε 模型。在此基础上，应用二阶段 CFD 模拟法，通过改变热源强度、初始状态风速大小、局部热源位置等因素，对局部热源诱导的地下建筑热压通风的强度、局部热对流与整体通风关系、多态的形成过程、多态之间的相互转换条件等进行了研究。为了获得热压通风解的稳定性和存在性的判据，应用非线性动力学理论，对典型双开口地下建筑进行了分析。分别对单热源、等热源比变竖井高度和变热源比等竖井高度三种典型的情形下，热压通风多态的存在性和稳定性进行了分析，并绘制了各自的流体分支图、线素图和相图。推导了基于热源比和高度比的双开口地下建筑热压通风多解存在性及稳定性判据。基于新疆某水电站厂房的自然通风实测报告，进行了案例分析。

2.2 自然通风与污染控制

自然通风可以通过稀释、排除室内空气污染物来保持室内良好的空气品质。不同通风路径、污染源源项位置、通风量等因素影响室内流场和污染物扩散特性以及室内人员暴露风险。吕响响以 SF_6 作为污染物通过实验研究表明：自然通风量近似不变情况下，室内 SF_6 浓度场由污染源位置和通风路径决定。在污染源释放的房间中，房间测点浓度在角落释放模式下是中心释放模式下的 2 倍。受体房间内 SF_6 浓度较均匀，角落释放模式下的 SF_6 浓度比中心释放模式下相应的受体室的 SF_6 浓度高出 40%。自然通风路径保持不变时，当开窗面积减少 50% 时，房间内 SF_6 浓度明显增加，污染源所在房间浓度增加了 4 倍，受体房间浓度增加了 1/2。利用 Wells-Riley 感染概率模型分析得出受体房间感染概率高于源项房间的感染概率，与在中心释放模式相比，角落释放的感染风险增加了约 2 倍。改变窗口面积为 1/4 开口面积时，源项房间和受体房间的感染风险明显增高。

2.3 自然通风节能潜力

自然通风可以充分利用室外空气蕴含的免费冷量，节约全年空调能耗。寇雪以合肥市的某商业建筑为研究对象，结合合肥市的气候条件，先利用绿色建筑风环境模拟分析软件 PKPM-CFD 分析了该建筑室外室内风环境，以室内外风环境模拟为基础，用 DeST-c 进行该商业建筑的建模，通过改变有无通风、全天通风时间段、夜间通风时间段、夜间通风换气次数等工况对比分析该建筑的负荷变化情况。得出最佳的通风时段为夏季无空调运行期间加过渡季全天通风，比无通风工况的建筑负荷减少了14.72%。最佳通风方案为夏季无空调运行期间以 $7h^{-1}$ 的换气次数通风，过渡季全天以 $3h^{-1}$ 的换气次数通风，比无通风工况的建筑负荷减少了22.4%。朱国涛以夏热冬冷地区的合肥室外气象参数为基本参数，探究合肥地区办公建筑进行夜间自然通风对室内热环境影响及其节能潜力的分析，对建筑墙体的蓄热特性进行分析，模拟计算得出进行12h自然通风、21:00至次日1:00、1:00至5:00、5:00至9:00 3个时间段进行夜间通风时的室内温度变化，计算4种工况下的节能效果。得出在有条件进行整晚夜间通风时，其室内热环境温度最佳且节能潜力最佳。在没有条件整晚进行夜间自然通风时，1:00至5:00时间段内进行夜间自然通风对室内热环境改善效果较好，且节能潜力最佳。

2.4 自然通风部件和系统

2.4.1 通风部件

住宅建筑安装的纱窗，会对建筑自然通风的通风性能产生显著影响。曹丽丹通过环境舱风洞实验采用两种不同测量方法测量了4种不同纱窗的阻力流量特性，结合统计分析、数据计算等手段，研究纱窗对自然通风性能的影响，验证了两种方法的可行性。结果表明，纱窗的开口的流量系数与纱窗的孔隙率、厚度、材质均相关，现有多孔介质自然通风中穿透系数和惯性因子的经验公式均不适用于我国住宅建筑。建立了通过安装纱窗的开口的流量系数与纱窗的孔隙率、厚度及来流风速的关系，得到了纱窗一般模型，并根据实验结果和工程实际对模拟进行了适当简化，形成了纱窗简化模型。将新建立的模型与文献中现有模型进行对比，发现一般模型较文献中的模型准确性提升了34%左右，简化模型在风速大于0.1m/s时，准确率较文献中模型提升了22%。并将环境舱中特定开口模型推广到实际住宅建筑中常用直角开口中，通过实地测量验证，风量误差基本均在20%以内，证明了模型的可靠性及适用性。

捕风器是一种被动式自然通风设备，主要利用风压差将外界风引入室内，实现强化通风。捕风器在国外应用较成熟，但在我国的应用仍然较少。马丽等采用数值模拟的方法对平面型、斜面型、弧面型捕风器进行了全面研究，主要探讨了外界风速、风向、捕风器的高度、安装位置、捕风系统排风口尺寸及排风口位置这6个因素对各类型捕风器通风性能的影响。将这几种捕风器安装在办公室顶部，办公室单侧开窗，通过分析3种捕风器风压系数、捕风量、送风均匀性、室内工作区的平均风速、平均空气龄等参数，综合评价其在西北地区过渡季的适用性。工程中捕风器与窗户组合通风效果较好，不建议将两个单侧型捕风器相邻安装。吴星星采用实验测试与数值模拟分析结合的方法，对3种不同截面（矩形、正方形、圆形）的捕风器在室外风场影响下的通风性能进行全面的探索和分析。实验可知，相比于圆形，矩形和正方形截面具有更高的通风效率。基于顶层捕风器的通风特性，针对我国特有的高层建筑特点，设计出了一种可供侧面捕风的新型捕风结构。选取夏热冬冷地区典型城市（杭州）的一栋高层建筑留博楼，作为顶、侧两种捕风器的应用对象，在真实过渡季节室外风场条件下，对通风不足的建筑房间进行捕风器应用，结果显示两种捕风器都能起到一定的提升换气次数作用，至少可提升4.84%。

风压所驱动形成的建筑自然通风具有不确定性的特点，开窗通风时难以控制通入室内的风量。赵玥等提出了一种能够根据室外风压力矩与窗扇重力矩的平衡作用而自动调节窗扇开启角度的通风窗,无需动力机构就能实现室内自然通风量的相对稳定。建造无动力气窗样机,并将其安装于某实验房南向外墙,对气窗转动过程的阻力特性,以及开启气窗不同挡位通风时实验房内短期和长期的换气次数进行测试。此外,提出一种适用于无动力气窗开度调节的仿真模拟策略,评估不同气候区使用无动力气窗的效果,并与使用普通窗户住宅中的室内空气品质和空气处理能耗进行对比。研究结果表明,无动力气窗可根据室外风力自动调节窗扇的开启角度,实现室内自然通风量的相对稳定,有效地避免了瞬时大风速造成的室内过度通风问题。

自然通风条件很难控制空气流向的均匀性和稳定性,由于建筑朝向和室内结构可能导致通风效率低。金梦提出利用导流板对各个不同方向和风速的自然风进行引风导流,实现更加舒适的室内自然通风环境。通过数值模拟和实验验证可知:采用不同开孔宽高比的导流板室内空气流态不同。开孔数量影响室内速度舒适区所占比例;采用不同开孔形状的导流板,室内空气流态相差不大;自然通风状态下,在合肥地区,通过合理设置导流板能够改变室内舒适域的大小分布。

2.4.2 通风设计

建筑设计与建筑自然通风潜力密切相关。宋晓冉通过数值模拟和实验研究,重点分析了建筑单体、风向、窗户开启形式、窗户开启面积和窗户启闭等因素对办公建筑通风性能的影响。整理了平均风速、空气龄、换气次数、通风潜力、热舒适等常用的建筑通风评价指标,提出以"风频法"分析方法替代主导风向,确定室内风速来评价办公建筑通风性能。结论如下:①对于建筑单体而言,随着楼层高度的增加,办公建筑的室内平均风速由 0.69m/s 升至 1.11m/s;室外风向为 SSE 时,南侧办公室的平均风速比北侧办公室大;不同室内布局会在有限程度上影响办公建筑的自然通风性能。②室内平均风速随风向与建筑朝向夹角的减小而逐渐增大;不同室外风向下,南侧与北侧房间通风性能的优劣存在不同。③对于上悬窗而言,窗扇内开优于窗扇外开,窗扇开启角度越大,室内通风效果越好。相对于推拉窗,平开窗的通风有效面积为 100%,窗户开启面积越大,室内风场的平均风速随之增大。王博成提出自然通风利用率概念,其以室内热舒适温度和室内最低新风量需求作为自然通风利用率的判定条件。并且,把最终得到的自然通风有效小时数转化为自然通风有效性,作为最后的自然通风评价指标,采用 CFD 方法分别对影响自然通风利用率的建筑设计相关因素进行数值模拟分析。研究结果表明,在办公建筑设计中,主要影响自然通风利用率的有办公空间朝向、窗地比和长宽比。在办公建筑室外微环境中,主要影响自然通风利用率的有建筑间距、来风方向建筑对风的阻挡作用和室外建筑群体布局方式。从建筑规划的角度出发,应考虑这些因素对自然通风利用率的影响。

除了针对办公建筑设计外,针对高校建筑的自然通风节能设计研究较多。夏热冬冷地区,自然通风利用潜力较大,刘晓红研究了夏热冬冷地区高校食堂的被动节能设计。研究揭示了夏热冬冷地区利用自然通风改善室内热环境和提高节能潜力的耦合规律,以及自然通风应用潜力与高校食堂使用时间特征的耦合规律。提出 5 种夏热冬冷地区具有代表性的适用于自然通风的食堂建筑空间布局模型。研究提出了基于 CFD 模拟的食堂建筑空间优化设计方法,包括模型的最佳朝向、窗地面积比、功能布局等对自然通风的相互影响。

吴家宇针对夏热冬冷地区的高校教学建筑,从总平面布局形式以及单体建筑的平面布局形式、建筑可采取的导风措施、建筑开窗形式和建筑剖面的自然通风设计这几个方面进行了自然通风设计方法的总结。利用CFD软件模拟了研究案例的总体布局与典型楼层的风环境，综合模拟所得数据与实测数据分析了研究对象在自然通风方面目前所存在的问题。最后对CFD数值模拟后得出的有待改善的建筑室内外风环境的问题，提出了更换窗扇类型、增大开口面积、疏导通风路径、设置导风墙4点自然通风优化设计方案，并再一次使用CFD数值模拟对优化设计方案进行验证，得到了高校教学建筑自然通风优化设计策略。

马福生针对严寒地区的小学建筑，研究供暖时期室外低温气候条件的通风技术和措施。通过现场调研、资料收集手段发现样本教学楼教室内47.5%时间CO_2浓度超标，预测中小学教学楼自然通风有效性分别为45.1%和32.8%。发现影响室内空气质量的因素及影响程度依次为开门时间、开门状态、教室人数、教室温度。通过现场实测方法对室内CO_2浓度的模态分布进行测试与分析，发现CO_2浓度在水平空间的分布主要与人员在教室中的分布密度相关。利用CFD模拟分析有利于教学楼空间通风的通道模式、空间形式和换气界面开口方式。模拟结果显示，通风路径的进排风口越少、进风温度越低，越有利于增加房间换气量。水平空间形式变化对通风有一定影响。在远离进风口的位置增加水平开敞空间、增大开敞面积、采用间隔分布等水平开敞空间变化方式均有利于增加教室进风量，最高可增加13.1%。竖向开敞空间不超过3个，会抑制水平开敞空间变化对教室通风量的影响。适当增加走廊宽度对教室进风有很好的促进作用。换气界面开口位置、大小和高度均对教室进风有较大影响。进排风口布置在教室的对角和进风口布置在教室的两侧、排风口布置在教室的中间，有利于教室进风、室内气流组织和保证室内空气质量。教室换气开口面积越大，越有利于增加换气量，排风口距地位置越高换气量越大。针对严寒地区采暖时期教室空气质量差的问题，提出教学楼空间与通风一体化设计策略。建立教学楼空间通风网络，根据教学楼水平与竖向空间组合，为空气流动提供通风路径。建筑空间形式上要考虑结合传统和发展的空间形式，增加水平开敞空间或改变部分教学楼封闭房间形式，利用交流、展示、活动等开放空间，集中或间断式布置在水平通风空间中部或远离进风口一侧，提高同层教室进风量的均匀性。换气界面的开口位置与教室门、窗一体化设计，有利于美观，实施性强，可满足学生的舒适性要求等。

杨柳以青医附院门诊楼为研究对象，对门诊楼自然通风潜力进行分析，并制定气候适应性自然通风设计策略。提出建筑设计过程中应注意建筑总平面布局对自然通风的影响，通过数值模拟分析选择合适的朝向、合理的布局，引导自然通风；建筑设计结合建筑所在地的气候环境以及建筑本身因素进行自然通风潜力分析，并根据自然通风潜力制定出气候适应性自然通风设计策略，夏季应采用热压通风为主导的自然通风设计策略，冬季不具备自然通风潜力，应采用机械通风进行通风换气。对建筑内部中庭空间、候诊空间、公共交通空间、诊室空间进行"模块化"自然通风设计，合理组织建筑内部气流流线，避免空气流线交叉混流，同时保证各个"模块"内均具有良好的通风水平。

建筑自然通风优化设计多借助模拟软件进行性能化设计，但是大多是针对个案研究，缺乏可量化的设计指标，模拟流程也有待完善，缺乏建立标准化的建筑自然通风性能设计的评估方法。韩明珠梳理了自然通风性能设计的标准化评估方法的影响因素，概括出了模型精细度、网格的划分、计算模型及离散格式的选取、边界条件的设置、气象参数的选择以及自然通风效果的评价指标影响因素，归纳了在物理模型、计算域、室内家具、室内平面布局、门窗模型、网格优化、湍流模型、风参数确定等方面已有的成果，总结了自然通风性能模拟全流程中的重点影响因素。从自然通风性能设计预期与实际运行的差异机理出发，提出"室内外风速比"及"相对误差"来评估并比较室内的自然通风效果。选取典型办公建筑为研究对象，建立了模型精细度的标准化方法。选取3栋不同类型的办公建筑，提出以"全风向法"替代"主导风向法"评价室内的自然通风效果，可显著降低自然通风性能预测的误差。

住宅建筑利用自然通风进行节能设计的研究。韩静宜提出了一种自然通风参数化设计与动态评价方法，以武汉市高层住宅小区为例进行评价，结果表明当窗户宽度为房间开间的2/3时、窗户面积为房间地板面积的20%时，房间的通风效果更好，并针对武汉市高层住宅的具体特点提出了自然通风优化设计策略。针对高层建筑非南北通透的中间户型在通风上存在的弊端，蔡蕾蕾针对宿迁地区高层住宅中间户型自然通风提出优化策略，利用数值计算和实验手段研究得出：宜采用4m的天井进深以获得最佳室内风环境；窗墙比从0.2增加至0.4，空气龄下降200s左右，空气质量得到改善。选取窗墙比为0.35时室内通风效果最优；平开窗可以起到引导气流的作用，对室内风速的改善优于下悬窗及推拉窗，室内有49%区域属于舒适区间。综合考虑自然通风量与自然通风均匀性时，可以使用平开内倒的开窗形式。针对寒冷地区大进深高层公寓建筑空气质量差的问题，徐子健针对寒冷地区，从高层公寓规划布局、公寓体型、空间组织、单元布局、建筑构件方面进行建筑自然通风优化的方法与实例研究，提出在建筑群体布局设计时应考虑冬季和夏季两个季节的主导风向，公寓场地布局应有利于通风，高层公寓宜采用错列式布局。高层公寓单体设计可采用圆柱体型、增加对外开口、边角错位处理、利用局部架空、控制天井宽度等方式提高自然通风水平。居住单元通过减少室内隔断，利用空间回路、过渡空间，采用跃层式单元布局、增加凹槽（设置挡板）、采用凸阳台、宜设置分散设置多个小通风口而非设一个通风口，可有效提升室内自然通风的能力。珠三角地区属于亚热带海洋季风性气候，夏季多雨造成环境闷热潮湿，王坤勇根据该地区地理特征、气候条件，对夏季通风需求的多层居住建筑群体组合设计策略进行研究。研究得出：建筑行列式布局的通风效果优于围合式布局。珠三角地区住区规划可适当加大密度，通过立体组合的方式，增加阴影区的同时增加通风口。陈凯针对西安市新建住宅小区，在对用地规模、建筑体型及朝向、建筑密度与容积率、布局方式、建筑间距等参数进行大量调研统计的基础上，模拟并分析了建筑不同排列方式对小区室外风环境的影响。以室外风环境模拟结果为基础，选取了建筑内部不同布局下的具有代表性的房间，对室内的通风情况进行了模拟计算，以室内平均风速、风速分布频率、室内平均空气龄和空气龄分布频率为评判标准，总结了板式、点式和L式排列方式下房间室内的通风和空气质量状况。分析了自然通风对3种不同排列方式下房间空调能耗的影响。通过对比得出窗口最大风压差增大1Pa，因自然通风而降低的建筑能耗达3%左右。除了从建筑密度、平面布局、户型、窗户位置设计方面来改善自然通风效果，岳雪针对气候条件和室外梯度风对高层住宅不同楼层自然通风影响，以西安高层住宅作为研究对象，通过问卷调查、现场测试和数值模拟的方法，分析不同平面位置户型，房间不同外窗开启面积、开启扇相对位置和不同楼层高度的室内自然通风状况和变化规律。研究表明：高层住宅室内通风与楼层高度呈正相关。单侧通风房间室内通风与外窗开启面积和楼层高度呈正相关，随着楼层增加，满足室内通风量所需的窗户开启面积与房间地板面积的比值逐渐减小。可根据高层住宅不同楼层高度的通风需求，改进房间的外窗设计。

3 机械通风

3.1 气流组织与热舒适

3.1.1 碰撞射流

碰撞射流通风能够提高空气品质，增大换气效率和能源利用率，而且克服了置换通风不能用于冬季供暖和大空间的局限，但是由于近地面的风速较大，会造成人体脚踝的吹风感。徐梦周针对碰撞射流通风的气流特征和人体脚踝造成的吹风感,采用数值模拟和实验、问卷调查等方式对碰撞射流送风口近地面附近的气流分布和人体短暂（1~5min）停留时的热舒适感觉展开研究。近地面气流分布研究结果表明,对于碰撞射流房间,需要选择0.1m高度以下的垂直方向气流速度最大值作为评判热舒适的标准。人体热舒适实测研究结果表明，碰撞射流通风房间在过渡季节等温送风和夏季供冷模式下，受试者随着暴露时间增加，舒适性越差，且越多的受试者期望减小风速、提高温度。在冬季供暖模式时，受试者随着暴露时间增加，舒适性变化不明显，且受试者在各工况下均舒适。碰撞射流热风供暖时，可以有效抵御室外冷风侵入。学者袁泽安通过数值模拟的方法，在有冷风侵入的情况下，研究建筑尺寸对碰撞射流通风和混合通风采暖通风房间室内温度场和流场的动态影响。另外，本节还对比碰撞射流通风和混合通风时侵入的冷风对室内温度场和流场的影响，结果表明，冷风侵入室内后，碰撞射流通风和混合通风供暖室内房间温度均会出现波动，但相比混合通风，碰撞射流通风可以有效地抵御冷风侵入的影响，室内垂直温差小，供暖能量利用率高。相比混合通风，碰撞射流通风更加适用于高大空间建筑。

3.1.2 贴附通风

混合通风和置换通风被广泛采用，但是也分别存在着通风效率低和占用有效空间等问题，随后贴附通风方式被提出，且近两年研究较多。

贺肖杰对竖壁贴附通风与置换通风、混合通风气流组织性能进行比较。研究结果表明，夏季供冷模式下，混合通风、置换通风以及竖壁贴附通风均适用于夏季空调工况，且混合通风用于较大负荷，置换通风用于较小负荷，贴附通风的适用负荷范围较广。置换通风较贴附通风室内垂直方向温度梯度高。混合通风效率接近1.0，置换通风与贴附通风均大于1.0。冬季供暖模式下，混合通风（上侧送风）送风时，热风聚集于房间上部，能量浪费较大，室内热环境较差；置换通风送风热气流在热浮力作用下向上运动，往往难以消除工作区负荷，室内地板上方存在一层厚度达0.5~1.0m的冷空气湖（18℃以下），竖壁贴附通风可以采用较大的送风速度，在竖壁的"扶持"下较好的将热气流送至工作区，可以改善冬季热环境，克服传统通风气流组织热浮力气流短路问题。

周斌研究了贴附通风供热模式下的气流组织特性及办公建筑室内热环境优化，探索了采用接力风机延长大纵深空间冬季送风热射流射程的可能性。研究表明，供热工况下贴附通风气流组织营造的室内热环境能够满足大部分人员的热舒适要求，且具有较高的温度效率（0.83~1.20）与通风效率（0.99~1.09）。接力风机能够有效延长贴附通风的热空气湖延伸距离，改善室内的头部区域和脚部区域温差以及预测平均热感觉指数（PMV），温度效率最大可增加9.7%，通风效率最大可增加13.5%。供热模式下的贴附通风的通风性能与排风口高度显著相关，排风口的高度越低，工作区内的热环境越好，温度效率最多可增加 32.5%。排风口高度为 0.5 倍房间高度时，通风效率可达 1.08。

张达探索了贴附射流在小空间受限特征下岗亭类建筑中的应用研究。具体研究了岗亭类建筑的双贴附送风模式对室外污染物侵入的隔绝效果，确定不同送风参数和负荷下该送风模式在对室内环境调控的作用效果。研究表明，双贴附送风工作区的平均风速主要由送风速度的大小决定，送风速度每增加 0.25m/s，工作区平均风速增加 0.02~0.03m/s；送风温度对工作区平均风速影响很小。该送风模式与竖壁送风模式、分体空调式送风模式对比，得出双贴附送风模式比分体式空调送风工作区速度低了 0.04m/s；比竖壁贴附送风模式下工作区的速度低了 0.08m/s。岗亭建筑采用双贴附送风模式能满足人员的舒适性要求，还能有效的隔绝室外污染物以及室外风侵入。

除了岗亭类狭小空间外，李艳艳针对胶囊旅馆、睡眠盒子、列车软卧包厢等小微睡眠空间采用贴附通风的气流分布和人员热舒适进行了研究，提出了 3 种不同的贴附送风模式：单侧竖壁贴附、水平顶板贴附以及组合式双贴附。对热舒适指标的分析表明，贴附送风模式能有效的缓解受限空间中严重的吹风感。对室内空气品质的分析表明，水平贴附和双贴附在睡眠区有更小的空气龄分布，但是竖壁贴附和双贴附更有利于呼吸污染物 CO_2 的排除。综合多种指标对 3 种贴附模式的整体性能进行了排序，结果从优至劣依次为双贴附、竖壁贴附、水平贴附。小微睡眠空间尺寸受限的特征使得排风口位置会对气流分布产生较为明显的影响，最佳的回风口位置是送风装置同侧、脚部上方。

宋凯华针对商业厨房热环境恶劣的问题，提出凹角贴附通风方式，并采用数值模拟方法对该通风方式的可行性、气流组织特性以及影响因素等进行了研究分析。研究发现，凹角贴附通风工作区温度在 25~28℃ 之间，在垂直方向上有明显的温度和浓度分层，有利于余热和污染物的排除；在研究范围之内，凹角贴附通风的吹风感指标在 9% 左右，通风效率高于 1，大部分测点的 PMV 值在 (−0.5, 0.5) 之间，PPD 值在 10% 以内，较好地保证了人员舒适性。通过研究凹角贴附通风方式在不同送风口布置形式（对侧、同侧和四侧凹角）以及不同送风速度和温度组合下的室内气流组织特性，可知对侧凹角和同侧凹角送风时，较高的送风速度和送风温度可以带给室内人员较好的舒适性；对于四侧凹角送风，室内通风排污效率显著提高，但较难满足人员的舒适感。

针对家用空调混合通风气流组织下冬季室内头脚温差大的问题，邓红娜研究了基于墙角贴附射流的家用空调机冬季送热风特性，研究房间送风高度、回风口位置对墙角贴附射流送热风通风气流组织的影响及通风效果评价。结果表明，送风高度为 1.2m 时（坐姿呼吸区），轴线温度衰减较慢，水平方向贴附距离远，温度分布较好；在工程设计中，宜将回风口设置于与送风口水平距离最远处。墙角贴附送热风方式，头脚温差与温度不均匀系数较小，送热风时房间的空气扩散性能指标 ADPI 值（即满足规定风速和温度要求的测点数与总测点数之比）均不满足要求，但优于混合通风。床、衣柜、床头柜等障碍物在一定程度上提高了温度分布均匀性与 ADPI 值，但也增大了头脚温差，降低了通风效率。

3.1.3 层式通风

层式通风是从房间墙壁中部送风，将新鲜空气直接送至室内人员呼吸区的通风方式。层式通风能够营造非均匀热环境，改善人员热舒适水平，同时具有一定的节能潜力。席畅探究层式通风的热气流组织特性。对层式通风与混合通风和地板辐射供暖进行了主观和客观实验对比研究，结果表明：与混合通风相比，层式通风可提高人员区平均温度 1.8℃，提高通风效率25%，提高热舒适性10%。此外，层式通风人员区的平均速度与混合通风下的平均速度相近，不会因距离送风口较近而引起不舒适的吹风感。与地板辐射供暖相比，层式通风可提供较高的室内空气品质，缩短温度响应时间约30min，减小垂直温差1.4℃，有效缩短地板辐射供暖与空调系统间的操作温度差异。同时提出了经济舒适比作为综合评价指标，利用建筑能耗模拟软件和Marquardt算法，对层式通风的送风温度、速度、角度和回风口位置进行了回归分析，得出层式通风在严寒地区、寒冷地区、夏热冬冷地区和夏热冬暖地区的4种回风口位置的全年运行参数优化结果。提出间宽比（DWR）为层式通风的影响参数，以经济舒适比为优化目标，利用建筑能耗模拟软件和三次样条插值法，得出层式通风5种气候分区的4种回风口位置的全年运行的间宽比优化结果。

3.1.4 涡环送风

个性化通风系统（PV）近年得到广泛的研究。然而，由于送风末端安装位置的受限，导致个性化通风系统未能广泛实际应用，涡环可以在运动过程中保持自身的结构，并且以较低的能耗实现长距离的输运，可以较好地将新鲜空气包裹在自身体积中，以较少的能量耗散将新鲜空气输送至目标区域，从而实现对局部区域的送风。翟超等提出涡环个性化送风（VRPV），设计了适用于送风的空气涡环生成装置，用于空气涡环形成与脱落、空气涡环群迁移与分布以及涡环的送风性能等方面的探究。对空气涡环形成与脱落展开实验探究，确定影响涡环体积的两个关键参数：涡环直径和涡核心直径。针对不同工况探究涡环形成过程中体积、平动速度的变化规律。研究获得涡环形成过程的3种状态以及在不同推程作用下，涡环自身存在3种状态，发现涡环生成时的平动速度由活塞平动速度决定，相同空压机压力水平条件下，过余的推程并不能增大活塞的平动速度，也不能增大涡环的平动速度。基于涡环形成阶段的结论，对涡环群的迁移与分布展开实验探究。研究表明，涡环的平动速度与涡环无量纲输送距离之间的关系类似双曲线，提出拟合方程来预测平动速度的变化规律。涡环在生成时受到设备因素的干扰以及在输送过程中受到环境因素的影响，从而产生了涡环群形心位置的附加偏差，使得涡环群分布边界呈现非线性扩展。随着输送距离的增加，涡环群的分布范围越来越大，这意味着在使用涡环送风时，应充分考虑涡环的送风距离和分布范围，确保涡环送风的分布范围覆盖送风区域。基于上述对涡环基础特性的研究，对涡环的送风性能展开实验探究。研究表明，在常用的个性化送风/局部送风和全面送风的不同尺度下，涡环送风的新风率都显著高于传统圆孔射流送风，新风率平均提高37.6%，最大可在0.89m实现159.3%。

3.1.5 置换通风

置换通风系统作为一种高效节能的系统形式，与传统的混合通风系统相比，能够保证室内较高的空气品质，同时有效降低空调系统能耗，置换通风能够在室内形成显著的温湿度分层和污染物分层。许字行针对置换通风湿度分层模型与节能潜力分析进行了研究，结果表明：对热源散热量影响室内湿度分布，随着热源散热量的增大，同一高度上对应的空气含湿量均有不同程度的增加；同时随着热源散热量的增大，较强的上升热羽流动量冲击天花板形成的回流，对室内热力分层高度有重要影响。对冷辐射板温度分别为26℃、22℃、18℃的3个案例进行对比分析发现：随着冷辐射板温度的降低，室内垂直方向上的温度梯度和湿度梯度逐渐减小，室内温湿度分布趋于均匀；忽略室内的湿度分层进行系统设计会导致系统的设计容量偏大，优化后系统制冷机组的设计容量可以减小约6%；对比优化前后系统在供冷期内的动态能耗,结果显示优化后的系统相比于优化前制冷机组能耗、再热能耗以及水泵能耗均有显著降低,节能率分别为 12.4%、17.8%、19.4%,系统总体实现节能约 11.6%,节能效果显著。

3.2 通风与污染控制

通风的功能之一是排除稀释室内污染物,由于近年来人们对健康的关注,学者们针对办公楼、医院、厨房、卫生间的环境进行了通风污染控制相关研究。

3.2.1 办公建筑

办公建筑的主要污染物为 CO_2、$PM_{2.5}$ 和 VOCs。办公建筑全年可以采用自然通风、机械通风等通风方式,机械通风有不同气流组织方式。

刘浩然等研究了不同通风方式下办公建筑室内污染物扩散模拟研究,研究结果表明:置换通风与上送下回通风方式的室内平均温度较高,无法满足要求,其他通风方式均可满足舒适性的要求。同时 5 种通风方式的室内工作区平均风速均满足工作人员舒适度要求,且不会产生冷感,因此证明送风设计参数符合要求。在自然通风风速较低的情况下无法将污染物有效顺利的排出,若风速较大人员则会有冷感。上送上回式与上送下回式通风只有送风方向区域的浓度较小,其他区域均由于阻碍造成涡流使污染物浓度较高无法更好的排出。置换通风的风速较低,且从下部送风使气流沿着墙壁从上部排风口流出,室内工作区域很少有气流流动,污染物浓度整体偏高。侧送风使室内整体污染物浓度较低,同时室内的舒适度较高。

代佳玲对新装修办公建筑通风策略进行了研究。研究侧送上回、上送下回和下送上回方式时室内污染物的速度场和浓度场,结果表明:上送下回方式的室内污染物浓度最高,热湿作用均会加速污染物的扩散,热扩散的影响大于湿扩散的影响,尤其对下送上回方式影响更为显著。考虑热源的作用时,下送上回方式室内污染物浓度分布、排污效率和污染源可及性方面等相对于另两种通风方式都表现更好,其达到平衡的时间相对于不考虑热源作用时缩短了 7h。通过探究送风速度、送风温度以及室温对考虑热源作用时的下送上回方式室内污染物扩散的影响,可知增大送风速度能加快送风口上部区域污染物的扩散,降低上部区域的平衡浓度。从排污效率、污染源可及性和节能角度综合考虑,对于考虑热源作用的下送上回方式,送风速度为 0.3m/s 时室内空气品质最佳。送风温度低于室温时,提高送风温度可有效降低室内污染物的平衡浓度。

等温送风下室温对污染物扩散的影响较小。为了探求送风方式对办公室污染物去除的影响,陈廷森等研究了不同送风方式下室内气流组织对办公室污染物的扩散与去除效果。研究了 4 种送风口长宽比尺寸、2 种不同送风口位置以及 3 种换气次数对室内 CO_2 扩散与去除的影响。结果表明:对于面积相同的条形送风口,长宽比 L/W 设计为 4 时,新风经送风口送入室内形成的气流组织有利于室内 CO_2 污染物的去除,去除效率至少是送风口长宽比为其他尺寸时的 1.8 倍。送风口位于送风侧墙壁对称位置时,室内气流对 CO_2 污染物的去除效率高于送风口位于非对称位置,并且此时污染源的位置改变对去除效率影响较小。当送风口长宽比 L/W 较大时,室内气流对 CO_2 污染物的去除效率较低。随着换气次数的增加,室内整体 CO_2 浓度相对较高,此时增加换气次数反而不利于 CO_2 去除。对于送风排风耦合设计,当送风速度不变时,在建筑顶部采用合理的排风速度,室内呼吸区平均颗粒浓度比无排风速度时可降低20%~40%。合理设计送风速度和排风速度，在相同的通风效率下，可节省至少58%的能源。通风效果与通风的全年运行控制策略密切相关。

侯芳等针对办公建筑室内污染物特性及协调控制展开优化研究。调研了室内CO_2、$PM_{2.5}$和VOCs浓度水平，建立浓度预测模型，以控制时间、控制总能耗为综合衡量标准，讨论了4种常见控制手段对室内污染物浓度变化的影响。研究发现除室外$PM_{2.5}$浓度远高于室内净化器承载能力的工况外，净化器-开窗的通风方式除去3种污染物所用时间最短、室内环境调节所需总能耗相对其他3种控制方式最少；增加机械通风量对污染物浓度的降低效果作用不明显，能耗却随机械风量增加而增大；加入净化器对室内$PM_{2.5}$浓度的异常升高净化作用明显，按国家规定的净化器选择和机械送风量设计标准，实现降低$PM_{2.5}$浓度，机械通风所需的控制时长为加入净化器的4倍。

刘月康针对办公室进行间歇通风策略研究。具体利用直流环境仓研究典型建材和家具的VOA散发特性，采用Matlab编程开展了办公室间歇通风策略模拟研究，并分析了家具搁置时长、房间承载率以及新风量等对空调系统预通风时长的影响。研究表明：搁置时长在30~60天范围内，当搁置时长线性增加时，预通风时长由842min指数衰减到4min；搁置时长为30天不变时，随房间承载率的线性增加，预通风时长由2min指数增长到1360min；搁置时长一定时，随预通风换气次数的线性增加，预通风时长由1360min指数衰减到4min；第二周周二至周五连续工作日的预通风时长从298min线性衰减到188min，第四周周二至周五连续工作日的通风时长从32min线性衰减到18min。

学者们除了采用CO_2、$PM_{2.5}$和VOCs研究通风污染控制外，孔强强针对高校图书馆的真菌气溶胶分布特性分析研究通风控制策略。通过空气质量检测仪监测可吸入颗粒物浓度，冬季图书馆室内外颗粒物浓度分别是秋季的2.6倍与2.3倍；室外颗粒物浓度在所有采样点中最大；可吸入颗粒物中细颗粒物相对含量较大，占61.8%。通过固体撞击法采集真菌分析可知，所有采样点秋季真菌平均浓度高于冬季，所有采样点中室外与中文现刊阅览室真菌浓度最大，楼梯间与自习室次之，密集书库与中文书库最小。真菌气溶胶粒径分布为从第一级到第四级逐渐增加，然后减小，在第四级最大，在第六级最小。通过观察真菌菌落形态特征发现，优势菌属为曲霉菌属、枝孢霉菌属和链格孢菌属。真菌浓度与颗粒物浓度、温度与相对湿度、人员数量、书籍年代之间均存在正相关性。通过液体采样法采集真菌，并结合ITS高通量测序进行检测分析得到，在门水平上子囊菌门与担子菌门占比最多，在属水平上轮枝菌属与膝节霉属为优势菌属，分别占总序列的15.9%、4.7%。曲霉菌属、隐球菌属、篮状菌属和赭霉菌属为致病真菌属，其中曲霉菌属占比相对较多，为2.1%。测试馆室中中文书库真菌群落丰富度最高，中文现刊阅览室真菌群落多样性最高。根据真菌气溶胶与$PM_{2.5}$的室内外浓度分布特征，在自然通风控制策略方面，建议在秋季上午开窗通风稀释污染物，冬季全天室外污染物浓度高于室内，不建议开窗通风。推荐换气次数为3~4h^{-1}。

3.2.2 卫生间

近年来，学者针对卫生间的污染控制展开研究。

王晨辉对公共建筑卫生间内的气流流场、污染物氨气（NH_3）浓度场、污染物硫化氢（H_2S）浓度场以及速度场进行了数值模拟研究，采用人体呼吸区污染物浓度和室内通风效率两个指标来评价公共建筑卫生间内污染物清除情况和室内空气品质。研究表明：公共建筑卫生间内污染气体的浓度随着换气次数的增加而不断下降,但下降的幅度趋于平缓,此外通风效率也随之降低,综合考虑确定最佳换气次数为 $15h^{-1}$。当换气次数较小（$5h^{-1}$）时,门洞侧向（沿卫生间长度方向）开启可获得更低的卫生间呼吸区污染物浓度;当换气次数较大（$10h^{-1}$、$15h^{-1}$、$20h^{-1}$）时,门洞正向（沿卫生间宽度方向）开启较好。在公共建筑卫生间采用侧墙机械排风的通风方式时,随着排风口高度 0.1m 增加到 1.2m,呼吸区 $z=0.9m$ 截面上的氨气污染物平均浓度增加了 15.4%,硫化氢污染物平均浓度增加了 24%;呼吸区 $z=1.5m$ 截面上的污染物平均浓度变化相对较小。此外污染物通风效率随着排风口高度增加逐渐降低,其中 NH_3 通风效率从 1.055 降低到 1.027,H_2S 通风效率从 2.070 降低到 1.706。公共建筑卫生间增加机械送风系统时,有助于公共建筑卫生间内污染物的稀释排除,选择上送下排的通风形式相比上送上排有更高的通风排污效率,从而可以较好地保证公共建筑卫生间内的空气品质。

曾雅娴等研究教学楼公共卫生间点源垃圾篓释放的 NH_3 对室内环境的影响,采取实验测试和数值模拟方法,并结合评价指标给出较为合理的通风形式。实测数据表明:自然通风条件下 NH_3 浓度的小时均值为 $0.46mg/m^3$。公共卫生间垃圾篓 NH_3 的平均释放速率为 $E=6.44 \times 10^{-8} kg/s$。对公共卫生间 NH_3 浓度随时间变化进行拟合,结果表明:拟合为关于时间 t 多项式曲线是其相关性最高。数值模拟结果表明:在密闭工况下,垃圾篓释放的 NH_3 在厕格内部自由扩散,扩散到整个厕格内部,再向外部扩散,室内 NH_3 浓度随密闭时间增加而增大。自然通风方式下,厕格内的 NH_3 浓度明显高于厕格外部。随着通风量的增加,室内 NH_3 浓度逐渐降低,但变化幅度小。机械排风时,采用顶部机械排风方式排出污染物 NH_3 的能力最大。采取侧部机械排风时,当换气次数为 $20h^{-1}$,此时的室内 NH_3 浓度已经降至《公共厕所卫生规范》GB/T 17217—2021 规定 I 类公共建筑 NH_3 限值 $0.3mg/m^3$ 以下。

3.2.3 医院建筑

医院建筑的病毒控制、交叉感染风险控制的研究,随着近年来的重要公共卫生事件的爆发逐渐增加。

吴松林等以某 ABSL-3 级实验室中的负压隔离器为研究对象,模拟分析了气溶胶颗粒的浓度及粒径分布的影响因素。模拟结果表明:增加换气次数将导致隔离器内部气流旋涡区域颗粒浓度升高,其他区域的颗粒浓度降低;增加换气次数以及提高送风温度,能够使颗粒平均粒径增大。减小换气次数,能显著提高 0~0.1mm 粒径范围中 0~0.01mm 的颗粒占比。以一个普通双人病房为对象建立模型,基于 LES 湍流模型,模拟了不同强度热羽作用下人体呼出气溶胶颗粒的扩散。模拟结果表明:热羽流的速度随着人体模型表面温度和室温之间差值的增大而增大;人体呼出颗粒物的扩散距离和速度与热羽强度有关,随着热羽强度的增大而增大。模拟了病房内不同通风形式对人体呼出颗粒物的控制效果。模拟结果表明:换气次数为 $10h^{-1}$ 时,侧送上回、侧送下回、下送顶回和下送侧回 4 种送风形式中,下送顶回的送风方式是控制人体呼出颗粒物扩散的最佳方案。增加换气次数,加剧了颗粒物的扩散,不利于颗粒物的排除;减小换气次数能够更好地把颗粒物控制在屋顶附近,利于颗粒物的排除。换气次数为 $5h^{-1}$ 时,2.7~3m 垂直高度范围内的颗粒占比达到 36.33%。

王梁淇针对病房的微生物气溶胶扩散模式和气流组织优化进行探究。研究了医院下向送风的双人病房在典型换气次数下的气流模式和微生物气溶胶扩散特性和时空分布，对比分析了不同工况下医护人员和邻近患者的呼吸区微生物气溶胶浓度。结果表明，单侧下向送风比双侧下向送风的微生物气溶胶去除效率高约50%，医护人员和邻近患者具有更低的呼吸区微生物气溶胶浓度。此外，隔断减少了邻近患者一侧的微生物气溶胶暴露量，可以有效保护邻近患者，但对医护人员没有明显的保护作用。在900s内，病房使用单侧下向送风时，10%微生物气溶胶沉积在病房表面，而双侧下向送风时，35%的微生物气溶胶沉积在病房表面。同时所有工况中，微生物气溶胶的主要沉积位置均为靠近患者头部同一侧房间的墙壁。对病房气流组织优化的研究表明，层式送风下侧回风是本研究中微生物气溶胶去除效果最好的送风形式，对医护人员也具有更好的保护效果。下向送风和层式送风工况中，下侧回风比上侧回风工况的微生物气溶胶去除率分别高出15%和55%左右。此外，病房内增加换气次数并不一定可以达到更好的气溶胶去除效果。通风气流组织影响医疗建筑病毒污染控制效果。

赵博等针对"平疫结合"病房的气流组织展开分析和研究。以某医院改建前的普通病房和改建后的负压隔离病房为研究对象，分析和研究了不同送风形式、不同送风量和不同进风温度工况下的温度、速度以及污染物浓度变化规律。探讨了隔离病房送风空调的设计要求，分析并讨论了普通病房在上送上排的气流组织下，不同送风量、不同送风温度下病房内温度场和速度场的变化情况，为了获得较为舒适的热环境，比较适宜的送风温度和送风速度分别为20℃和0.6m/s。研究了改建后的负压隔离病房在上送上排、上送下排（送风口位于病床尾部右侧）、上送下排（送风口位于病床中部右侧）3种气流组织不同换气次数下的污染物浓度分布情况，普通病房的上送上排送风方式效果一般，不适宜隔离病房送风；上送下排送风方式可有效降低病房内污染物浓度，当送风口布置在缓冲间左侧时，污染物浓度分布最低。

李天宁等基于医患问诊场景，针对不同的气流组织形式（混合通风、置换通风、个性化通风）及送风量条件下，对医生吸入飞沫数量及飞沫在医生各个部位的沉积数量进行统计，量化分析医生的吸入暴露风险、黏膜暴露风险及接触暴露风险。通过对不同通风形式的干预效果进行评价表明：混合通风增加换气次数有助于降低医生的吸入暴露风险，但同时导致其接触暴露风险的增加；而置换通风增加换气次数，并未显著降低医生的吸入暴露、黏膜暴露、接触暴露的风险。个性化通风中在风口朝上向医生呼吸区送风和风口朝下向医生呼吸区送风两种送风方式的干预下，医生吸入飞沫的数量显著下降，但采用风口朝上时，医生头部飞沫的沉积数量增加2.7倍，采用风口朝下时，医生身体部位的飞沫沉积数量增加11倍。在采用具有法兰末端射流的Aaerbg排风罩和法兰末端无射流的排风装置两种方式的干预下，医生吸入飞沫与医生唇部、面部、头部、身体沉积飞沫的数量显著下降。与典型工况对比，采用具有法兰末端射流时，医生吸入飞沫数量降低了99.4%，采用法兰末端无射流时，医生吸入飞沫数量降低了96.6%。

3.2.4 住宅建筑

住宅建筑污染物主要为$PM_{2.5}$、装修污染物（如甲醛、VOCs）、厨房燃烧和烹饪污染物等。

徐子涵研究了精装房在不同送风工况下室内甲醛的分布特征。对比分析了侧送上回、侧送下回和上送下回3种送风方式下室内甲醛浓度分布特征，结果表明：侧送上回方式下室内甲醛的分布最为理想，而上送下回方式最不利于室内甲醛消散。侧送上回方式的最佳送风风速为 0.6m/s，侧送下回方式的最佳送风风速为 0.3m/s，上送下回方式的最佳送风风速为 0.3m/s。室内家具布置一定程度上影响室内的气流组织，不利于甲醛的消散。

李晨曦以某典型住宅建筑为研究对象，通过建立室内 $PM_{2.5}$ 和 CO_2 浓度动态估计模型的方法，分析不同污染源存在的情况下，典型住宅室内 $PM_{2.5}$ 和 CO_2 浓度的变化规律；评估以通风、净化为主的几种室内空气污染控制策略对室内空气污染的控制效果；获得了不同污染源存在的情况下，室内 $PM_{2.5}$ 和 CO_2 浓度的变化规律及通风策略。当室内 $PM_{2.5}$ 来源为室外大气时，室内 $PM_{2.5}$ 浓度变化趋势为双峰变化。采取自然通风策略，开窗面积越小，室内 $PM_{2.5}$ 浓度越低；采取净化策略，净化风量增加至 $300m^3/h$，室内 $PM_{2.5}$ 浓度降低，之后再增加净化风量对室内 $PM_{2.5}$ 浓度的影响很小。当室内 $PM_{2.5}$ 来源为室内人员吸烟行为或烹饪燃料燃烧时，室内 $PM_{2.5}$ 浓度变化趋势均为单峰形状。采取自然通风策略，开窗面积越大，室内 $PM_{2.5}$ 浓度越低；采取净化策略，净化风量越大，室内 $PM_{2.5}$ 浓度越低；采取机械通风策略，新风量增加，室内 $PM_{2.5}$ 浓度降低。当室内 CO_2 来源为室内人员呼吸作用时，室内 CO_2 浓度变化趋势为逐渐增加。人员平躺、静坐状态下，CO_2 浓度属于"清洁空气"；人员走动状态下，CO_2 浓度为"敏感者会感到不适"。随着室内人数增加，室内 CO_2 浓度增加。采取自然通风策略，开窗面积减小，室内 CO_2 浓度增加；采取机械通风策略，新风量减小，室内 CO_2 浓度增加。

住宅建筑中厨房是污染最严重的地方，王捃采用入户测试的方式探究严寒地区住宅厨房冬季的甲醛与 VOCs 污染现状，分析各个污染物的来源，研究甲醛与 VOCs 污染的影响因素，同时基于补风量实验数据与问卷调查信息，结合 CFD 模拟对厨房补风方式进行优化。研究结果表明，烹饪前密闭工况下厨房甲醛超标率为 5.3%，超标并不严重。VOCs 平均浓度为高于住宅其他功能空间且高于其他气候区。烹饪期间的 VOCs 浓度均处于超标状态，主要特征为甲苯、柠檬烯和丁烷等物质浓度高，且存在醛酮类物质污染。烹饪期间甲醛与 VOCs 浓度变化主要与居民烹饪方式有关，炸和炒的烹饪方式比蒸和煮产生的污染物更多。相比于烹饪前密闭工况，烹饪期间厨房污染严重，大部分处于轻污染和中污染等级，个别厨房处于重污染。相关性分析显示，污染物浓度与补风量存在弱相关关系，湿度对污染物浓度的影响更大。通过对补风形式的模拟结果分析，渗透情况下厨房处于令人不舒适的负压状态，开窗时尽管污染物得到了很好的控制，但室内温度低、气流组织差，而加设补风后气流组织合理，厨房静压在 -19.66Pa 上下波动，不会出现"串味"现象，室内 CO_2 浓度在 443ppm 上下波动，是一种适合严寒地区经济适用的补风方式。

3.3 机械通风部件、设备及系统

3.3.1 通风部件

通风空调管道系统阻力（沿程阻力和局部构件阻力）引起的风机能耗约占建筑总能耗的 15%～30%，局部构件（三通、弯头等）阻力占通风空调管道系统总阻力的 40%～60%，降低通风空调管道系统的阻力问题迫不及待。

刘凯凯等采用数值模拟与全尺寸实验的方法，通过数值模拟对常用的分流三通、合流三通进行"仿生"方法优化，获得不同工况下的优化结构、局部阻力系数和减阻率，并通过全尺寸实验验证仿生三通的优化效果。研究发现，对通风空调管道三通进行结构仿生能够明显的降低三通局部阻力。仿生分流三通的凸起结构能够降低旁支管方向、直通管方向局部阻力；合流三通的下凹结构能够降低旁支管方向局部阻力，合适凸出结构能够降低直通管方向局部阻力。对《实用供热空调设计手册》中的4种分流三通、2种合流三通给出了不同流量比、面积比下三通最优无因次高度及减阻率，并通过对压力场的分析获得仿生三通减小阻力的原因。

马质聪提出了一种角式空气分配器，可通过调整送风箱百叶风口角度，实现水平贴附射流、垂直贴附射流及辐流气流为主的3种气流组织形式。研究不同送风形式下人员活动区的温度、速度分布情况、头脚温差、温度不均匀性、空气分布特性、空气分配指数及通风效率等特性。提出基于角式送风系统下既节能又舒适的空气调节控制策略。研究表明，在角式送风系统下采用以垂直贴附射流为主、水平贴附射流及辐流气流为辅的控制策略，既能达到工作区热舒适性要求，又有良好的节能效果。

3.3.2 通风设备

任佳研究了一种可实现热回收的新型热电式新风设备。以南京地区某办公室作为应用载体，新型热电式新风设备为研究对象，利用热电模块的制冷/制热功能及热管换热器的高效传热性实现对排风的热回收及对新风的辅助制冷制热。通过理论分析、实验研究及数值模拟的方式，对新风及排风入口风速、新风入口温度以及热管换热器结构参数对设备COP及热回收效率的影响进行了探究。研究表明：热电堆热端温度、冷热端温差及设备热回收效率随入口风速的增加逐渐减小，而热电堆制冷量及制冷系数则随入口风速的增加而增大。热电堆热端温度及设备热回收效率随新风入口温度的增大而减小，热电堆制冷量及制冷系数则随新风入口温度的增大而增加。减小翅片间距、增加翅片高度及热管间距有利于样机制冷系数及热回收效率的提升，其中翅片间距影响最大。在相同的翅片高度下，在圆形、矩形、H形Ⅰ（开缝宽度3mm）及H形Ⅱ（开缝宽度6mm）4种翅片形式中，采用矩形翅片时制冷系数及设备热回收效率最高。

刘雅楠对采用新风系统的郑州市中学教室的实际案例进行研究，分析影响教室空气品质的主要因素，提出了改善室内空气品质的有效措施。郑州某一采用热回收双向流新风系统的中学教室，当教室内门窗关闭时，教室内的新风量无法满足教室内师生对新风量的最低需求，CO_2 浓度可由室外浓度上升至2000ppm以上；当教室内门窗打开进行通风时，教室内的人均新风量可以达到20m^3/h以上，基本满足教室对新风量的需求。但是无论门窗关闭与否，教室内都会受到相对严重的 $PM_{2.5}$ 污染。而新风系统运行时，可以有效地减少室内 CO_2 和 $PM_{2.5}$ 造成的污染，保证教室室内良好的空气品质。分析了新风系统送排风口位置和新风量对教室污染物分布的影响，采用上送上回送风方式，教室室内气流组织分布较均匀，空气品质较好，同时为保证室内学生良好的学习生活环境，新风量应在24m^3/h左右。

3.3.3 机械通风设计

彭辉探究中央式新风净化系统在应用过程中的优化策略，以沈阳市某应用中央式新风净化系统的办公房间为研究对象，利用试验平台测试了新风机在不同送风量下对室外颗粒污染物 $PM_{2.5}$ 的净化效果，并对房间处于门窗密闭不通风、开窗自然通风、关窗机械通风3种条件下室内的污染物浓度进行了对比分析。结果表明：室内长期不通风的情况下，污染物浓度严重超过了人体所能承受的范围，在雾霾天气条件下，机械通风相比于自然通风更能保证室内的空气品质。同时研究了中央式新风净化系统在不同送风方式、不同排风口位置和不同的送排风量下室内的气流组织和污染物浓度。结果表明：3 种送风方式下，置换通风条件下的室内气流组织状况最好，房间整体的污染物浓度均值最小，且办公区域污染物浓度均匀性最好。3 种排风口位置下，当排风口位于储物柜上方时，室内整体的污染物浓度最低。随着送排风量的增大，系统对 $PM_{2.5}$ 颗粒污染物的过滤效率随之降低，导致室内 $PM_{2.5}$ 浓度升高，所以在室外雾霾天气时，建议采取中央式新风净化系统低风速运行，来保障室内的 $PM_{2.5}$ 浓度在人体满意的范围之内。

苗莉娜从建筑节能和提升室内空气品质角度出发，提出一种半集中式空调系统的变新风量设计方法。通过与传统半集中式空调对比，说明变新风量设计方法在节能和提高室内空气质量方面的优势。为实现半集中式空调系统的变新风量运行，提出了一种基于室内外空气焓差的新风控制方法，在过渡季和夏季，当新风焓值小于室内空气时，新风系统加大新风引入，利用室外自然冷源承担建筑负荷，从而达到降低建筑能源消耗的目的，同时改善室内空气品质。研究设计新风量的确定方法，给出设计新风量的计算步骤和相应求解算法，进一步形成最优设计新风量的计算程序，并通过具体的案例对变新风量设计的节能效果进行分析。通过计算得到：相对于传统的半集中式空调系统，大连地区居住建筑采用变新风量设计后，累计冷负荷降低 48.0%，供冷系统节电 26.8%，间歇空调和开窗会对节能效果产生影响，如夜间空调时供冷系统节电率仅为 17.3%。办公建筑变新风量设计的节能效果更好，新风系统为单风机时累计冷负荷降低 32.0%，供冷系统节电达 27.7%。采用追加投资回收期法分析半集中式空调系统的变新风量设计的经济性，研究表明：变新风量设计相对传统半集中式空调系统所增加的初投资能够在空调系统使用周期（20 年）内收回成本，住宅建筑和办公建筑的追加投资回收期分别为 9.31 年和 11.68 年。依据半集中式空调系统变新风量设计方法的气候适用性对我国城市进行分区，提出三级指标分区法，以新风可供冷用总时数和除湿用总时数两类指标综合代表该地区变新风量设计方法的气候适宜性；以空调度日数代表该地区冷负荷需求。得到 4 类不同气候适用性分区，可用于判断某城市变新风量设计方法的适用性，同时还可用于判断其他直接利用室外空气降低室内热湿负荷的节能手段的适用性，如机械通风、自然通风等。

曹依蕾通过数值计算，分析了不同气密性下自然室温及建筑能耗变化，得出河南省寒冷地区推荐气密性指标。模拟分析自然通风、机械通风、带热回收机械通风策略下，建筑能耗随新风量需求的变化趋势，提出最佳通风策略。通过对五方科技馆新风热回收系统进行现场实测及模拟分析得出系统形式、风量及运行策略对系统能耗的影响，提出适用于河南寒冷气候区的热回收形式及运行策略。研究结果表明，河南省寒冷地区超低能耗建筑气密性指标，换气次数范围宜为 $0.2h^{-1} \leq N50 \leq 0.6h^{-1}$。对于建筑通风策略，当新风量需求小于 $900m^3/h$ 时，优先考虑开窗通风；新风量需求 $900 \sim 1500m^3/h$ 优先采用不带热回收的机械通风；当新风量需求大于 $1500m^3/h$ 时，优先采用带热回收的机械通风。

办公建筑能耗高，在公共建筑中占有的比例大，过渡季节对办公建筑自然通风降温具有一定的节能效果。刘洋伶对重庆市 33 个既有公共建筑的空调系统及通风现状进行了调研，综合考虑不同房间的自然通风条件，分析了对既有办公建筑进行混合通风系统改造和使其与新风系统联合运行的可行性，并分别提出了增设机械送风系统和增设机械排风系统的两个方案。分析了混合通风系统在重庆地区的适用性。在过渡季节，可利用天数总计

103 天，平均可利用率为 56.3%，4 至 5 月及 9 至 10 月的可利用率大于 68%；而通风最不利时段 5 月和 9 月的自然通风可利用率低，分别为 42% 和 13%；新风系统仅可作为自然通风模式下的新风补充考虑。

通风系统运行时可能会产生风量分布不均等问题，在长直管道通风系统的首端和末端尤为突出。张卓嘿以长直管道送风系统为研究对象，采用数值计算手段分析了等截面送风管道内的压力和速度分布，研究了通风管道的阻力特性。同时研究了长直风管送风系统的流场均匀性，并根据送风阻力特性确定合理的静压分布，从而保证风口处的送风量达到一致。分析了影响等截面送风管道送风均匀性的风口数量 n、风口间距离 $\triangle L$ 等特征参数；研究了变截面管道各风口的出流角大小和出风量的均匀性；为了保证各风口达到理想的出流要求，采用了出风口处添加短管的方法，以期获得出风口处截面理想的出流角分布，提高直管送风系统的均匀性。研究表明：①风口数量对送风分布的均匀性影响较大，风口数量越多，整体出风均匀性越差；②变截面风管能够较好地调整管道内的压力和速度分布，使得各出风口处的流体参数趋于一致，均匀性提升；③添加短管能够调整出风口截面的出流角均值，改变短管的长度、上下口的长度、管壁倾斜角度等参数，可有效地改善出流角；④将变截面管道与合理的短管相结合，既能够使各风口的出流角达到较为理想要求，又能够满足各风口气流参数的均匀性要求。

4 太阳能通风与蓄热通风

4.1 太阳能烟囱通风

建筑太阳能烟囱是一种利用太阳辐射加热通道内空气，使通道内外空气密度差增加，进而促进室内自然通风，实现建筑节能和室内空气品质的保证。

孙瑞等提出具有百叶结构风道的新型建筑太阳能烟囱，旨在有效利用太阳能和风能的联合作用来强化建筑太阳能烟囱的自然通风性能。通过理论分析和数值模拟，详细开展了具有新型百叶结构通道的组合式和倾斜屋顶式太阳能烟囱自然通风性能的研究，揭示风压和热压对其自然通风的耦合作用机理，基于机理认识，建立全三维、多场耦合的数理模型；利用建立的模型，获得详细的局部流场、温度场和压力场；研究和分析通道宽度比值、高度比值、烟囱倾斜角度、百叶倾斜角度、室外风速和太阳辐射强度对其自然通风性能的影响及其变化规律；拟合适于工程应用的具有百叶结构风道的新型建筑太阳能烟囱关联式。

洪诗艺对太阳能烟囱通风的节能潜力进行研究。研究人员考虑室内热源导致室内温度"逆分布状态"，对能耗模拟软件 EnergyPlus 中的烟囱模型进行修正，在近零能耗住宅模型上，加装了太阳能烟囱模块和相应的 HVAC 系统，以研究太阳能烟囱在不同气候区的节能效果。太阳能烟囱可以降低机械通风的风机能耗，通过增强的自然通风，减少供暖和空调的能耗。在寒冷地区利用太阳能烟囱的风机节能比例均超过 90%，高于夏热冬冷地区和炎热地区。各地区太阳能烟囱建筑总节能量在 156.8 ~ 727.6kWh 之间。其中夏热冬冷地区节能潜力高于炎热地区和寒冷地区。炎热地区由于本身冷负荷较高，烟囱通风又大多来自太阳辐射，因此节能量比其他城市要低。

陈苏坤提出一种同时利用太阳能和地热能的太阳能烟囱——地埋管耦合系统，利用地层的蓄热能力对空气进行预热/预冷，同时利用太阳能烟囱产生的热压为地埋管新风系统提供动力,在保证室内热环境质量的前提下,可大幅降低被动建筑新风系统能耗,缓解日益严峻的能源与环境问题。并且建立了太阳能烟囱-地埋管耦合系统热压通风稳态数学理论模型。利用 TRNSYS 和 Matlab 两种软件交互作用的特点,进一步搭建了应用于建筑室内的太阳能烟囱-地埋管耦合系统仿真模拟平台,并通过既有的实验数据分别对仿真平台中太阳能烟囱模型和地埋管-空气换热模型的准确性和可靠性进行了验证。之后,利用验证后的耦合系统仿真平台量化分析埋管管长、埋管管径、集热器长度和烟囱高度等关键参数对该系统热压、通风量以及空气温降等参数的影响。最后,通过耦合系统通风量和地埋管出口空气温度的变化规律,找出耦合系统的优化尺寸模型,并基于优化的尺寸结构,进一步模拟分析得到自然通风条件下该耦合系统满足室内热环境温度要求的太阳辐射强度下限值和室外空气温度上限值。

4.2 蓄热通风墙

蓄热通风墙热可以提高玻璃幕墙结构的热性能。刘倩茹针对青藏高原地区玻璃幕墙房间室内温度波动剧烈的问题,提出墙体-屋面组合式蓄热通风墙结构,通过对墙体-屋面组合式蓄热通风墙与空气循环流动传热过程分析,建立了玻璃幕墙、坡屋面、通道内空气、吸热涂层表面、蓄热体内表面等热平衡方程;联立构建了此类蓄热通风墙室内空气及其壁面热平衡数学方程组。以拉萨为例,通过大量数值模拟和实验验证相结合的方法,分析了屋面倾斜角度、通风孔尺寸、通道厚度、风机风速等对墙体-屋面组合式蓄热通风墙热性能的影响,得到了优化的结构和运行参数,归纳得到屋面不同倾角下的热量简化折算计算方法。相比传统玻璃幕墙,墙体-屋面组合式蓄热通风墙房间的有效得热量明显提高,拉萨和西安地区蓄热通风墙房间的得热时间延长约 3.5h 和 4h;两个地区蓄热通风墙房间的热负荷均大幅降低,分别降低了约 40.7% 和 38.2%,但其白天的节能效果优于夜间的节能效果,总体而言,蓄热通风墙更适用于太阳能富集地区。

气流外渗隔热墙体是一种将围护结构和排风热回收系统结合在一起的新型节能墙体,它的核心点在于气流在多孔材料层内进行渗流,带走室外传向室内的负荷,使得室内侧墙体表面的温度能够无限的接近室内温度,降低空调能耗,在起到排风热回收目的的同时,还能够带走滞留的污染气体,清新空气,并提高室内的人员热舒适性。何金晶所在课题组提出排风隔热墙相比较于其他墙体具有优越的保温隔热性能,对基本型、内衬板型以及夹层通风型排风隔热墙进行了研究分析,探讨不同因素对基本型和内衬板型墙体流场及传热特性的影响。研究结果表明,基本型排风隔热墙的气流主要集中在中下部分,竖直方向传热可以忽略不计;内衬板型排风隔热墙的气流主要集中在底部和顶部,竖直方向的传热现象存在且可通过外界条件的改变完全抑制。两种类型的墙体都不是完全沿水平方向流动。

4.3 太阳能通风

太阳能空心通风内墙供暖系统是一种将太阳能空气集热器与空心通风内墙结合的供暖技术,它利用内墙结构蓄热,将白天太阳能空气集热器收集的热量在夜间释放至房间,从而改善夜间室内热环境。

吴昊研究了耦合太阳能空心通风内墙的建筑传热过程,具体建立了太阳能空气集热器的简化计算模型,对太阳能空气集热器热性能进行评估。利用热电类比理论建立了系统中房间空气与围护结构传热的综合 RC 网络模型、空心通风内墙的数学模型以及太阳能空心通风内墙供暖系统的整体模型。分析了内墙热物性、内墙厚度、太阳能空气集热器风量、室外气象参数等因素对内墙蓄放热过程和室内热环境的影响。结果表明：热容较大的内墙材料有较好的蓄放热性能；内墙材料导热系数在 0.6～1.4W/（m·K）提升室内最低温度幅度最大；不同内墙材料，其厚度对内墙蓄放热的影响也不同，热容较小的内墙材料最佳厚度比热容较大材料厚度更大；集热器最佳风量为 150～200m³/h；在平均气温更高、太阳辐射更强的城市，太阳能空心通风内墙提升室温的幅度更大。

冯琰对太阳能新风系统的性能进行研究。通过实验测试和数值计算可知：分析 60°和 88°两种倾角下机组的热转换效率相对较高，日均集热效率在 60% 左右，在模型机组的送风条件下，单位集热面积能提供的日均新风负荷约为 430W，相较于 88°的试验倾角，60°倾角下机组的热转换效率更高，在机组稳定运行后，效率区间基本在（65±10）% 范围内。冬季太阳辐射较强时，单位面积太阳能吸热板能将室外新风加热 40℃ 以上送入室内，且此系统对室外 $PM_{2.5}$ 有一定的过滤作用，系统运行后室内 $PM_{2.5}$ 浓度不断下降，测试期间 $PM_{2.5}$ 浓度最低为 0.055mg/m³。此太阳能新风系统稳定运行后，能将室内温度提高到 16～18℃。新风量越大、室内温度越高，室内空气品质越好。但新风量过大，人体周围空气流速超过 0.3m/s 时，尤其在冬季，人体会感觉到吹风感，若想此系统的舒适性更高，需对此太阳能新风系统的送风参数加以控制。

高慧杰将渗透型太阳能空气集热器与托幼建筑进行集成设计，形成渗透型太阳能新风系统，在向室内输送加热新风的同时，改善幼儿园建筑室内空气质量。通过对寒冷地区幼儿园建筑室内空气需求、渗透型太阳能集热器及新风系统原理的研究，初步建立了适应于改善幼儿园建筑室内空气质量的渗透型太阳能新风系统集成设计方法。选取济南供暖季及过渡季，对幼儿园室内空气质量基本参数进行试验测试分析。测试结果表明，渗透型太阳能新风系统可以有效提高幼儿园建筑室内空气质量。在天气晴好时对比未使用该新风系统的房间，平均有效提高室内温度 2.5℃，有效降低室内 CO_2 浓度 30% 以上，降低室内 PM_{10} 浓度 45% 以上，对室内微生物浓度也起到一定的改善作用。对寒冷地区幼儿园建筑室内空气质量的太阳能新风系统进行效益评估以及设计优化，结果表明：该系统具有良好的经济及环保效益；太阳辐射值为 400W/m²，室外日间平均温度为 8℃，输送设计温度为 20℃ 时，若仅以太阳能新风系统作为幼儿园建筑室内通风措施，集热面积可以按照房间面积的 1/11 进行取值。

4.4 通风与相变材料结合

利用墙体蓄热性能与自然通风相结合的被动式技术，具有改善室内环境和节能减碳的效益。刘隽薇以自然通风及调湿保温砂浆为对象，研究自然通风与调湿保温砂浆协同作用及其对空气载能辐射空调的影响。通过对比实验可知，自然通风与调湿保温砂浆协同作用对室内环境的温度影响不大，相对湿度大大降低，可进一步提高室内热舒适性。通过数值计算研究夏、冬两季在关闭门窗、自然通风、自然通风与调湿保温砂浆协同作用这 3 种工况下的空气载能辐射空调房间的室内热湿环境。模拟结果表明，单独使用空气载能辐射空调系统，能够保证室内热舒适性；自然通风能引入新鲜洁净的室外空气，但无法保证室内热舒适性，并增加结露风险；自然通风与调湿保温砂浆协同作用，既能够保持空气载能辐射空调的舒适性高、防结露效果好等优点，又能够大大降低室内空气相对湿度，可将舒适性、节能性及便捷性更进一步提高。朱明俊以位于安徽省黄山市的某办公建筑为例，研究不同工况条件下蓄热与自然通风耦合技术在该项目中的可行性。对蓄热与自然通风耦合过程进行数值模拟研究，结果表明，蓄热与自然通风耦合技术有利于优化室内温度场以及气流分布。对相变材料蓄热与自然通风耦合过程进行探究，结果表明，较普通蓄热墙体，相变材料蓄热性能更好，可以改善室内热湿环境，起到削峰填谷、降低建筑能耗的作用。对该办公建筑拟定的 3 个实验工况进行模拟分析，研究表明相变材料或加气体材料作为墙体主体材料时，其节能率分别可达 9% 和 7.4%，在进行夜间通风后，温度舒适区间小时数比未进行通风小时数提高了 6%，全年累计空调冷负荷降低了 5.2%，对于黄山地区，推荐使用相变材料或者加气体材料作为墙体主体材料，此外还应该通过增大窗地比、增大可开启面积等方式增强夜间通风。研究可知黄山地区最佳换气次数工况为 $6h^{-1}$。

夜间通风和相变蓄热均能显著改善夏季建筑室内热环境，降低空调系统的使用频率。刘江等对相变蓄热通风技术在西部地区 10 个代表性城市多层办公建筑中的应用进行了研究，探讨了该技术在炎热季节和过渡季节的气候适宜性情况，定量对比了相变蓄热、夜间通风及相变蓄热通风技术的应用潜力，获得了相变蓄热通风技术与气候特征之间的关系。同时开展了西安地区办公建筑相变蓄热通风技术的应用示范，并结合数值模拟和现场热环境测试的方法对相变蓄热通风技术在过渡季节和炎热季节的应用情况进行了分析。获得了西部地区典型城市最佳相变温度波动范围在 23 ~ 29℃ 之间，提取出了适宜相变蓄热通风技术应用的室外关键气候特征参数。西安地区办公建筑应用示范表明相变蓄热通风技术能够提高过渡季节室内热稳定性，较未采用相变蓄热通风技术炎热季节室内空气峰值温度下降 1.2℃。陈潇囡研究自然通风和建筑蓄热对整体建筑的节能效果，通过 DeST 能耗模拟软件分析并将新型保温材料（相变材料）用于既有建筑的节能改造工作中，对比分析改造前后建筑以及有无通风条件下逐时空调负荷与全年空调用电能耗，添加相变材料后建筑能耗降低 3.68 万 kWh，能耗降低 15.10%；通过设定通风时段后，研究夜间通风与蓄热耦合技术对能耗的影响，模拟可知改造后全年总能耗降低 0.73 万 kWh，降低 3.53%。

地道风技术与相变蓄热技术结合可以提升浅层地热资源利用效率，实现高效节能通风。周铁程等提出相变蓄热体辅助的土壤 - 空气换热器（简称 PCM-EAHE）的概念及其两种不同的系统结构方案，即空心圆柱形相变蓄热体辅助的土壤 - 空气换热器（简称 HCPCM-EAHE）和圆柱形相变蓄热体辅助的土壤 - 空气换热器（简称 CPCM-EAHE）。制得了一种相变温度为 28.16℃、过冷度约 0.3℃，且结构稳定、导热性能良好的相变蓄热材料，搭建了 PCM-EAHE 系统的实验装置。分别对 HCPCM-EAHE、CPCM-EAHE 和同规格的传统 EAHE（简称 Trad-EAHE）系统在重庆地区典型气象年的夏季气象条件下的制冷性能进行了对比研究。研究结果显示，两种结构方案的 PCM-EAHE 系统的制冷性能都有明显提升，且以 CPCM-EAHE 的提升最为显著。对 CPCM-EAHE 中各因素对系统制冷性能的影响规律进行了探讨，发现与 PCM 蓄热体相关的因素对表征 CPCM-EAHE 制冷性能的指标——累计制冷量和最大制冷量的影响主次顺序依次为：圆柱形 PCM 蓄热体的长度与空气通道的长度之比，圆柱形 PCM 蓄热体的底部直径与空气通道的直径之比、PCM 的相变温度、PCM 的导热系数、PCM 的相变潜热，其中前两个因素的影响最为显著。对 CPCM-EAHE 的适宜运行模式研究发现，间断运行与夜间通风相结合的运行模式可以提升 CPCM-EAHE

的昼间制冷性能，且增大夜间通风风速能进一步提升系统在昼间的制冷性能。

本章参考文献

[1] 王冠. 城市建筑三维格局与城市通风的关联研究——以徐州市为例 [D]. 徐州：中国矿业大学，2021.

[2] 刘呈威. 城市通风空气热污染物输运与动力学特性 [D]. 武汉：武汉大学，2019.

[3] 梅硕俊. 风压和热压作用下高密度城市通风和扩散模拟 [D]. 武汉：武汉大学，2019.

[4] 徐颖. 山坡风与城市热岛环流通风增益机制研究 [D]. 株洲：湖南工业大学，2020.

[5] 高政. 三维城市建筑布局下街谷风环境与污染物扩散的研究 [D]. 长春：吉林建筑大学，2019.

[6] 何镡. 行列式建筑群风环境与污染物扩散的模拟研究 [D]. 合肥：合肥工业大学，2019.

[7] 施博仁. 建筑立面热羽流特性及其对局域热风环境的影响 [D]. 哈尔滨：哈尔滨工业大学，2020.

[8] 陶丹玉. 自然风特性分析及风速时程模拟研究 [D]. 西安：长安大学，2019.

[9] 王洋洋. 脉动自然风建筑通风特性研究 [D]. 西安：长安大学，2020.

[10] 宣哲琦. 典型住宅建筑自然通风测量与计算及相关影响因素研究 [D]. 南京：东南大学，2019.

[11] 王安全. 夜间热压通风建筑围护结构内表面对流换热过程分析 [D]. 扬州：扬州大学，2019.

[12] 刘亚南. 地下建筑热压通风多态性研究 [D]. 重庆：重庆大学，2020.

[13] 吕响响. 不同通风路径下多区建筑气流组织和污染物扩散特性研究 [D]. 合肥：合肥工业大学，2020.

[14] 寇雪. 合肥地区某商业建筑不同通风方案对建筑能耗的影响 [D]. 合肥：安徽建筑大学，2020.

[15] 朱国涛. 合肥地区夜间自然通风对办公建筑室内热特性影响与其节能潜力研究 [D]. 合肥：安徽建筑大学，2020.

[16] 曹丽丹. 住宅建筑纱窗对自然通风性能的影响研究 [D]. 南京：东南大学，2020.

[17] 马丽. 单侧型捕风器通风性能与结构优化 [D]. 西安：西安建筑科技大学，2020.

[18] 吴星星. 捕风器通风特性实验与数值模拟研究——以长江流域地区典型城市为例 [D]. 重庆：重庆大学，2019.

[19] 赵玥. 无动力气窗稳定自然通风量的性能研究 [D]. 大连：大连理工大学，2020.

[20] 金梦. 自然通风状态下导流板对室内空气流态的影响 [D]. 合肥：安徽建筑大学，2019.

[21] 宋晓冉. 办公建筑通风性能及其影响因素研究——以南京为例 [D]. 南京：东南大学，2019.

[22] 王博成. 沈阳地区办公建筑自然通风利用率及其优化设计研究 [D]. 沈阳：沈阳建筑大学，2019.

[23] 刘晓红. 夏热冬冷地区高校食堂建筑被动节能自然通风设计研究 [D]. 长沙：湖南大学，2020.

[24] 吴家宇. 基于CFD模拟的夏热冬冷地区教学建筑自然通风设计研究 [D]. 桂林：桂林理工大学，2020.

[25] 马福生. 严寒地区中小学教学楼空间通风设计研究 [D]. 哈尔滨：哈尔滨工业大学，2020.

[26] 杨柳. 青医附院门诊楼自然通风设计研究 [D]. 北京：北京建筑大学，2020.

[27] 韩明珠. 建筑自然通风性能设计的标准化评估方法研究 [D]. 南京：东南大学，2020.

[28] 韩静宜. 高层住宅参数化自然通风建筑设计评价研究 [D]. 武汉：湖北工业大学，2021.

[29] 蔡蕾蕾. 高层住宅中间户型自然通风优化设计 [D]. 合肥：中国矿业大学，2021.

[30] 徐子健. 寒冷地区大进深高层公寓绿色建筑通风组织设计研究 [D]. 沈阳：沈阳建筑大学，2020.

[31] 王坤勇. 珠三角地区基于夏季通风需求的多层居住建筑群体组合设计策略研究 [D]. 南京：南京大学，2020.

[32] 陈凯. 基于建筑能耗的住宅小区风环境及建筑通风模拟研究[D]. 西安：西安建筑科技大学，2019.

[33] 岳雪. 西安地区高层住宅室内自然通风研究[D]. 西安：西安建筑科技大学，2020.

[34] 徐梦周. 碰撞射流通风近地面气流特征与人体脚踝吹风感研究[D]. 上海：东华大学，2021.

[35] 袁泽安. 有冷风侵入条件下建筑尺寸对碰撞射流通风和混合通风供暖效果的研究[D]. 上海：东华大学，2019.

[36] 贺肖杰. 竖壁贴附通风与置换通风、混合通风气流组织性能比较[D]. 西安：西安建筑科技大学，2020.

[37] 周斌. 办公建筑贴附通风冬季供热工况性能优化研究[D]. 西安：西安建筑科技大学，2021.

[38] 张达. 岗亭类空间贴附射流气流特性及通风作用效果研究[D]. 西安：西安建筑科技大学，2021.

[39] 李艳艳. 小微睡眠空间受限特征下贴附通风模式气流分布及人员热舒适研究[D]. 西安：西安建筑科技大学，2021.

[40] 宋凯华. 基于凹角贴附通风的商业厨房热环境控制[D]. 西安：西安建筑科技大学，2020.

[41] 邓红娜. 基于墙角贴附射流的家用空调机冬季送热风特性[D]. 西安：西安建筑科技大学，2020.

[42] 席畅. 层式通风热气流组织特性及参数优化研究[D]. 天津：河北工业大学，2020.

[43] 翟超. 空气涡环送风模式的初步研究[D]. 西安：西安建筑科技大学，2020.

[44] 许字行. 置换通风湿度分层模型与节能潜力分析[D]. 长沙：湖南大学，2019.

[45] 刘浩然. 不同通风方式下办公建筑室内污染物扩散模拟研究[D]. 长春：吉林建筑大学，2020.

[46] 代佳玲. 基于污染物释放衰减特征的新装修建筑通风策略研究[D]. 西安：西安建筑科技大学，2020.

[47] 陈廷森. 非住宅建筑中送风方式对室内空气污染物去除影响研究[D]. 广州：广州大学，2021.

[48] 侯芳. 办公建筑室内污染物特性及协调控制优化研究[D]. 重庆：重庆大学，2020.

[49] 刘月康. 基于室内空气质量分析的通风策略模拟研究[D]. 北京：华北电力大学，2021.

[50] 孔强强. 某高校图书馆真菌气溶胶分布特性分析及通风控制策略[D]. 西安：西安建筑科技大学，2019.

[51] 王晨辉. 公共建筑卫生间污染物扩散及通风控制数值模拟[D]. 西安：西安建筑科技大学，2020.

[52] 曾雅娴. 公共卫生间点源氨污染分布研究及通风控制[D]. 广州：广州大学，2021.

[53] 吴松林. 病毒空气传播控制技术的研究[D]. 武汉：武汉科技大学，2020.

[54] 王梁淇. 病房微生物气溶胶扩散模式及气流组织优化研究[D]. 北京：华北电力大学，2021.

[55] 赵博. 平疫结合病房气流组织分析与研究[D]. 北京：北京建筑大学，2021.

[56] 李天宁. 医患问诊微环境气流机制与通风效果评价研究[D]. 西安：西安建筑科技大学，2021.

[57] 徐子涵. 不同送风工况下室内甲醛分布特征研究[D]. 扬州：扬州大学，2021.

[58] 李晨曦. 基于质量守恒的室内污染物浓度动态估计模型及其应用[D]. 西安：西安理工大学，2020.

[59] 王珺. 严寒地区住宅厨房冬季甲醛与VOCs污染特征及补风优化分析[D]. 沈阳：沈阳建筑大学，2020.

[60] 刘凯凯. 基于"仿生"的通风空调管道三通减阻方法研究[D]. 西安：西安建筑科技大学，2019.

[61] 马质聪. 新型角式空气分配器的气流组织研究[D]. 太原：太原理工大学，2020.

[62] 任佳. 新型热电式新风设备的性能研究[D]. 南京：东南大学，2020.

[63] 刘雅楠. 郑州地区中小学教室新风系统的应用与优化研究[D]. 郑州：郑州大学，2020.

[64] 彭辉. 中央式新风净化系统优化策略研究[D]. 沈阳：沈阳建筑大学，2019.

[65] 苗莉娜. 半集中式空调系统的变新风量设计研究[D]. 大连：大连理工大学，2021.

[66] 曹依蕾. 河南省寒冷地区超低能耗建筑气密性及新风系统研究[D]. 郑州：中原工学院，2020.

[67] 刘洋伶. 重庆地区办公建筑通风系统的改造研究[D]. 重庆：重庆大学，2019

[68] 张卓嘿. 长直管道送风系统均匀性及优化设计研究[D]. 西安：西安建筑科技大学，2021.

[69] 孙瑞. 具有百叶结构风道的新型建筑太阳能烟囱自然通风性能研究[D]. 太原：太原理工大学，2020.

[70] 洪诗艺. 太阳能烟囱通风的节能潜力研究[D]. 杭州：浙江大学，2019.

[71] 陈苏坤. 太阳能烟囱—地埋管耦合系统通风效果数值模拟研究[D]. 重庆：重庆大学，2020.

[72] 刘倩茹. 墙体-屋面组合式蓄热通风墙热性能及其室内热环境特性[D]. 西安：西安建筑科技大学，2020.

[73] 何金晶. 排风隔热墙多孔材料层内流场及传热特性的数值研究[D]. 武汉：华中科技大学，2019.

[74] 吴昊. 耦合太阳能通风内墙的建筑传热过程理论分析[D]. 成都：西南交通大学，2019.

[75] 冯琰. 太阳能新风系统的性能研究[D]. 南京：南京师范大学，2019.

[76] 高慧杰. 基于寒冷地区托幼建筑室内空气质量的太阳能新风系统集成设计研究[D]. 济南：山东建筑大学，2019.

[77] 刘隽薇. 自然通风与调湿保温砂浆及空气载能辐射空调的协同作用[D]. 长沙：湖南大学，2020.

[78] 朱明俊. 蓄热与通风耦合技术对某办公建筑能效提升的分析研究[D]. 合肥：安徽建筑大学，2021.

[79] 刘江. 西部典型城市办公建筑相变蓄热通风技术研究及应用示范[D]. 西安：西安建筑科技大学，2019.

[80] 陈潇囡. 夏热冬冷地区通风与蓄热技术在既有办公建筑节能改造中的应用研究[D]. 合肥：安徽建筑大学，2020.

[81] 周铁程. 相变蓄热体辅助的土壤-空气换热器的热性能研究[D]. 重庆：重庆大学，2020.

国家自然科学基金通风研究课题与成果介绍

长安大学　檀姊静

1 概述

国家自然科学基金大数据知识管理服务门户网站数据信息显示，2017—2021年结题项目中，通风相关课题共78项；资助类别包含青年科学基金项目、面上项目、地区科学基金项目及重点项目；依托单位包括西安建筑科技大学、东南大学、同济大学、浙江大学、湖南大学、西南交通大学、重庆大学、天津大学、北京工业大学、东北大学、内蒙古科技大学、辽宁工程技术大学、湖南科技大学、华中科技大学、中国人民解放军国防科技大学、武汉大学、浙江工业大学、南京大学、华中农业大学、中国科学技术大学、中国矿业大学、昆明冶金高等专科学校、中国石油大学。哈尔滨理工大学、华北电力大学、南京工业大学、北京建筑大学、北京联合大学、北京科技大学、中山大学、江南大学31所高等院校，以及中国建筑科学研究院有限公司、香港中文大学深圳研究院、中国农业科学院农业环境与可持续发展研究中心、中国科学院西北生态环境资源研究院等4家科研单位；申请代码涉及工程与材料科学部、生命科学部、地球科学部等多个学部的超过10个领域方向，其中包括：E0803建筑环境与结构工程中的建筑物理方向、E0801建筑环境与结构工程中的建筑学方向、E0806建筑环境与结构工程中的岩土与基础工程、E0408冶金与矿业中的地下空间工程、E0402冶金与矿业中的煤炭地下开采、E0405冶金与矿业中的露天开采与边坡工程、E0604工程热物理与能源利用下的燃烧学方向、C1612林地与草地科学中的园林学方向、D0505大气科学中的天气学与天气预报方向、D0705环境地球科学中的工程地质环境与灾害等。2017—2021年各年结题数量情况如表1所示。

国家自然科学基金2017—2021年结题项目数量　　　　表1

结题年度（年）	项目总数（项）	重点项目（项）	面上项目（项）	青年科学基金项目（项）	地区科学基金项目（项）
2017	15	1	8	4	2
2018	18	0	5	13	0
2019	8	0	4	4	0
2020	22	0	9	13	0
2021	15	0	8	6	1

国家自然科学基金大数据知识管理服务门户网站数据信息显示，2017—2021年结题项目的科研成果中通风相关成果合计1085项，其中专著15部、各级奖励40项、会议论文115项、专利251项、期刊论文664项。

2 2017—2021 年结题项目研究热点分析

对国家自然科学基金大数据知识管理服务门户网站公布的 2017—2021 年结题项目中通风相关的 78 项研究进行关键词统计分析可知，关键词总计 364 个。对各个词汇出现频率进行数据分析，并绘制关键词词云图如图 1 所示，其中词频由文字大小进行表征，出现频率越高的关键词字体越大。

图 1　2017—2021 年结题项目关键词词云图

364 个关键词中出现频率最高的 20 个关键词分别为：模拟、自然通风、室内空气、品质、颗粒物、城市、热湿、火灾、模型、空间、数值、隧道、优化、耦合、系数、矿井、烟气、太阳能、建筑节能、系统。其中，各自频次如图 2 所示。

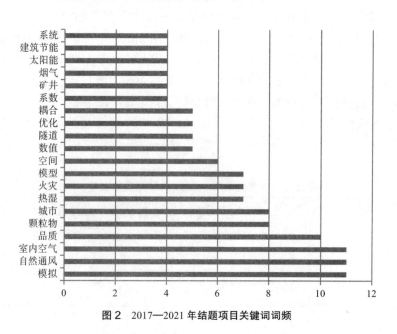

图 2　2017—2021 年结题项目关键词词频

对国家自然科学基金大数据知识管理服务门户网站公布的 2017—2021 年结题项目中与"通风"相关的 78 项研究题目进行词频统计分析，题目词云图如图 3 所示。

图 3　2017—2021 年结题项目题目词云图

题目中出现频率最高的 20 个词分别为：自然通风、耦合、系统、室内、隧道、火灾、矿井、模型、烟气、热压、颗粒物、城市、控制策略、空间、模拟、除湿、传播、相变、蓄热、复合。其中，各自频次如图 4 所示。

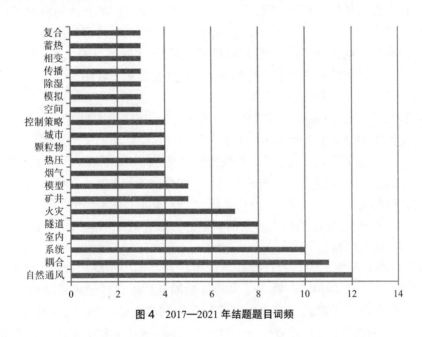

图 4　2017—2021 年结题题目词频

通过对国家自然科学基金大数据知识管理服务门户网站中公布的 2017—2021 年结题项目中通风相关课题的关键词与题目的词频分析发现，研究热点集中在以下几个方面，分别为：自然通风与室内空气品质、城市热湿环境与颗粒物输运、人工环境控制系统与策略、建筑节能与可再生能源利用。以下对各方面的研究成果进行分类综述。

3　自然通风与室内空气品质

3.1　概况

2017—2021 年结题项目中"自然通风"、人工围合空间中的"空气品质"相关研究共计 36 项，其中重点项目 1 项，面上项目 14 项，青年科学基金项目 18 项，地区科学基金项目3项。研究内容涉及热压自然通风、特定类型建筑通风、通风与环境调节系统、污染物输运与疾病传播等多个方面。

3.2 热压通风

在热压通风方面，2017—2021年结题项目的研究重点集中在中庭、竖向矩形通道、地下空间、工业厂房、日光温室等建筑空间中的热压多态性、多解性及多源协同作用上。

3.2.1 中庭、竖向矩形通道热压通风

《地下建筑自然通风的热压分布多态性问题》（2017—2020）对地下建筑局部空气热对流与空间整体自然通风流动之间的相互作用机制及其模型表述、计算模型数值迭代求解的收敛性与多解、地下建筑热压分布多态性的判定理论与方法3个科学问题开展研究，基于回路法，构建了地下建筑有热压作用的通风计算模型（LOOPVENT）；建立了流动模型、传热模型，提出了流动与传热的耦合实现方式，对单元和节点的概念进行了详细的阐述，讨论了大空间、大开口等特殊单元的划分方法；构建了数值求解的程序框架，通过对比分析，验证了网络模型在自然通风研究中的应用潜力；对某地下空间的热压通风的多解进行了模拟计算，得出了多种热压分布状态；对典型地下工程空间结构内部热压通风的多态现象进行了重现，分析了初始条件、热源强度和位置等多种因素对热压通风多态性的影响；用非线性动力学理论，对解的存在性和稳定性进行了分析；建立了以热源强度比和竖井高度比为特征参数的多解存在性和稳定性判据。

《壁面均匀受热的竖向矩形通道的自然通风研究》（2017—2020）开展了不同尺寸的受热竖通道实验模型，建立了广泛雷诺数下包含层流和紊流状态的受热竖通道气流数据，获得了具有普遍适用性的热压通道通风计算模型——改进的烟羽模型；开展了野外场地示范，获得了实际建筑中在春秋过渡季节和冬天情况下的烟囱通风数据；发现了逆温状态下的热压流动规律，据此完善了烟羽模型；使用场地数据，验证了烟羽模型，证明烟羽模型可以用于实际设计；采用CFD模拟技术和风洞试验的方法，对烟囱应用中的进出口分布以及出口设置进行了深入的研究。

《被动建筑用太阳能烟囱与地埋管联合通风机理及调控策略研究》（2018—2020）基于太阳能烟囱和EAHE的特点，提出了一种新的耦合热压自然通风系统形式，即耦合系统；通过实验研究确定了建筑本体和太阳能烟囱协同激发热压驱动EAHE自然通风的可行性，揭示了太阳能烟囱与地埋管联合自然通风机理；分析了建筑蓄热与自然通风调节下的室内热环境特性；量化分析了不同参数对耦合系统热压通风性能的影响；研究了耦合系统全年自然通风及建筑室内热环境特性；研究了相变材料传热机理及相变太阳能烟囱通风特性。

3.2.2 地下空间热压通风

《EAHE与建筑本体蓄热跨时间尺度耦合及协同激发热压潜力研究》（2016—2019）建立了恒定风量条件下EAHE出口空气温度动态变化的理论模型，揭示了室外气候参数及岩土蓄放热对EAHE出口空气温度相位差与振幅比两个特征参数的影响机制；建立热压与蓄热体耦合下建筑自然通风的数学模型，给出了该模式下空气温度与风量动态变化的显式表达，发现热压诱导气流量与室内空气温度存在非简谐波动现象；提出利用室内热压驱动EAHE通风换热（制冷），实现同时向建筑提供新风与冷（热）量的新模式（EAHEBV

模式），针对该纯波动模式下的风量与空气温度的振幅/相位差建立了定量模型，证明EAHEBV模式对于夏热冬冷地区的部分类型建筑的适宜性；建立了扁平状EAHE的换热模型与出口空气温度波动特性计算方法；建立以需求为导向的EAHE与建筑耦合匹配的定量方法；提出从调控目标出发逆向确定与之相匹配的EAHE工程参数的技术路径；在典型夏热冬冷地区（重庆）搭建全尺寸EAHE实验平台，证明了EAHE在夏季对于空气有显著的降温效果，同时证明EAHE中存在明显的潜热换热与除湿作用。

3.2.3 工业厂房热压通风

《基于当量组合热源模式和热分层高度的工业厂房（热车间）有组织热压自然通风设计原理与方法》（2015—2018）以工业厂房建筑热压自然通风为实施对象，建立了不同热源组合工况下无因次热分层高度表达式；提出了基于不同热源组合与热分层高度的工业厂房有组织热压自然通风设计方法；确定了不同热源组合的归类及判定依据，依据热源的间距变化将其划分为离散热源和相近热源；针对面源热羽流在不同区域流量计算公式的变化，建立了单一面热驱动自然通风计算式，并对热分层高度模型的有效性进行了验证；基于面源上部热羽流统一计算式，建立了不同直径离散热源组合工况下自然通风计算模型；基于等强度离散点热源，建立了距地板高度变化时室内各参数（热分层高度、排风温度、排风量）理论计算模型，并分析了热分层高度、房间高度、风口面积等因素对热压自然通风的影响；以相近点热源组合工况为例，提出了相近热源水平间距和距地面距离变化时热分层流动中各参数（热分层高度、排风温度、排风量）的计算表达式，探明了各参数对热压自然通风效果的影响；分析了热源距侧墙距离和距地面高度等因素对热压自然通风的定量影响；归纳提出了基于不同热源组合与热分层高度的高大工业厂房有组织热压自然通风设计原理与方法；阐明了典型工业厂房热压自然通风设计计算步骤，以水电站厂房为例，给出了工业厂房热压自然通风设计方法。

3.2.4 日光温室热压通风

《日光温室热压-风压耦合通风机理及计算模型构建》（2016—2018）构建了日光温室自然通风环境模拟模型，对日光温室前覆盖上通风口单开、下通风口单开、上下通风口同时开启3种通风模式下温室内的温度与气流分布特征进行了数值分析；指出当温室前覆盖上通风口单独开启时，室外冷空气从通风口下端进入、上端流出，温室内气流主要受热压的影响，空气流速小；当温室前覆盖下通风口单独开启时，0.5m高度以下气流速度较大，温室内温度分布与气流走向一致；当温室前覆盖上、下通风口同时开启时，在通风口处气流速度较大。以热压-风压耦合作用对通风量的影响机理为基础构建通风速率与热压-风压作用关系的数理模型，采用CO_2气体示踪法对温室内气流动态变化规律和通风速率进行实测，指出当通风口宽度为3cm、5cm和7cm时，流量系数分别为0.78、0.60和0.44，风压体型系数分别为0.04、0.05和0.07。当室外风速大于2.5m/s时，可忽略温度即热压的影响。

3.3 特定类型建筑通风

在特定类型建筑通风方面，2017—2021年结题项目的研究重点集中在各地传统民居及宗教建筑的通风及室内热环境设计，厂房、料场等工业空间通风以及矿井、隧道等地下空间通风。

3.3.1 传统民居及宗教建筑的通风及室内热环境设计

《新疆传统伊斯兰建筑自然通风的科学机理及设计应用研究》（2018—2020）通过对新疆地区传统伊斯兰建筑的调查与实测，归纳了新疆传统伊斯兰建筑自然通风的典型空间模式，并分析了其自然通风运作原理；进而对不同类别传统伊斯兰建筑空间模式与自然通风之间的关系开展数值分析，获得自然通风和气候适应最优时新疆传统伊斯兰建筑空间参数的设计指标，并在喀什老城民居改造与和静县幼儿园等现代建筑设计项目中进行了验证和反馈。

《徽州传统民居室内热环境形成机制及设计优化研究》（2015—2018）通过对近百栋徽州古民居的测绘及典型徽州传统民居连续三年的室内热环境实测，总结了徽州传统民居"夏凉冬冷四季潮湿"的室内热环境特点；总结了徽州传统民居"藏风聚气"的风环境特点，分析了天井在减弱风压通风和强化热压通风方面的作用；提出了利用动态换气次数进行民居自然通风和热环境耦合模拟的计算方法，建立了天井下方水体蒸发量计算模型；提出了开合式天井、阳光间、提高气密性等改善民居冬季热环境的设计方案，并对其改善效果进行了分析；提出了徽州传统民居的传承创新设计方案；提出了皖南新民居的设计方案，设计了砌体结构、混凝土结构、钢结构、木结构、轻型木结构5种民居结构体系；建立了民居全生命周期碳排放评价模型，对不同的结构体系进行了评价，分析了全生命周期碳排放的主要影响因素。

3.3.2 厂房、料场等工业空间通风

《半透明膜结构料场内部热环境形成机理及高效通风策略研究（膜构造封闭厂房）》（2019—2021）构建了轻薄半透明膜结构传热理论计算模型，提出了轻薄半透明膜类围护结构得热量的计算分析方法，查明了其蓄放热特性及负荷变化规律；搭建了膜结构室内热环境测试缩尺实验平台，揭示了轻薄半透明膜类围护结构建筑内部空气温度分布和壁面温度受室内外参数耦合影响下的波动规律，发现膜建筑内部白天存在"温室效应"，夜间存在"冷室效应"；构建了轻薄半透明膜结构建筑室内通风气流组织数值计算模型，揭示了无物料堆放、堆放无自发热物料和堆放有自发热物料3种情况下封闭式工业半透明膜结构建筑室内温度场、速度场分布规律，阐明了进、排风口位置和通风口面积等通风策略改变对室内实际通风效果的影响；基于膜建筑室内垂直温度梯度分布特征，提出了适宜于半透明膜结构料场的"热压强化置换通风"的高效节能通风策略，并对通风设计参数进行再优化。

《具有阵发性高温污染源的大型厂房通风系统能效研究》（2017—2019）从污染源特征出发，揭示污染源与排风罩汇流耦合特性，建立局部通风系统性能评价体系，提出通风设计方法的路线；项目通过对有色金属冶炼业和黑色金属冶炼业生产过程中典型工艺的现场测试，掌握了阵发性高温污染源温度、湿度、颗粒物浓度等源项散发特性；通过模型实验研究了阵发性污染源作用下气流的温度场、速度场和浓度场的瞬时流动规律；阐明了阵发性高温浮射流、高温浮羽流以及排风罩汇流3股气流耦合作用的动态特性；建立了评价局部排风罩排除阵发性污染物性能的动态评价指标（TCRRt）和动态局部空气品质指数；提出了高温浮射流作用下侧吸罩极限流量比的温差修正公式，修正了适用于高温浮射流的排风罩流量比设计方法，建立了基于BP神经网络的排风罩性能预测与优化算法；提出了炼钢厂的高温烟尘捕集设备优化设计方法及设计参数，并成功应用于日照钢铁公司转炉炼钢车间通风系统设计。

3.3.3 矿井、隧道等地下空间通风

《高海拔特长公路隧道施工及运营通风关键参数研究》（2016—2018）依托川西高原海拔超过 3000m 的特长公路隧道，对高海拔特长公路隧道施工及运营通风关键参数展开研究，分析了高海拔特长公路隧道供氧标准、CO 和烟雾海拔高度系数规律研究以及高海拔特长公路隧道轴流风机效率规律；重点对施工通风中的风机效率、供氧标准等参数展开研究，建立了风机效率的海拔高度修正方法以及高海拔特长公路隧道供氧标准；建立了海拔 2400m 以上的混合车型烟雾海拔高度系数计算方法和海拔 2200m 以上的混合车型 CO 海拔高度系数计算方法。

《无外部扰动的矿井通风阻力测不准机理研究》（2016—2019）从巷道风流自身的湍动特性出发，对巷道平均风速的单点精准测量方法开展研究，发现风速和风压存在剧烈的不规则波动，最大波动幅度达 30%，其时间序列服从正态分布并具有规则的统计平均结果；提出"测不准"现象是绝对存在而并非单纯由外部扰动决定的，湍流随机脉动是矿井通风参数"测不准"的本质原因，根据实验数据建立了单点时均风速和巷道平均风速的统计测量数学模型；提出了单点风速时均化原则为瞬时风速采样时间尺度大于湍流各态遍历时间尺度，以及单点风速时均化过程属于简单随机抽样中的重复抽样，时均风速采样单位数即样本容量，建立了时均风速采样单位数与湍流强度、误差以及置信度之间的关系表达式；提出了速度场结构近似恒定原理，即平均风速变化时，其断面的无量纲速度场结构近似不变，并给出了速度场结构系数的标定步骤。

3.4 通风与环境调节系统

在通风与环境调节系统方面，2017—2021 年结题项目的研究重点集中在室内气流组织逆向设计、通风系统预测及管道减阻、通风过滤系统优化以及人行为与自然通风方面。

3.4.1 室内气流组织逆向设计

《建筑环境内气流组织的逆向模拟与设计》（2015—2018）通过引入权重因子构建目标函数，将多目标设计问题转化为单目标优化问题，基于计算流体动力学（CFD）的伴随方法进行逆向设计，通过使用自适应步长来进一步提升伴随方法的性能；开发了 RNG $k\text{-}\varepsilon$ 湍流模型的伴随方程，完善了伴随方法，提升了计算精度，改进后的伴随方法可用于确定送风口的尺寸、位置和形状以及送风参数（即速度、温度和角度）；开发了面积约束的拓扑优化和聚类分析，将多个送风口合并为有限的数量并确定其大小和位置，通过进一步优化送风口形状和参数可获得所需的室内环境；评估了 4 种快速流体动力学（FFD）模型，指出在保持相似计算精度的条件下，FFD 在预测瞬态室内气流方面比 CFD 快 20 倍；逆向设计过程中基于 FFD 的伴随方法比基于 CFD 的伴随方法快 4~16 倍。

《基于低雷诺数大涡模拟新方法与室内有限浓度监测的通风系统快速预测》（2018—2021）以实现建筑物理环境快速预测与智能化监控为目标，开展了建筑环境"多参数-多尺度"快速预测和智能化控制的关键基础和应用研究，构建了建筑物理环境快速预测模型与低雷诺数大涡模拟（LES）快速仿真方法，以降低计算与存储成本；发展了建筑物理环境有限监测部署方法、快速决策与智能化控制体系，有效提升了室内环境质量并降低能耗；建立了城市-建筑跨尺度物理环境耦合仿真与快速设计方法，降低了环境预测和设计成本。

3.4.2 通风系统预测及管道减阻

《基于通风空调管道局部构件相邻影响条件下的流体涡旋消控与减阻机理研究》（2016—2018）针对通风空调管道最常见的低阻力弯头，采用内弧面、中心线、外弧面结构优化减阻模式，给出了低阻力弯头及各弧面方程式；分析了相邻影响条件下的耦合弯头流体形变对上下游的阻力作用及对应减阻机理；针对最常见的三通形式，给出了导流叶片添加的最优位置；针对三通内常见的导流叶片形式，给出了结合安装及低阻力要求的舌状导流叶片减阻方法；发明了基于植物结构形式的低阻力仿生三通；研发了基于能量耗散率控制机理的三通弧面优化形式；发明了基于河流河道仿形的低阻力三通结构形式，显著优化了旁通管阻力；针对常开截止阀，基于能量耗散率场，给出了低阻力截止阀结构形式；首次提出了采用能量耗散率/耗散函数/扩散项表征"阻力场"的阻力指示新方法。

3.4.3 通风过滤系统优化

《基于空气冷凝除湿过程中超细颗粒粒径增大的空气过滤系统优化研究》（2019—2021）通过数学模型和实验测量方法，对空气冷凝除湿过程中超细颗粒物粒径的增长规律开展研究，建立相应的理论和数值预测模型；研发了适用于空气冷凝除湿装置的下游安装的4套空气过滤系统：褶皱式"静电+纤维过滤"空气净化系统；面向超细颗粒物直接净化的静电除尘器和串联式复合静电空气净化系统；紫外线UV和褶皱式空气过滤耦合净化系统；基于电晕放电式的离子空气消杀系统。

《通风过滤净化系统对室内$PM_{2.5}$污染物的净化效力研究》（2015—2018）对办公室、机场航站楼、学校教室等公共建筑以及居住建筑通风过滤净化系统对$PM_{2.5}$颗粒物的净化效力进行了长期在线监测，指出建筑通风过滤净化系统对室内$PM_{2.5}$颗粒物的净化效力普遍较低，甚至为负值；探究了理想的单区模型、存在均匀室内源的多区模型及存在非均匀室内源的多区模型情况下，净化效力的影响因素，对于理想的单区模型，通风过滤净化系统的净化效力与空气交换效率ε_a正相关；提出了新风系统和循环风系统洁净空气输送量的计算公式和洁净空气能效比的计算公式，并对非理想的多区模型，利用多元回归分析的方法建立起净化效力同空气交换效率ε_a和污染物去除效力ε的关系式；利用示踪法研究了通风过滤净化系统对人员被动沉降暴露量的影响，指出不同工况下主动吸入暴露量减少率和被动沉降暴露量减少率呈显著线性关系。

3.4.4 人行为与自然通风

《基于集群随机人员行为模型的办公建筑自然通风特性研究》（2018—2020）基于问卷调研和典型案例实测，提炼准确合适的、具有相对独立影响的环境表征参数，进而采用两种数据统计方法（基于窗户状态、基于窗户开关动作），对开放式办公空间内的人员窗户调控行为特征采用概率函数的形式进行定量描述；利用随机森林等数据挖掘方法，从算法层面对模型进行改进；构建了人员调控行为随机模型，并从开启率、开关曲线和实测结果的吻合程度等方面对模型进行了验证；给出了人员通风行为模型和建筑能耗模拟软件的接口和数据互换模式，实现了人员通风行为与建筑性能的联合仿真及全年动态模拟，并以一个调研测试对象为例对其进行了应用分析。

3.5 污染物输运与疾病传播

在污染物输运与疾病传播方面，2017—2021年结题项目的研究重点集中在污染物扩散机理及规律、污染物与呼吸道传染病传播、颗粒污染物来源、通风空调管道内污染物生长及释放等方面。

3.5.1 污染物扩散机理及规律

《非稳态风热环境下建筑立面对室内外湍流特性及污染物扩散的影响机理》（2019—2021）分析了街谷平面布局、街谷长宽比与高宽比、立面构件以及建筑高度对街谷内风环境及污染物扩散的影响；研究了来流风向、上游扰流建筑以及外立面遮阳构件对同一多层建筑物内污染物跨户传播的影响；基于近路居民的个人污染物摄入百分比（P_IF）和每日污染物暴露指数（E_d）定量评估了近路居民的污染物暴露风险；借助缩尺尺度外场试验研究了非稳态风热环境下、风热压耦合作用下的建筑立面构件对于近壁面湍流特性和污染物扩散的影响，以及不同边界条件下建筑立面构件对建筑近壁面风压和温度分布及热分层稳定性的作用规律；探究了立面绿化、立面色彩等其他立面设计因素对城市风热环境的影响。

《非连续通风下建筑内污染物多区双向计算方法研究》（2018—2020）研究了建筑空间内污染物传播规律和非稳态流场下污染源逆向识别原理，以及不同通风方式组合下建筑内颗粒、气态污染物控制效果，提出了非介入式窗口状态监测方法，结合卷积神经网络（CNN）的图像识别技术，在同一时刻识别并获取整栋建筑的开窗状态；结合 Monte-Carlo 模拟和污染物转移概率模型，分析了采用带有过滤净化功能的窗纱和独立式空气净化器对室内 $PM_{2.5}$ 等污染物的控制效果；针对多区时变流场，提出了源辨识的综合逆模型（MCRB），并对不同的滤波方法进行了研究和改进；提出了一种基于浓度响应矩阵测量的建筑内污染源辨识方法，其可以在恒定源实验中成功地辨识出真实源位置和源强，反算结果的相对误差低于 30%。

《地铁车站细颗粒物分布规律及运动特性研究》（2016—2019）提出"三分区"思想，室外环境细颗粒物污染程度为优时，地铁车站公共区的细颗粒物平均浓度是室外环境浓度的 3~5 倍，污染等级为良；在室外环境为良和中度污染的情况下，地铁车站公共区的细颗粒物平均浓度大约是室外环境的 2 倍，地铁车站的污染等级分别为中度污染和重度污染；在室外环境为重度污染时，地铁车站公共区细颗粒物平均浓度是室外环境的一半，地铁车站的污染等级仍为中度污染；在室外环境为严重污染时，地铁车站细颗粒物平均浓度为室外环境的 60%~75%，地铁车站的污染等级为重度污染；通过金属元素组成成分及含量分析发现，北京地铁内金属元素除 Mn 和 Pb 外均高于室外环境含量，地铁内存在细颗粒物产生源；列车的运行频率（活塞风）对于细颗粒物浓度有较大的影响，高峰时段的细颗粒物浓度高于平峰时段；站台结构对于细颗粒物浓度有一定的影响，侧式站台比岛式站台的浓度高。

《云南旅游车内 VOC 污染的影响因子及扩散传播机理研究》（2016—2019）发现车内 VOC 浓度与车内温度、车内湿度或者汽车排量呈正比，与车内体积、车龄或者总里程呈反比，随通风方式、运行速度、车内气流、采样地点或者车辆档次的不同而变化；就车内 VOC 污染程度而言，汽油车 > 柴油车，真皮内饰车 > 非真皮内饰车，空调车 > 非空调车，小旅游车 > 大旅游车；给出车内 VOC 质量浓度与 13 个影响因子之间的最优回归方程，车内 VOC 浓度与车龄成一元三次方程关系，与车内温度成自然对数函数关系；车内 VOC 污染散发率受初始散发浓度、扩散系数、分配系数、温度、湿度、压力影响较大；车舱前后两端局部气流产生涡旋，不利于 VOC 排出；呼吸带下部区域及舱后端上方区域 VOC 浓度较高；车辆通风设计时，应加强车内前后两端的通风设计，通过增大空调送风量来减少VOC污染。

《地铁通风系统主风道内可吸入颗粒物沉降和脱附特性研究》（2015—2018）基于血细胞计数原理与高清电子显微镜计数技术设计了可吸入颗粒物高清电子显微镜计数检测方法；建立了大尺度、大的壁面粗糙度下的颗粒物沉降和脱附机理模型，并通过实验验证了主风道中可吸入颗粒物沉降和脱附运动特性以及机理模型；对地铁主风道内的可吸入颗粒物沉降和脱附运动进行数值仿真研究，给出了针对这类问题的数值仿真方法。

3.5.2 污染物与呼吸道传染病传播

《室内温度分层环境下人呼出热射流规律及飞沫散布机理》（2018—2021）提出了一种射流积分模型，描述室内分层环境中人呼出气流的扩散规律，并探究滞留现象出现的本质原因；设计并搭建多功能水箱实验台，根据相似性原理，在水箱中模拟不同的室内环境工况下呼气气流的演变规律；实验验证了发展的射流积分模型，发现气流在温度分层环境中的滞留高度与呼气参数、环境温度梯度呈幂次律关系；结合飞沫蒸发理论，研究了分层环境对人呼出飞沫在环境中蒸发运动特性的影响，指出滞留高度由温度梯度和飞沫的初始粒径共同决定，并呈幂次律关系，较强的温度分层能将粒径较大的飞沫核滞留在靠近人呼吸区的高度；研究了室内环境中易感人员的暴露风险，结合病毒动力学、病毒的剂量-反应模型，建立了呼吸道传染病在人际间的传播风险评估模型，并进行了敏感性分析，指出在本文计算条件下室内环境中呼吸道传染病传播风险比室外自然通风环境下高约3个数量级。

《呼吸道传染病传播过程中的飞沫粒径效应研究》（2019—2021）研究了正常呼吸、说话和咳嗽等呼吸过程各种粒径飞沫在呼吸道内的沉积规律，指出咽喉连接部位、声带和下呼吸道等病灶位置释放并能逃逸到体外的最大飞沫粒径是20μm；喉部和咽、喉连接部位是最重要的飞沫沉积位置，鼻腔对小粒径飞沫的沉积也有重要作用；通过数学建模系统评估大粒径飞沫的近距离喷射传播、近距离/远距离空气传播和直接/间接表面接触等途径的风险，指出各种传播途径的相对重要性受携带病毒的飞沫临界粒径、暴露距离、剂量反应率和表面接触时病原体转移率等因素的影响；通风能有效降低小粒径飞沫占主导作用的疾病的传播风险；利用自研的呼吸采样系统和其他采样手段对新冠肺炎的传播途径进行表征，指出新冠肺炎的院内传播可以通过多种途径发生。

《高人员密度空间个性化通风对空气感染干预特性及人体微环境营造方法研究》（2019—2021）利用非均匀室内环境下空气传播疾病暴露及感染风险模型对个性化通风的保护效益进行了评价，揭示了飞沫人体微环境传播的关键影响因素以及个性化通风与人体微环境的交互作用机制；分析了个性化通风对新型冠状病毒肺炎、甲型流感等典型空气传播疾病近距离接触时的风险降低效果；阐明了个性化通风与全面通风（混合通风与置换通风）耦合作用下的人体微环境气流分布特性及飞沫传播规律，并对典型办公、公共交通环境下个性化通风与全面通风耦合空调方式综合性能进行了评价。

3.5.3 颗粒污染物来源

《室外颗粒物成分-粒径谱迁移进入室内环境的机理研究》（2017—2020）通过实际住宅入户实验和实验室实验同步测量室内外颗粒物成分-粒径谱，定量分析了室外颗粒物不同成分的进入室内的渗透特性，发现3类主要成分即稳定元素、有机物和硝酸铵进入室内的渗透机理不同；基于不同成分的渗透特性，建立了一套室外颗粒物成分-粒径谱向室内迁移的，包含空气动力学、化学动力学和热力学机理的3类动力学模型；应用室外颗粒物成分渗入室内的实测数据与所发展的动力学模型，以有机物中的多环芳烃（PAHs）和稳定元素中的元素碳（EC）为代表，进行案例研究；建立了考虑颗粒物成分渗透、空间分布、时间维度上室内外差异和人行为习惯差异的统计分析方法。

《受通风影响的建筑室内半挥发性有机物与颗粒物污染相互关联特性研究》（2017—2020）定量研究了SVOC源特征参数y_0在两种工况下随时间的变化情况；指出在较高蒸气压SVOC的实际使用环境下，y_0明显降低（16%~49%），蒸气压较低的SVOC实验工况下，60天后y_0没有显著下降；对我国两座典型城市40户住宅的室内SVOC降尘相浓度实测，得出DEHP降尘相浓度在11.9~699.9μg/g范围内，季节差异显著，最高值可达最低值的2倍；建立不同环境参数下对应的气相浓度、降尘相浓度的数据库；探究了室内温度、室内通风换气次数、室内悬浮颗粒物浓度等环境因素对室内降尘相浓度的影响情况，提出了降尘相与气相间分配系数与温度两者间的关联性；研究了我国室内尘螨污染的状况及相关环境因素与其的相关性，根据我国7个地区101处住宅的实测指出室内湿度与3种尘螨过敏原的浓度均呈显著正相关；建立了环境条件数据与尘螨侵害风险水平的预测模型，并绘制了"中国尘螨侵害风险等级图"。

《一套基于室内监测数据的细颗粒物室内外来源解析方法》（2018—2020）开发了一种适用于未使用空气净化器等室内空气处理设备的自然通风建筑的方法，用于自动定量化解析室外进入的和室内源产生的$PM_{2.5}$；利用天津某公寓为期一年的室内外$PM_{2.5}$监测数据，验证了所提出方法的准确性；在多区的实际建筑中分析了单一室内$PM_{2.5}$的室内外源的解析问题并进一步优化，实现在双区室内环境中的室内源的解析；利用实测数据验证了双区解析方法的可行性，指出与单区解析相比，双区解析准确度更高。

3.5.4 通风空调管道内污染物生长及释放

《通风空调管道内"积尘伴生真菌"生长及释放规律基础研究》（2018—2020）确定了空调机组不同部位的积尘伴生真菌多样性组成，明确了各部位真菌的优势种属及含量，并对通风空调系统的污染程度和清洗效果进行评价；搭建了可控气流参数空调管道模型实验台，探究空调实际运行条件下抑制真菌生长繁殖的最佳环境条件；通过模型实验得出通风管道内微生物颗粒在气流作用下的主要悬浮形式为滚动悬浮；通过数值模拟，得出了不同温度、不同相对湿度、不同管道表面粗糙度和不同风速下，不同粒径颗粒的悬浮率随时间的变化规律。

4 城市热湿环境与颗粒物输运

4.1 概况

2017—2021年结题项目中城市通风相关研究共计19项，其中面上项目7项，青年科学基金项目12项。研究内容涉及城市热湿环境以及颗粒物输运两个方面。

4.2 城市热湿环境

在城市热湿环境方面，近5年结题项目的研究重点集中在街谷与建筑群热湿环境以及城市尺度热湿环境两个方面。

4.2.1 街谷与建筑群热湿环境

《基于车辆冠层模式的城市街谷模型及其行人风热环境的动力学影响机理研究》（2019—2021）对大连地区3条主要街谷全年行人风热环境及污染水平开展现场实测，提炼出车流量、温湿度、风速风向及颗粒物等参数的逐时变化规律；进行了车流量、温湿度、风速风向等参数的相关性分析，并提炼出街谷行人风热环境及污染扩散规律的主要影响因素及影响程度；完成了隧道环境车辆运动交通风特性的归纳总结；开展了复杂街谷中的行人风热环境特性、湍动变化规律及污染物传播及暴露风险的数值模拟，总结归纳了街谷行人风热环境变化规律及污染物暴露风险，为街谷行人的热舒适性评估及城市通风廊道设计等提供基础与依据。

《城市建筑群空间非均一性对风环境影响的机理研究》（2018—2020）提出了可以较为全面描述建筑群非均一特性的形态因子及形态特性参数化方案；提出了非均一建筑群的风廊道指数，并明确其物理意义；基于对建筑群中少数代表性建筑表面压力的测量，建立了一种非介入式建筑群整体拖曳力的简化确定方法；实验研究得出4个非均一建筑群形态参数的作用机理，建立考虑建筑群非均一性影响的粗糙特性模型，初步提出一种复杂建筑群风环境参数化模式。

《基于建筑自然通风潜力评估的居住区肌理形态优化方法研究》（2016—2018）基于建筑单体尺寸、住宅组团布置以及周边建筑遮挡3个层次构建了居住区理想形态模型，探讨了居住建筑群自然通风潜力评价的有效分析方法；探讨了居住区周边阵列和错位两种建筑布局环境条件下，住宅建筑的朝向、长度、横向间距以及错位尺寸4种基本设计变化与居住区风场环境的关联性规律，并应用阈值概率统计法比较了多层和高层建筑群的自然通风潜力；指出居住区的建筑群朝向是影响我国多层住宅区风场环境的主要影响要素；通过对典型设计案例的计算分析，从应用层面证明了居住区风场环境评估和优化方法路径的有效性。

4.2.2 城市尺度热湿环境

《内陆城市湖风热岛环流多态耦合与空气环境增益机制研究》（2018—2021）构建典型内陆城市局部热环境的分析框架，在此基础上构建城市局部热环流和解析模型；研究城市湖风环流的流动机理，并构建适合霾气象城市各类空气污染物的传递模型；构建适合典型濒湖内陆城市霾气象条件热岛及其污染岛理论耦合理论解析模型，探索热岛湖泊环流多态行为及环境增益；构建霾气象条件下缩比例的城市实验室模型，开展典型濒湖内陆城市霾气象条件热岛及其污染岛实测（以武汉市及东湖为例）；详细探究城市空气环境与大型水体间热质传输规律，并结合典型内陆城市空气环境现场实测，揭示湖泊影响内陆城市空气环境的动力学机理并定性检验理论研究成果。

《城市大气边界层垂直通风机制研究》（2017—2020）基于风廓线等地基遥感观测资料和再分析资料，以长三角地区的城市群为研究对象，分析了该地区城市大气边界层的风场特征和重污染过程下风场与颗粒物污染的关系；以南京的城市地表能量平衡冠层为基础，评估了多个城市冠层模式的模拟性能，并基于并行大涡模拟系统PALM研究了理想城市建筑物和不同城市功能区的真实建筑物影响下的城市通风特征，最后基于WRF模式和快速应急风场模式，建立了城市全尺度通风的数值评估工具。

《基于通风效能模拟的城市绿色空间形态与布局研究——以武汉为例》（2017—2020）

研究了城市蓝绿空间与通风效能的耦合机制，探索"通风效能 - 空间形态 - 量化指标"为一体的城市绿色空间形态管控体系；定量揭示了城市公园绿地周边区域、滨江街区建成环境空间形态特征对通风环境的影响机理；阐明了城市热岛与地形风、湖陆风等局地环流间的耦合机理及关联性；揭示了树木形态特征对街道峡谷内部污染场、人体热舒适的调控机制；提出了一套基于形态参数法的城市局部通风效能分区体系；系统总结了面向凉爽城市的冷岛景观特征优化与空间镶嵌布局、通风廊道网络连通与界面管控的规划学途径。

《基于WRF的水网城市广义通风道微气候调节规划策略研究——以武汉为例》（2018—2020）采用2017年国家与市级环境空气质量监测点提供的实时监测数据，结合遥感影像的水体信息，建立线性回归模型，探究了水体覆盖率与$PM_{2.5}$、PM_{10}、NO_2 3种污染物浓度之间的关系；指出3种污染物浓度与水体覆盖率均呈强负相关，且$NO_2>PM_{2.5}>PM_{10}$；水体对降低街区尺度颗粒物与NO_2浓度的效果最显著；城市水网能有效的阻滞$PM_{2.5}$的扩散，城郊区域水体对颗粒物的阻滞作用更为显著；城市水网对城市中心平均气温存在1～0.5℃的降温作用，同时对PBLH高度有升高作用；城市水网对城市内部风速具有增速作用。

《时变来流条件下城市冠层风环境的大涡模拟方法研究》（2016—2019）通过流向速度的湍流脉动值的能谱分析，发现阵风时变来流下，下游风场边界层存在两种大尺度的湍流结构，即非常大尺度的运动（Very Large-Scale Motions, VLSMs）和阵风尺度的运动（Gust Scale Motions, GSMs）；基于Open FOAM平台构建了适用于求解时变来流边界条件下非稳态流场的数值计算方法，即Time Varying-SIMPLE Approach；指出时变来流边界条件和非均匀建筑布局都会在一定程度上增强街谷内的气流宏观湍流强度，并改善街谷内污染物的移除效率，但是二者的综合作用并不是二者单独作用的简单线性叠加；在Belcher阻力源模型的基础上，通过数值分析回流面积以及有效粗糙密度，构建了建筑（群）的阻力源模型，该模型较Belcher阻力源模型的数值模拟更接近实体壁面模型的数值模拟结果。

4.3 空气质量与颗粒物输运

在空气质量与颗粒物输运方面，2017—2021年结题项目的研究重点集中在街谷与城市两种尺度下的空气质量与颗粒物输运。

4.3.1 街谷尺度空气质量与颗粒物输运

《复杂城市街谷环境中污染物传播规律及多场协同机理研究》（2018—2021）以武汉市二环线某路段为实际案例，构建了包含下沉式公交站、高架桥、交通转盘及双洞交通隧道等多种典型几何特征的复杂立体交通体系，分析了污染物在该交通体系中不同环境风向和风速下的传播扩散特征；构建了"城市街谷—移动车辆—尾气管"的污染物动态传播多尺度模拟方法；揭示了车辆自身因素（包括车速、车距和机动车数量）、外界环境因素（包括环境风速、环境温度）以及车辆行驶方式等对街谷污染的影响规律，发现了车辆尾气扩散范围以及车辆移动诱导湍流的影响范围；研究了城市街谷 - 高架桥系统对活性污染物扩散的影响，揭示了不同类型街谷 - 高架桥系统中流场结构和污染物扩散规律；发现了环境风掠过城市街谷与流体在两粗糙平板间的对流传质两过程的相似性，指出该理论可应用于城市街谷污染物扩散规律分析。

《城市高架道路对微尺度湍流和空气污染物扩散的影响》（2019—2021）在广州郊区建立了热力参数与排放源可控、建筑热通量易测的理想城区模型，配合绿化模型、建筑通风模型、高架道路模型等，进行了非稳态边界条件下的高质量缩尺尺度模型外场实验和可控排放源扩散实验；验证并优化拉格朗日粒子扩散模式（LPMs）和CFD模式；在广州城区搭建了高时间分辨率的城市风温湿与空气污染精细观测网，定量研究城市绿化、高架道路、城市街谷等多种城市形态，对微尺度湍流及污染物扩散特征的影响机理，包括机械力和热浮力共同作用下街谷通风及街谷内部单元之间的扩散特征、二维街谷中涡流的雷诺独立性、街谷高宽比和城市绿化方案对街谷风热环境的影响。

《基于城市街谷尺度大气污染物扩散的街谷格局优化策略研究》（2019—2021）采用实地观测的方法分析了城市街谷内大气颗粒物分布的影响因素，得出街谷形态和相对湿度为影响大气颗粒物浓度的两个主要因素，且深窄街谷内大气颗粒物浓度显著低于中宽街谷内的浓度；分析了不同季节行道树对大气污染物的调控作用，行道树对大气颗粒物的削减作用在展叶季较高，尤其对粗颗粒物的削减作用显著高于细颗粒物；比较了不同街谷类型下行道树对大气污染物的削减作用，窄街谷中种植行道树有利于细颗粒物的削减，而宽街谷中种植行道树有利于粗颗粒物的削减。

《时变来流下城市街谷内空气流动与污染物扩散数值模拟》（2016—2019）基于建筑屋顶观测的高频率风场数据，利用滑移平均、分段平均等方法指出城市边界层实际风场的变化类型有渐变式和台阶式，以渐变式为主；形成了一套对邻近建筑具体刻画、对远邻区域以多孔介质模型描述的非均匀街谷模型构建方法；建筑非均匀布局与变化的来流条件都能引起街谷内外空气的宏观对流，大大促进街谷内污染物向外扩散；对街谷内空气流动及污染物扩散效率的评价，可以通过行人高度平均污染物浓度与分布、建筑顶部截面空气交换律及污染物交换律等统计结果作为参考。

《典型高密度街区通风性能的多尺度模拟与实测研究》（2016—2018）利用气象与环境监测站小时监测数据，对上海市空气污染物的时空变化特征及影响因子进行了统计分析，指出$PM_{2.5}$与PM_{10}、SO_2、NO_2、CO均呈较高的正相关，与温度、露点、雨量、风速和瞬间可见度呈负相关；自主研发了基于便携式颗粒物质量浓度传感器的移动监测技术，并将此技术应用于上海市5种不同功能的代表街区（包含两处典型高密度街区）和5条隧道空气颗粒物（$PM_{2.5}$和PM_{10}）分布特征研究；基于中尺度气象模式（WRF-CHEM）对上海城区冬季某日的风场、温度场和浓度场进行了模拟，进而探索了中尺度气象模式（WRF-CHEM）和小尺度CFD模式融合的空气污染物分布数值模拟方法。

4.3.2 城市尺度空气质量与颗粒物输运

《基于统计建模理论和深度学习技术的城市环境空气质量研究》（2019—2021）提出适用于超阈值下广义Pareto分布模型的估计方法，通过选择确定合理阈值，筛选超阈值数据，估计模型参数，预测极端污染物浓度；提出适用于高记录值下广义Pareto分布模型的估计方法，特别是针对形状参数未知时广义Pareto分布的参数估计方法；针对高记录值样本，提出了参数所对应枢轴量的精确分布，进一步研究了位置和刻度参数的区间估计问题；利用3种不同类型的数据（超阈值、高记录值、时间序列），建立基于广义Pareto分布的预测模型；借助核机器技术进行参数估计和变量选择，拟合高维半参数模型；使用生成对抗网络尝试数据增广，结合深度学习思想，充分发掘数据特征，利用长短期记忆网络方法对未来空气污染物浓度进行预测。

《基于中观尺度的城市形态与人居环境空气质量相互作用机制研究》（2019—2021）明

确了不同气象条件下居住街区的污染物扩散规律;通过相关性分析确定建筑密度、街区围护度、建筑平均体积、建筑平均层数、建筑高度标准差与植被覆盖率为敏感性形态参数;通过回归分析探究了敏感性形态参数之间的相关关系,发现建筑平均层数的影响作用最大,建筑平均体积的影响作用较小;构建典型街区优化模型,提出"取高度舍密度"等基于改善空气质量的城市形态优化策略;探究典型校园街区城市形态演变规律、设计阶段建筑体量控制等大学校园规划建议。

《城区非稳态通风特性和热环境时空特征的定量研究》(2015—2018)建立理想城区模型,研究了不同气象条件下城区规模、建筑密度、建筑热容等对城区能量平衡和城区冠层热环境时空特征的影响;定量研究了城区各能量通量的日变化和季节变化、城区能量不平衡现象、城区冠层气温日循环和空间分布等与城区参数的物理相关性;研究了建筑形态与高架桥结构对城区冠层湍流特征、通风和污染物扩散的动力与热力影响过程;研究了城市尺度(~10km)冠层通风的稳态与非稳态边界效应。

5 人工环境控制技术、系统与策略

2017—2021年结题项目中与通风及人工环境控制系统相关的研究共计14项,其中面上项目9项,青年科学基金项目3项,地区科学基金项目2项。研究内容涉及室内空气品质控制,室内热湿环境控制,生产、施工等特殊过程空气质量控制等方面。

5.1 室内空气品质控制

《不同外窗气密性和压差条件下$PM_{2.5}$外窗穿透规律与控制研究》(2018—2021)给出了多因素下外窗渗透风量的计算方法;建立了考虑高度修正、朝向修正的$PM_{2.5}$外窗穿透量模型;设计了多因素$PM_{2.5}$外窗穿透性能实验平台,并利用人工尘源进行了$PM_{2.5}$外窗穿透实验,发现相对湿度和风速均影响室外$PM_{2.5}$的粒径分布,当室外和室内条件达到动态稳定时,穿透系数在一定区间范围内波动;根据$PM_{2.5}$外窗穿透系数变化特征,建立并优化了不同气密性条件下的$PM_{2.5}$外窗穿透系数模型;对我国典型城市环境$PM_{2.5}$污染特点进行分析,提出$PM_{2.5}$外窗穿透负荷计算方法;提出了合理提高外窗气密性、保证外窗密封条质量、加强墙体预留孔口密封和定期维护等室内$PM_{2.5}$被动控制策略;给出了集中式、半集中式系统的室内$PM_{2.5}$污染控制设计方法。

《高密人群室内环境空气中病原体吸入暴露的通风控制方法研究》(2018—2021)研究了西部地区自然通风教室(平均人际间距)内空气中的微生物组成,细菌对液滴蒸发特性的量化影响;探讨了颗粒物在呼吸道的沉积情况,以及眼部及嘴唇黏膜的输送剂量;本项目借助前期研究基础,聚焦通风系统对人体微生物吸入暴露的影响,讨论了采用置换通风的方舱医院等近距离接触病患的场所应该采取何种措施降低交叉感染风险;通过5种模型评价了个性化通风的保护效应,实地测量并比对了室外气流率对疫情时医院感染的风险影响;讨论了近距离及超近距离下飞沫及飞沫核人际间的传播机理及风险。

《基于通风与空气净化的住宅室内空气质量控制策略》(2017—2020)提出了将郊区气象站风环境合理迁移至市区的全尺度模型,该模型能通过11km处郊区气象站的数据计算出市区的流场,与屋顶实验数据对比,计算误差为20%,并确定了在目标建筑自然通风设计时需要保留的最小其他建筑范围，指出在对目标建筑进行室外风场计算时，目标建筑周围至少需要保留 $R=3L$ 的建筑，其中 L 为目标建筑的最大几何尺寸；提出了将小时平均的郊区气象站数据转化为每分钟甚至每秒钟瞬态气象数据的方法；提出了解决厨房内热舒适和空气品质的机械送风、补风和排风以及空调集成系统。

5.2 室内热湿环境控制

《西北地区相变蓄热通风复合降温技术的热工设计方法》（2019—2021）通过人工控制环境下的缩尺模型正交实验，获得了西北地区大日较差气候、典型建筑类型室内热扰及相变蓄热、夜间通风设计参数对其蓄调效果的综合影响规律；并采用敏感性分析获得了关键热工设计参数；综合考虑墙体非线性热物性参数及表面换热系数分时段动态变化特征，采用有限差分法建立了热工设计目标参数和关键设计参数间的定量关系，并通过实验研究结果进行了佐证。

《间歇送风与层式通风耦合下室内动态热环境研究》（2017—2019）提出了一种新的通风模式，即将层式通风与间歇送风耦合。此通风方法的原理是，在层式通风条件下，将新鲜空气间歇地送到人的呼吸区，在不降低室内空气品质的同时，提升室内热舒适。通过实验研究、理论分析、主观调研、数值模拟等方法，对间歇送风耦合层式通风的气流组织特性、热舒适水平及影响因素进行研究。

《建筑室内非均匀湿度环境营造中的在线控制优化算法研究》（2016—2019）针对通风空调房间的室内非均匀环境特征，开展了固定流场条件下湿度参数分布规律的理论研究，给出了不同边界条件下室内湿度分布瞬态值的计算方法；开展了送风机室内源改变情况下的空气组分扩散规律及室内参数分布的实验研究；归纳了室内非均匀环境下的两类基本控制场景，提出了用于非均匀环境的多点湿度参数在线控制模型；开展了室内湿度控制过程的实验研究，并对自抗扰控制算法在室内环境参数在线控制中的应用进行了探讨。

《应对室内多变需求场景的多模通风策略研究》（2016—2018）建立了空间占据比和区域占据权重因子评价指标；提出了设计指导原则，定义了室内不同位置热源、湿源作用下气流组织对区域参数保障能力的量化评价；建立了基于有限传感器的任意初始条件影响的瞬态参数快速预测方法，以及复杂带回风系统中参数长期动态分布预测方法；建立了多个恒定热源位置和强度辨识方法及人员辨识方法，分析了固定流场理论用于辨识热源的可靠性；建立了多位置局部需求的送风参数优化调节方法；建立了多模通风综合控制策略实施流程。

《服装局部通风机制及其与热湿舒适性关系研究》（2016—2018）设计分析气体回流系统以及示踪气体分析系统，优化了服装局部通风测评系统；通过开口闭合法，研究了不透气服装前胸、后背和手臂的局部通风路径；基于服装局部通风机制理论，探究了雨衣不同部位开口条件下的服装局部和整体通风；探索了服装局部通风与热湿舒适性之间的关系，证实胸背通风和局部热阻存在显著的线性负相关关系，手臂处热感和服装通风关系显著。

5.3 生产、施工等特殊过程空气质量控制

《矿井高效率通风机站结构及其通风性能的研究》（2018—2021）进行矿井单风墙机站的结构及其参数与通风性能研究，在研究矿井单风墙机站并联组成双风墙机站的形式及其

并联参数基础上，进行矿井双风墙机站的结构及其参数与通风性能研究；研究指出，机站局部阻力系数可按照机站出风段与进风段局部阻力系数之和来计算，并引入不同条件下的机站局部阻力系数综合校正系数 K_c 来修正，K_c 的主要影响因素包括风机间距、扩散器结构参数和巷道摩擦阻力系数等。

《基于工业生产过程的粉尘逸散机制与通风控制设计原理及方法》（2017—2020）通过理论解析、CFD 数值模拟、试验室测试及典型工业厂房现场测试的手段，研究了多种形态工业粉尘不同运动过程的逸散机理及卷吸空气特性；建立了工业粉尘自由下落过程卷吸空气流量的计算式，并据此建立了工业粉尘贴壁下落过程卷吸空气流量的计算式；分析了横向气流对平抛运动及竖直下落运动粉尘污染扩散的影响机理，并针对此种粉尘逸散的控制方法，提出了不同形式挡板及通风设计原则与方法；研究了线性粉尘自由下落过程中的颗粒撞击水平和倾斜壁面的逸散特性，分析了撞击高度、倾斜角度和颗粒粒径等因素的影响；搭建了用于研究颗粒物在竖直织物表面上沉积特性的模型小室，实验研究了织物表面粗糙度及孔隙率对颗粒物沉积的影响；修正了 Lai 和 Nazaroff 沉积模型；研究了纱线间孔隙率、纱线截面形状、纱线表面粗糙度以及颗粒密度等因素对颗粒物沉积的影响。

《复杂隧道群施工期通风网络动态特性分析与系统智能化控制研究》（2016—2018）综合采用技术调研、理论分析、数值模拟、程序开发、现场测试等手段建立了适应隧道群施工通风特点的通风网络数学模型，并提出了通风网络的动态仿真主要流程及其实现方法；开发了隧道群施工通风模型与施工进度优化的三维交互分析平台；揭示了隧道群自然通风流向稳定性的规律及风流温度场与风流流场的耦合作用机理；提出了隧道群爆破开挖施工通风 CFD 数值模拟分析理论方法及施工三维可视化仿真和施工通风系统的智能化控制系统。

附录：自然科学基金结题项目目录

2017—2021 年国家自然科学基金建筑通风相关课题结题项目名录

项目名称	关键词	完成人	项目年度	基金类型
《地下建筑自然通风的热压分布多态性问题》	热压；通风；多态性；地下建筑；模型	肖益民	2017—2020 年	面上项目
《壁面均匀受热的竖向矩形通道的自然通风研究》	热压；自然通风；太阳能烟囱；双层玻璃幕墙；风压	何国青	2017—2020 年	面上项目
《被动建筑用太阳能烟囱与地埋管联合通风机理及调控策略研究》	建筑节能；地埋管新风系统；热压通风；太阳能烟囱；建筑热环境	李永财	2018—2020 年	青年科学基金项目
《EAHE 与建筑本体蓄热跨时间尺度耦合及协同激发热压潜力研究》	通风；热工；热湿环境	阳东	2016—2019 年	面上项目
《基于当量组合热源模式和热分层高度的工业厂房（热车间）有组织热压自然通风设计原理与方法》	建筑节能；室内空气；热环境；自然通风	李安桂	2015—2018 年	面上项目
《日光温室热压 - 风压耦合通风机理及计算模型构建》	通风率；模拟；能量交换；日光温室	方慧	2016—2018 年	青年科学基金项目
《新疆传统伊斯兰建筑自然通风的科学机理及设计应用研究》	自然通风经验；设计方法；科学机理；新疆传统伊斯兰建筑；模拟技术	李涛	2018—2020 年	青年科学基金项目

续表

项目名称	关键词	完成人	项目年度	基金类型
《徽州传统民居室内热环境形成机制及设计优化研究》	被动蒸发冷却；室内热环境；自然通风；徽州传统民居；被动设计	黄志甲	2015—2018年	面上项目
《半透明膜结构料场内部热环境形成机理及高效通风策略研究》	数值模拟；料场；热环境；自然通风；膜构造封闭厂房	王欢	2019—2021年	青年科学基金项目
《具有阵发性高温污染源的大型厂房通风系统能效研究》	大型厂房；能效；通风系统；阵发性高温污染源	黄艳秋	2017—2019年	青年科学基金项目
《高海拔特长公路隧道施工及运营通风关键参数研究》	施工及运营通风；轴流风机效率；考虑CO和烟雾海拔高度系数；高海拔特长公路隧道；供氧标准	严涛	2016—2018年	青年科学基金项目
《无外部扰动的矿井通风阻力测不准机理研究》	矿井通风；无扰动；阻力测定；湍流；测不准	刘剑	2016—2019年	面上项目
《建筑环境内气流组织的逆向模拟与设计》	热舒适；空气品质；伴随方法；建筑环境；逆向模拟	陈清焰	2015—2018年	面上项目
《基于低雷诺数大涡模拟新方法与室内有限浓度监测的通风系统快速预测》	通风；空气品质；建筑节能；计算流体力学（CFD）；热湿环境	曹世杰	2018—2021年	面上项目
《基于通风空调管道局部构件相邻影响条件下的流体涡旋消控与减阻机理研究》	通风；沿程阻力；管道；局部阻力	高然	2016—2018年	青年科学基金项目
《基于空气冷凝除湿过程中超细颗粒粒径增大的空气过滤系统优化研究》	通风；空气品质；颗粒物；净化；热湿环境	冯壮波	2019—2021年	青年科学基金项目
《通风过滤净化系统对室内$PM_{2.5}$污染物的净化效力研究》	过滤器材；室内空气品质；颗粒物；净化效率；空气过滤	刘俊杰	2015—2018年	面上项目
《基于集群随机人员行为模型的办公建筑自然通风特性研究》	办公建筑；建筑节能；自然通风特性；定量描述方法；人员通风行为	周欣	2018—2020年	青年科学基金项目
《非稳态风热环境下建筑立面对室内外湍流特性及污染物扩散的影响机理》	缩尺外场实验；污染物扩散；建筑立面构件；自然通风；非稳态边界	崔冬瑾	2019—2021年	青年科学基金项目
《非连续通风下建筑内污染物多区双向计算方法研究》	通风；颗粒物；污染物；多区模型；随机性	李斐	2018—2020年	青年科学基金项目
《地铁车站细颗粒物分布规律及运动特性研究》	细颗粒物；空气品质；模拟；地铁	潘嵩	2016—2019年	面上项目
《云南旅游车内VOC污染的影响因子及扩散传播机理研究》	空气品质；挥发性有机物；空气污染；室内空气；车内空气	陈小开	2016—2019年	地区科学基金项目
《地铁通风系统主风道内可吸入颗粒物沉降和脱附特性研究》	空气品质；室内空气；建筑环境	樊洪明	2015—2018年	面上项目
《室内温度分层环境下人呼出热射流规律及飞沫散布机理》	非等温射流；通风；飞沫；呼吸道传染病；温度分层	钱华	2018—2021年	面上项目
《呼吸道传染病传播过程中的飞沫粒径效应研究》	通风；空气品质；呼吸道传染病；CFD；呼吸飞沫	魏健健	2019—2021年	青年科学基金项目
《高人员密度空间个性化通风对空气感染干预特性及人体微环境营造方法研究》	微环境；通风；飞沫；暴露风险；空气感染	徐春雯	2019—2021年	青年科学基金项目

续表

项目名称	关键词	完成人	项目年度	基金类型
《室外颗粒物成分-粒径谱迁移进入室内环境的机理研究》	室内空气品质；通风；人员暴露；颗粒物；穿透	赵彬	2017—2020年	面上项目
《受通风影响的建筑室内半挥发性有机物与颗粒物污染相关联特性研究》	通风；颗粒物；建筑环境；半挥发性有机物；模型预测	裴晶晶	2017—2020年	面上项目
《一套基于室内监测数据的细颗粒物室内外来源解析方法》	细颗粒物；通风；室内颗粒源；室外颗粒渗透；室内空气质量	陈淳	2018—2020年	青年科学基金项目
《通风空调管道内"积尘伴生真菌"生长及释放规律基础研究》	通风；空调参数；管道；积尘伴生真菌	刘志坚	2018—2020年	青年科学基金项目
《基于车辆冠层模式的城市街谷模型及其行人风热环境的动力学影响机理研究》	动力学特性；车辆冠层；数值模拟；行人风热环境；城市街谷	宋晓程	2019—2021年	青年科学基金项目
《城市建筑群空间非均一性对风环境影响的机理研究》	风环境；建筑群形态；非均一建筑群；城市冠层；风洞实验	李彪	2018—2020年	青年科学基金项目
《基于建筑自然通风潜力评估的居住区肌理形态优化方法研究》	形态优化；计算机模拟；关联性分析；居住区肌理；风环境特征	尤伟	2016—2018年	青年科学基金项目
《内陆城市湖风热岛环流多态耦合与空气环境增益机制研究》	通风模型实验；环流多态行为；建筑通风；建筑环境流体力学；临湖人居环境	赵福云	2018—2021年	面上项目
《城市大气边界层垂直通风机制研究》	夹卷；城市大气边界层；湍流输送；大涡模拟	张宁	2017—2020年	面上项目
《基于通风效能模拟的城市绿色空间形态与布局研究——以武汉为例》	布局模式；城市绿色空间；通风效能；城市通风廊道；空间形态	吴昌广	2017—2020年	面上项目
《基于WRF的水网城市广义通风道微气候调节规划策略研究——以武汉为例》	水网城市；规划策略；广义通风道；WRF	周雪帆	2018—2020年	青年科学基金项目
《时变来流条件下城市冠层风环境的大涡模拟方法研究》	污染物扩散；变化来流；建筑群；大涡模拟	顾兆林	2016—2019年	面上项目
《复杂城市街谷环境中污染物传播规律及多场协同机理研究》	热舒适；传热传质；污染物扩散；杂街道峡谷；建筑热环境	明廷臻	2018—2021年	面上项目
《城市高架道路对微尺度湍流和空气污染物扩散的影响》	微尺度扩散模拟；城市污染物扩散；缩尺度外场实验；城市高架桥	凌宏	2019—2021年	青年科学基金项目
《基于城市街谷尺度大气污染物扩散的街谷格局优化策略研究》	大气环境；街谷；城市扩展；城市三维景观；景观格局优化	苗纯萍	2019—2021年	青年科学基金项目
《时变来流下城市街谷内空气流动与污染物扩散数值模拟》	通风；空气品质；建筑布局；数值模拟；城市街谷	张云伟	2016—2018年	青年科学基金项目
《典型高密度街区通风性能的多尺度模拟与实测研究》	大气稳定度；城市通风；多尺度数值模拟；现场实测	胡婷莛	2016—2018年	青年科学基金项目
《基于统计建模理论和深度学习技术的城市环境空气质量研究》	厚尾模型；核机器；动态阈值建模；深度学习；生成式对抗网络	赵旭	2019—2021年	青年科学基金项目
《基于中观尺度的城市形态与人居环境空气质量相互作用机制研究》	城市街区；空气质量；人居环境；城市形态；大气 $PM_{2.5}$	程昊淼	2019—2021年	青年科学基金项目

续表

项目名称	关键词	完成人	项目年度	基金类型
《城区非稳态通风特性和热环境时空特征的定量研究》	外场实地测量；城区冠层气温日循环；实时大气边界条件；城区能量平衡；城区冠层通风	杭建	2015—2018年	面上项目
《不同外窗气密性和压差条件下PM$_{2.5}$外窗穿透规律与控制研究》	细颗粒物；通风；穿透系数；热湿环境	王清勤	2018—2021年	面上项目
《高密人群室内环境空气中病原体吸入暴露的通风控制方法研究》	暴露；人际间距；人体微环境；气流组织；生物气溶胶	刘荔	2018—2021年	面上项目
《基于通风与空气净化的住宅室内空气质量控制策略》	室内空气品质；建筑环境测量；通风策略；计算流体力学；空气净化	陈清焰	2017—2020年	面上项目
《西北地区相变蓄热通风复合降温技术的热工设计方法》	建筑热工设计；换热系数；夜间通风；缩尺模型实验；相变蓄热	刘衍	2019—2021年	青年科学基金项目
《间歇送风与层式通风耦合下室内动态热环境研究》	热舒适；室内空气品质；通风；节能；室内气流组织	程勇	2017—2019年	青年科学基金项目
《建筑室内非均匀湿度环境营造中的在线控制优化算法研究》	室内湿度分布；通风；优化算法；在线控制；非均匀环境	马晓钧	2016—2019年	面上项目
《应对室内多变需求场景的多模通风策略研究》	按需送风；通风；建筑节能；非均匀环境；建筑热环境	邵晓亮	2016—2018年	青年科学基金项目
《服装局部通风机制及其与热湿舒适性关系研究》	功能服装；生理反应；服装局部通风；暖体假人；热湿舒适性	柯莹	2016—2018年	青年科学基金项目
《矿井高效率通风机站结构及其通风性能的研究》	通风机；矿井通风；局部通风；通风系统优化	王文才	2018—2021年	地区科学基金项目
《基于工业生产过程的粉尘逸散机制与通风控制设计原理及方法》	通风；设计；理论模型；工业厂房；气流组织	李安桂	2017—2020年	面上项目
《复杂隧道群施工期通风网络动态特性分析与系统智能化控制研究》	模糊控制；三维可视化仿真；隧道群；施工通风；动态模拟	张恒	2016—2018年	青年科学基金项目

注：表中结题自然科学基金项目顺序按文中出现顺序整理。

第三篇 通风设计实践

通风设计进展案例 1
——重庆某五星级酒店厨房通风设计

中机中联工程有限公司　张华廷

厨房通风对"改善厨房室内空气环境质量，营造安全卫生的食品生产环境和健康舒适的员工工作环境"发挥着重要作用。五星级酒店厨房种类繁多、系统复杂且限制因素多、建设标准高，其通风设计水平代表着商用厨房通风设计的领先水平。本案例从关键设计参数、总体设计策略、空气处理方案、系统划分、风量计算、设备选型、自动控制以及其他相关技术细节等方面对重庆某五星级酒店厨房通风设计进行了全面系统地介绍，案例中的设计思路和所采取的技术措施对其他商业厨房通风设计具有一定的借鉴价值，同时，案例中所反映出的技术问题值得业界共同努力解决。

1　项目基本情况

该项目位于重庆市主城区，地下建筑面积为 31783.15m^2（与其他子项共用），地上建筑面积为 38711.28m^2，地下建筑高度为 9.4m，地上建筑高度为 98m，地下共 2 层，地上共 25 层，其中，地上一至四层为裙房。项目整体效果图如图 1 所示，项目集酒店、写字楼、商业功能于一体，各楼层主要功能配置详见表 1，其中，酒店按照万豪酒店标准（五星级）进行设计和建设。项目主要的能源形式为燃气和电能。

图 1　项目整体效果图

项目于2019年5月完成设计工作，酒店建设标准高，设计过程中，建设单位聘请了机电工程顾问、建筑声学顾问（振动噪声）、厨房洗衣房顾问、AV设计顾问（视频音响）、灯光设计顾问等进行质量把控，且厨房洗衣房机电系统各专业深化设计均要求独立成套出图。

项目各楼层主要功能表 表1

楼层	主要功能
负二层	车库及配套设备用房
负一层	酒店员工餐厅及厨房、食品粗加工区、车库及配套设备用房
一层	酒店大堂、大堂吧及餐饮制作间、写字楼大堂、商业、配套用房
二层	写字楼员工餐厅（含包间）及厨房、商业、配套用房
三层	宴会厅及厨房、会议室、行政办公、配套用房
四层	全日餐厅及厨房、全日制开放展示厨房、包间、配套用房
五层	设备转换层
六~十三层	客房、配套用房
十四层	行政酒廊及餐饮制作间、客房、配套用房
十五~二十五层	办公、会议

2 厨房通风设计

项目厨房功能相关区域共有8处，其中，写字楼员工餐厅厨房未在本次设计委托范围之内，本次厨房通风设计范围仅涵盖了其中的7处，具体包括酒店员工餐厅厨房、食品粗加工区、大堂吧餐饮制作间、宴会厅厨房、全日餐厅厨房、全日制开放展示厨房、行政酒廊备餐间。

厨房功能相关区域数量较多，且分布于不同楼层。从作业功能的角度，可将其划分为主生产厨房（包括切配、炒、烧、煎、煮、炸、烘、烤、炖、烧烤等作业）、特色厨房（如饮料间、点心间、糕点间等）、辅助用房（如备餐间、制冰间、库房、粗加工间、洗碗间、准备间等）三大类别。主生产厨房需排油烟或蒸汽，排食品异味、废热，特色厨房需排食品异味、废热，辅助用房需排食品异味或废热（如制冰间、雪柜间）。此外，对于使用燃气的作业间还需设置燃气泄漏事故通风系统。

2.1 关键设计参数

2.1.1 厨房室内设计参数

根据万豪酒店标准，项目厨房区域的室内设计参数取值如表2所示。

室内设计参数表 表2

房间名称	夏季		冬季		新风量 [$(m^3/h) \cdot P$]	噪声 dB（A）
	温度（℃）	相对湿度（%）	温度（℃）	相对湿度（%）		
厨房各加工区	27	50	21	—	按90%的排风量进行确定	≤55

2.1.2 废气对外排放参数

本项目厨房大气污染物排放执行重庆市地方标准《餐饮业大气污染物排放标准》DB 50/859—2018，具体参数要求为：油烟最高排放浓度≤1.0mg/m³，非甲烷总烃浓度≤10.0mg/m³。

本项目所在区域为居住、商业和工业混杂区，按2类声环境功能区标准执行噪声排放限值，昼间（6:00至22:00）环境噪声≤60dB（A），夜间（22:00至6:00）环境噪声≤50dB（A）。

2.2 通风方案

2.2.1 总体设计策略

主生产厨房（含烧烤间）设置油烟罩局部送排风系统+全室送排风系统，油烟罩采用吹吸式排风罩（带紫外线净化器系统，且烟罩上带补风口，如图2所示）。主生产厨房的全室送排风系统与事故送排风系统兼用，排风机采用双速防爆风机，平时低速运行，事故时高速运行。补风采用全新风空调系统，且排风罩补风和全室补风分别独立成系统。

大堂吧餐饮制作间、行政酒廊餐饮制作间设置油烟罩局部送排风系统+全室送排风系统，油烟罩采用普通排风罩（带紫外线净化器系统），补风采用全新风空调系统。

特色厨房、制冰间、雪柜间、蒸烤箱、洗碗设备系统，根据厨房工艺设备要求，设置局部排风+全新风空调补风系统。

凉菜间、备餐间、蔬菜粗加工、鱼类粗加工、肉类粗加工、库房，设置全室排风系统+全新风空调补风系统。

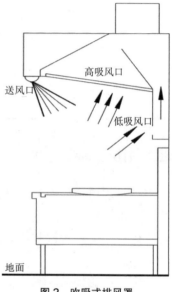

图2 吹吸式排风罩

2.2.2 空气处理方案

各作业间送排风空气处理方案见表3。

各作业间送排风空气处理方案　　　　表3

作业间	排风处理	补风处理
主生产厨房、烧烤间	烟罩自带的紫外线净化器系统+静电式油烟净化器，二级净化处理；裙房屋面、设备转换层排放；主管设置防潮型微穿孔板消声器	吊顶式空调机组（6排管）或组合式空调机组（6排管）进行温湿度处理；主管设置初效过滤器、微穿孔板消声器
特色厨房、大堂吧及餐饮制作间、行政酒廊餐饮制作间	静电式油烟净化器，单级净化处理；裙房屋面、设备转换层排放；主管设置防潮型微穿孔板消声器	吊顶式空调机组（6排管）进行温湿度处理；主管设置初效过滤器、微穿孔板消声器
凉菜间、备餐间、烧烤准备间、蔬菜粗加工、鱼类粗加工、肉类粗加工	活性炭除味装置；裙房屋面、设备转换层或塔楼屋面；主管设置防潮型微穿孔板消声器	
蒸烤箱、洗碗设备系统、库房、制冰间、雪柜间	裙房屋面、设备转换层直接排放；主管设置防潮型微穿孔板消声器	

2.2.3 系统划分

为便于系统运行管理，根据不同的排风性质，结合各作业间的位置分布和运行时间特性，本项目送排风系统各楼层间独立设置，且主生产厨房、特色厨房、烧烤间、备餐间及冷菜间、各类粗加工间、洗碗间及洗锅间、各类库房、蒸汽排风、生产设备废热排风均分别独立成系统。补风系统根据作业间位置分布情况和运行时间特性，适度合并。

2.3 风量计算

2.3.1 排风罩局部排风量计算

为保证油烟吸捕效果，项目中所采用的吹吸式排风罩和普通排风罩，其排风量均采用排烟罩等速面计算法进行计算，具体计算公式如下：

$$Q = 3600 \times P \times h \times v \times k \tag{1}$$

式中，Q——排烟风量（m^3/h）；

P——油烟罩敞开面（不靠墙）的周长（m）；

h——烟罩口边沿距灶面或工作台面的垂直距离（m），本项目取 1.1m；

v——烟罩周边断面风速（m/s），通常为 0.2～0.5m/s，本项目烧烤间排烟罩取 0.5m/s，其余油烟罩取 0.4m/s；

k——烟罩漏风系数，通常为 1.02～1.05，本项目取 1.05。

2.3.2 其他工艺设备局部排风量计算

电烤箱连醒发箱、面包烤箱、高身高温雪柜、制冰机连储冰箱、洗碗设备系统等工艺设备局部排风量，根据厨房工艺所提排风需要进行确定。

2.3.3 全面排风量计算

全面排风量根据换气次数进行计算，各作业间全面排风换气次数取值如表4所示。

各作业间全面排风换气次数　　表4

作业间	全面排风换气次数（h^{-1}）	是否设置局部排风
主生产厨房（含烧烤间）	6（平时通风）	是
	12（燃气房间，事故通风）	
凉菜间、备餐间、烧烤准备间	6	否
蔬菜粗加工	8	否
鱼类粗加工、肉类粗加工	10	否
洗锅间、副食库、主食库、干调库、碟碗库	3	否

2.3.4 排风量计算结果

本项目各厨房作业间排风量计算结果如表5所示，表中数据表明：就排风量而言，局部排风居于绝对主导地位，整个项目厨房局部排风量占厨房总排风量的94%，且主要为主生产厨房的油烟排风需求；就应用区域面积而言，全室排风应用更广。项目各作业间具有温湿度调控需求，补风量按排风量的90%进行取值，补风经空调机组处理之后，送入各作业间内和吹吸式排风罩补风通道之内。

各作业间排风量计算结果 表5

厨房	楼层	功能区	局部排风（m³/h）	全室排风（m³/h）	事故排风（m³/h）	备注
酒店员工餐厅厨房	负一层	主生产厨房	14700	1300	2600	吹吸式排风罩
		洗碗间	1500	—	—	工艺设备需求
		洗锅间	—	70	—	
		干货库	—	100	—	
粗加工区	负一层	面包房与糕点房	2700	—	—	工艺设备需求
		蔬菜加工间	—	470	—	
		肉类、鱼类加工间	—	690	—	
		饮料库	—	140	—	
		干货库	—	350	—	
大堂吧餐饮制作间	一层	高身高温雪柜	1500	—	—	工艺设备需求
		大堂吧餐饮制作间	3000	350	—	普通排风罩
宴会厅厨房	三层	主生产厨房	50200	1120	2240	吹吸式排风罩
		冷菜间	—	410	—	
		备餐间	—	200	—	
		2门高身高温雪柜	3000	—	—	工艺设备需求
		制冰机	2400	—	—	2套制冰系统
		洗碗间、碟碗库	1500	—	—	
		洗锅间	—	60	—	
		干货库	—	50	—	
全日制餐厅厨房	四层	主生产厨房	15000	1420	2820	吹吸式排风罩
		烧烤间	13000	310	620	吹吸式排风罩
		烧烤准备间	—	180	—	
		冷菜间	—	300	—	
		点心间	1500	—	—	工艺设备需求
		洗碗间	2000	—	—	工艺设备需求
		洗锅间	—	85	—	
全日制开放展示厨房	四层	主生产厨房（作业展示区域）	24170	1200	2400	吹吸式排风罩
		电力3门蒸柜	4680	—	—	
行政酒廊	十四层	餐饮制作间	3000	180	—	普通排风罩

2.4 设备选用

2.4.1 风机选型

各作业间风机选型情况详见表6，表中所述排油烟专用柜式离心风机，其电机、轴承及传动系统均外置，机壳具有污油收集和导流装置，风机箱体要求采用消声结构，外层为厚度不小于 1.0mm 的镀锌板，内层为厚度不小于 0.5mm 的镀锌穿孔板，箱体板材整体厚不小于 25mm。

各作业间风机选型　　　　表 6

作业间	局部排风	全室排风
主生产厨房、烧烤间	排油烟专用柜式离心风机（变频）	排油烟专用柜式防爆离心风机，且为双速风机
特色厨房、大堂吧及餐饮制作间、行政酒廊餐饮制作间、蒸烤箱	排油烟专用柜式离心风机	防腐型管道式风机
洗碗设备系统、凉菜间、备餐间、烧烤准备间、蔬菜粗加工、鱼类粗加工、肉类粗加工	防腐型管道式风机（若存在局部排风）	防腐型管道式风机（若存在全室排风）
库房、制冰间、雪柜间	—	管道式风机

2.4.2 其他设备选型

主生产厨房的补风空调机组采用变频机组；项目中所采用的吹吸式排风罩和普通排风罩均要求配置自动灭火装置；所采用的静电式油烟净化器净化效率为 98%；项目中所采用的微穿孔板消声器为防潮型，且消声量大于等于 22dB（A）。

2.5 自动控制

本项目厨房通风系统主要自动控制功能包括：各工作间排风系统与补风系统之间的联动控制；补风系统、电动风阀与空调机组之间的联动控制；油烟净化器与排风机的联动控制；燃气工作间、燃气泄漏报警与自动启动事故风机的联动控制。

2.6 其他相关技术细节

油烟罩的安装底标高为 1.9m，水平尺寸比烟气源工作台每边大 200mm。油烟排风管道均采用 1.2mm 厚的 304 不锈钢制作，补风管与其他排风管道采用镀锌钢板制作。油烟排风管道和蒸汽排风管道均设置 50mm 离心玻璃棉保温层。油烟排风系统在风管的最低点或风管水平段管道下凹处设有排液装置，水平管道设置 2% 的坡度坡向油烟罩或管道集油装置。

项目外立面效果要求高，所有排风出口、新风取风口均设置在裙房屋面、设备转换层或塔楼屋面，排风出口与新风取风口之间的水平距离控制在 10m 以上，且尽量布置为不同的朝向。

3 分析与评论

本案例围绕厨房通风设计室内外关键目标参数，基于不同功能作业间的排风需求特性（如油烟、蒸汽、异味、废热、事故排风等），针对性地制定了通风设计总体策略和相应的空气处理方案。在此基础上，结合各作业间的位置分布和运行时间特性进行了合理的系统划分和通风量计算，且在设备选型、自动控制及其他相关设计技术细节上作了适应性处理，体现了系统观念，贯彻了"适用、经济、绿色、美观"的新时期建筑方针。同时，本案例中所反映的以下技术问题值得业界共同研究解决或作进一步的完善处理。

3.1 室内设计参数

如前所述，厨房通风设计目的在于有效排出油烟、蒸汽、食品异味和废热，从而为餐饮食品营造安全卫生的生产环境，为工作人员营造健康舒适的空气环境。相关研究表明，油烟含有 5~7 种有毒化学成分，对人体的呼吸道和肺部有一定的刺激作用，且具有肺脏毒性、免疫毒性、致癌性，长时间工作在这样的环境中，会出现诸多不适症状并危害健康。但是，项目室内设计参数表中缺失厨房室内油烟最高浓度允许指标，这也是当前厨房通风设计的共性问题。《民用建筑供暖通风与空气调节设计规范》GB 50736、《室内空气质量标准》GB/T 18883、《公共机构食堂灶具节能和油烟净化改造技术规程》T/CECS 856、《旅馆建筑设计规范》JGJ 62、《饮食业油烟排放标准》GB 18483、《饮食建筑设计标准》JGJ 64、《饮食业环境保护技术规范》HJ 554、《餐饮业大气污染物排放标准》DB 50/859 等厨房通风设计直接相关的规范、标准均未明确厨房室内油烟最高浓度允许指标，这不利于指导厨房通风系统的合理设计和进行通风效果的客观评价。

3.2 补风量的确定方式

项目中补风量直接按排风量的 90% 进行确定，此确定方式虽然是行业中所普遍采用的计算方式，而且也符合相关规范要求，但是本项目厨房室内冬夏季均有明确的温湿度调控需求，按 90% 的排风量所确定的补风量，经过空调处理之后能否实现夏季 27℃/50% 和冬季 21℃的温湿度控制要求，需进行热湿负荷计算和空气处理过程计算方能确定。当前，针对厨房热湿负荷的计算方法及相关参数取值需要进一步研究。

3.3 油烟罩局部排风计算方法

案例中采用了吹吸式排风罩和普通排风罩两种形式，油烟罩的局部排风计算方法均采用排烟罩的等速面计算法，是否合理尚待商榷。目前，关于油烟罩排风量的计算有如表 7 所示的 7 种计算方法，现以案例项目位于三层的宴会厅厨房为例对各计算方法结果进行对比分析。宴会厅厨房总面积为 167m²（未含酒水服务站 74m²，2 门高身高温雪柜和制冰机均设置于酒水服务站），净高为 3m，其中主生产厨房面积为 100m²。主生产厨房设有两套吹吸式排风罩，长度均为 6.1m，宽度均为 1.45m，均为三边敞开（1 个长边、2 个短边），按照表 7 所列的 7 种计算方法分别计算出的结果以及折算出的相应换气次数见表 8，计算中的烟罩漏风系数均取 1.05。

油烟罩排风量计算方法　　　　表 7

方法编号	计算方法	计算公式	参数说明
（一）	换气次数法	$Q = V \times n$	n——换气次数，中餐厨房取 60~80h^{-1}；西餐厨房取 40~60h^{-1}
（二）	排烟罩长度估算法	$Q = 1800 \times b$	Q——排风量（m^3/h），以下相同；b——排烟罩长度（m）
（三）	排烟罩面积估算法	$Q = 1800 \times A$	A——排烟罩面积（m^2），以下相同

续表

方法编号	计算方法	计算公式	参数说明
（四）	排烟罩面积与换气次数复合法	$Q=Q_1+Q_2$ $Q_1=1800\times A$ $Q_2=10\times V$	Q——总排风量（m³/h）； Q_1——排烟罩面积估算法排风量（m³/h）； Q_2——换气次数法排风量（m³/h）； V——厨房体积（m³）
（五）	排烟罩面积计算法	$Q=3600\times A\times v\times k$	A——排烟罩面积（m²）； v——罩口风速（m/s），0.5~0.6； k——烟罩漏风系数，1.02~1.05
（六）	排烟罩吸烟边长计算法	$Q=1000\times P\times h\times k$	P——烟罩敞开面（不靠墙）的周长（m），以下相同； h——烟罩口边沿距灶面或工作台面的垂直距离（m），以下相同
（七）	排烟罩等速面计算法	$Q=3600\times P\times h\times v\times k$	v——烟罩周边断面风速，0.2~0.5m/s

各方法计算出的烟罩排风量 表8

方法编号	计算方法	计算结果（m³/h）	折算为换气次数（h⁻¹）	
			按主生产厨房	按整个厨房
（一）	换气次数法	24000（80h⁻¹，主生产厨房体积）	80	47.9
		40080（80h⁻¹，整个厨房体积）	133.6	80
（二）	排烟罩长度估算法	21960	73.2	43.8
（三）	排烟罩面积估算法	31842	106.1	63.5
（四）	排烟罩面积与换气次数复合法	34842	116.1	69.5
（五）	排烟罩面积计算法	33434（风速为0.5m/s）	111.4	66.7
		40120（风速为0.6m/s）	133.7	80.0
（六）	排烟罩吸烟边长计算法	34881	116.3	69.6
（七）	排烟罩等速面计算法	37670（风速为0.3m/s）	126	75.4
		50200（风速为0.4m/s）	167	100
		62786（风速为0.5m/s）	209	125

由表7所列各计算法的计算公式可知，方法（二）排烟罩长度估算法仅考虑了排烟罩长度因素，忽略了烟罩的宽度、安装方式（单边敞开、双边敞开、三敞开、四边敞开）及安装高度的差异；方法（三）至方法（五），仅考虑了排烟罩面积因素，忽略了排烟罩安装方式及安装高度的差异；方法（六）、方法（七）则考虑了排烟罩的长宽尺寸、安装方式和安装高度，方法（六）是方法（七）在排烟罩周边断面风速为0.278m/s的一个计算特例。因此，从计算原理上来判断，方法（七）更科学合理。

表8中的数据表明，各计算方法的计算结果差异显著，其中，方法（二）计算结果最小且与其他计算方法差距很大，方法（七）计算结果最大；方法（一），如果以仅以主生产厨房的体积进行计算，则与方法（二）计算结果相近，但与方法（三）至方法（七）的计算结果相差大，若以整个厨房的体积进行计算，则计算结果与方法（三）至方法（七）之间的差距相对较小。

方法（一）换气次数法是在厨房工艺布局和油烟罩尺寸、安装方式和安装高度尚不能确定时的估算方法，可用于厨房工艺设计尚未介入的土建设计阶段。由表8的计算数据对比可知，根据方法（一）进行计算时采用整个厨房区域的体积进行计算更合适，此处需要说明的是关于厨房通风换气次数，2022年版《民用建筑暖通空调设计统一技术措施》在2009年版的基础上有一定程度的提高。方法（二）至方法（七）是在油烟罩尺寸已确定情况下的计算方法，按正常设计流程，如果油烟罩尺寸能够确定，那么其安装方式和安装高度也基本能够确定，因此在这种情况下，完全具备条件采用方法（七）排烟罩等速面计算法的条件。

至于究竟采用哪种方法，既能控制好室内油烟，又能确保风量不过剩而致浪费，以及采用方法（五）、方法（七）时，断面风速如何取值，均有待于行业进一步研究确定。研究过程中，建议根据轻餐饮（西式快餐、咖啡简餐等）、中餐饮（中式快餐、日式料理、西餐厅等）、重餐饮（川、湘、粤菜等）所产生的油烟成分、油烟量的差异以及不同形式油烟罩的差异进行针对性的研究。

3.4 监测与控制

案例项目的监测与控制系统仅实现了基本的联动控制，控制内容较为单一，未能实现被控参数的监测以及与之相应的调控功能，这也是当前厨房通风设计中普遍存在的问题。对于厨房通风自动控制系统，除了案例项目所采用的基本联动控制之外，还应进行以下几方面内容的监测、控制或自动报警提醒处理。

（1）监测室内主要污染物浓度及室内空气压力，在此基础上，自动启停排风系统、送风系统，以及自动调节排风机、补风空调风机的运转频率。

（2）监测油烟净化设备压差、排风出口污染物浓度，并设置报警提醒功能，以判断油烟净化装置是否需要清洗、更换或者进行维保处理。

（3）对于有温湿度要求的作用间，应对室内温度、湿度参数进行监测，并根据监测数据对补风空调机组热湿处理装置（如换热器、加湿器等）的处理能力进行调控。

（4）监测排风机、补风空调、油烟净化装置的运行状态和累计运行时间，对于油烟过滤装置，还应根据累计运行时间，设置清洗时间到点自动报警提醒功能。

通风设计案例分析 2
——某大型机场航站楼防排烟系统设计

中国建筑西南设计研究院有限公司　侯余波

与其他民用建筑一样，机场航站楼的防排烟系统也是为了及时排出火灾产生的高温和烟气，阻止烟气向非着火区扩散，确保人员在疏散过程中不会受到烟气的直接作用，同时为消防救援人员进行灭火救援创造有利条件。在设计中，依据的是《建筑设计防火规范》GB 50016—2014（2018年版）、《民用机场航站楼设计防火规范》GB 51236—2017 以及《建筑防烟排烟系统技术标准》GB 51251—2017。由于机场出于工艺流程或运营方面的要求，如机场安防方面的考虑、建筑设计方面要保证旅客流动的便捷性、楼内商业运作需要更为敞亮开放的空间等，导致现有防火设计规范不能完全涵盖机场消防设计，需要借助消防安全工程学的方法和手段，在对具体建筑物的火灾风险、火灾发展状况以及主动和被动消防措施的实际效果进行个案评估的基础上，确定该建筑所需要的消防措施的设计方法。本案例通过特殊消防设计方案评估及专家评审，将消防设计难点及解决方案予以明确，并作为设计依据。

1 项目基本情况

本案例中的航站楼总建筑面积 50 万 m^2 左右，屋面为曲面造型，最高点高度 44m。航站楼采用集中式中轴对称构型，分区以指廊和大厅的结构缝为边界划分。主体地上 3 层（局部有夹层），地下 1 层。主要功能布局如表 1 所示。人员活动面在三层（15m 标高）及其以下高度。

项目各楼层主要功能表　　表1

楼层	主要功能		
	大厅	国内指廊	国际指廊
三层	出发、值机大厅、国内安检区、国际安检区、联检区（检查检疫、海关、边检）、国际集中商业区	—	国际候机区
二层	国内集中商业区、中转区、国内行李提取厅、国内迎宾厅	国内出发/到达混流候机区	国内出发/到达混流候机区
一层	国际到达联检区		国际到达廊
一层	国际行李提取厅、国际迎宾厅、行李处理区	国内远机位出发/到达厅、贵宾区、设备用房、站坪业务用房、特种车库	国际远机位出发/到达厅、设备用房、站坪业务用房、特种车库
地下一层	行李处理机房、设备管廊	设备管廊	设备管廊、设备机房

2 防排烟设计

《民用机场航站楼设计防火规范》GB 51236—2017 中明确了航站楼公共区的概念，即航站楼内供旅客使用的区域，包括出发区、候机区、到达区，其中到达区又包括了到港通道、行李提取区以及迎客区。航站楼消防设计的难点主要在公共区，通常有建筑定性（即高层还是多层）、公共区防火分区划分（包括面积及防火分隔方式）、疏散楼梯在首层无法直通室外等，需要寻求综合解决措施。例如针对防火分区面积过大的主要解决方案是控制公共区可燃物，采用防火隔离带等方式划分多个防火控制区；对公共区内设置的商业、办公等危险性较大的场所采取严格的防火分隔措施和控制其规模的方式。针对疏散楼梯无法直通室外的问题，采用设置专用疏散通道，并从防火分隔、可燃物控制、防烟设计、消防设备等方面采取措施来保证专用疏散通道区域的安全等。经过特殊消防设计方案评估以及特殊消防设计专家评审后，明确了本项目公共区的特殊消防设计措施，与防排烟相关的要点如下：

（1）防烟设计执行《建筑防烟排烟系统技术标准》GB 51251—2017，并提出了不靠外墙的疏散楼梯如何设置固定窗的解决措施。

（2）航站楼公共区按照功能划分防火控制区，防火控制区水平方向之间采用防火墙、防火卷帘和防火隔离带进行分隔，并明确了防火隔离带内的排烟设计原则。

（3）航站楼公共区以及公共区内设置的商店、餐饮、休闲、办公、两舱休息室、储藏室等场所设置排烟设施，并明确了排烟设计原则。

2.1 防烟设计

2.1.1 疏散楼梯、前室、专用疏散通道的防烟设计

按《建筑防烟排烟系统技术标准》GB 51251—2017 要求设置防烟系统，能自然通风防烟的采用自然通风方式，无法满足自然通风防烟要求的采用机械加压送风系统防烟。自然通风窗（口）的开启面积及位置要求、机械加压送风系统的风量计算及系统设计均按《建筑防烟排烟系统技术标准》GB 51251—2017 执行。

专用疏散通道按避难走道要求设置机械加压送风系统，通道与通道前室分别独立设置机械加压送风系统。

当楼梯间采用独立前室且仅有一个门与走道（含专用疏散通道）或房间连通时，仅在楼梯间内设置机械加压送风系统。

2.1.2 关于固定窗

《建筑防烟排烟系统技术标准》GB 51251—2017 第 3.3.11 条，设置机械加压送风系统的封闭楼梯间、防烟楼梯间应设置固定窗。但针对航站楼具体情况，公共区空间高大，内部设置的疏散楼梯均无法通至屋面。梳理疏散楼梯情况后，参考其他同类项目的解决方案，采取了如下的设计措施：

情况 1：不靠外墙的地下室疏散楼梯间

解决措施：不靠外墙的地下室疏散楼梯间，在首层与地上部分之间设置乙级防火门进行分隔，该防火门作为地下室楼梯间的固定窗使用。

情况2：不靠外墙地上通至室内大空间无法到屋面的地上楼梯间

解决措施：在楼梯间顶部设置可手动打开的甲级防火窗与公共区空间连通，防火窗面积不小于1m²。

情况3：不靠外墙地上仅通至局部楼层的地上楼梯间

解决措施：设置直通大空间的排热通道，该排热通道在顶部设置可手动打开的甲级防火窗与公共区空间连通，防火窗面积不小于1m²。

2.2 排烟设计

2.2.1 公共区

航站楼内供旅客使用的区域为公共区，包括出发区、候机区和到达区，排烟设计如下：

（1）防火隔离带的排烟设计

1）空间净高不大于9m的防火隔离带，两侧设挡烟垂壁，防火隔离带内设置排烟设施。当采用自然排烟时，自然排烟窗的有效开窗面积不小于隔离带地面面积的5%，采用机械排烟时，排烟量按60m³/(h·m²)计算，排烟系统可与相邻"防火控制区"的排烟系统合用。风管穿越此挡烟垂壁时，穿越处设防火阀。

2）空间净高大于9m，或部分空间净高大于9m的防火隔离带，净高大于9m的区域不设置挡烟垂壁，防火隔离带利用相邻"防火控制区"的排烟设施进行排烟。净高小于9m的区域执行1）。

（2）公共区内的三层出发层（包括值机厅、安检厅和候机厅）、二层出发层（包括商业区及候机厅）和国内迎宾厅、一层A国际指廊端头的旅客到达廊属于相互连通的连续高大空间，利用上部的自动排风排烟窗自然排烟。结合屋面天窗及幕墙上部可开启外窗的布置划分防烟分区，防烟分区内任一点与最近的自然排烟窗（口）之间的水平距离控制在30m内（大空间局部的排烟口距最远点超过30m，经性能化分析可行）。每个防烟分区的面积不超过2000m²，防烟分区内自然排烟窗的面积按"特殊消防设计方案评估报告"要求，有效开口面积不小于《建筑防烟排烟系统技术标准》GB 51251—2017规定的1.1倍，且不小于地面面积的2.5%。由于这些区域的空间净高均超过9m，不设置实体挡烟垂壁。

（3）公共区内建筑面积大于50m²的商店、餐饮、休闲、办公区、两舱休息室、储藏室等场所，不具备设置自然排烟条件时，均设置机械排烟系统。排烟系统设计按下列要求执行：

1）空间净高不超过6m的商店、餐饮、休闲、办公区、两舱休息室、储藏室等场所的排烟量，按60m³/(h·m²)计算，且取值不小于15000m³/h。

2）空间净高超过6m的商店、餐饮、休闲、办公区、两舱休息室、储藏室等场所的排烟量，根据场所内的热释放速率按《建筑防烟排烟系统技术标准》GB 51251—2017规定的公式计算。

3）航站楼公共区内商店、休闲、餐饮等场所及其配套用房连续成组布置时，建筑面积不应大于2000m²，其机械排烟系统在水平方向按组独立设置。每个排烟系统的排烟量按任意两个相邻防烟分区的排烟量之和的最大值计算。

4）公共区内商店、餐饮、休闲、办公区、两舱休息室、储藏室等设置排烟系统的场所中建筑面积大于等于500m²的房间设有机械补风系统，其余均利用开向大空间的门（窗）

间接补风。

（4）国际到达廊仅供人员通行使用，通道内未布置商业、办公等火灾危险性较大的场所，其功能与走道类似，因此按照《建筑防烟排烟系统技术标准》GB 51251—2017 中有关走道的要求，排烟量按 $60m^3/(h·m^2)$ 计算且不小于 $13000m^3/h$。

（5）公共区一层的国际行李提取厅，部分区域顶部开洞，层高较高，该区域的机械排烟口仅设在高区顶部。考虑排烟均匀性，顺着行李转盘的布置纵向划分防烟分区，每个防烟分区面积不超过 $2000m^2$，净高低于 9m 的部分设置挡烟垂壁，高于 9m 的部分为虚拟挡烟垂壁。每个防烟分区设有排烟口，火灾时所有排烟口均开启，保证整个国际行李提取厅的总排烟量不低于 $22.2×10^4m^3/h$。

（6）公共区净高大于 6m 时，一套机械排烟系统水平方向上最大负担 $5000m^2$ 排烟区域，且不跨越防火分区。

2.2.2 非公共区

B1 层设备机房、行李处理机房，一层业务用房、设备用房、行李处理机房等为非公共区，排烟设计执行《民用机场航站楼设计防火规范》GB 51236—2017 和《建筑防烟排烟系统技术标准》GB 51251—2017，具体设计如下：

（1）需要设置排烟设施的部位按《民用机场航站楼设计防火规范》GB 51236—2017 中 4.3.1 条执行，排烟系统的设计执行《建筑防烟排烟系统技术标准》GB 51251—2017。

（2）因安防管理要求，面向航站楼空侧的房间均无可开启外窗，因此 L1 层各区域建筑面积大于 $50m^2$ 的房间和长度大于 20m 的疏散走道基本都要采用机械排烟。

（3）B1 层和 L1 层的行李处理机房空间净高均大于 6m，按不超过 $2000m^2$ 划分防烟分区，排烟量根据火灾强度进行计算，火灾规模按《建筑防烟排烟系统技术标准》GB 51251—2017 表 4.6.3 中的有喷淋仓库。一层行李处理机房有直接对外的开口，采用机械排烟、自然补风方式。地下一层采用机械排烟、机械补风的方式，机械排烟系统与机械排风系统合用管道，机械补风与平时送风合用管道。

（4）电气管廊及设备管廊内不设置排烟设施。按《城市综合管廊工程技术规范》GB 50838—2015 要求，设有满足正常通风换气使用的机械通风系统，火灾时着火防火分区及相邻分区的通风设备自动关闭。火灾扑灭后开启平时使用的通风设备，进行事故后冷烟排除。

（5）由于设备用房可燃物较少、火灾危险性低，且仅有运维人员巡检，对路线熟悉，因此设备用房不排烟。

2.2.3 防烟分区设计

防烟分区的设置按《建筑防烟排烟系统技术标准》GB 51251—2017 中的要求执行，主要关注点在挡烟垂壁的设计上。在公共区，挡烟垂壁要兼顾美观和实施可行性，针对不同的吊顶造型，选择不同的形式。如图 1 所示，空白部分上下通高，阴影部分有两层，粗线既是楼板边界也是防烟分区边界，此处的挡烟垂壁可结合装饰设计，采用不燃材料制作为固定挡烟垂壁，既满足使用要求，与室内装饰浑然一体，又节约了投资。图 2 是远机位候机区，室内净高 4.2m，采用固定挡烟垂壁影响室内的通透性，因此采用活动挡烟垂壁。活动挡烟垂壁的设置位置与吊顶线条对应，符合吊顶分隔需求，且要与装饰设计讨论并明确挡烟垂壁的安装节点，避免出现挡烟垂壁破坏整体美感的情况。

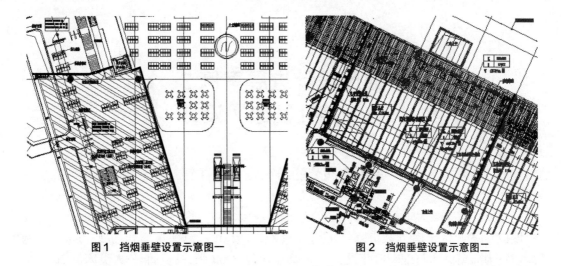

图1 挡烟垂壁设置示意图一　　　　　图2 挡烟垂壁设置示意图二

非公共区或公共区内的独立防火单元中常遇的挡烟垂壁设置问题，都是疏散走道中挡烟垂壁距地高度与人员疏散通道净高间的矛盾。《建筑防烟排烟系统技术标准》GB 51251—2017 明确了走道、室内空间净高不大于 3m 的区域的最小清晰高度不宜小于其净高的 1/2，但是未提及此时对应的挡烟垂壁如何设置。《民用建筑通用规范》GB 55031—2022 3.2.7 条规定"有人员正常活动的场所最低处室内净高不应小于 2.00m"；《建筑防火通用规范》GB 55037—2022 7.1.5 条规定"疏散通道、疏散走道、疏散出口的净高度均不应小于 2.1m"。从满足人员安全逃生的需求而言，挡烟垂壁的距地高度也应满足通用规范的要求。本案例针对此种情况，采取了增加疏散走道单个防烟分区排烟量的措施，疏散走道上的挡烟垂壁距地不低于 2.00m，以性能化设计手段验证了其安全性，并且通过了特殊消防设计评估。

3　分析与评论

本案例依据现行规范、标准以及特殊消防设计评估报告进行了建筑的防排烟设计，设计措施执行《建筑防烟排烟系统技术标准》GB 51251—2017，特殊消防设计评估报告针对航站楼特点，在确保消防安全的前提下，通过性能化设计方法对楼内烟气控制方案进行分析，对《建筑防烟排烟系统技术标准》GB 51251—2017 中有争议或未明确的部分给出了具体做法，对难以执行的条文（如固定窗）给出了解决措施。

由于种种原因，目前的性能化分析旨在验证，在防排烟设计中难以突破现行规范的约束。其实基于航站楼的空间特性，公共区为开放性的流动空间，平均净高都在 10m 以上，容烟能力强，视线清晰度好，公共区内的火灾基本不会引起旅客恐慌。面向公共区的商业、餐饮等场所均具备利用大空间间接排烟的可行性，性能化分析中的商业内机械排烟失效时的过程模拟也验证了此种情况下不会影响人员疏散。因此在工程设计中应争取更有效地借助性能化设计方法，根据建筑自身特点和建筑内人员特点，构建安全可靠、简便易行、造价可控的防排烟设计方案。

通风设计进展案例 3
——某社区通风设计

重庆海润节能研究院　付祥钊

该设计案例位于南方某市郊，用地面积 25.78 万 m^2，总建筑面积约 25 万 m^2，主要功能建筑为隔离酒店与配套医疗设施。隔离者床位 5000 张，后勤服务人员床位 2000 张。设计师以良好的通风作为隔离人员及工作人员不发生交叉感染的前提条件，对自然通风和机械通风的合理配合，给予了充分的重视。首先将整个隔离社区划分为由大到小、依次包含的 3 种不同尺度的通风空间——"社区空间""建筑空间"及"房间空间"，构建了三层次关联的通风设计策略。从三层次空间关联通风设计策略优化出发，社区空间通风设计重在建筑群总图布局为建筑空间自然通风创造良好的外部条件；建筑空间通风设计重在利用社区空间自然通风设计创造的良好外部条件，为房间空间通风设计创造良好的建筑条件；房间空间通风设计则充分利用上两层次提供的空间条件，实现房间通风要求。

设计师借助不同的计算流体动力学仿真工具，先按单一空间层次分析通风气流规律，进而分析不同空间层次的交互影响，在此基础上制定通风设计方案。在通风设计思路与设计工具应用方面，该案例具有很好的借鉴性和参考性。

1 社区空间层次的通风设计

按建筑功能的作用和影响，将社区空间划分为清洁、半污染与污染 3 个区域，分析确定不同区域间、同区域内的建筑间，全时间有效的污染空气传播路径的控制手段。通常的社区空间层次的自然通风设计中，社区各区域之间的空气传播路径控制措施，主要采用清洁区位于场地主导风向的上风侧，污染区位于下风侧的建筑群体布局来实现。但是，这种依靠"上下风侧"的建筑布局策略，仅能满足一种主导风向，无法满足全年中主导风向变化或非主导风向时的控制污染空气传播的要求。如该案例夏季主导风向为东南，而冬季主导风向则为西北。通常的社区空间的自然通风设计分析往往止步于年主导风向的分析，对于风向变化带来的污染传播风险，没有进一步的设计措施。该案例设计者以通风控制污染空气传播路径、避免交叉感染为首要目标，作出了自己努力。作为通风设计者，积极参与社区总平面中的建筑布局，协调配合总图设计，在不同功能建筑间卫生分区、同类功能建筑尽可能聚集的前提下，综合形成合理的隔离者与工作人员不同的室外流动线路，降低自然风向下的交叉感染风险。在社区空间层次上，尽可能地利用场地自然通风条件，通过场地风环境营造手段，调节各种风向下建筑之间的空气传播路径，防止社区污染区空气向半污染区、清洁区流动；防止半污染区空气向清洁区流动。关键难题是，冬季与夏季主导风向不一致，仅能针对一种主导风向进行上下游布置。为解决不同主导风向下的气流组织问题，借助城市通风廊道概念，在隔离社区空间，尝试利用内部道路营造风廊，在另一种主导风向盛行时，起到隔离污染区及半污染区的作用。当地夏季、过渡季盛行东南风（最多风向为东南偏南（SSE），最多风向平均风速为 2.3m/s），因此，在总平面布局时，优先将医疗及生活后勤区（清洁区）布置于场地右上角（上风口位置），将隔离建筑（污染区）布置于场地左侧（下风口位置）。然而，冬季盛行东北风（最多风向为东北偏北（NNE），最多风向平均风速为 2.7m/s），此时，如无技术措施，则存在空气从污染区流向清洁区的风险。借鉴城市通风廊道设计措施，通过增加各区之间道路间距（各分区间满足 20m 的绿色隔离卫生间距），形成通风廊道，在冬季不利的主导风向时，通风廊道可起到阻隔污染区空气流向清洁区的作用；半污染区仍有部分气流会侵入清洁区，则考虑加宽清洁区与半污染区通风廊道或增加围墙进行改善。这些措施的效果，通风设计师通过建筑风环境模拟软件进行了计算模拟验证。通风廊道在控制室外污染空气流动方面的有效性和局限性还需进一步研究，具体的营造措施还需要多样性的开发。

2 建筑空间层次的通风设计

建筑空间层次的通风方式的选择直接影响各房间之间的污染空气传播路径。设计者认为在建筑尺度上，首要是控制气流方向，其次是优化自然通风。为了优化不同建筑空间尺度上的自然通风与机械通风的混合通风设计，在该社区建筑设计时，通风设计者就已积极参与，并将防疫通风与防排烟相结合，协助建筑设计师优化建筑平面布局，设置自然通风开口，使走道内任意点距离排烟口不超过 30m，从而使自然排烟成为可能，降低了机械排烟系统造价的同时，也优化了自然通风条件，符合了卫生主管部门关于"工作人员房间与通道优先自然通风"的建议。

在房间空间层次上，虽然隔离期间旅客只能处于客房（房内机械排风常开，走廊自然通风），此时并无客房内污染空气向走廊流动的可能，但在入住或离开时房门开启，且客房外窗开启的条件下，由于室外风的作用，房内污染空气可能向走廊流动。因此，需要首先优化气流路径，对运行中可能出现的各种混合通风工况进行分析，提出相应的行为调节建议。为实现工作人员通道优先采用自然通风形式，为优化酒店建筑走廊通风，减少机械排烟系统设置（避免出现长度超 60m 的内走廊），布局时在建筑南侧（考虑到全年盛行东南风）减少两个房间，将该位置设为通风口。这种布局下的走廊自然通风模拟结果显示，无论冬夏季，走廊整体风速显著提升。去掉两个房间增设通风口的方案不仅提高了走廊风速，降低了工作人员感染风险，还省去了机械排烟系统，降低了工程造价。这是防疫通风设计与防排烟设计相结合，推动建筑设计调整优化方案并改善通风的一个成功案例。

设计者贯彻单体建筑的通风设计应遵循气流从清洁区→半污染区→污染区流动的总体原则，并结合不同功能区建筑承担的特定功能细化设计。社区中承担诊疗功能的建筑可能同时包含感染者、疑似感染者、健康隔离人员和医务人员等，通风设计要求更高、难度更大。设计者采取的主要控制手段是合理设计不同分区的压力和保证一定的压力梯度等。以隔离社区发热门诊为例，说明建筑尺度的气流组织及平面布局设计思路：①功能区压力设置：发热门诊是专门用于排查疑似感染者并治疗发热患者的专用门诊区，采用机械通风系统以保证气体在不同功能区之间的有序流动。依据《呼吸类临时传染病医院设计导则（试行）》《新冠肺炎应急救治设施负压病区建筑技术导则（试行）》《传染病医院建筑设计规范》GB 50849—2014 和《广州市国际健康驿站建设技术指引》等导则和标准的要求，发热门诊的平面布置和各功能区的设计压力满足清洁区＞缓冲区＞病人走廊＝门诊＞病房区＞卫生间。②通风系统设置：发热门诊清洁区、半污染区和污染区的机械通风系统应独立设置，医务人员活动区划入清洁区通风系统，留观病房划入半污染区通风系统，门诊治疗区划入污染区通风系统。送风系统配置数字化定风量模块以稳定风量、保证设置的压力，新风处理机全年送风温度为 20～24℃，配粗、中、高效三级过滤器，一用一备。排风口设粗效滤网和高效过滤器，室内空气受离心式排风机驱动通过风管抽至屋面，排风机同样一用一备。为分析可能存在的不利情况，距缓冲区最近的留观病房的房门设置为敞开状态，其余房间房门关闭。利用 CFD 软件模拟该病房的污染物扩散情况，以 CO_2 作为标识物的扩散模拟结果证明了机械通风设计方案的有效性，留观病房内人员呼出气体不会扩散至公共区域。

3 在房间空间层次的通风设计

隔离酒店客房用于密切接触者和普通隔离人员的隔离安置。《广州市国际健康驿站建设技术指引》对客房通风设计的要求是"应定时开窗通风"，并应根据天气条件适时调节；或安装机械排风设备，加强空气流通。设计者根据"平疫结合"原则，确定混合通风方案，即不设送风系统，由房内卫生间下部的排风扇进行机械排风，换气量为 200m³/h，换气次数约为 12h⁻¹，通过独立风管经设立于屋面的管道排风机排放。疫情期间为降低相邻客房之间出现交叉感染的概率，各个客房左侧窗固定不开，右侧安装限位器，可开启角度为 15°，室外气体经外窗流入室内，借助机械排风系统进入卫生间，最终由排气扇排出房间；平时房间外窗可按需开启。隔离酒店 A 区客房的排风进入室外环境前，还需经过亚高效过滤器和光等离子杀菌装置处理。数字模拟显示了房门关闭、卫生间门和外窗开启、排气扇正常运转时，客房内气流组织在通风设计方案下的结果，室外气体经外窗流入室内，借助机械排风系统进入卫生间，最终由排气扇排出房间。与排气扇中心高度平齐的房间水平面上，排气扇附近的气体流速较高，其他位置流速较低且均匀。与外窗中心平齐的房间水平面上，排气扇和窗户附近的流速较高，流动路径明显。表明设计方案下房间气流通畅，混合通风效果良好。

发热门诊留观病房采取上送下排的机械送排风方案，送风口位于房间顶部，送风量为 300m³/h；排风口分别位于房间一侧下方（底边距地 200mm）和卫生间下方（底边距地 600mm），排风量分别为 500m³/h 和 150m³/h，配粗效滤网和高效过滤器。无特殊情况房门关闭，换气次数约为 13h⁻¹。在相同的边界条件下，通过留观病房不同高度平面 CO_2 浓度的模拟结果，可以看出扩散源高度（1.65m）平面的 CO_2 浓度最高，排风口高度（0.03m）平面处的浓度处于较低水平，设计者认为扩散源以下的污染物气体能够得到有效排除。扩散源位置对应病患的口部，排风口设于较低位置有助于避免房间内病原体借助气体流动重新进入房间内人员的呼吸道。对于这一观点尚需探讨。发热门诊内所设立的其他诊室及功能房间，均采取上送下排的机械送排风方案。送风口位于房间顶部，排风口底边距地

200mm 或 600mm，排风口配粗效过滤网，换气次数高于现行标准：污染区各功能房间换气次数为 6～21h^{-1}。清洁区各功能房间换气次数 3～9h^{-1}。

4 分析与评论

　　社区不同空间层次上的通风设计目标及相应的技术策略并不完全独立，而是相互关联。设计者需重视存在的交互影响，明确社区层次上的场地风环境设计决定了各建筑的自然通风先天条件，对外立面门窗开口位置及开口大小均存在显著影响。另外，场地上建筑布局及建筑迎风角度均会对建筑自然通风特点造成较大影响，可通过对比场地风环境模拟结果中的建筑外窗压差来优选相关设计方案。该设计在社区空间层次上引入风廊概念，利用不同分区间的卫生隔离间距，形成社区内部风廊，在出现不利风向时，阻隔空气从污染区或半污染区流向清洁区。在建筑空间层次上，在建筑平面布局时，通过减少主导迎风侧房间并增设自然通风开口，不仅整体提高了全年走廊自然通风风速，降低了工作人员感染概率，还实现了走廊空间的自然排烟，省去了机械排烟系统；在发热门诊平面布局时，根据各功能房间正负压要求，合理布置功能房间。在房间空间层次上，对于隔离客房，采用混合通风方式，根据平疫需求转换不同的混合通风工况，实现安全、节能运行；对于发热门诊留观病房及其他功能房间，采用了略高于国标现行标准的机械排风系统。设计者基于气流组织分析软件，构建了不同空间层次上的社区、建筑及房间模型，对其风环境进行模拟仿真，表明本设计的混合通风策略能有效阻隔不同空间层次上的污染空气传播路径。

　　该通风设计由于建设周期紧迫，仍存在一些不足之处。例如：分区卫生隔离间距对形成社区内有效风廊的影响、上送下排的房间气流组织方案的普适性、隔离酒店运营混合通风工况模拟仿真等，仍有待进一步深入研究，所有计算流体模拟结果尚需实际运行的验证。

本章参考文献

李翔，胡晨炯，黄碧，等．集中隔离社区多空间尺度通风设计案例分析 [J]．暖通空调，2022.52（12）：34-40．

通风设计进展案例 4
——某重离子治疗中心暖通空调设计中的通风系统设计

重庆海润节能研究院　付祥钊

《中国住宅与公共建筑通风进展 2018》指出了民用建筑暖通空调设计实践中，普遍存在"重空调、轻通风"，甚至将通风设计附带于空调设计，可有可无的状态，导致相当一部分暖通空调设计师熟悉空调设计，但对通风设计方法生疏，整个行业通风设计水平落后。本案例以某重离子治疗中心暖通空调设计项目为例，介绍其中的通风系统设计，以期反映暖通空调设计师们在提高通风设计水平方面的努力和取得的进展。

本案例位于杭州，项目总建筑面积 14000m²，其中地上 7600m²，地下 6400m²。建筑地下 1 层、地上 3 层，总高度约 24m，主要包含重离子治疗区及常规房间。重离子治疗区包含重离子加速器治疗装置、电源间及 4 个治疗室；常规房间包含影像功能用房，患者、医护用房、附属用房等。设计师在完成本项目的暖通空调设计过程中，在提高通风设计水平方面取得了以下进步。

1　设计逻辑上将通风设计由空调附带提升到与空调并重的位置

重离子治疗装置（重离子加速器）运行会产生瞬时辐射和感生放射性影响（瞬时辐射是指重离子束、重离子与结构材料发生核反应产生的次级中子等辐射；感生放射性主要是由重离子打靶产生的次级中子引起）。在加速器运行期间，初级粒子或次级粒子与加速器部件、冷却水、加速器室内空气、加速器室内墙壁等相互作用产生感生放射性，其辐射水平取决于加速离子的能量、种类、强流离子加速器运行时间、冷却时间和被照材料性质等诸多因素。因此，重离子治疗项目存在辐射防护问题。

设计师通过重点分析项目防辐射环境的要求，提高了对通风设计重要性的认识，改变了将通风系统作为空调所属的新风设计内容的做法，将通风系统设计提升到与空调系统同等的层次。这一工程思维逻辑的进步，为该案例系统深入地开展通风设计创造了基本条件，使科学合理地优化通风系统方案成为可能。

2　深入分析了该项目暖通空调中通风的特定功能需求

在清楚认识该重离子治疗中心的治疗过程中存在特定的辐射风险的基础上，明确除了通常的健康、舒适要求外，通风功能重点要求辐射防护的安全功能。进而具体分析了治疗装置的感生放射性气体影响、治疗室的辐射防护通风要求和室外环境对辐射防护通风系统排风的要求，为制定治疗中心不同建筑空间、不同运行工况下的通风方案提供了依据。

放射性物质在主装置区内的扩散量必须执行国家现行标准，遵循合理、可行、尽量低的原则。根据《电离辐射防护与辐射源安全基本标准》GB 18871—2002 的规定，剂量约束值通常应在公众照射剂量限值 10%～30%（即 0.1～0.3mSv/a）的范围之内。该案例确定公众照射有效剂量约束值的管理目标为 0.1mSv/a。

该案例分析了加速器大厅内的人员情况，在重离子加速器开机运行状态下，除患者外无人员在治疗室处停留，加速器大厅为禁入区，工作人员在控制室内进行控制操作；在重离子加速器停机状态下，工作人员因检查、检修而进入加速器大厅时，可能受到感生放射性辐射危害。

该案例分析了重离子加速器对环境的辐射影响包括次级中子贯穿辐射外照射影响，以及排入环境的气载感生放射性核素的辐射影响。与辐射相关的非放射性污染源，如重离子加速器大厅、治疗室等场所的空气被电离后产生臭氧、氮氧化物等有害气体，这是粒子在高速运行中相互碰撞或与其他物质相互碰撞产生的，对人体、设备和环境有较大的损害。明确了设计排风系统必须遵循的环境排放标准。

3 区别各建筑空间不同的通风功能设计通风方案

治疗装置所在建筑空间，在重离子加速器运行工况下，除接受治疗的患者外，无其他人员，通风系统按封闭状态循环运行，为保持装置区为负压状态，排风换气次数设计为 $0.5h^{-1}$；当加速器停机后，为保护因检查、检修而进入的工作人员，采取大风量排风，排风换气次数设计为 $5h^{-1}$，在此条件下通风 30min 后，才允许工作人员进入。

治疗室的辐射防护通风设计为保证人员安全及满足防辐射的相关要求，治疗室设计负压工作环境，控制放射性物质的扩散，房间排风换气次数为 $10h^{-1}$。治疗室始终保持负压通风状态，所有的新风入口均安装中效过滤器，以减少进入装置的气溶胶以及空气中携带辐射的气溶胶量。

排风均通过两级过滤后经高位烟囱排放。为降低空气中放射性粉尘或放射性气溶胶的浓度，所有放射性区域的排风均通过粗效过滤器（G4）、中效过滤器（F8）两级过滤后经高位烟囱排放。加强排放风管和设备的密封处理，按高压风管进行制作及安装以及活化空气泄漏。

由于治疗室换气次数较大，为了尽可能节约能源，采用液体循环式换热器，在避免新风、排风交叉污染的同时，获得较为稳定的热回收效果。

同时，空调系统也采用粗效（G4）、中效（F8）两级过滤，减少室内粉尘数量，以达到减量处理放射性物质的目的。为防止污染扩散，通风、空调机房及管井单独设置。对于治疗室的空调管线，均沿着迷宫式通道敷设，避免直穿过或 45°穿过迷宫式防辐射混凝土墙体。

4 按治疗工艺流程设计通风运行方案

加速器装置的工艺通风，根据工艺、卫生、环保和室内环境要求运行。重离子装置通风系统按3种工况运行,即正常运行模式、清洁通风模式、检修模式。该案例给出了各种模式下空调系统与通风系统的设备状态和装置的关联运行图,包括多功能空调机组、平时排风机、清洁排风机、排风口、回风口、送风口等。

正常运行模式下为禁入区,空调、通风系统处于封闭循环状态,并保持装置区有一定的负压,以防止活化空气的泄漏。此模式下,排风换气次数设计为 $0.5h^{-1}$。在高污染处设置集中排风口,排风机为专用平时排风机。

清洁通风模式下(兼事故后排风模式),此时加速器停止运行,压力经适当延时衰减后(大于30min),采用大风量排风,换气次数为 $5h^{-1}$,置换装置区中的空气,以满足人员进入要求。空调机组兼作新风机组,并设置卷绕式粗效过滤器,在清洁通风时,关闭回风电动密闭阀,开启新风电动密闭阀,转换为新风机组,并自动更换新的粗效过滤器。

检修模式下,加速器停止运行,人员可进入。可根据实际需要,采用回风工况运行,提高新风比到10%~15%,将空调机组切换为一次回风状态。为维持人员进入时装置区内负压,清洁通风排风机变频运行。

5 空调系统、通风系统及防排烟系统相互配合设计

本章参考文献

欧阳长文,陈少玲,王定九,等.杭州某重离子治疗中心空调通风系统设计[J].暖通空调,2022,52(12):30-33.

通风设计进展案例 5
——地铁站送风系统新风过量的案例分析

重庆海润节能研究院　付祥钊

1　案例介绍

该案例研究的地铁站采用全空气空调方式，其风系统采用了送风机、回（排）风机和新风机耦合的"三风机"方案。运行时实际新风量普遍大于设计新风量，造成地铁站公共区空调系统在供冷季增大了新风负荷，能耗升高。

研究者认为由于受到多种因素相互影响，过去的研究缺乏对于其影响的理论定量分析，仅通过现场实测难以分析出导致实测新风量与设计值偏差巨大的关键因素。研究者以该地铁站为例，建立了三风机的风系统理论计算模型，结合实际数据进行定量计算，分析各因素对送风系统新风量的影响，得到问题的主要原因是三风机联合运行的风系统由于风机选型偏差、混风室气密性差、风阀密闭性不好等问题，导致实际新风量与设计新风量产生较大偏差。该研究获得以下结果。

1.1　送风机选型偏大与混风室气密性差的关联影响是该地铁站新风量偏大的主要原因

在设计中通常会考虑送风机性能衰减、工程施工不到位、滤网/表冷器/消声器脏堵等因素，外加风阀、过滤器、消声器等阻力通常不计算，直接按照经验偏大取值。设计中风机全压选型一般均会乘以非常大的安全系数，通常会在水力计算结果的基础上放大 50% 甚至更大。此类问题统一归为风机选型偏大。送风机全压选型偏大影响被分配到了 3 个风机上，与设计计算值相比，新风机风量、回（排）风机风量、送风机风量均增大。当设计计算基本准确、风机全压选型仅有较小偏差时，混风室气密性对各风机风量影响较小。当送风机全压选型偏大 10%、缝隙等效面积占混风室表面积的 0.5% 时，新风量实际值与设计值的偏差仅为 12%。现场调研过程中发现，穿过混风室的风管、桥架、水管封堵不严、混风室机房门密封性不好等问题，造成明显漏风，混风室的实测回风量加新风机风量不等于送风量，此类问题统一归为混风室气密性问题。随着送风机全压选型偏大程度的增加，混风室负压逐渐增大：当送风机全压选型偏大 10% 时，混风室产生了 38Pa 的负压，当送风机全压选型偏大 50% 时，混风室负压达到 167Pa。随着送风机全压选型偏大程度的增加，无论混风室是否存在缝隙，新风量与设计风量的偏差会逐渐增大；与无缝隙工况相比，由于混风室的漏风，总新风量与设计新风量偏差高达 40%，缝隙的等效面积仅为混风室表面积的 0.5%，仍然会严重放大风机选型偏差类问题对新风量的影响。如当送风管实际阻力与风机全压选型偏差为50%、混风室等效缝隙面积占比从0提高到0.5%时，新风量实际值与设计值偏差从12%提升到40%。

1.2 新风机、回（排）风机的影响较小，但三风机的水力平衡能削弱送风机选型偏大的负作用

研究者认为，与送风机相比，由于新风机、回（排）风机的全压较小，因此它们的全压选型偏差对于新风量的影响也相对较小。当新风机或回（排）风机全压选型偏大50%时，无论混风室是否有缝隙，新风量实际值与设计值偏差均小于5%。各风机的风量偏差均不大。即使当送风段管网实际阻力与送风机全压选型的偏差为50%时，新风量实际值与设计值的偏差仅为12%。但三风机相互平衡会减弱风机全压选型与实际管网阻力不匹配的影响。

1.3 风阀关闭的气密性差，全新风阀不能关闭是重要原因

研究者调查了解其他车站，发现大多数车站全新风阀/排风阀关闭后存在明显缝隙，进一步排查案例车站，发现现场还存在全新风阀无法关闭等问题。在风机性能不能连续调节的条件下，三风机的相互平衡需要风阀的开闭与开启度调节作配合才能实现。风阀关闭的气密性差、全新风阀不能关闭等状况的存在，难以实现三风机在设计新风量上的水力平衡，也就不能通过运行调节改善送风机选型偏大造成的新风过量状况。

2 案例分析

研究者所采用的实测与理论分析相结合的分析方法，是实践工程中诊断通风系统问题在方法上的明显进步。这一方法的针对性很强，能较为准确地找到问题的症结所在，相应的改造方案和技术措施也较容易制定和比选。如对于该地铁站的三风机系统，采取做好混风室的密闭性和适当调减送风机全压的技术方案，能够解决其新风量偏大的问题。此方法值得学习和参考，其诊断结论也可以为判断通风系统问题及原因提供借鉴。

该案例研究者通过实测与理论分析相结合的方法，揭示了该地铁站"三风机"系统新风量偏大的主要原因：送风机选型偏大与混风室漏风同时存在。其机理是三风机系统的送风机造成混风室负压，混风室漏入室外空气，增大了送风中的新风量。送风机选型偏大和混风室气密性差，二者共同造成风系统漏入的室外空气显著增加，是该地铁站新风量显著偏大的主要原因。但同时也要注意，混风室的气密性差是更为基本的原因，在混风室漏风的状况下，即使送风机相对于管道阻力没有偏大，只要三风机联合运行，混风室通常都处于负压状态，都会漏入室外空气，造成系统新风量偏大，即通风管网漏风必然造成实际运行工况偏离设计工况。通风工程、空调工程的风系统问题诊断应从其气密性开始，气密性的诊断宜先分别进行风系统吸入段、送出段的风量平衡检测，对不平衡者再细查漏风处。从设计角度，往往认为泄漏是施工的问题，但设计首先应对所设计的管网类通风系统提出合理的、恰当的气密性要求。表征气密性的技术参数，不宜是本案例所用的"缝隙率"（如该案例的缝隙等效面积占混风室表面积的比值），而宜采用内外单位压差（正压与负压）的漏风量。缝隙率不能在现场检测，而单位压差漏风量现场可测，进而可判断气密性是否符合要求。

在气密性符合要求的前提下，三风机的平衡就成了关键，三风机的合理选型是设计难点；三风机的平衡调适与调节则是现场难点。合理选型是调适、调节的前提条件。为使三风机平衡设计的风机选型合理，通常将混风室视为静压箱，设定其内外压差，作为三风机平衡选型的压力关联点。这将设计难度转移为工程后期的调适难度和运行中的调节难度。其难处在于要求送风量、新风比双参数的同时满足，而二者的需求和影响因素不一致。影响送风量的主要因素为热舒适性要求，而影响新风量的主要因素则是健康要求。送风量主要依靠送风机调节，新风量、新风比主要是新风机和回风机的调节。三风机并非两两相互独立，而是通过混风室关联在一起，相互影响。同时由于工程实际中，混风室并非静压箱，新风气流、回风气流在混风室内的强烈扰动，使混风室内的压力分布复杂而不稳定。三风机任一个的调节、三风阀（送风阀、回风阀、新风阀）任一个的开度变化，都将引三个风机工况点的变化。风机性能、风阀调节性能的非线性，会使这一变化很强。所以在三风机设计选型时，除设计工况点的水力平衡外，还要分析平衡的稳定性，能否具有在发生偏离后回到平衡点的能力，避免发生振荡。三风机性能曲线应选水力稳定型，运行工况应具备抗干扰的能力。同时满足送风量、新风量（比）双要求的三风机平衡调节成为难解之题，是由该系统的水力结构决定的。上述复杂的设计要求也不能从根本上给予解决。工程实践中应避免采用此"三风机"方案。将新风输配系统与室内热湿负荷承担系统分解开，是回避这一难题的可行方法。

该案例的研究方法具有显著的针对性。该案例研究者的结论为"仅单独存在风机选型偏差类问题或混风室缝隙类问题时，实际新风量与设计新风量偏差都不大，但当二者同时存在时，才会导致明显的新风量偏差。"因此，为了最大限度减轻实际运行过程中全空气系统送风中的新风过量供应问题，应加强对混风室气密性的重视，对混风室的缝隙进行封堵。由此可知今后的设计应选择密闭性好的全新风阀/排风阀/混风室门，避免桥架/管道穿越混风室，亦可考虑在设计阶段就明确不采用气密性难控制的土建混风室。这些都是很有参考价值的。

同时"针对性"会削弱其研究结论的"普适性"。因此，学习应用应重在方法论，对其具体结论的有效范围需要谨慎划定，不能轻率地认为所有"三风机"系统新风量偏大都是送风机选型偏大和混风室漏风共同作用的原因。从通风设计角度，送风机、回风机、新风机三者在目标工况点的平衡，首先是设计工况下的平衡，再有是运行调节中的平衡才是普遍原因。"三风机"方案是约半个世纪前，全空气空调系统的一种常见风系统方案。由于该风系统方案的水力特性的复杂性、调适和运行调节的困难以及其他一些综合原因，使设计师在工程实践中对该类"三风机"方案的采用逐渐减少。

本章参考文献

黄龙鑫，杨卓，周明熹，等.地铁车站空调系统送风中新风过量问题理论分析[J].暖通空调，2022，52（12）：137-142.

通风设计案例分析 6
——以通风为主的西宁机场登机桥热环境营造

重庆海润节能研究院　付祥钊

该案例着眼点于机场航站楼登机桥热环境营造方案的气候适应性。案例基于西宁的气候特点，充分利用夏季室外空气温度低和全年丰富的太阳能资源，提出了以通风为主的登机桥内热环境营造方案（案例设计者称之为"新型空调通风方式"）。在满足基本热舒适要求的前提下，实现降低能耗与节省投资的双重目标。分析表明，在满足基本热舒适要求的前提下，初投资为普通方案的 10%，运行费用降低 50%。

1 西宁地区气候特点

西宁地区夏季气温低，最热月平均干球温度低于 20℃；冬季寒冷，最冷月平均干球温度低达 -6.85℃，空气湿度低，太阳能年辐射量在 5400~6700MJ/m² 之间。西宁地区全年气象参数见图 1。

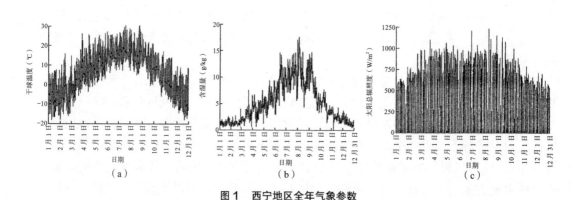

图 1　西宁地区全年气象参数
（a）逐时干球温度；（b）逐时含湿量；（c）逐时太阳总辐照度

2 西宁机场登机桥概况

西宁机场已有登机桥 14 部，新建 T3 航站楼配套 30 部登机桥。西宁机场采用成品登机桥（两侧玻璃幕墙的过渡通道）。登机桥封闭无窗，通风主要依靠侧门（航站楼、飞机和贵宾通道）开启。该案例分析对象是西宁机场 T2 航站楼 4 号登机桥，其固定端尺寸为 23.8m×1.5m×2.2m，夏季实测登机桥内自然室温高达 39.7~50.7℃。登机桥围护结构材料、传热系数、厚度见表 1。

登机桥围护结构材料、传热系数、厚度　　　　　　　　　表1

围护结构	外墙	屋面	地板	外窗
材料	镀锌钢板+岩棉	镀锌钢板+岩棉	镀锌钢板+岩棉	Low-E中空高透玻璃
传热系数 [W/(m²·K)]	0.72	0.70	0.72	1.80
厚度 (mm)	2（钢板），50（岩棉）	3（钢板），50（岩棉）	2（钢板），50（岩棉）	8+12+6

注：外窗的太阳得热系数 $SHGC$ 为 0.24。

3 登机桥夏季热环境营造方案的比选

3.1 两个方案

方案1——蒸发冷却通风（采用经蒸发冷却处理后的室外空气）方案

基于西宁地区空气相对湿度低的特点，可考虑采用直接蒸发冷却技术。模拟在登机桥顶面中部设置1台单元式的下送风型蒸发式冷气机，见图2。

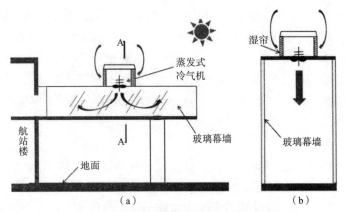

图2　登机桥直接蒸发冷却通风方案示意图
(a) 主视图；(b) 剖面图

方案2——夏季直接通风（新风不作热湿处理）方案

基于西宁地区夏季室外温度低的特点，采用登机桥顶空气夹层引入室外空气的直接通风方案，见图3。直接通风方案运行策略：

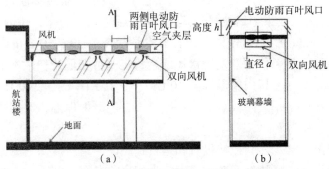

图3　登机桥直接通风（新风不作热湿处理）示意图
(a) 主视图；(b) 剖面图

（1）过渡季开启风机和风口，靠近航站楼的风机引入室外新风，远离航站楼的风机排出过热空气，空气夹层充当自然通风器；

（2）夏季在登机桥运行前 10~20min 开启排风机和风口，将桥内过热空气通过夹层排至室外，运行 5~10min 后改变风机转向，持续从室外引入新风，并充分利用航站楼排出的冷空气。

3.2 夏季两方案的运行效果分析

3.2.1 蒸发冷却通风方案

根据西宁机场夏季实测室外温湿度（干球温度 30.2℃，湿球温度 17.1℃），以及直接蒸发冷却空调厂家样本和经验数据，得出系统冷却效率为 85%，直接蒸发冷却机组送入登机桥的空气出口温度为 19℃。取出口风速 4.5m/s 进行模拟，出风口尺寸取 0.67m×0.67m，模拟风量为 7300m³/h。桥内初始温度取实测平均值 43.9℃。考虑登机桥为人员短期停留，满足基本热舒适的温度上限为 30℃。

计算机模拟结果表明，直接蒸发冷却方案运行 10min 后，登机桥内空气平均温度为 28.9℃，与初始桥内平均空气温度 43.9℃相比下降了 15℃，降温效果显著。工作区平均风速为 0.55m/s。风口附近温度和风速衰减较明显，温差最大值为 4.8℃，风速最大差值为 0.26m/s，桥内温度场和风速场较均匀。计算出相对热指标 RWI 的值为 0.44，考虑修正系数 0.35 后，RWI 的值为 0.15，热感觉为稍暖，满足基本热舒适要求。相对热指标 RWI 是较热环境过渡空间热舒适性评价指标，特点在于引入旅客经过的时间变量，适用于对登机桥等过渡空间的评价。

3.2.2 直接通风方案

设计者采用 Fluent 模拟降温效果。参数设定：风口间距取 5m，双向风机风口速度取 4.5m/s，设定百叶风口高度等于夹层高度，工作区风速限定在 0.2~0.8m/s。空气夹层的高度 h、风口直径 d、百叶风口长度相对于风口尺寸的倍数 n 等因素对空气流动和传热影响较大，对这些参数进行优化模拟，确定最佳结构尺寸参数为：$n=2$，$h=0.3m$，$d=0.5m$。基于所选尺寸，单个风机风量 3200m³/h，总风量 16000m³/h，风机运行 5min 后 1.4m 高度处（人体热感应区）的温度相对于初始温度仅下降 6.9℃，平均温度为 37.0℃，表明在室外设计温度（30.2℃）条件下，直接通风方案不满足舒适性要求。

设计者导入 7 月 20 日 16:00 航站楼内温度实测值为 26.6℃，登机桥内实测值为 43.9℃，利用航站楼的排风需求设计登机桥的送风（相对于航站楼通过登机桥排风）。再进行 CFD 模拟分析通风效果，风机排风运行 5min 后达到热稳态，桥内温度场较为均匀，桥内平均温度降至 30.56℃，1.4m 高度处的平均温度降至 29.61℃，桥内风速较低。这表明夏季充分利用航站楼排风作为登机桥送风的运行策略可在低改造成本下改善登机桥的热环境。引入航站楼冷空气后桥内室温降至 30℃以下，其 RWI 的值为 0.15，热感觉为稍暖，满足基本热舒适要求。冬季关闭风口后，封闭空气夹层既能保温，又能防止其他热绝缘材料层潮湿。

从表 2 可以看出，常规多联机初投资和运行费用高，蒸发冷却通风方案和为航站楼排风的直接通风方案都能满足热舒适要求。而后者相比前者存在较大的优势。

夏季降温形式综合比较 表 2

项目	直接蒸发冷却空调	屋面空气夹层	常规多联机
功率（W）	1100	750（单台风机）	7855
降温效果（℃）	14.9	6.9	桥内温度不均匀
设备初投资（元）	3050	1500	110000
安装难易程度	较复杂	简单	复杂
运行方便程度	较繁琐	方便	繁琐

4 冬季方案——太阳能通风供暖方案

设计者结合西宁机场登机桥特点，提出零辅助热源太阳房的概念：在供暖季采取主被动结合的方式将太阳能作为供暖保障能源，实现基本热舒适要求的太阳房。为此，强化登机桥围护结构保温性能，在其屋面安装光伏发电组件，末端采用电暖风机（从通风为主、热湿匹配的角度，可将该方案称为太阳能通风供暖方案）。系统电协同运行策略如下：①光伏发电量不满足登机桥通风供暖需求时，由航站楼补充，如夜间由航站楼供给电量；②光伏发电量超过登机桥需求时，可将多余电量供给航站楼使用。登机桥太阳能通风供暖方案如图 4 所示。

设计者采用 DeST 模拟登机桥冬季热负荷和内部室温，并分析热负荷需求与光伏发电量匹配性。供暖运行时段为 9：00 至 24：00，其中主要运行时段为 9：00 至 12：00，平均每小时运行 30min，温度下限为 10℃，满足通过性不停留空间热舒适要求。

运行策略：冬季桥内温度低时关闭风机和风口，温度高时开启风机将热风引至航站楼。

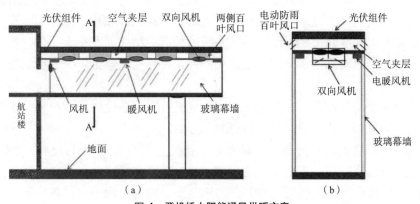

图 4 登机桥太阳能通风供暖方案
（a）主视图；（b）剖面图

5 该案例设计者的方案效果比较

设计者对登机桥通风方案与多联机空调方案的比较结果见表 3。

登机桥通风方案与多联机空调方案的综合比较   表 3

项目	通风方案	多联机空调方案
额定功率（W）	3750	7355
降温效果（℃）	6.9	桥内温度不均匀
制热效果	室温 > 10℃	桥内温度不均匀
设备初投资（万元）	1.5	11
安装难易程度	简单	复杂
运行方便程度	方便	方便

注：多联机初投资包括 1 台 28kW 直流变转速室外机、卧式暗装风管式室内机、管道配件等的费用；通风方案初投资包括光伏组件、双向风机、电动百叶风口、电暖风机等的费用。

6　对该案例的分析与评论

6.1　案例方案的适应性与创新性

该案例设计者将自己的成果称为"西部机场登机桥新型空调通风方式"，是恰如其分的，其方式的创新性在于突破了登机桥热环境营造以空调制冷为主的方式，采用了以通风为主，辅以必要时段的热湿处理的技术措施。为了明确显示"新型"的创新特色，笔者称之为"以通风为主的登机桥热环境营造方案"。该方案体现了建筑热环境营造必须遵循的两个适应性：气候适应性和建筑功能适应性。

在对当地气候分析方面，案例抓住了西宁地区与登机桥热环境相关的气候特点，夏季气温低，最热月平均干球温度低于 20℃；冬季寒冷，最冷月平均干球温度低至 -6.85℃，气候干燥，空气湿度低，太阳辐射强，年辐射量 5400 ~ 6700MJ/m²。

在登机桥建筑空间的认识方面，案例注意到了登机桥与热环境相关的建筑特点，即机场登机桥的建筑空间特点是矩形断面的狭长走廊，大多采用密闭的双侧玻璃幕墙，走廊顶、底及两侧直接与室外空间接触，单位体积空间的外围护结构面积很大，与室外空间的热交换强烈。更可贵的是注意到了空间体量微小的登机桥与空间体量宏大的航站楼之间的空间关联性。

在登机桥功能使用特点上，案例注意到了登机桥的间歇性频繁使用和每次使用的短暂性，每位旅客通过登机桥的时间只有短短的几分钟。

以上几方面综合起来的问题是，夏季进入登机桥内的太阳辐射强烈，聚集大量热量，难以排除，形成温室效应，室外空气温度并不高，但登机桥内炎热；冬季单位体积的围护结构热损失大，桥内寒冷，热舒适性差。怎样经济合理的保障全天候条件下登机桥频繁地短暂使用时间中的热舒适，是西宁机场登机桥热环境营造的特有问题。

在明确认识了西宁机场这些与登机桥热环境营造相关的具体工程条件的基础上，将两个适应性关联分析，寻找该案例特有的气候、建筑、功能使用特点等约束条件关联集合而形成的可利用的工程资源。案例通过这样的分析，获得了具有创新性的"新型"方案与措施，体现了建筑热环境营造方面的创新。

该案例也表明通风优先或通风为主的建筑热环境营造路线，需要热湿处理措施的辅助。该登机桥通风方案辅以光热光伏等太阳能新技术形成辅助措施，提升热环境水平，降低能耗，在实现零碳目标上是成功的。

设计者在评价该案例的推广性上，很严谨地提出"可为西部高原严寒地区登机桥热环境营造提供参考"，也突出了工程成果推广的气候适应性和建筑功能适应性。

6.2 不宜脱离气候条件比较各地间工程方案的投资与能耗

在分析国内登机桥热环境营造方案时，作者以华东某机场登机桥采用多联机空调系统为例，单个登机桥空调设备投资达 30 万元。华北某机场登机桥采用集中冷热源 + 风机盘管系统，夏季在空调供冷的情况下，桥内温度仍出现超过 40℃的情况。国内机场登机桥内的热环境营造，多采用多联机空调系统、集中冷热源 + 风机盘管系统和直膨式屋顶空调系统等方案，这些方案高能耗、高投资，却未能维持登机桥热环境的舒适性。这一分析有失严谨，分析结论过于轻率。上述表 3 的比较也是不恰当。若脱离气候环境，只看投资与效果，结论表面上与事实相符，但违背了气候适应性原则。华东属于低海拔的夏热冬冷区，华北属于低海拔的寒冷气候区，相对于高海拔的严寒地区，气候条件相差甚远，不应抛开气候条件，直接比较三者所采用方案的投资与能耗。确需对比时，需引入复杂的气候修正。在没有深入分析前，不宜认为多联机空调系统投资大，或集中冷热源 + 风机盘管系统热环境效果差。

6.3 案例设计中的计算机模拟分析

本案例在设计过程中，在实测基础上做了很多计算机模拟分析工作，包括采用 Fluent 模拟、DeST 热负荷模拟和 PVsyst 光伏发电模拟，分析了营造机场 4 号登机桥热环境可采用的技术方案的效果。这是值得学习的地方。通过这些模拟分析获得了以下结果，为方案的制定和比选提供了支撑或参考。

（1）对夏季方案 1——蒸发冷却方案，确定了通风运行 10min 后登机桥内室温降低 15℃，降温效果显著。

（2）对夏季方案 2——直接通风方案，推荐了登机桥顶部空气夹层的构造尺寸和风口参数为：夹层高度 0.3m，圆形风口直径 0.5m，百叶风口长度 1m。给出了排风先运行 5min 将桥内过热空气置换为室外空气和航站楼冷空气，送风运行 10min 后登机桥内温降 6.9℃，夏季先排后送，登机桥内热环境满足基本热舒适要求的结论。

（3）给出了 4 号登机桥在冬季典型日的光伏保证率为 42.9%。供暖季暖风机累计耗电量 1546kWh，其中光伏发电承担 638kWh，航站楼承担 908kWh。光伏向航站楼供电 2602kWh。

这些模拟分析结果得出该案例拟采用的方案能使登机桥内夏季室温降至 30℃以下，冬季高于 10℃，设备初投资为常规空调的 10%，设备额定总功率为常规空调的 50%，实现了经济、节能和基本热舒适的目标。这些结果对设计起到了辅助作用，有利于减少设计方案的不确定性或风险性。

7 西部高原严寒地区推广、借鉴、参考该案例成果的风险分析

为了在西部高原严寒地区登机桥热环境营造方面借鉴或参考该案例成果，还需进行深入的工程应用分析，包括（且不止）以下问题。

7.1 机场航站楼热压对夏季方案可行性的影响

该案例的夏季方案是，在室外高温时，利用航站楼"因引入新风而需排出的冷空气"为登机桥降温，是比蒸发冷却更佳的方案。对这一方案的计算机模拟，对一个重要的边界条件——登机桥入口断面的流体动力学参数未明确表达，对其模拟得出的登机桥内的流动和温度结果与真实的一致性难以评判。

确定这一边界条件，需分析体量微小的登机桥与体量宏大的航站楼之间的空间连通关系。航站楼登机桥入口，通常大型航站楼在下部，中型航站楼在中部，小型航站楼在上部。当室外温度高于室内时，处于航站楼下部的登机桥入口断面上的热压指向登机桥内，在航站楼中部的登机桥入口热压近于零，在航站楼上部的热压背向登机桥内。由于飞机上下旅客时（即登机桥使用时），入口是开启的，航站楼在入口断面的热压方向与大小对登机桥内气流的影响不能忽视。

对于大型航站楼，热压足以驱动航站楼内冷空气排入登机桥，并从登机桥空气夹层排到室外。若登机桥围护结构的遮阳隔热措施得当，不需要图5中的入口风机和空气夹层的双向风机，仅靠航站楼的热压就可实现登机桥的自然通风排热。

对于中型航站楼，入口热压微弱，需要图5中空气夹层靠飞机端的风机引入航站楼内冷空气，吸收登机桥内热量后，从空气夹层百叶风口排到室外。

对于小型航站楼，入口断面的热压阻碍航站楼冷空气进入登机桥。即使有图5中的入口风机和空气夹层双向风机，也难利用航站楼的冷空气改善登机桥内的热环境。

在室外温度低时，直接引入室外空气排除进入登机桥内的太阳辐射热。这种情况下，航站楼登机桥入口热压反向。

对于大型航站楼，其在登机桥入口形成的指向航站楼内部空间的热压，足以吸引室外冷空气进入登机桥，实现要求的热环境，并将登机桥内热量带入航站楼。图5中的入口风机和空气夹层风机不必要设置。在登机桥入口开启的情况下，空气夹层的双向风机有的送、有的排，也很难找到平衡点，避免登机桥内空气流入航站楼（实际上也没有必要避免）。

对于中型航站楼，由于入口热压微弱，需要图5中空气夹层风机将室外冷空气引入登机桥，营造其需要的热环境。同样没有必要避免登机桥内空气进入航站楼。

对于小型航站楼，入口断面的热压将航站楼内空气排入登机桥，阻碍室外冷空气进入登机桥，严重影响图5中空气夹层风机用室外冷空气改善登机桥内热环境的效果。

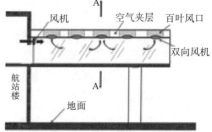

图5 登机桥屋面空气夹层通风示意图

归纳起来，在西部高原严寒地区的夏季，大型航站楼可依靠自身热压，采用自然通风为主的措施，实现登机桥内要求的热环境；中型航站楼可采用机械通风措施，实现登机桥要求的热环境；小型航站楼除利用航站楼内冷空气为登机桥降温的技术难度大以外，采取机械通风措施利用室外冷空气为登机桥降温是可行的。

7.2 航站楼对登机桥的遮挡对冬季方案可行性的影响

登机桥是围绕航站楼设置的。航站楼庞大形体在冬季对航站楼的遮阳作用严重影响该案例冬季方案的可行性。

在冬季，大中型航站楼对其北面、西北面、东北面登机桥的太阳直接辐射能达到全遮蔽，天空散射也能遮挡50%左右，该案例冬季方案的可行性差；大中型航站楼对其南面、西南面、东南面的太阳辐射遮挡小，该案例冬季方案的可行性好；小型航站楼与其登机桥的高度相差不大，对太阳辐射的遮挡少，该案例冬季方案的可行性好。在采用冬季方案时，应对每一个登机桥进行冬季太阳辐射全季节分析。

在冬季，西北高原地区航站楼室内外的温差比夏季大得多，平均为20℃左右，最大达30℃，与室内数十米高的通透空间结合形成强大的热压。对于在航站楼上、中部的登机桥，可利用航站楼内的排风营造登机桥短暂使用时的热环境；而在航站楼下部的登机桥，航站楼强大的热压会将室外寒冷的空气吸入登机桥内，为该案例冬季方案的实施造成困难，需要寻找恰当的技术措施，尤其是解决冬季方案中的"电动防雨百叶风口"的气密性问题。

7.3 冬季方案的暖风机措施的效果还需分析

案例在提出冬季采用暖风机措施时，未针对登机桥狭小空间内气温与壁面温度这两个热环境参数对人体热舒适的相对影响强度进行分析，也没有分析在采用暖风机措施下，登机桥内空气温度与壁面温度的相互影响关系。人体在依次通过登机桥这样的狭小空间时，壁面温度与空气温度对人体热舒适的影响不同于宽敞空间。需要从工程应用的角度，认识二者的相对影响强度和综合影响效果。需要分析考虑这类使用频繁、使用时间短暂的人员通过性狭小空间的热舒适营造，该怎样合理地选择配置对流换热措施和辐射换热措施，是从气温调节着手，还是从辐射温度调节着手，或者二者该怎样综合。该案例冬季方案，热惰性小的电远红外辐射末端设备或热惰性小的低温辐射地面是否比电暖风机更恰当些？

7.4 基于登机桥使用特点的气象数据模型

《民用建筑供暖通风与空气调节设计规范》GB 50736—2012的室外气象数据模型，不适用于登机桥这类使用频繁、每次使用时间短暂的人员通过性狭小空间内的热环境营造。是否应考虑机场容许飞机起降的气象条件下，对登机桥热环境营造最不利的、最大几率的室外气象条件，建立计算机分析用的气象数据模型？

本章参考文献

周敏，柯信瓯，许安琪，等. 西部机场登机桥新型空调通风方式 [J]. 暖通空调，2022，52（5）: 8-13.

通风设计进展案例 7
——北京冬奥会场馆设计重视自然通风

重庆海润节能研究院　付祥钊

国家速滑馆是 2022 年北京冬奥会赛区唯一的新建冰上竞赛场馆，冬奥会期间承担大道速滑比赛和训练，冬奥会后该馆将成为能够举办滑冰、冰球和冰壶等国际赛事及大众进行冰上活动的多功能场馆。项目位于北京市朝阳区林萃桥东南，建筑面积约 9.7 万 m^2，地下 2 层，地上 3 层，建筑高度 33.8m，可容纳观众 12000 人，冰面面积最大可达到 12000m^2，是国内目前最大的速滑比赛场馆。

设计为满足冬奥组委对"绿色建筑三星"和"科技冬奥"的目标要求，以实现场馆赛后保留冬奥遗产、可持续发展的目的，采取了多项措施。其中之一是，观众入口大厅的全空气区域变风量空调系统，采用变频调速风机，在通风季节可实现通风运行，当室外气温适宜时，还可开启自然通风口运行自然通风，减少空调使用时间，如图 1 所示。

延庆冬奥村，项目总面积 12.88 万 m^2，地上建筑面积 9.1 万 m^2，场地东西向高差约 30m，南北向高差约 42m。由 1 个公共组团和 6 个不同标高的运动员组团、1 个交通场站及 1 个庆典广场组成。延庆冬奥村是 2022 年北京冬奥会及冬残奥会的非竞赛类场所，包括广场区、运行区、居住区三大功能区域。赛事期间，冬奥村为运动员及随队人员提供住宿、餐饮、医疗、健身等服务。赛后整体转换为 2 个不同级别的山地滑雪旅游度假酒店。永久设施按照绿色建筑三星标准实施，第六运动员组团为超低能耗建筑。总体原则是力保赛时、赛后永久设施按需落实，对纯赛时功能以满足要求、最大限度降低对赛后使用影响为原则。案例设计者贯彻了所提出的原则，综合协调各种技术措施，实现了各项要求，优化自然通风设施是其中之一。

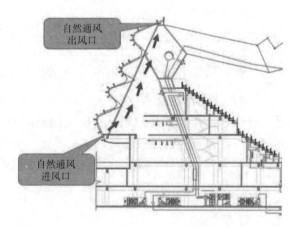

图 1　观众入口大厅自然通风系统

本章参考文献

[1]　林坤平，徐宏庆，赵墨，等. 国家速滑馆暖通空调设计与研究 [J]. 暖通空调，2022，52（6）：38-43.

[2]　胡建丽，潘云钢，苏晓峰，等. 延庆冬奥村暖通空调设计 [J]. 暖通空调，2022，52（6）：88-93.

通风设计案例分析 8
——深圳超高层住宅厨房排油烟道设计案例分析

重庆海润节能研究院　付祥钊

案例项目位于深圳市区，住宅最高塔楼共 74 层，建筑高度 243.0m。其中，裙楼三层为商业，四层及以上为住宅，包括 4 个避难层和 67 个住户楼层。

依据《民用建筑供暖通风与空气调节设计规范》GB 50736—2012（简称《民规》）和《住宅设计规范》GB 50096—2012 等，宜设竖向共用排气道的规定，该案例设置厨房排油烟成品烟道。因塔楼高度超过了可参照规范或图集选择的范围，烟道尺寸成为设计的难点。现行规范或图集所提供的烟道尺寸最大负担高度或楼层数达不到要求。对于塔楼高度超出可选择烟道尺寸范围的项目，其厨房排油烟道尺寸及配套做法有直通屋顶排放和分段设接力风机排放两种方案。厨房排油烟机的排气量一般为 300～500m³/h；《建筑通风效果测试与评价标准》JGJ/T 309—2013 第 3.2.5 条要求：住宅厨房排气道每户排风量不应为 300～500m³/h，且应防火、无倒灌。根据以上原则，本文按最小和最大风量分别验证排放效果。

对于排油烟道，根据《民规》第 6.3.4 条条文说明，其阻力可以采用简化计算方法，总局部阻力按等于总沿程阻力计算，沿程阻力计算公式为《实用供热空调设计手册》表 1.43 中给出的矿渣混凝土风道的 K 值 1.5mm；经研究实验验证，并考虑水泥烟道的品控误差，建议 K 值按 0.5～1.5mm 选择。该案例 K 值按 1.5mm 进行计算。

对于燃气具的同时使用系数，《城镇燃气设计规范》GB 50028—2006（简称《燃气设计规范》）附表 F 给出了相关数据，黎光华、夏阳等人的研究中也给出了各自计算得到的燃气具同时使用系数，与《燃气设计规范》的数据相比，在同一数量级且数值相差不大。因此，该案例根据《燃气设计规范》附表 F 中的居民生活用燃具同时工作系数表，采用插值法确定同时使用系数为 0.363，即同时开启排油烟罩的用户数为 25 户。

因室外风向和风速为非稳定因素，且作用于排油烟口处所造成的影响较难数据化分析计算，因此该案例对风压不予考虑。对于热压的作用，简化为以深圳冬、夏季典型气候条件下的参数进行分析。对于各层开机住户，热压的影响可按下式计算：

$$\Delta P = (\rho_0 - \rho_i) gH$$

式中，ΔP——压差（Pa）；

ρ_0——开机楼层高度处（约 20m）空气密度（kg/m³），根据深圳冬、夏季通风室外温度，由《简明通风设计手册》可得 4 层高度处的空气密度夏季时为 1.123kg/m³，冬季时为 1.185 kg/m³；

ρ_i——屋面排烟口高度处空气密度（kg/m³）。

该项目塔楼高度为 243m，排烟口高于屋面约 2m，一般海拔每升高 100m，空气温度下降约 0.6℃。不同的开机率及开机住户楼层分布，会造成中和界面的位置变化，从而导致热压对各户的影响出现波动。为简化计算，该案例暂对每户各自开机时的热压差值进行计算，然后按 67 层住户取平均值，得到每层住户热压的压差均值，夏季约为 5.33Pa，冬季约为 6.39Pa，取较不利值，即热压的影响压差值可减少烟道总阻力约 5.33Pa。

1 方案 1——直通屋顶方案分析

因该案例项目为小户型住宅项目，为满足精装尺寸模块化要求，排油烟道尺寸最大只能做到 600mm×600mm，可计算出烟道阻力，如表 1 所示。

不同风量下的烟道阻力　　　　表 1

总楼层数（层）	同时使用系数	同时开机数（户）	每户排风量（m³/h）	烟道尺寸（mm）	烟气速度（m/s）	烟道总阻力（Pa）
67	0.363	25	300	600×600	5.79	212.36
67	0.363	25	500	600×600	9.65	599.35

排油烟机排风量 300m³/h 时的风压为 268Pa，500m³/h 时的风压为 255Pa。对比表 3 的烟道总阻力，可判定每户排风量为 300m³/h 时油烟可顺利排放，500m³/h 时存在某些用户油烟排放不出的情况。因此，直通屋顶方案的烟道尺寸为 600mm×600mm 时，此方案的风险难把控，不建议采用；如为大户型项目，且甲方也接受较大尺寸的烟道，可计算出不同楼层数对应的烟道尺寸。

2 方案 2——分段设接力风机方案分析

经阻力计算复核，排油烟道尺寸为 600mm×600mm 时，直通屋顶方案不能满足排放要求，因此只能考虑分段排放方案。根据建筑条件，烟道以第二避难层为界，按低区和高区分段设置。高区共 43 户，采用直通屋顶排放方案，烟道尺寸按图集选择为 550mm×550mm。

低区共 24 户，接力风机若放置在第二避难层，为避免油烟及异味影响住户，需设置油烟净化设备（建议按静电 + 紫外线（UV）+ 活性炭过滤器设置），接力风机按一用一备设置，变频运行，并设置在排风机房内，机房面积约为 6m²，且需考虑减震降噪措施。接力风机风量按 24 户同时使用系数 0.434、每户排风量 500m³/h 计算。

因各户做饭时间不同，调研的东海国际公寓项目，其接力风机 10:00 至 22:00 全时段开启，早、中、晚 3 个用餐时间风机满负荷运行，其他时间变频运行。对于本文案例，建议运行时间为 7:00 至 22:00，共 15h。根据设备参数及运行时间，按居民生活用电的第三挡电价标准（0.9629 元 /kWh）计算，可得到接力风机及油烟净化器每年的运行费用约为 10543.8 元，分摊到 67 户，每户负担的费用为 157.4 元 / 年。

除运行费用外，油烟净化设备还需进行维保和更换。可计算出油烟净化器每年维保费用为 35700 元，分摊到 67 户，每户负担的费用为 532.8 元 / 年。

若接力风机放置在屋顶，如烟道经转换至屋顶，则接力风机可在屋顶放置，此方案无需设置油烟净化设备和机房。为降低转换烟道的阻力，建议低区接至屋顶的烟道尺寸在450mm×450mm 的基础上放大一级，采用500mm×500mm。考虑到深圳地区人们的饮食习惯，且工作较忙时回家做饭的次数不多，每户排油烟量可按较低的数值选取，因此屋顶风机风量按80%预留，风机风压为克服转换部分的烟道阻力，考虑1.1 的放大系数。每天运行时间同样按15h 计，则可计算出每台风机年运行费用约为5799 元，户均分摊费用为86.6 元/年。对于转换烟道，如可在外立面设置，则不占用建筑面积；如在核心筒或其他室内位置设置，则需占用一定的面积。对比以上烟道转换方案，为减少维保工作量及运行费用，建议采用接力风机设置在屋顶的方案。经与甲方及建筑专业沟通，确定该案例项目的转换烟道在核心筒设置。

3 风帽形式

烟道直通至屋顶后，在出口位置需设置风帽。对于风帽的形式，一般有盖板式、百叶窗式、无动力旋转式、拔气式等。盖板式和百叶窗式风帽，容易出现倒灌或排放阻力较大等问题，目前在深圳地区的新建项目中较少采用。无动力旋转式风帽可利用风压推动涡轮旋转形成离心力，能产生一定的负压效应，从而有利于油烟排出；拔气式风帽利用自然风，通过风帽导流锥和射流板时改变风速和方向，从而在风帽处产生负压效应，对烟道内的油烟有吸出的效果，有利于油烟的排放。深圳地区临海，常年多风，采用无动力旋转式和拔气式风帽相对更适宜。

对于住宅排气道，广东省建筑标准图集《住宅排气道——五防拔气系统》粤17J/T910 中给出了盖板式和拔气式两种风帽，不推荐使用盖板式风帽。深圳地区近年的新建住宅项目中，无动力旋转式风帽也有使用。通过对半岛城邦、深业上城等小区的实地调研，发现拔气式风帽在新建项目中使用较多。经与物业人员沟通，相对于无动力旋转式风帽，其更倾向于无活动件且能减少运维工作量的拔气式风帽。

此外，对于风帽的设置高度，以上调研的项目中有未按图集中"风帽安装高度不应低于相邻建筑砌筑体"要求设置的情况。经了解，物业暂未收到油烟排放不畅的投诉，即便如此，还是需要提醒建筑专业应按图集要求设计，避免后期出现问题。

4 分析与评论

该案例对比分析了住宅厨房不同排油烟道方案，寻求更优设计，可为类似的工程项目提供参考。该案例的工作反映了暖通设计在重视通风设计方面的可喜进展，在通风设计与建筑设计配合上的主动性有所增强。该案例在方案比选中，对通风设计的气候适应性、建筑适应性、社会适应性方面，也抓住了深圳气候超高层住宅，居民生活规律、饮食习惯等要点，开展了工程调查，为方案的合理性奠定了良好的基础。对于深圳地区（可拓展到大湾区）超高层住宅的厨房排油烟道方案，可根据该案例提及的公式进行烟道阻力计算，判断方案是否可行。对于无法采用烟道直通屋顶的项目，在满足业主需求及有据可依的前提下，可考虑采用通过烟道转换并设置接力风机的方案。该案例对方案运行的经济性所做的量化分析也值得借鉴。

近年来，新建超高层住宅项目越来越多，塔楼高度也不断突破，现行的住宅厨房排油烟道的规范、标准或图集，其最大负担高度或楼层数已不满足当前工程实践需要。在建筑排油烟设计中常出现无据可依的情况，需要尽快更新相关标准规范，以适应工程实践发展所需。

本章参考文献

[1] 中华人民共和国住房和城乡建设部.民用建筑供暖通风与空气调节设计规范：GB 50736—2012[S].北京：中国建筑工业出版社，2012.

[2] 中国建筑设计研究院.住宅设计规范：GB 50096—2011[S].北京：中国建筑工业出版社，2011.

[3] 中华人民共和国住房和城乡建设部.建筑通风效果测试与评价标准：JGJ/T 309—2013[S].北京：中国建筑工业出版社，2013.

[4] 孙一坚.简明通风设计手册[M].北京：中国建筑工业出版社，1997.

[5] 陆耀庆.实用供热空调设计手册[M].2版.北京：中国建筑工业出版社，2008.

[6] 辛月琪，徐文华.等截面水泥烟道沿程阻力的研究[C]//全国暖通空调制冷2006年学术年会论文集，2006：409-413.

[7] 中华人民共和国建设部和国家质量监督检验检疫总局.城镇燃气设计规范：GB 50028—2006[S].北京：中国建筑工业出版社，2006.

[8] 黎光华，詹淑慧，刘京艳，等.民用燃具同时工作系数的测定与研讨[J].城市煤气，1998（10）：20-23.

[9] 夏阳.西南地区燃气居民用户同时工作系数选取的适用性研究[D].重庆：重庆大学，2009.

[10] 孙一坚.工业通风[M].3版.北京：中国建筑工业出版社，1994.

[11] 中国建筑标准设计研究院.住宅排气道（一）：16J9161[S].北京：中国计划出版社，2016.

[12] 广东省建筑设计研究院.住宅排气道——五防拔气系统：粤17J/T910[S].广州：广东省建筑标准设计办公室，2017：3.

[13] 于振峰，徐峥，吴大农，等.深圳地区超高层住宅厨房排油烟道设计探讨[J].暖通空调，2022，52（8）：49-52.

第四篇 通风标准进展

国外通风标准进展

武汉科技大学　陈　敏

1　ANSI/ASHRAE Standard 62.1-2019

现行 ANSI/ASHRAE 62.1 基于可接受的室内空气品质的通风标准（ANSI/ASHRAE Standard 62.1-2019　Ventilation for Acceptable Indoor Air Quality，以下简称 ASHRAE 62.1-2019 标准）于 2019 年发布实施，代替 ANSI/ASHRAE Standard 62.1-2016。该标准旨在给出最小通风量及其他保障室内可接受空气品质的措施，为居住者提供可接受的室内空气质量、最大限度地减少对健康的不利影响。主要侧重于新建建筑应用措施的管理，并为既有建筑室内空气品质改善提供指导。其应用范围为建筑内部人员活动区，不包括住宅中非暂时性的人员居住区。标准中对通风、空气净化系统设计、安装、调试、运行及维护做出了相关规定，而对于实验室、工业厂房、健康机构等其他区域的附加需求由其具体过程决定，未进行规定。该标准被作为强制性条款或指标时，不应被逆向使用。该标准中未对存在烟气的空间，或未按规定与含烟空间进行分隔的空间的特定通风需求进行规定。该标准中相关值的制定是以能够影响室内空气品质的化学、物理以及生物污染物浓度为基础，计入了室外空气、施工过程、湿源及生物生长等特定污染源引起的通风需求。需要说明的是，并非所有满足本标准的建筑都能够实现可接受的室内空气品质，这是因为：室内空气污染源具有多样性；人员对于室内空气品质的期望和接受程度与许多其他因素有关，例如空气温度、湿度、噪声及照明以及心理压力等；室内人员敏感性存在差异；引入室内的室外空气亦有可能未得到适当净化或其品质属于不可接受。与 ANSI/ASHRAE Standard 62.1-2016 相比，ASHRAE 62.1-2019 标准有以下变化：

（1）给出了新建和既有建筑单位面积的通风量指标表格；

（2）改进了通风量计算方法，给出了气流分布效率 E_z 取值表和系统通风效率 E_v 的计算方法；

（3）对自然通风做了重大修改，以提供更准确的计算方法，并定义了设计通风系统的过程；

（4）自然通风需要考虑室外空气质量以及室外新风与室内空调区域空气的相互作用；

（5）禁止使用产生臭氧的空气净化设备；

（6）湿度控制以露点为指标，而不是相对湿度；

（7）该标准遵循 ANSI Z9.5 关于危险品实验室的通风。

2 ANSI/ASHRAE Standard 62.2-2019

现行 ANSI/ASHRAE 62.2 基于住宅通风与可接受的室内空气品质标准（ANSI/ASHRAE Standard 62.2-2019 Ventilation and Acceptable Indoor Air Quality in Residential Buildings，以下简称 ASHRAE 62.2-2019 标准）于 2019 年发布实施。该标准对营造居住建筑可接受室内空气品质的机械通风及自然通风系统最低需求量以及建筑围护结构的作用进行规定。与 ASHRAE 62.1-2019 标准类似，ASHRAE 62.2-2019 标准计入了能够影响室内空气品质的化学、物理以及生物污染物，但未考虑热舒适需求（热舒适需求参见 ANSI/ASHRAE 55-2016 室内人员热环境条件）。该标准以营造可接受室内空气品质为目标，但需要指出的是，即使达到本标准所有要求，亦不能完全保证室内空气品质的可接受。其原因有以下几点：①室内污染源及空气中污染物具有多样性，并且人员敏感性存在差异；②人员对于室内空气品质的期望和接受程度与许多其他因素有关，例如空气温度、湿度、噪声及照明以及心理压力等；③室外不可接受空气未经净化即进入室内（该标准中未对室外空气净化做出相关规定）；④各类系统未按设计情况运行；⑤发生高浓度污染事件。与 ASHRAE 62.2-2016 标准相比，ASHRAE 62.2-2019 标准有 16 处修订，其中与建筑通风相关的修改有以下几点：

（1）修改了关于按需通风系统控制的内容，以利于风机更好地满足整个住宅通风的要求。

（2）最大限度地减少制定可变通风控制策略的可能性，这些策略可能导致一定时间内通风严重不足。

（3）厘清了风量平衡的概念，并明确了排风系统必须与送风系统同时运行。

（4）明确指出在既有住宅的厨房或浴室安装新风扇可以解决通风不足的问题。

（5）建立了一个基于过滤再循环空气使用的通风路径，以减少建筑内部 $PM_{2.5}$ 的污染。

（6）丰富了风管选用尺寸表，以满足厨房大排风量的要求。

3 ANSI/ASHRAE/ASHE Standard 170

ASHRAE 组织下的项目技术委员会 TC9.6 自 2002 年起开始研究医疗场所的通风标准，历经 4 次公开评议，形成了 ANSI/ASHRAE/ASHE 170 标准《医疗设施通风标准》（ANSI/ASHRAE/ASHE Standard 170 Ventilation of Health Care Facilities，以下简称 ASHRAE 170 标准），并于 2008 年 9 月正式颁布。ASHRAE 170 标准基于 ASHRAE 62.1，AIA 指南和 ASHRAE 手册，对医院、护理机构及门诊设施提出了最低通风要求，适用于所有新建、扩建及标准中规定的既有建筑改造的医疗设施中医疗护理及其辅助区域，该标准控制的是可能影响病患的治疗、康复及医护人员和探望者安全的化学、物理和生物污染物。ASHRAE 170-2008 标准有 7 章和 5 个附录，此后历经 2013 年、2017 年、2021 年 3 次修订，ASHRAE 170-2021 标准于 2021 年 5 月 11 日正式颁布，该标准有 11 章和 6 个附录。

为了与美国标准和设施指南协会（Facilities Guideline Institute，FGI）的文本保持一致，ASHRAE 170-2021 标准仍支持 ASHRAE 170-2017 标准引入的新框架，将标准分为 3 个不同的部分：医院空间、门诊空间和养老院空间。此外，相比于 ASHRAE 170-2017 标准，ASHRAE 170-2021 标准做出了重大修订，主要体现在以下方面：

（1）修订了范围，提供了关于热舒适条件的改进指南；

（2）对门诊部和住院部进行了广泛修改；

（3）增加一个新的门诊通风表，以解决急诊以外的医疗空间；

（4）广泛修订空气过滤要求；

（5）在通风表中增加新的参数列，以规定过滤要求并指定在非使用时关闭；

（6）与 ASHRAE 62.1-2019 标准相关数据相协调，扩大了不同进风和排风布置的分隔距离要求；

（7）扩大了要求，允许在某些条件下可将空气传播的隔离病房的排风排放至一般排风中；

（8）改进了麻醉气体使用所需空间通风要求的指导；

（9）与 FGI 协调，澄清了 1 级、2 级、3 级影像室的控制要求；

（10）修订了"侵入性手术"的定义；

（11）改善与行为和心理健康相关的指导。

与通风有关的修订，主要包括使用空间的空气分级、麻醉通风要求。

（1）使用空间的空气分级

根据 ASHRAE 62.1-2019 标准第 5.18 节的要求，ASHRAE 170-2021 标准资料性附录 C 中对各类空间进行了空气分级，防止空气在许多情况下从空气级别较高的空间再循环和转移到空气级别较低的空间。相关规定如下：

1）该标准的空气分级应按照以下说明进行，并符合 ASHRAE 62.1-2019 标准第 5.18 节的要求。

2）房间单位的再循环风量应符合 ASHRAE 62.1-2019 中表 7-1、表 8-1、表 8-2 和表 9-1 以及 ASHRAE 62.1-2019 标准第 5.18 节的房间再循环要求（注：当 ASHRAE 170 标准允许，但 ASHRAE 62.1-2019 标准空气分级禁止时，这不应解释为防止同一空间内的空气再循环）。

3）用于 ASHRAE 170 标准空间的能量回收装置应符合 ASHRAE 170 标准第 6.8 节的要求。

4）第 3 级空气应为 ASHRAE 170-2021 标准中表 7-1、表 8-1、表 8-2 和表 9-1 中要求 100% 排风的空间。

例外情况：

①第 4 级空气的空间应为 ASHRAE 170-2021 标准第 6.3.2.1 节中列出的空间，如空气传染隔离病房所有空间、支气管镜检查和痰液收集室、喷他脒给药室、急诊公共候诊区、核医学热实验室、放射科候诊室、危险药品药房和有化学通风柜的实验室等。

②第 3 级和 4 级空气的空间，当表 7-1、表 8-1、表 8-2 和表 9-1 及相关注释中有说明时，房间再循环应符合高效空气过滤的要求。

5）第 2 级空气的空间应为需要负压但不是 100% 排风的空间，以下空间也应视为第 2 级空气的空间：

①居民聚会、活动、用餐空间（轻微气味污染物）；

②专业护理设施的住院室（轻微气味污染物）；

③专业护理设施中的住户单元走廊（轻微气味污染物）；

④实验室工作区，存在介质转移（轻微气味污染物）；

⑤特殊检查室（生物学问题）；

⑥药房（轻微气味污染物）。

6）所有其他空间应为 1 级空气空间。

7）预计空间使用会导致污染物的变化。当一个空间中会出现比通常预期更多的污染物时，设计师应在适当的情况下为该空间指定更高的空气等级。设计师不应为空间指定低于规定的空气等级。

（2）麻醉通风要求

提高了手术室、外科操作室 / 手术切除室、剖腹产室和三级影像室环控要求，并要求对所有相邻空间始终保持正压。压差应保持在不小于 2.5Pa。每个房间应实现单独的温度控制，并须配备主送风装置，垂直单向下送。

ASHRAE 170-2021 标准还纳入了与麻醉气体使用有关的一个重要变化。以前，使用麻醉气体空间的通风需求要符合手术室参数。但是，麻醉气体被用作镇痛剂或焦虑剂广泛使用，以减轻患者在诊断成像过程中可能遇到的压力，而不是侵入性手术可能发生的完全镇静。因此，不能仅根据麻醉气体的使用和房间内的通风要求水平进行直接相关。通过与 FGI 的临床专家合作，认为麻醉气体的使用与手术室通风参数应脱钩，并允许在需要时通风。ASHRAE 170-2021 标准要求这些空间必须满足至少 6 次总换气和 2 次室外空气换气。

4 DIN 1946-4-2018

2018 年 6 月，德国标准研究院（DIN）颁布了由 DIN 供暖和室内通风技术及其安全标准委员会（NHRS）组织编制的新版《室内通风技术——第 4 部分：医疗建筑与用房通风空调》DIN 1946-4-2018 以及附件：设备部件的规划、实施、运行的要求清单（以下简称"DIN 1946-4-2018 标准"）。2018 年 9 月，又对标准中"空气过滤器一般要求"作了变更。DIN 1946-4-2018 标准不仅适合医院，还适用于日间诊所、日间手术中心、透析中心等医疗设施和医疗设备与器械加工单位，对医疗建筑与用房室内通风空调设备在规划、建造、验收和运行方面的技术要求作出了规定。

DIN 1946-4-2018 标准内容包括：前言；①适用范围；②规范性参考文献；③术语和缩写；④一般原则；⑤房间级别和通风要求；⑥通风空调部件；⑦系统合格评定和验收检测；⑧定期检测；⑨附录 A：项目规划阶段指南；⑩附录 B：可视化初步检测；⑪附录 C：防护等级测定；⑫附录 D：湍流度测量；⑬附录 E：手术灯的系统测试；⑭附录 F：微生物监测；⑮附件：设备部件的规划、实施、运行的要求清单。

其中附录 A、E、F 为资料性文件，附录 B、C、D 为规范性文件，附录 E、F 及附件是新增内容。

与 DIN 1946-4-2008 标准相比，DIN 1946-4-2018 标准主要有以下几点更改：

①考虑到防止感染、医疗器械保护和相关职业健康和安全要求；

②修改技术方面与卫生方面验收测试和再测试，设备认证相关标准和所需程序；

③根据《洁净室和相关受控环境》DIN EN ISO 14644 的洁净室和洁净室区域的现行国际法规，对手术室的测定进行详细说明；

④依据《基于颗粒物过滤效率的技术要求与分级体系》DIN EN ISO 16890-1 中对过滤器分级的新定义/命名法，进行了相应的调整；

⑤补充了用于设备部件规划、实施和运行的清单，作为附件。

DIN 1946-4-2018 标准在第 4 章"一般原则"中明确医疗环境控制宗旨不再仅仅是预防空气途径感染，而是"防止感染、医疗器械保护以及相关职业健康和安全要求"这三大任务。强调了依据现行的国际标准 DIN EN ISO 14644 对手术室进行测定。首次在医疗标准中直接采用 DIN EN ISO 16890-1 对过滤器分级的新定义与命名法。

DIN 1946-4-2018 标准对于手术室的阐述及相应条文最受人关注。第 5 章基本维持了原标准医疗用房的分级及对各类医疗科室最低要求与相应控制措施，并再次明确采用通风空调的医疗用房分为Ⅰ级和Ⅱ级。

（1）手术部用房分级及通风要求

为了更准确地定位手术室级别、控制要求与使用，DIN 1946-4-2018 标准提出了医院卫生专家（krankenhaushygieniker）和卫生工程师（hygieneingenieur）的定义。医院卫生专家是防止感染、有害气体和化学物质的危害的专家（不仅仅是感控专家），并用流行病学的方法进行监测调研、发现问题，以寻找合适的控制措施；卫生工程师被定义为独立于设计人员和安装人员，专门从事通风，并具有医疗卫生方面的知识和经验的工程师。标准要求使用者（院方）必须在规划设计阶段，以书面形式提交要进行的手术类型、手术持续时间、手术区域的大小、手术床位数和位置及器械台的大小和布置，医院卫生专家和卫生工程师作为责任方，依据这些数据来确定手术室级别。特别强调手术室的级别应由在该手术室中实施最严格要求手术所需要的级别来定义。此外，还应考虑潜在干扰因素（例如手术子母灯，在天花板安装的装备单元如吊塔和设备机架、显示器、散热器等）对低湍流度置换流的影响。

手术部用房分为Ⅰ级和Ⅱ级，均要求保持正压。手术室均为Ⅰ级，送风末端均要求配置不低于 H13 的高效过滤器。其中要求 Ia 级手术室与器械准备室内的连续空间内配有低湍流度置换流送风装置，在保护区内要求换气次数 > $300h^{-1}$。Ib 级手术室配置稀释湍流（TAS）送风装置，也可以配有低湍流度置换流送风装置，要求换气次数 ≥ $20h^{-1}$。与手术室直接连接的用房为Ⅰ级，与手术室不相连接的用房为Ⅱ级。DIN 1946-4-2018 标准再次肯定了 Ia 级手术室低湍流度置换流的正面效应，在保护范围内降低病原体和颗粒负荷的效果方面，低湍流度置换流明显高于稀释湍流。标准还总结了 Ia 级手术室与 Ib 级手术室两种不同送风气流模式的重要特征（表 1），规定了手术部用房的最低通风要求（表 2）。

两种不同送风气流模式的重要特征　　　　表 1

特征	Ia 级低湍流度置换流手术室	Ib 级稀释湍流手术室
明确的保护区域	有	无
从手术区域快速清除颗粒（自净时间 < 1min）	是	否
手术区域的细菌负荷 < 1 个 /50cm²	是	否

续表

特征	Ia级低湍流度置换流手术室	Ib级稀释湍流手术室
器械台上的细菌负荷 < 1个/50cm²	是	否
快速消除手术团队呼吸区域的烟雾粒子	是	否

手术部用房的最低通风要求 表2

功能空间	最低通风要求	通风措施
1 手术部	正压平衡：送风量之和＞出风量之和。禁用对流散流器	手术部：Ⅱ级用房至少两级空气过滤器。手术室/器械准备：Ⅰ级用房采用三级空气过滤器
1.1 所有手术室	正压平衡：所有送风量的总和＞所有排风量的总和。在设计邻近房间/走廊的正压渗漏缝隙之前，应考虑X射线/激光、手术烟雾和麻醉气体引起的健康危害。新风量≥1200m³/h	手术室/器械准备：Ⅰ级用房采用三级空气过滤器。正压渗漏缝隙应保持在必要的最小值；优先通过门下缝隙口。室外新风量应排除有害气体（麻醉气体、消毒剂产生的气体、手术烟雾等）引起的健康危害。悬吊式顶棚确保相对手术室的负压
1.1.1 Ia级手术室	整个受保护区域内置换流（低湍流度）。确定保护区的有效性。送风量≥900m³/(m²·h)	将室外新风与其余再循环空气彻底混合。保护区上方的送风装置的出口面积应大于保护区面积。送风装置出口可设置旋转气流稳流器，位于距地板2.1m处
1.1.2 Ib级手术室	送风量≥60m³/(m²·h)，取决于具体设计	
1.1.3 无菌物品存放		
1.1.3.1 仅与手术室直接连接用房	防止悬浮菌尘进入或离开相邻的手术室	Ⅰ级用房采用三级空气过滤。通风平衡：送风量之和＝出风量之和
1.1.3.2 与手术室不相连接用房	防止悬浮菌尘从邻近房间进入无菌物品或软包装的容器中	Ⅱ级用房采用两级空气过滤器。正压平衡：送风量之和＞出风量之和。部分送风可溢流至邻近走廊
1.1.4 器械/准备间	使用的器械和其他医疗器械应在与手术期间相同的通风条件下放置/准备/储存	Ⅰ级用房采用三级空气过滤
1.2 手术区域内的其他房间	新风换气次数≥1.5h⁻¹且新风量≥40m³/(人·h)	Ⅱ级用房采用两级空气过滤
1.2.1 走廊/储藏室	新风量≥5m³/(m²·h)	Ⅱ级用房采用两级空气过滤
1.2.2 使用麻醉气体的房间（例如麻醉准备、恢复室、病人被移到另一张床的前厅）	每位患者新风量≥150m³/h	Ⅱ级用房采用两级空气过滤
1.2.3 非无菌工作室、处理室	新风量≥15m³/(m²·h)。与相邻房间相比为负压。送风量之和＜出风量之和	Ⅱ级用房采用两级空气过滤

（2）完善医疗环境设施的通风空调系统与部件

1）提高了送风质量的要求

DIN 1946-4-2018标准编制组认为只要气流流经医疗区域，其通风空调系统的设计、运行和维护不允许无机或有机物质污染送风。例如，避免系统内的有害气体，且送风被认为是无味的。如果没有关于生物和化学污染物浓度的健康相关阈值，如微生物挥发性有机化合物（MVOC）、内毒素、过敏原、病原体和手术烟雾，则将室外空气作为参考点，要求送风中的菌尘含量至少符合 DIN EN 16798-3 中 1 类户外空气的要求。送风和再循环风系统应采用不排放有害物质且不为微生物提供滋生地的材料制成。为此，应确保所使用的设备和系统部件不会将任何有害物质、纤维或气味释放到气流或房间内。气流内的任何多孔衬里（例如阻性消声器）都应覆盖适当的耐磨材料（例如玻璃丝或钢板）。气流流经的表面、部件和配件的设计和制造应使其光滑（并防止受划伤，无毛刺）和耐磨，防止灰尘沉积并能确保清洁。任何部件及其连接、支撑和其他固定装置的设计应避免灰尘颗粒局部沉积，并便于手动和机械清洁。所有部件和材料，包括密封件和密封剂，均不得对健康有害，不得散发异味或有害物质，不得为微生物提供滋生地。

2）保障Ⅰ级用房的医疗环境控制

在大多数场合，客观上扩大了Ⅰa级手术室的保护区。明确手术室以及与手术室相通的用房均为Ⅰ级，要求送风末端至少配置 H13 高效过滤器。医疗护理机构内的用房除了Ⅰ级用房外，其他用房都归于Ⅱ级用房，这意味着均需要机械通风并配置两级空气过滤器，提高了普通医疗科室用房的环境控制要求。

3）保证空气过滤器的有效性与安全性

空气过滤器合理选择与合适设置是保证其有效性与安全性的有力措施。要求第一级过滤器应位于空气处理机组内进风口，最长使用寿命应限制在 12 个月。第二级过滤器应是空气处理机组的最后一个部件，最长使用寿命应限制在 24 个月。第三级过滤器应安装在送风口的压力侧，使用寿命取决于最终压降和制造商的规定，可持续使用时间最长可达 10 年。末端高效过滤器定期检漏从原标准的 36 个月改为 24 个月。对于使用时间超过 6 年的末端高效过滤器，则要求定期检漏周期为 12 个月。系统中配置的三级过滤器均应各自配备压差计，便于及时更换。

本章参考文献

[1] ASHRAE. ANSI/ASHRAE Standard 62.1-2019 Ventilation for acceptable indoor air quality [S]. Atlanta：ASHRAE，2019.

[2] ASHRAE. ANSI/ASHRAE Standard 62.2-2019 Ventilation and Acceptable Indoor Air Quality in Residential Buildings [S]. Atlanta：ASHRAE，2019.

[3] ASHRAE. ANSI/ASHRAE Standard 170-2021 Ventilation of health care facilities [S]. Atlanta：ASHRAE，2021.

[4] Deutsche Institut fur Normung. Raumlufttechnikteil 4：Raumlufttechnische anlagen in gebauden und raumen des gesundheitswesen：DIN 1946-4-2018[S]. Berlin：Beuth Verlag，2018.

[5] 沈晋明. 德国标准 DIN 1946-4-2018 解读 [J]. 暖通空调，2020，50（4）：40-46.

丹麦近零能耗建筑的通风要求

重庆海润节能研究院　付祥钊

为了满足欧盟关于近零能耗建筑的要求,丹麦运输建筑和住宅部颁发的建筑管理行政命令 2018（BR18）于 2017 年底生效,其中最新的建筑能耗等级是 2020 级,要求将建筑暖通空调和生活热水的总能耗进一步降低至 20kWh/（m²·a）。其中,对 2020 级近零能耗建筑的通风性能作出了如下要求。

1　住宅通风的基本要求

（1）任何时间住宅的所有供暖面积均需提供最小 0.3L/（m²·s）的室外新风供应。

（2）住宅的基础通风需有送风系统将新风直接送入建筑的居住区,并通过厨房、厕所、浴室和洗衣房排风。通风系统必须安装热回收装置。在供暖期外,可以通过开窗通风。

（3）厨房的炉灶上方必须安装排烟罩,并通过机械排风装置将水汽和污染的空气排往空旷的室外。排风量应可调,并不低于 20L/s。

（4）浴室和厕所的通风量应可调,并不小于 15L/s。对于没有洗浴功能的厕所和洗衣房,通风量应可调,并不低于 10L/s。

2　建筑气密性要求

要求 2020 级近零能耗建筑在室内 50Pa 正压环境下建筑漏风量不得大于 0.5L/（m²·s）。

对于独户住宅,可选择使用自然通风或混合通风的方式。使用自然通风的独户住宅仍需保证以上住宅通风基本要求（1）和（3）两项要求。

3　带热回收的机械通风与地板辐射供暖

地板辐射供暖、带热回收的机械通风基本上已是丹麦目前住宅的标配。地板辐射供暖为将来热泵的普及准备好了很好的末端系统。2020 级建筑优越的保温和气密设计,为带热回收的机械通风系统创造了节能的良好条件。2020 级建筑要求通风系统的显热回收效率不低于 80%（多层住宅）或 85%（单层独立住宅）。同时对于通风系统的电耗提出了限制,明确要求定风量系统不得超过 1500J/m³（多层住宅）或 800J/m³（单层独立住宅）,变风量系统不得超过 1800J/m³（最大风量时）。地板辐射供暖系统需装有温控器,以保证房间不会过热。地板辐射供暖系统的热稳定性好,而且房间的保温性很好,房间温度控制一般不采用需求控制（demand control）。大多数情况下,最低通风量（0.3L/（m²·s））能保证二氧化碳体积分数不超过1000ppm，所以通风系统通常也无需采用需求控制。绝大多数通风的需求控制发生在沐浴的情况下，当检测到排风湿度过高时，通风量会自动提升，以保证浴室不会因湿度过高而产生冷凝水，从而有效地保护建筑结构和避免霉变。

4 分析与思考

4.1 关于自然通风与机械通风

对于通风动力的主要争论是采用自然通风还是机械通风。自然通风属于被动式通风，无需机械动力，而机械通风是主动式通风，需要有风机提供动力。从原理上，使用机械通风比自然通风需要多付出风机所耗的电能，但从通风的总能耗来看，还应考虑室外空气的热湿处理所需的能耗，这些能耗是否可回收及可回收多少。首先，机械通风按需供应新风（室外空气）的能力强；自然通风受室外天气条件等的影响，很难按需供应新风，往往不是不够（不满足室内卫生标准）就是偏多（耗费大量新风处理能耗）。第二，自然通风很难做高效率的能量回收。基于这两点，面对具体的实际工程，不能不加分析就轻率地作出自然通风比机械通风节能的结论，要有"自然通风未必节能"的意识。

在室内外温差较大时，自然通风的能耗会明显大于有热回收的机械通风能耗。比如在室内外温差为20℃时，按2020级建筑要求的风机电耗折算成发电热能只相当于通风损失热量的8%左右。如考虑85%的热回收效率，有热回收的机械通风能耗仅为同等通风量下自然通风的10%左右，其节能效果十分显著。当然这只是其中的一个算例。当室内外温差不太大时，机械通风的节能效果就没那么明显了。丹麦的气候特点是供暖期长（约8~9个月，甚至夏季也要供暖），夏季基本无需空调，热回收只需显热回收（热回收效率做到85%已无问题且技术可靠）。这就使得机械通风加热回收相较自然通风有明显的节能优势。在丹麦的气候条件下，如要使自然通风的能耗低于有热回收的机械通风，通常只能牺牲室内空气质量（即明显降低通风量），而0.3 L/(m²·s)室外新风供应在任何时间都必须保证。这使得2020级建筑选择自然通风变得困难，而使带热回收的机械通风系统成为在丹麦既能有效地避免通风量不足影响健康，又能确保低能耗的通风方案选择。

在机械通风系统中有一部分排风无法进行热回收，这就是厨房排风。按照丹麦的规范，这部分排风量应不少于20L/s。在烹饪时这部分风量实际上会远大于20L/s（可达150~200 L/s）。通常为了避免油烟污染热回收器，厨房的排风直接排向室外，不通过热回收器。这会造成相当大的热量损失，同时会在短时间内降低室温造成不舒适。

4.2 关于围护结构气密性加强后的通风困难

对于2020级建筑，由于其极高的气密性，如不做风量平衡，没有必要的补风，会造成实际的送风与排风量达不到要求。即使厨房排烟机高能耗运行，也只是在给厨房制造过大的负压，而实际的排风量并不大。为解决这个问题，必须对厨房排烟系统提出更高的要求，如自动平衡送排风量、提高排风效率、降低排风量或回收排风热量等，而不是单纯地提高排烟机的压头。目前2020级建筑尚未对此提出具体要求，仍有待相关的技术研发。

4.3 关于围护结构保温性加强与通风的关系

围护结构对能耗的主要作用通过保温性能体现，同时也要考虑其安全性，如防火（不易燃）及对健康的影响（不散发有毒或刺激性化学物质），后者会直接影响到新风需求。丹麦有全世界最大的岩棉保温材料生产商和数家先进的门窗生产商。这些厂家生产的产品已经可以满足 2020 级建筑对保温性和气密性的要求。对供热季门窗的散热量小于等于太阳能得热量年均总能量的这项要求限制了大玻璃门窗和玻璃外墙的设计使用，但并不禁止大玻璃门窗和玻璃外墙设计，只要能达到年均总能量的平衡就行。这样的要求实际上是强制实施太阳能集热器和太阳能光伏板在建筑上的应用。这为加热新风和风机动力提供了绿色能源，建筑通风系统如何更好的与建筑光热、光伏整合匹配，是需要研究发展的通风新领域。

4.4 因地制宜地借鉴国外的通风模式

我国地域辽阔，不同区域的气候差异巨大，社会经济状况有自己的特点，不可能套用某种国外的通风模式和规范，必须因地制宜。另一方面，我国现在的社会经济发展水平已显著提高，人民对美好生活的追求、国家"双碳"目标都直接推动着通风的进展，丹麦 2020 级近零能耗建筑的思路有利于帮助我们打开思路，重新审视建筑通风中的"陈规旧俗"。

本章参考文献

房磊. 丹麦近零能耗建筑——2020 级建筑对住宅节能提出的新要求及其挑战 [J]. 暖通空调,2020,52(12): 48-51.

国内通风标准进展

重庆海润节能技术股份有限公司　邓晓梅　徐　皓　胡星梦

1　民用建筑标准化改革发展进程

2021年《国家标准化发展纲要》着重突出了标准化工作，支持大力实施标准战略，提出加强技术创新和标准化融合发展。住房和城乡建设部印发《关于深化工程建设标准化工作改革的意见》（以下简称《意见》），进一步改革工程建设标准体制，健全标准体系，完善工作机制。《意见》提出按照政府制定强制性标准、社会团体制定自愿采用性标准的长远目标，明确了逐步用全文强制性工程建设规范取代现行标准中分散的强制性条文的改革任务。同时鼓励协会、学会等社会组织，主动承接政府转移的标准，制定新技术和市场缺失的标准，供市场自愿选用。缩小我国标准与国外先进标准技术差距。标准的内容结构、要素指标和相关术语等，适应国际通行做法，提高与国际标准或发达国家标准的一致性。

自2021年，住房和城乡建设部先后发布了一批全文强制性工程建设标准，通用规范中未有的项目，行业、地方根据特点和需求，可以编制补充性标准体系框架，并制定相应的行业标准和地方标准。国家标准没有规定的内容，行业标准可制定补充条款。国家标准、行业标准或补充条款均没有规定的内容，地方标准可制定补充条款。国家通用规范标准为全文强制性执行标准，行业、协会制定推荐性标准，推荐性标准不能与强制性标准相冲突，地方再结合当地特点制定地方性标准。

建筑通风行业隶属于工程建设行业，响应国家标准发展，将在《民用建筑供暖通风与空气调节设计规范》GB 50736—2012（以下简称《民规》）的基础上，把分散在各项不同规范中的强制性条文整合在一起，并进行适用性评价，做继续沿用、修订或废止的处理，变为全文均为强制性条文的《民用建筑供暖通风与空气调节通用规范》（以下简称《民规通用规范》）。2022年7月5日，《民规通用规范》编制启动会在线上召开。

2　民用建筑通风标准与相关标准

随着人们对室内空气质量的追求不断提高。相关的通风标准也逐步建立或完善提升，如公共建筑、住宅建筑的自然通风利用，住宅新风系统的技术规定、新风系统产品的技术要求等，尤其是疫情的冲击进一步增强了这些需求。相信这些标准的发布，将有助于引导通风行业健康规范化发展。

2.1 近年发布实施的民用建筑通风标准与相关标准（表1）

近年发布实施的民用建筑通风标准与相关标准　　表1

主要类别	标准名称
民用建筑通风标准	《住宅通风设计标准》T/CSUS 02—2020
	《大型公共建筑自然通风应用技术标准》DBJ50/T-372—2020
	《住宅厨房空气污染控制通风设计标准》T/CECS 850—2021
与通风相关的建筑设计标准	《建筑节能与可再生能源利用通用规范》GB 55015—2021
	《建筑环境通用规范》GB 55016—2021
	《办公建筑设计标准》JGJ/T 67—2019
	《科研建筑设计标准》JGJ 91—2019
	《健康养老建筑技术规程》T/CECS 1110—2022
	《模块应急传染病医院建筑技术规程》T/CECS 1125—2022
	《医学生物安全二级实验室建筑技术标准》T/CECS 662—2020
	《公寓建筑设计标准》T/CECS 768—2020
	《装配式医院建筑设计标准》T/CECS 920—2021
	《大空间建筑改建方舱庇护医院技术规程》T/CECS 1206—2022
	《新型冠状病毒感染的肺炎传染病应急医疗设施设计标准》T/CECS 661—2020
	《住宅室内环境技术规程》T/CECS 963—2021
	《中医医院建筑设计规范》T/ACSC 02—2022
	《居住建筑防疫设计导则》T/ASC 27—2022
	北京市《住宅设计规范》DB11/1740—2020
	江苏省《住宅设计标准》DB32/3920—2020
	《四川省住宅设计标准》DBJ51/168—2021
与通风相关的节能设计标准	《商店建筑节能技术规程》T/CECS 1008—2022
	《办公建筑节能技术规程》T/CECS 1078—2022
	《旅馆建筑节能技术规程》T/CECS 968—2021
	北京市《居住建筑节能设计标准》DB11/891—2020
	江苏省《居住建筑热环境和节能设计标准》DB32/4066—2021
	安徽省《居住建筑节能设计标准》DB34/1466—2019
与通风相关的绿色建筑标准	《医院建筑绿色改造技术规程》T/CECS 609—2019
	《办公建筑室内环境技术规程》T/CECS 1077—2022
	《主动式建筑评价标准》T/ASC 14—2020
	江苏省《绿色建筑设计标准》DB32/3962—2020
与通风相关的施工、验收、运行管理标准	《医院运维建筑信息模型应用标准》T/CECS 1096—2022
	《医疗建筑通风与空调系统维护保养工作规范》T/GMIAAC 001—2022
	《公共机构建筑空调系统节能改造技术规程》T/CECS 935—2021
	《既有办公建筑通风空调系统节能调适技术规程》T/CECS 1141—2022
	上海市《城市轨道交通合理通风技术管理要求》DB31/T 596—2021

续表

主要类别	标准名称
与通风相关的施工、验收、运行管理标准	北京市《建筑工程施工工艺规程 第15部分：通风与空调安装工程》DB11/T 1832.15—2022
	北京市《通风与空调工程施工过程模型细度标准》DB11/T 1841—2021
	贵州省《医学实验室通风系统验收规范》DB52/T 1565—2021
与通风相关的产品标准	《热回收新风机组》GB/T 21087—2020
	《建筑用通风百叶窗技术要求》GB/T 39968—2021
	《建筑用通风百叶窗通风及防雨性能检测方法》GB/T 39969—2021
	《高效空气过滤器》GB/T 13554—2020
	《空气过滤器》GB/T 14295—2019
	《独立新风空调设备评价要求》GB/T 40390—2021
	《风管送风式空调机组能效限定值及能效等级》GB 37479—2019
	《通风机能效限定值及能效等级》GB 19761—2020
	《户式新风除湿机》GB/T 40397—2021
	《热泵型新风环境控制一体机》GB/T 40438—2021
	《通风消声器》GB/T 41318—2022
	《实验室家具 通风柜》QB/T 5589—2021
	《离心通风机》JB/T 4355—2019
	《通风系统净化消毒技术规范》T/CBMCA 024—2021
	《全屋净化新风机》T/CAEPI 30—2021
	《双冷源新风机组》T/CECS 10013—2019
	《户式辐射系统用新风除湿机》T/CECS 10095—2020
	河北省《空气悬浮高速离心鼓风机设计要求》DB13/T 5160—2019
与通风相关的卫生标准	《通风系统净化消毒技术规范》T/CBMCA 024—2021
	《新冠肺炎疫情期间办公场所和公共场所空调通风系统运行管理卫生规范》WS 696—2020
	北京市《集中空调通风系统卫生管理规范》DB11/T 485—2020
	上海市《集中空调通风系统卫生管理规范》DB31/T 405—2021

2.2 正在编制或拟编制的民用建筑通风标准与相关标准（表2）

正在编制或拟编制的民用建筑通风标准与相关标准　　　　　表2

标准名称
《医疗建筑通风设计标准》
《居住建筑新风系统应用技术导则（征求意见稿）》
《健康住宅建设技术规程》
重庆市《居住建筑自然通风设计技术标准（征求意见稿）》
《老年人照料设施建筑设计标准（局部修订条文征求意见稿）》
《综合医院建筑设计规范（局部修订条文征求意见稿）》

2.3 民用建筑与工业建筑通风进展

民用建筑和工业建筑作为工程建设行业的两大建筑类型，共同点都是以人为本，适合人类活动；不同点是民用建筑除了满足生活工作需要，还要求美观或者有某种象征意义，而工业建筑有特有的生产工艺要求，追求实用。我国工业建筑通风技术的发展与工业水平的发展和职业卫生要求的提升密不可分，在我国制造业迅猛发展过程中，工业建筑通风技术取得了一定的研究进展。尤其是2021年，重新修编的第二版《工业通风设计指南》，有92位来自世界各地的专家参与到书籍的更新工作，而我国的参与者数量已从第一版的0变为占据1/3的比例，可以看出，随着工业水平的快速发展，我国在工业建筑通风领域的国际影响力也在逐渐提升。

民用建筑一般都是为了生活居住和使用建造，不同于工业建筑，在《通风进展2018》中曾经提到，《民规》中涉及的通风条款大多照搬自工业建筑，其并不适用于民用建筑。而随着近几年的行业发展，民用建筑通风领域学者开展了住宅与公共建筑自然通风、有组织的机械通风等方面的学术研究，在通风系统的设计、产品、施工、验收、运行维护等各个方面提出了相应要求，这对于通风系统的应用提供了很好的指导。

根据国家工程标准化体系改革，新型标准体系分为强制性标准与推荐性标准。《民规通用规范》作为城乡建设领域通用技术类规范中暖通空调行业唯一一部全文强制技术法规，将涵盖民用建筑供暖通风与空气调节系统设计、施工、验收和运行维护的控制性底线要求，对建筑工程质量监管具有重要的指导作用，对人民生活水平提高起到重要支撑作用。

而工业建筑亦将在《工业建筑供暖通风与空气调节设计规范》GB 50019—2015的基础上，形成《工业建筑供暖通风与空气调节通用规范》（简称《工规通用规范》）。2021年7月，工程建设强制性国家规范《工规通用规范》编制组第一次工作会议在北京召开，会上完成第一次征求意见稿。《工规通用规范》不局限于设计，同时适用于工程的设计、施工、验收、运行维护、拆除等全生命周期。除整合原有强制性条文外，还注意保证其内容的完整与系统性，"填平补齐"必要的内容。

无论是《民规通用规范》还是《工规通用规范》，都在各自的适用领域中形成了科学、合理的评价体系，给出了明确的技术要求。

2.4 近年标准变化趋势

2.4.1 收治传染病人的医疗建筑通风设计在安全基础上更加考虑经济适用

2020年，国家紧急编制发布了一些医疗建筑设计导则、建筑室内空气防疫设计指南等，针对呼吸道传染病早期的高传染性以及不确定性，更加注重强调建筑室内空气的安全性。提出设置通风设备备用措施、加大设计新风量、建设负压病房。

随着时间的推移，现在收治传染病人的医疗建筑通风设计更加注重适用性、经济性。新印发的《发热门诊设置管理规范》中不再提及备用措施，强调满足呼吸道传染病防控要求，有条件的定点医院设置负压病房，从系统配置、运行管理上更加考虑经济性。《大空间建筑改建方舱庇护医院技术规程》T/CECS 1206—2022提出在不影响大空间平时使用的前提下，提高建筑利用率，易改建、易操作、易恢复。

2.4.2 不用于收治传染病人的医疗建筑或其他民用建筑，通风设计考虑应对卫生事件需求

不用于收治传染病人的医疗建筑或其他民用建筑通风设计中，"平疫结合"要求相继被提出。2022年6月，本着坚持以人民健康为中心，满足新时代医疗服务功能需要，符合医防融合、平急结合、安全高效、经济适用、绿色环保、智慧健康等方面的要求，修订《综合医院建筑设计规范》GB 51039—2014部分条文，提出"平疫结合"功能区域设计标准，"平疫结合"区域换气次数、新风量应在常规设计上提升或者采用全新风系统。

《中医医院建筑设计规范》T/ACSC 02—2022中也提到有"平疫结合"要求的区域，通风空调系统应按现行国家有关规范、标准等进行设计。《老年人照料设施建筑设计标准（局部修订条文征求意见稿）》增加了卫生控制，要求老年人全日照料设施应做平疫转换设计，在传染病疫情防控期间应转换设置防疫隔离区，宜设置消毒室。防疫隔离区的设置应同时满足传染病疫情防控与隔离老年人接受照料服务的需求。

民用建筑中也提到防疫需求，《健康住宅建设技术规程》CECS 179—2009提到小区应制定相应安全及数据采集措施，保障疫情时人员安全及有序排查。江苏省《住宅设计标准》DB 32/3920—2020中也提到，住区配套服务设施应遵循"平疫结合"原则，有卫生防疫功能设计。"平疫结合"理念，更加适用于当前建设需求，以较低成本兼顾医疗建筑和民用建筑日常运行管理及疫情应急需求。

2.4.3 国家绿色发展、双碳政策下，通风系统设计与设备的能效提升

在《建筑环境通用规范》GB 55016—2021中提到建筑室内空气污染物控制可采取自然通风、机械通风等措施；在《绿色建筑和绿色建材政府采购需求标准》提出新风净化系统绿色要求及品质属性要求。这是将绿色环保理念融入通风系统设计中，优化通风系统设计流程，兼顾室内空气品质与系统节能水平，坚持不污染、不浪费的设计原则，以达到绿色发展的时代要求。

在通风设备领域也提出绿色发展效能方面要求。在《绿色建筑和绿色建材政府采购需求标准》中提出办公建筑通风空调系统风机的单位风量耗功率应比现行国家节能标准低20%；优化了《通风机能效限定值及能效等级》GB 19761—2020标准中风机能效等级及效率。特别是在家用新风机领域，《家用和类似用途新风净化机》GB/T 5580—2021、《全屋净化新风机》T/CAEPI 30—2021、《热回收新风机组》GB/T 21087—2020等有关风机的标准相继发布，提出微正压实验装置，以及新风净化率、新风净化量、净化能效、噪声等技术要求和相关试验方法。规范和指导了家用新风行业发展，改善了产品质量，推动企业加大创新力度，生产和使用先进的、高能效等级的风机，加强了对风机设备智能化、数字化升级，以推动风机设备节能降耗、绿色发展，助力实现"双碳"目标。

3 近年发布的民用建筑通风标准条款的讨论

3.1 通用规范中有关通风条款的讨论

通用技术类规范是工程建设专业性关键技术措施，具有强制约束力，是工程项目的控制性底线要求。在实际项目执行过程中，应首先满足通用规范要求，再结合项目要求选用相关团体标准、地方标准，使项目功能、性能更加优化或达到更高水平。通用规范最主要的是规范体系的变化，把我们原来混在一起的规范分解成强制性的技术法规，换句话说，

通用规范主要明确政府对工程的底线要求,突出强制性和可核查。在近年发布的通用规范中也有一些涉及通风的条款,现提出并讨论,以介绍通风系统设计进展。

3.1.1 通风开口面积

《建筑节能与可再生能源利用通用规范》GB 55015—2021（简称《节能通用规范》）第 3.1.14 条规定,夏热冬暖、温和 B 区居住建筑外窗的通风开口面积不应小于房间地面面积的 10% 或外窗面积的 45%。夏热冬冷、温和 A 区的居住建筑外窗的通风开口面积不应小于房间地面面积的 5%；公共建筑中主要功能房间的外窗（包括透光幕墙）应设置可开启窗扇或通风换气装置。

利用自然通风消除室内余热余湿是建筑节能的有效手段之一,国际国内很多标准规范中都对建筑自然通风提出明确要求,本条文强调南方地区居住建筑应能依靠自然通风改善房间热环境,缩短房间空调设备使用时间,发挥节能作用,因此对外门窗通风开口面积规定了最低限值。条文结合住宅设计规范及地区节能设计标准,沿用地区居住建筑节能设计标准要求,对居住建筑通风开口面积做强制性要求,但考虑到厨房、卫生间等的窗面积比较小,满足房间地面面积的 10% 很难做到,因此规定了按不小于外窗的 45% 设计。对于公共建筑,要求设置可开启窗或者通风换气装置,保障公共建筑在室内空气较好时能开窗通风,或利用通风换气装置获得热舒适性和良好的室内空气品质。通风开口面积列入《节能通用规范》中,体现了自然通风作为一种节能的、利用可再生风能降低建筑能耗的通风技术,在建筑设计中的重要性。

3.1.2 风机设备节能

《节能通用规范》第 3.2.16 条规定,风机和水泵选型时,风机效率不应低于现行国家标准《通风机能效限定值及能效等级》GB 19761 规定的通风机能效等级的 2 级；第 3.3.4 条规定,水泵、风机以及热电设备应采取节能自动控制措施。

风机是暖通空调输配系统中最主要的耗能设备之一,《节能通用规范》首先将风机设备选型能效等级以及自动控制措施要求变为强制性条文,并对风机选型及控制措施提出更高的要求。设计初始系统投资略有增加,但能大幅降低系统运行能耗,更好的保障建筑整体耗能的降低,经济性可通过项目进一步分析论证。

3.1.3 集中排风能量热回收

《节能通用规范》第 3.2.19 条规定,严寒和寒冷地区采用集中新风的空调系统时,除排风含有毒有害高污染成分的情况外,当系统设计最小总新风量大于或等于 40000m^3/h 时,应设置集中排风能量热回收装置；第 7.1.5 条规定,对排风能量回收系统,应根据实际室内外空气参数,制定能量回收装置节能运行方案及操作规程。

在《公共建筑节能设计标准》GB 50189—2015 及《严寒和寒冷地区居住建筑节能设计标准》JGJ 26—2018 中均提到宜设置空气热回收装置,但不是强制性条文。在北京市、重庆市居住建筑节能标准中也提及当新风系统送风量大于或等于 3000m^3/h 时,有条件的建筑应设置排风热回收装置。虽然这两部地标中对热回收设置做了定量分析,但《节能通用规范》中 3.2.18 条主要针对严寒和寒冷地区一定规模以上的大型集中新风系统,认为一定规模时,热回收系统节能性更为显著。而且《节能通用规范》还提到,排风能量回收虽然是一项有效的节能措施,但同时也会增加风机输配能耗,故而搭配合理的运行控制措施和操作规程更能有效的确保能量回收,提高节能效率。

3.1.4 系统风量调节

《节能通用规范》第3.2.23条规定，大型公共建筑空调系统应设置新风量按需求调节的措施；第7.1.4条规定，集中空调系统应根据实际运行状况制定过渡季节能运行方案及操作规程；对人员密集的区域，应根据实际需求制定新风量调节方案及操作规程。

风机能耗为大型公共建筑空调系统的主要能源消耗，而且通风量在实际运行时通常小于额定风量，因此《节能通用规范》将新风量调节措施设置为强制性条文，通过变风量调节措施来降低风机能耗，这样不仅能获得最佳的通风效果，也能达到节能的目的。

3.1.5 既有建筑通风系统改造

《节能通用规范》第4.3.8条规定，当供暖空调系统冷源或管网或末端节能改造时，应对原有输配管网水力平衡状况及循环水泵、风机进行校核计算，当不满足本规范的相关规定时，应进行相应改造。《既有建筑维护与改造通用规范》GB 55022—2021第5.4.3条规定，当供暖、通风及空调系统不能满足使用功能的要求，或有较大节能潜力时，应对相关设备或全系统进行改造；第5.4.4条规定，供暖、通风机空调系统改造的内容，应根据建筑物的用途、规模、使用特点、室外气象条件、负荷变化情况等因素，通过对用户的影响程度比较确定。

目前我国一些既有建筑系统设备老化、室内参数无法保证、舒适性差、耗能高，建筑能耗急需解决。但随着城市的发展，有些建筑不适宜拆除重建，因此建筑的节能改造被提上议程。利用机械通风、自然通风、冷热源、水力平衡等方式的改造相对容易且高效。比如在公共建筑中，可以通过增加屋顶通风隔热层或者改变窗户型式和开启方式来减少室内热湿负荷，降低空调使用频率，从而达到降低系统能耗的结果；也可以利用机械通风与智能控制相结合的方式改善既有建筑能耗。总之，既有建筑暖通空调相关条文的发布有助于满足我国经济社会发展需要，更好的打造节能型社会。

3.1.6 风口消声措施

《建筑环境通用规范》GB 55016—2021第2.2.7条规定，当通风空调系统送风口、回风口辐射的噪声超过所处环境的室内噪声限值，或相邻房间通过风管传声导致噪声达不到标准时，应采取消声措施；第2.2.8条规定，通风空调系统消声设计时，应通过控制消声器和管道中的气流速度降低气流再生噪声。

对比《民用建筑隔声设计规范》GB 50118—2010可以发现，《节能通用规范》将风口及风道消声措施列为强制性条文并提出控制再生噪声的要求。注重通风系统中的每处噪声源，从噪声产生源头到风管再到末端都需要解决噪声问题，这样更有利于提高居住建筑环境水平，满足人体健康对声环境的基本要求。

3.1.7 室内空气污染物控制

《建筑环境通用规范》GB 55016—2021第5.1.1条提到室内空气污染物控制保证建筑选址、空间布局、材料后，应首先采用自然通风措施改善空气质量，再设置机械通风空调系统，必要时设置空气净化装置进行空气污染物控制；第5.1.2条规定了室内空气污染物浓度限量，沿用了《民用建筑工程室内环境污染控制标准》GB 50325—2020中的规定。

对于建筑室内空气污染物的控制，主要还是依靠自然通风、机械通风等有效手段，对通风系统的利用在相关标准条文中均有所体现。

3.2 近年发布的行业标准有关通风条款的对比

行业标准是在国家标准基础上，结合行业特性所制定的推荐性标准。不同的行业会根据自身特点，制定更加细致、合理、严格的标准，充分指导通风系统设计。

3.2.1 自然通风设计

当前各类标准均明确优先采用自然通风清除建筑物余热、余湿，以及对室内污染物浓度进行控制。但对于自然通风的设计多是定性的要求，定量的却很少。导致现有标准在实际自然通风应用中指导性不强。故而通风领域行业标准应在自然通风方面做了一些加强。

自然通风采用数值模拟的方法早在《民规》中就被提出，但一直缺少方法指导类的规范。因此在《住宅通风设计标准》附录A中，对自然通风模拟方法、边界条件设定、模拟案例等作了详细介绍，以加强数值模拟在工程设计中的应用。

在《节能通用规范》中对自然通风开口面积作了最小值限定，《住宅通风设计标准》在最低限值基础上，结合自然通风室外风速、通风洞口朝向、通风洞口个数等因素，对自然通风满足卫生要求和热舒适要求时分别进行模拟计算，得出所需的每套住宅自然通风开口面积与房间地板面积之比并在自然通风定量方面作了更细致的说明。

新发布的《中医医院建筑设计规范》T/ACSC 02—2022 中自然通风基本沿用《综合医院建筑设计规范》GB 51039—2014 中的要求，在门诊、急诊及病房等区域优先采用自然通风。但在《医学生物安全二级实验室建筑技术标准》T/CECS 662—2020 中提到普通型医学 BSL-2 实验室可采用自然通风，满足《民规》的有关要求，而加强型 BSL-2 实验室应采用机械通风而非自然通风。

目前相关标准规范对自然通风利用的规定已由定性的要求逐渐给出了定量的设计措施指导，这是自然通风利用方面的进步，但我国气候复杂，并非任何时间都适合利用自然通风，比如梅雨季节，增强自然通风更容易导致室内潮湿甚至发霉，而相关标准规范对什么时间利用自然通风仍然缺少指导。

3.2.2 机械通风设计

机械通风发展较为成熟，近年发布的标准也是对条文进行补充优化。《住宅通风设计标准》T/CSUS 02—2020 在第 3.0.2 条提到，住宅自然通风不能满足通风换气要求时，应采用机械通风；新风量计算沿用《民规》中的相关要求，在第 5.2.3 条提出新风系统的新风量应在最小新风量的基础上附加 5%～10%。这是考虑新风系统在使用过程中，过滤器阻力增加时的风压余量和系统漏风的影响。第 5.3.2 条中提到新风热回收机组的热回收能效应符合《热回收新风机组》GB/T 21087 规定的能效限定值。第 5.4.2 条对新风口与污染源最短距离作了规定，为设计师应用时提供参考。

《科研建筑设计标准》JGJ 91—2016 中第 8.1.3 条给出了在室内设计参数无特定要求时的新风量设计参数。但"人均新风量"与"每小时换气次数"两列数据与常规设计差异较大，建议此两列数据互换。该标准结合目前实验室场所反映室内有异味的情况，适当调高了一些相对密闭空间的新风量。

《中医医院建筑设计规范》T/ACSC 02—2022 中第 8.1.5 条规定，凡产生气味、水汽、粉尘和余热余湿较大的用房，应设机械通风；产生刺激性气体或烟雾的中医特色诊疗用房，必要时需设置独立的通风设施；第 8.1.17 条规定，医院有"平疫结合"要求的区域，通风空调系统应按照现行国家有关规范、标准等进行设计；第 8.3.3 条规定，门诊应尽量采用自然通风；产生气味、水汽等门诊用房应保持室内负压，空气应由清洁区流向非清洁区。第 8.3.4 条规定，艾灸室通风宜采用"局部排风 + 全面排风"的通风方式；艾灸治疗室的局部排风量不宜小于 $300m^3/h$，排风应设置可清洗的过滤装置。从以上条文可以看出，该规范考虑中医医院诊疗空间特性，满足医院使用特性，结合现有综合医院规范，补强中医医院机械通风设计规范。

3.3 各省市住宅相关设计规范增加新风条款的意义

近年北京、江苏、上海、安徽、四川等地根据自身区域情况，发布了一系列通风相关规范。北京市《住宅设计规范》DB11/1740—2020 第 10.5.5 条提到，不设置户式新风系统的新建住宅宜预留设置户式新风系统的土建安装条件。设置户式新风系统时，通风设备宜带热回收功能。江苏省《住宅设计标准》DB32/3920—2020 以及《居住建筑热环境和节能设计标准》DB32/4066—2021 中都提到，每套住宅应设置有组织的新风系统，以改善室内空气品质，可因地制宜选择新风器、户式新风系统或集中新风系统，新风系统设计时应考虑厨房和卫生间局部排风的影响。

目前，新风相关的行业规范已经初露头角，但在设计运行过程中存在着一些问题，而且新风消费市场主要集中于一线城市，因此江苏省、北京市结合地区特点率先将新风系统设计纳入规范条文，为居住者提升室内环境品质的愿景提供方法，为建设方打造舒适健康室内环境的理念提供了技术支撑，为新风系统行业带来发展契机。

4 标准评述

4.1 重庆市《居住建筑自然通风设计技术标准（征求意见稿）》

随着社会发展、能源危机、环境污染、突发公共卫生事件等因素，人们越来越重视节能环保、健康舒适的室内环境。建筑的通风尤其是自然通风是最有效、最简单的防护措施。加之近年国际上快速发展的被动式超低能耗建筑对自然通风的重视，都推动着国内建筑自然通风的发展。

目前尚未有完全针对居住建筑自然通风的标准规范，但有关规范中有少量涉及对建筑自然通风的设计要求。为了促进自然通风技术在改善重庆市居住建筑室内空气质量的合理实施，保证居住建筑通风作用下的环境质量提升，结合重庆的气候特点以及现有有关自然通风标准存在的问题，编制合理的居住建筑自然通风技术规定。重庆市《居住建筑自然通风设计技术标准》由重庆大学牵头，会同行业内设计院、科研单位、企业共同完成，目前已完成征求意见稿的社会征求意见。该标准征求意见稿目录结构见表 3。

重庆市《居住建筑自然通风设计技术标准》征求意见稿目录结构　　　表 3

1 总则	
2 术语	
3 基本规定	

续表

	4.1 一般规定
4 室外环境分析	4.2 风环境分析
	4.3 规划布局
5 室内环境	5.1 一般规定
	5.2 质量要求
6 建筑通风设计	6.1 一般规定
	6.2 通风设计
	7.1 一般规定
7 设施系统设计	7.2 通风器
	7.3 通风系统
附录一	

由目录框架可知，该标准从室内外环境、建筑设计、设施设备等方面对居住建筑自然通风设计作了一些规定。该标准适用于住宅类居住建筑和宿舍、旅馆、照料设施类等非住宅类居住建筑的自然通风设计。

标准突出自然通风在建筑设计中所发挥的作用，提出使用自然通风、机械通风、复合通风等方式实现室内排风或送风，改善室内空气环境而采用的一系列设备、装置的总体，作为通风系统的概念进行定义。并且在标准中明确了通风设计时应优先考虑采用自然通风消除室内余热余湿和降低污染物浓度，当自然通风不能满足时，应采用复合通风。这里的复合通风系统包括3种形式：自然通风与机械通风交替运行、带辅助风机的自然通风和热压/风压强化的机械通风，而热压/风压强化的机械通风是以机械通风为主，利用自然通风辅助机械通风系统。如选择压差较小的风机，再由自然通风的热压/风压驱动来承担一部分压差。由此可知，无论在任何情况下都需考虑采用自然通风，自然通风应当最大化的进行利用。

标准在空调期、通风季节的划分中主要考虑依据室外空气温度所处范围确定通风时段，但根据《对夏热冬冷地区暖通空调气候特点的再认识》(《暖通空调》2020年第50卷第3期)，重庆地区气候超过一半的时间处于低温高湿和中温高湿区，因此建议补充考虑湿度的影响，对空调期、通风季节的划分开展进一步的研究。

此外，标准重点是将传统设计手段向前进行延伸，充分考虑场地及周边自然通风要素，利用数值模拟工具进行设计优化分析，对建筑朝向、体型、布局、通风口位置、通风有效面积、换气次数、气流组织等进行了细化，具有较好的可操作性，可有效指导图纸设计。但建议明确周边拟建地块对本项目室外风环境的影响，避免拟建项目可能对本项目室外风环境产生的重大影响。

4.2 江苏省《住宅设计标准》DB 32/3920—2020

针对城镇老旧小区改造过程中群众反映强烈的突出问题，江苏省《住宅设计标准》

DB32/3920—2020作为全国首部完成修订的住宅设计标准，于2020年12月30日发布，2021年7月1日正式实施。标准修订从安全健康、全龄友好、智能智慧、应急防控4个方面对住宅设计标准进行完善、优化、提升。标准目录结构见表4。

江苏省《住宅设计标准》DB 32/3920—2020目录结构　　表4

1 范围	9 消防标准
2 规范性引用文件	10 结构标准
3 术语和定义	11 设备标准
4 基本规定	12 维护与管理
5 住区总平面	13 技术经济指标计算
6 使用标准	附录A（资料性附录）成品住宅装修基本配置
7 环境标准	附录B（规范性附录）本标准用词说明
8 设施标准	

在安全健康方面，要求增设室内新风系统。多项研究表明，室内新风系统可有效防止新冠病毒通过飞沫和气溶胶传播，其作用包括3项：①稀释：空气中病毒达到一定浓度时才能感染人，通过输送室外的新鲜空气，将室内病毒的浓度稀释。②置换：合理布局新风和回风口，合理设计正压区和负压区，可以将室内的病毒等有害物质置换出去。③净化：新风送风侧加设高效滤网净化空气，可以过滤病毒及气溶胶。为此，标准中明确规定："每套住宅的自然通风开口面积不应小于地面面积的5%，每套住宅应设置新风系统，新风系统应设置过滤装置，通风量不宜小于$0.5h^{-1}$，住宅地下室不满足自然通风条件的房间应设置机械通风设施"。

目前，新风系统包括窗式通风器、墙式通风器、无管道新风系统、有管道新风系统等各类机械通风系统，或自然通风与机械通风结合的复合通风系统，项目可以根据自身条件选择不同的系统型式。新风系统宜设置到每个居住空间，并具备净化处理功能，将新风净化处理后送入室内。同时，为保证新风系统的有效性，应设置有组织的新风系统。无管道新风系统应分别设置室内送风和排风装置，或利用卫生间机械排风系统。

其次，要求增设无动力风帽、加强厨房垂直排烟道排烟效果。江苏省《住宅设计标准》DGJ32/J26—2017中要求，除5层以下和建筑高度大于100m的住宅外，均应采用竖向排烟道排出厨房油烟，这也是目前住宅排烟气道的普遍做法。连接上下住户的厨房烟道密闭性差，止回阀长时间使用后容易失效，经常串烟串味，易造成上下楼住户矛盾。更重要的是，在疫情防控期间，上下楼厨房空气联通，存在病毒传播的可能。

为尽量避免住宅内病毒传播，标准修订时要求，当厨房油烟通过外墙直接排至室外时，应在室外排气口设置避风防雨、油污过滤和防止污染墙面的构件；当设置竖向排气道时，应设置防火止回阀，并应在出屋面排气道顶部安装无动力风帽（或太阳能有动力风帽）。同时，"11设备标准"章节中也明确提出"住宅的厨房、卫生间应有通风措施，或预留机械通风设置条件。厨房、卫生间竖井应分别设置，竖井出屋顶口部应安装无动力风帽"的要求。

4.3 《综合医院建筑设计规范（局部修订条文征求意见稿）》

《综合医院建筑设计规范》GB 51039—2014 于 2015 年 8 月 1 日起实施，该规范对全国各地综合医院的规划设计及工程建设起到了重要的规范、指导作用。

目前该规范的施行跨越了整个"十三五"时期，这个时期是国家城镇人口大幅增加、国民经济发展较快、综合国力显著增强的时期。人民生活水平的不断提高、疫情防控需要、医疗模式和医学技术的进步、信息技术和物流系统等的发展，对医院建筑设计、建设提出了一些新的要求。为适应新时期医院建设发展的需要，住房和城乡建设部组织中国中元国际工程有限公司等单位在原有规范的基础上对条文进行修订，并于 2022 年 6 月 8 日形成《综合医院建筑设计规范》（局部修订条文征求意见稿），面向社会公开征求意见。

通过标准的编制目的可知，更加强调以人为本，围绕医防融合、平急结合、绿色高效、智慧健康等多个方面的要求展开，推动医院建筑高质量的发展。在内容上增加了"平疫结合"区域建筑设计的内容，并对医疗工艺流程、医疗功能单元等多方面内容进行了修订。

从标准的采暖、通风及空调系统章节条款中可知，标准修订的内容更加全面和细化。除新增了"平疫结合"功能区域的通风技术要求，还明确采用全新风空调系统的功能区域，如抢救室、输液室等病原微生物污染风险较高的区域，以及内镜清洗室、设置生物安全柜采用机械通风的实验室等。而对于中医灸法治疗室、熏蒸治疗室、煎药室宜采用全面排风和局部排风相结合的复合通风方式。

但标准修订中要求"感染疾病科宜优先采用自然通风"，而感染疾病科可分为两类，一类是传染性的，另一类是非传染性的。若是传染性的感染疾病科，则不宜采用自然通风。根据笔者所了解，自然通风的利用具有一定的适用条件，尤其是在感染疾病科不应采用自然通风，在热压作用下，下层窗户的排风由于浮升力的作用约有 7% 经由上层窗户进入同侧的上层房间，造成污染物的竖直跨户传播。因此若自然通风利用不当，极易造成感染，针对感染疾病科应谨慎采用自然通风，应考虑采用有组织的机械通风。

4.4 《医疗建筑通风设计标准（征求意见稿）》

医疗建筑中的通风十分重要，具有特殊性、必要性。由中国勘察设计协会组织，重庆海润节能技术股份有限公司和中国中元国际工程有限公司主编的专门针对医疗建筑通风的设计标准《医疗建筑通风设计标准》已进入征求意见阶段，目录结构见表 5。对于医疗建筑通风的相关设计要求，目前行业内比较欠缺，该标准将覆盖到量大面广的医疗建筑共性通风问题，填补行业空白，推动通风技术发展。

《医疗建筑通风设计标准（征求意见稿）》目录结构　　　　表 5

1	总则	8	专业的协调与配合
2	术语	9	调试与运维策略
3	基本规定	附录 A	各功能空间室内通风设计参数
4	通风设计	附录 B	建筑风量平衡分析方法与算例
5	平疫转换通风设计	附录 C	动力分布式智适应通风系统设计
6	设备及部件选择	附录 D	动力分布式智适应通风系统调试
7	监测与控制		

标准适用于新建、扩建和改建的医疗建筑室内通风设计，不适用有洁净环境控制要求的科室和洁净护理单元。同时适应于疫情突发的应急转换和疫后恢复日常医疗功能的通风系统设计；兼顾"重大疫情救治基地"建设项目、"平疫结合"项目、承担疫情救治任务的定点医院的通风设计。

标准编制的目的意在贯彻国家卫生健康委员会"平疫结合"的建设要求，助力提升医疗建筑设计水平，促进医院绿色低碳发展，实现建筑业全面落实国家"碳达峰、碳中和"重大决策和目标。标准立足服务于项目建设期内设计、施工与运行管理等各方需求。如建设方希望标准能实现医院环境的高安全、高品质，考虑系统方案的高效节能、便捷管理、高智能化和高性价比等；设计单位希望标准条文内容满足国家绿色发展的大政方针，能实现因地制宜，简单明了，易操作；施工单位希望通风系统安装的便捷性；运行管理者希望通风系统使用便捷、操作简单、维护维修方便及检修工作量少等。

从标准编写的框架来看，标准以"平疫结合"为核心亮点，加强了标准适用性，适当扩大到医疗建筑常规区域的通风设计。而"平疫结合"作为医疗建筑的一种特殊功能，在标准中作为独立的一个章节得以体现。另外，标准设置"专业的协调与配合"章节，强调了通风设计要考虑与其他专业之间的配合，通风设计应在医疗建筑方案阶段介入，与医疗工艺、建筑、供暖空调等相关专业设计并行，为通风的平疫转换提供必要的条件。同时，通风设计的协调与配合应贯穿项目规划、方案、设计、施工、运行、转换等各个阶段。

该标准系统性提出平时、疫时及平疫转换的设计方法与设计要求，如对通风设计参数、通风量、气流组织、新排风处理、通风系统形式与配置等做出了具体技术规定，能够更加明确的指导设计。同时从国际化视角注入大量核心技术及产品，提升标准的行业领先性。首次将无传感自适应动力分布式通风技术用于医疗建筑，并开发了机电一体化成套设备。

此外，标准对平时和疫时通风系统的监测与控制分别做出了规定，平时以健康通风为主，而疫时以安全通风为主，在系统的监测参数以及控制逻辑上均有所区别。

住宅厨房通风的一个里程碑
——《住宅厨房空气污染控制通风设计标准》T/CECS 850—2021 学习与研读

重庆海润节能研究院　付祥钊

《住宅厨房空气污染控制通风设计标准》T/CECS 850—2021（以下简称《住宅厨房通风标准 2021》），由西安建筑科技大学、中国建筑科学研究院有限公司主编，由中国工程建设标准化协会批准，自 2021 年 9 月 1 日起施行。

我国住宅厨房的烹饪过程散发大量空气污染物，而在住宅建设过程中，厨房通风的设计、施工长期未纳入标准化管理，使用过程中又缺少科学指导，造成厨房内空气污染严重，成为住宅的空气污染源，影响本套住房的其他功能房间内的空气品质，还影响邻居家内的空气品质。控制厨房空气污染对保护居民的身体健康的重要性，已成为全民共识。在住宅建设没有把厨房通风列为必须的设计施工内容的情况下，各家各户纷纷自行安装厨房空气污染控制设备——抽油烟机，但效果并不理想。与住宅厨房空气污染控制相关的标准已有一些，如《吸油烟机》CB/T 17713—2011、《吸油烟机能效限定值及能效等级》GB 29539—2013、《住宅厨房和卫生间排烟（气）道制品》JG/T 194—2018、《排油烟气防火止回阀》XF/T 798—2008、《住宅排气道系统应用技术规程》CECS 390—2014 等，但都只涉及局部或部分。《住宅厨房通风标准 2021》是我国第一部全面、系统的关于住宅厨房空气污染控制的通风设计标准，为住宅厨房通风整体进入工程全过程提供了可执行的标准，是我国住宅与公共建筑通风进展的一个里程碑，值得重视和学习研读。

该标准共分 8 章和 2 个附录，主要技术内容包括：总则，术语，基本规定，住宅厨房气流组织及污染物控制排风量，住宅厨房公共排油烟系统设计，排油烟装置及排油烟风道设计，监测与控制系统设计，防火、安全、噪声控制设计等。标准整体系统性好，条文可执行性较强，降低了住宅厨房通风设计的随意性和难度，对设计人员帮助很大。

该标准"3 基本规定"的 3.0.3 条，强调"住宅厨房排油烟通风系统设计，应优先采用局部机械排风、自然补风的通风方式"非常重要，是保障厨房通风效果的关键，也是通风工程学中，控制集中固定的空气污染源的关键技术措施。就其重要性，该条应作为基本规定的第一条，即 3.0.1 条；而现 3.0.1 条宜调为 3.0.3 条（对于现 3.0.1 条的恰当性后面再讨论）。该标准的一大优点就是紧紧围绕局部机械排风展开和细化条文，如 4.1.2 条、4.2.1 条等，而且"第 5 章 住宅厨房公共排烟系统设计""第 6 章 排油烟装置及排油烟风道设计""第 8 章 防火、安全、噪声控制设计""附录 A 排油烟装置捕集性能测试方法""附录 B 排油烟装置捕集效率测试方法"都是基于"局部机械排风"的。若能在"3 基本规定"中更鲜明地强调"局部机械排风"在住宅厨房通风设计的中心作用、核心技术地位，能对设计人员在通风工程学、工程思维方面起很好的指导作用，帮助他们从孤立的对标设计进步到有机把握标准核心、关键的性能化设计。第3.0.3的条文说明与"参照"为由，不足以彰显自身优点。

关于气流组织，值得注意的是4.1.2条强调"厨房通风气流组织设计时，……不应破坏局部排油烟装置的正常工作"，不少设计者在做气流组织时，往往容易忽视甚至忘记这一要点，导致"精心"设计的气流组织对全局没有好的效果。关于住宅厨房排风量，第4.2.2条的条文说明委婉但明确提出："对住宅厨房而言，厨房大小及体积不一，且在日常生活中，烹饪方式与厨房大小往往无直接联系，故不推荐采用换气次数法来确定排风量。"标准条文通常正面规定，但"不推荐"这类负面清单式的提醒，在避免不恰当的设计方面，有它的特殊意义。少一点强制性的正面条款，多一点提醒式的"不推荐""不宜""不可"，是否既给设计者灵活创造的空间，又可减少失误的几率？当然这涉及标准编制的基本要求。但在标准改革中，可以讨论、思考。

由于局部机械排风在住宅厨房通风设计中的重要地位，排油烟装置当然是局部机械排风的关键装置，其排风量的恰当性又涉及住宅厨房公共排油烟系统设计和排油烟风道设计，牵一发而动全身，重要性不言而喻。该标准4.2.1条规定"住宅厨房局部机械排风量……，或应按本标准附录A的方法确定"，将试验引入了住宅厨房通风设计，这是标准又一值得赞赏的进步和提升。至今设计人员停留于凭标准和经验性资料（技术措施、设计手册等）设计的水平上，但工程中新情况的出现，单凭经验是解决不好的。将"试验"引入工程设计过程，是提高工程设计水平的重要措施，从工程设计的方法论上是很有价值的。当然通过或依靠试验进行设计是有难度的，工作量也会增加不少，因为多方面的原因，估计用附录A确定排风量的设计人员极少，但这少数代表着设计方法的发展方向。第4.2.1条的条文说明给出的确定排油烟装置最小排风量的计算方法，也比设计界通常使用的几个排油烟装置排风量的计算方法更精细。张华廷设计师结合一个工程项目对比分析了7个常用的简易计算方法（表1），计算结果差异显著（表2）。究竟哪个方法的结果更恰当，不能一概而论，虽然针对具体的工程条件，可以通过试验方法判定哪个方法的计算结果最恰当，但一旦工程条件发生变化，判定可能就不对了。要获得普遍适用的计算方法还有研究工作要做。关于换气次数，《统一技术措施2022》在2009版的基础上也取得了进步。从科学严谨的角度，该标准关于用试验方法确定排风量的思想是珍贵的，值得努力推动。

油烟罩排风量计算法 表1

方法编号	计算方法	计算公式	参数说明
（一）	换气次数法	$Q=V\times n$	n——换气次数，中餐厨房取$60\sim80h^{-1}$；西餐厨房取$40\sim60h^{-1}$
（二）	排烟罩长度估算法	$Q=1800\times b$	Q——排风量（m^3/h），以下相同；b——排烟罩长度（m）
（三）	排烟罩面积估算法	$Q=1800\times A$	A——排烟罩面积（m^2），以下相同
（四）	排烟罩面积与换气次数复合法	$Q=Q_1+Q_2$ $Q_1=1800\times A$ $Q_2=10\times V$	Q——总排风量（m^3/h）；Q_1——排烟罩面积估算法排风量（m^3/h）；Q_2——换气次数法排风量（m^3/h）；V——厨房体积（m^3）

续表

方法编号	计算方法	计算公式	参数说明
（五）	排烟罩面积计算法	$Q=3600 \times A \times v \times k$	A——排烟罩面积（m^2）； v——罩口风速（m/s），0.5~0.6； k——烟罩漏风系数，1.02~1.05
（六）	排烟罩吸烟边长计算法	$Q=1000 \times P \times h \times k$	P——烟罩敞开面（不靠墙）的周长（m），以下相同； h——烟罩口边沿距灶面或工作台面的垂直距离（m），以下相同
（七）	排烟罩等速面计算法	$Q=3600 \times P \times h \times v \times k$	v——烟罩周边断面风速，0.2~0.5m/s

各方法计算出的烟罩排风量　　　　表2

方法编号	计算方法	计算结果（m^3/h）	折算为换气次数（h^{-1}）	
			按主生产厨房	按整个厨房
（一）	换气次数法	24000（80h^{-1}，主生产厨房体积）	80	47.9
		40080（80h^{-1}，整个厨房体积）	133.6	80
（二）	排烟罩长度估算法	21960	73.2	43.8
（三）	排烟罩面积估算法	31842	106.1	63.5
（四）	排烟罩面积与换气次数复合法	34842	116.1	69.5
（五）	排烟罩面积计算法	33434（风速为0.5m/s）	111.4	66.7
		40120（风速为0.6m/s）	133.7	80.0
（六）	排烟罩吸烟边长计算法	34881	116.3	69.6
（七）	排烟罩等速面计算法	37670（风速为0.3m/s）	126	75.4
		50200（风速为0.4m/s）	167	100
		62786（风速为0.5m/s）	209	125

"3 基本规定"的3.0.4条规定"住宅厨房通风量应根据油烟污染负荷计算确定，并应设计合理的气流组织形式"，然后4.1.3条规定"住宅厨房通风设计，宜保障烹饪及非烹饪时的空气质量符合现行国家标准《室内空气质量标准》GB/T 18883的有关规定"。不少设计师在进行住宅厨房通风设计时，没有注意区别烹饪与非烹饪这两个显著不同的使用工况，该标准提醒设计师注意二者不同的空气污染源特征。烹饪时，厨房里存在集中固定的强空气污染源，主要的控制措施是局部排油烟装置的局部排风。第4.1.2条强调气流组织"不应破坏局部排油烟装置的正常工作"，即局部排风气流。非烹饪时，厨房内不存在集中固定的强空气污染源，而是分散于厨房各物品、器具、墙、地、顶棚表面以及上部空间，主要措施是全面通风气流组织。全天24h中，烹饪时间短暂，非烹饪时间长，这一特点也需注意。第4.2.1条规定了烹饪时局部机械排风量的计算方法，并进一步在条文说明中"按照烹饪方式将产生的油烟分为轻度污染负荷（蒸煮等）和重度污染负荷（爆炒等）两种"。这表明烹饪时，至少有两个大小差异的局部机械排风量。而局部排油烟装置至少应具备两档排风量，更好性能者应按污染负荷的变化，实时自动调控局部机械排风量。非烹饪时，空气污染源虽然弱，但时间漫长的持续散发对室内（包括餐室、起居室甚至卧室）的空气污染，尤其伤害长时间居家的老、弱、病人和婴幼儿的身体健康。这种慢性伤害应该被重

视,需针对性的设计通风气流组织和计算排风量。

初读该标准就会发现,贯穿标准全文的,是一个"排"字,强调了厨房通风设计与通常清洁房间以"送风"为主的通风设计不同的基本特点。排风决定了厨房通风系统的构成和规模大小,是整个厨房通风系统高效、经济的关键。提高排风对厨房空气污染的控制效果,不但能更有效地保障空气安全与健康,也是减小公共排油烟系统造价与运行能耗的着力点。在此基础上,该标准第5章分别规定了"集中动力""分散动力""复合式动力"。从提升捕集效率出发,第6.1节专门规定了"排油烟装置选择"。第6.1.1条推荐了捕集效率不宜小于90%的下限值,并允许按附录B确定排油烟装置的捕集效率的临界值(下限值)。附录B的试验方法对排油烟装置的制造商也是可用的,按此法标定的排油烟装置产品,在工程应用上就有了绿色通道。这样工程设计选用的工厂生产的标准化排油烟装置与工程设计的非标准排油烟装置的捕集效率就有了公平的比较方法。

第4.1.1条规定,"厨房通风设计应在合理进行建筑设计、厨房工艺设计的基础上,采取预防和治理措施"。这里强调了工种配合,提醒通风设计师不要进行孤立设计。通风设计师要积极主动地参与建筑、工艺的早期设计,帮助他们解决设计的合理性问题。其中公共排油烟道的截面形状与大小,在厨房空间内的位置是关键,需要在建筑、工艺的方案中设定。第5.1.16条规定"公共排油烟风道的风量、截面尺寸及总阻力损失应通过计算确定"。总阻力损失可以在动力选配时计算,截面尺寸则需在建筑、工艺确定方案时提出。截面尺寸的计算依赖于风量和截面风速。第5.1.5条规定了风道设计风量的确定方法;第5.1.6条规定了计算风道设计风量所需的单个厨房排风量;第5.1.17条规定了"设置集中排风机时,公共排油烟风道的断面最大设计风速不宜超过12m/s";第5.1.5条规定了同时使用系数C_j的取值。尽管同时使用系数只按建筑总层数确定,"10层以下取0.6,大于10层且小于或等于18层取0.5,大于18层取0.4"的规定是否科学、恰当还可进一步研讨,但该标准相关条款规定已为编制《住宅厨房通风设计手册》奠定了良好的基础。没有解决的是设计过程中的时间节点问题,通风设计师在建筑、工艺做方案设计的早期按该标准的规定方法提出公共排油烟风道的截面尺寸难度大。第5.1.1条与第5.1.2条分别对集中式、复合式动力排油烟系统的风机、排烟罩、风帽、油烟净化处理装置的类型采用、位置及联动控制作出了规定。第5.1.3条按公共排油烟风道最低层静压值大小规定了"分散式动力"宜不超过200Pa,超过200Pa时,宜设计为集中式动力系统或复合式动力系统。这些规定既引导了设计,同时也给设计师保留必要的创造空间。

"监测与控制系统设计"也是住宅厨房通风设计的新进展方向。第7章各条对监测的设计作了恰当而且是可行的规定,但在"控制"方面不太明确。前面各章的若干条款对"控制"作了一些分散的规定,但没达到系统的程度。这是该标准最薄弱的一章,与控制系统设计一直是整个通风专业设计的短板有关。

值得该标准编制单位和起草专家们注意的是,我国住宅厨房工艺正在发生重大变化。在国家"双碳"目标的推动下,住宅厨房能源结构由燃气+电快速走向全电转变。燃气灶具逐渐会退出住宅厨房,基于燃气灶的住宅厨房空气污染特征,将转变为基于电炊具的污染特征。相应的住宅厨房通风科技也会发生重大变化。下一版的《住宅厨房通风标》需要从以燃气灶具为基础转到以电炊具为基础的炊事工艺上来,有很多科学问题有待研究,工程技术有待开发。这会使该标准的下一版成为我国住宅厨房通风的新的里程碑。

第五篇 《医疗建筑通风设计标准》研编

《医疗建筑通风设计标准》编制背景及必要性分析

重庆海润节能研究院　丁艳蕊

基于"医院建筑通风现状、设计师对建筑通风设计的认识、建筑通风设计标准现状、医疗建筑'平疫结合'对通风设计标准的需求以及关于'平疫结合'问题的访谈"几个方面的调查与分析。了解医疗建筑通风工程的发展现状，揭示编制医疗建筑通风设计标准的必要性和编制意义。

1　医院建筑通风现状调查

1.1　调查基本情况

重庆海润节能研究院在与重庆大学进行硕博人才联合培养时，在2010—2014年间，联合培养学生针对医院建筑和医院建筑的服务人员开展了大量调查。

针对医院建筑的调查，调查样本覆盖华北、华东、华南和中西部地区，位于北京、邯郸、上海、广州、南宁、武汉、郑州、六安、重庆和成都地区的22家三甲综合医院。

针对医院建筑的管理者和服务人员的访谈，在有关部门的组织协调下召集了10位分别来自四川省卫健委、山东省卫健委、天津市人民医院、湖南省疾病预防控制中心、盛京医院、北京大学第三医院基建处、华西医院基建科、北京友谊医院、顺德区第一人民医院和顺德区公共事业管理局的工作人员进行了集体访谈。

针对患者和陪护人员的访谈，在22家三甲综合医院门诊挂号收费处、取药处、候诊区、走道、电梯厅，以及住院部病房、走道、电梯厅等8个功能空间分别随机选择2名工作人员和2名陪同人员进行了访谈。

1.2　调查结果及分析

1.2.1　室内空气质量主观评价结果调查分析

（1）访问调查、实地观察结果分析

患者和陪同人员对门诊部和住院部室内空气质量的主观评价结果显示，门诊部候诊区空气质量不满意率最高，超过了50%，其次为挂号收费处。访问人员通过追问发现空气污浊、通风不畅是患者和陪同人员对室内空气质量不满意的主要原因。

调查人员实地观察发现，候诊高峰时段，大量人群聚集于候诊区，明显感觉到空气不流通。挂号收费、取药等处也会出现大量人群聚集，人员高峰时期，室内空气质量变差。

（2）集体访谈调查结果分析

集体访谈中各地医疗机构管理人员反映的当前三甲医院的室内空气质量问题主要有以下几点：

1）候诊区、诊室空气质量差

在医院快速建设的过程中，医院建筑也逐渐向"高、大、全"发展，建筑体量越来越大，内区的候诊区和诊室无自然通风条件，又无良好的机械通风措施，一些医院虽然设置了机械通风系统，但过渡季节通风系统不开启。同时，门诊量也越来越大，候诊区经常出现大量人群聚集的现象，诊室内多名患者和陪同人员围绕在医生周围的现象也十分普遍，人体呼吸产生的CO_2在室内沉积，无法及时地排至室外。

2）室内空气质量影响工作效率

访谈过程中，受访者反映了各自医院的医护人员对室内空气质量的评价。不少医护人员感觉头昏脑胀、气血虚弱、大脑疲劳、精神萎靡、工作效率低下。导致这些症状的原因是室内通风不良，人体产生的CO_2未能及时排至室外，室内CO_2浓度偏高。据卫生学领域的研究成果，室内空气CO_2浓度在0.07%以下时属于清洁空气，人体感觉良好；当浓度在0.07%~0.1%时属于普通空气，个别敏感者会感觉有不良气味；当浓度达到0.1%~0.15%时属于临界空气，室内空气的其他症状开始恶化，人体开始感觉不适，长期吸入过多CO_2会引起体内的CO_2含量长期居高不下，人体生物钟紊乱，长此以往会造成气血虚弱，容易引起大脑疲劳，严重影响学生学习；浓度达到0.15%~0.2%时属于轻度污染，超过0.2%属于严重污染；达到0.3%~0.4%时人呼吸加重，出现头疼、耳鸣、血压升高等症状；达到0.8%以上时就会引起死亡。

室内空气质量影响医护人员的身体健康，降低了工作效率，同时也是诱发医患矛盾的原因之一。近年来，医患冲突日益严重。事实上，大部分医护人员都具备良好的职业道德，只是由于长期处于空气质量恶劣的环境中，CO_2浓度过高导致身体不适，影响了工作状态，降低了工作效率，正如集体访谈过程中医护人员感叹的"长期处于缺氧的环境中，怎能精神饱满的给患者治病"。

1.2.2 人员污染的典型医院现场实测调查分析

以重庆市两家三甲综合医院为例分析人员产生的污染。医院门诊部挂号收费处、候诊区和住院部病房的空调系统均为风机盘管+独立新风系统，门诊部诊室为冷暖两用壁挂式空调器。冬季、夏季测试期间，空调处于开启状态。

医院A挂号收费处、神经内科候诊区、抽血等候区、B超等候区、内科候诊区、耳鼻喉科候诊区、眼科候诊区、神经内科诊室、内科诊室、皮肤科诊室、耳鼻喉科诊室内CO_2的日平均浓度超过了规范限值1000ppm；医院B取药处、神经内科候诊区、B超候诊区、内科候诊区、耳鼻喉科候诊区、眼科候诊区、神经内科诊室内CO_2的日平均浓度超过了1000ppm。

各功能空间一天内CO_2浓度变化范围较大，虽然两家医院门诊部部分功能空间的CO_2日平均浓度未超标，但所有功能空间均出现了部分时段的CO_2浓度超过1000ppm的情况。除了一天内各时段的浓度存在差异外，一周内星期一至星期六的CO_2日平均浓度也存在较大的差异。

1.2.3 通风方式的实地观察结果分析

通过实地观察22家三甲综合医院通风方式调查结果分析发现：

（1）空调季节，三甲综合医院主要通过空调新风系统向室内供应新风，或通过开启的门窗供应新风。

（2）供暖季节，由于北方寒冷地区室外气温低，门窗关闭，三甲综合医院主要通过空调新风系统向室内供应新风，而南方地区的三甲综合医院除了通过空调新风系统供应新风外，仍然通过开启门窗以自然通风方式供应新风。

（3）北方地区部分采用集中供暖的医院的诊室和病房，冬季无新风供应。

（4）调查的22家三甲综合医院的空调新风系统均为定风量系统。

1.2.4 暖通空调系统污染的文献调查分析

王旭初、严燕等分别于2008年和2012年对杭州市两家三甲医院和深圳市3家三甲医院的集中式空调系统风管的污染状况进行了调研和检测（表1），结果表明，检测的32个样本的细菌总数、真菌总数和溶血性链球菌数量均合格，但由于未定期清洗除尘，医院空调通风管道表面积尘量的合格率较低。

集中空调系统风管污染检测结果　　　　　　　　　　　　　　表1

检测样本数	表面积尘量（g/m²）		细菌总数（CFU/cm²）		真菌总数（CFU/cm²）		溶血性链球菌	
	测定值	合格率(%)	测定值	合格率(%)	测定值	合格率(%)	测定值	合格率(%)
杭州9	2.1~78.3	33.3	55~450	22.2	80~3100	22.2	未检出	100
深圳23	1.8~24.2	69	0~4	100	0~51	100	未检出	100

1.2.5 各种调查结果的一致性分析

通过采用文献调查、实地观察、访问调查和现场测试方式对我国各地区代表性大、中型城市的典型综合医院室内环境和空气质量进行了样本点的调查，通过对全国各地代表性医疗机构管理人员的集体访谈，进行了综合医院室内环境和控制质量的面上的调查。调查结果表明点、面调查的结论具备一致性，当前我国三甲综合医院室内空气质量问题主要有以下几点：

（1）门诊挂号收费处、部分候诊区和诊室空气质量不达标

医院门诊挂号收费处、部分候诊区和诊室普遍存在空气质量不达标的现象，这些功能空间的CO_2日平均浓度超过规范规定的限值1000ppm。

（2）门诊部、住院部人员污染比建筑材料污染严重

调查发现，除新装修的医院外，各功能空间TVOC和苯系物的污染浓度未超标，但CO_2浓度超标的现象十分普遍，而人体新陈代谢是室内CO_2的主要来源，门诊部、住院部室内空气质量的污染物主要来源于室内人员。

（3）通风不良是综合医院室内空气质量问题的主要原因

医院人员聚集的场所如挂号收费处和候诊区等公共空间，由于通风不良，人体产生的CO_2在室内沉积，无法排至室外。另外，冬季北方地区的一些医院诊室和病房内门窗紧闭，室内空气干燥，室内采暖温度较高，无新风供应措施，室内空气质量恶劣。

1.3 小结

国内三甲综合医院经常出现"门庭若市，人满为患"的场面，许多医护人员及患者在诊疗过程中普遍感觉医院内部空气质量较差。对综合医院门诊挂号收费处、部门候诊区和

诊室的测试发现 CO_2 日平均浓度超过《室内空气质量标准》GB/T 18883—2002 规定的限值 1000ppm，空气质量不达标。其他研究者对医院建筑内空气中的 CO_2、TVOC、苯系物等测试发现浓度均超过了相关标准规定的限值。通风效果差在医院建筑实际工程项目中得到了主观和客观的反映。提升医院建筑的通风工程技术，实现良好的就医空气环境品质是迫切需求。

2 设计师对建筑通风设计的认识调查

2.1 2019年前的调查

2.1.1 调查基本情况

在编写《中国住宅与公共建筑通风进展2018》时，为了解暖通设计人员对建筑通风的认识，2016—2017年间，重庆海润节能研究院组织人员对全国各甲级设计研究院的暖通专业总工、暖通专业项目负责人、一线暖通设计师进行了访谈和问卷调查。

2.1.2 设计人员对民用建筑通风设计的认识

所调查的各大设计院的总工们对当前通风设计存在的问题了解的很清楚，观点和看法有较强的一致性。

有总工认为，民用建筑通风设计的规定大多是由"工业通风"搬移过来的，应根据民用建筑工程的特点进行调整；需要梳理清楚通风与空调的逻辑关系。应明确通风对达到室内环境要求应承担的责任和义务是什么。相关标准规范中民用建筑通风设计的内容欠缺，包括：通风的计算理论、通风的节能潜力等，缺少大量的基础性数据库。

一般设计人员充分利用地区与季节气候资源的意识不强，公共建筑通风设计粗糙，建筑师不为通风"折腰"，暖通设计师为通风"迷茫"，认为民用建筑通风主要是地下车库、设备用房、卫生间、库房通风，厨房的排油烟通风，建筑的事故通风以及房间的卫生通风，访谈中大多提到的是地下车库通风设计的问题。将民用建筑内空气质量不好与通风关联起来的设计人员不多。

部分设计人员认为通风是空调的一部分，不能过分的将其割裂。同时，设计人员指出空调系统的效果可以根据人们对环境的冷热感受很直观的进行评价与判断，而通风系统的好坏，不容易直观的进行判断，因此，不论是设计师还是建筑开发商、建筑使用者对于通风的重视程度不如空调系统。并且认为民建通风范围很小，不像工业通风的内容广泛，也没有工业通风重要。

2.1.3 对调查结果的分析

相当一部分设计师对民用建筑通风的认识不够清晰，关于民用建筑通风的含义、内涵以及民用建筑通风的任务需要进行更多交流。

通风是民用建筑的基本需求，是建筑保持可居住性所需具备的基本功能。任何有人的建筑空间、任何时间都需要通风，而空调和供暖并不是任何有人的建筑空间、在任何时间都需要的。暖通空调设计师把通风作为空调的一部分来认识，偏离了民用建筑的通风与空调之间的原本关系，不可能全面理解和解决民用建筑的通风问题。要提高通风设计水平，需要对通风进行深入的系统性思考。建筑室内环境的调控，空调与通风应该结合进行。要提升民用建筑通风设计水平，设计师需要改变观点、调整设计思想和方法。

高校有关通风方面的研究多是气流组织方面，多偏向于流体力学理论，研究结果在设计中的应用还有困难，尤其是借助于模拟软件得到的研究结果，模拟条件与实际偏差太大，不能直接用于实际工程，而对于通风技术本身的实现方法与手段的介绍较少，与实际设计应用存在一定的差距，无法直接、简单、快速的应用。关于通风设计的 CFD 研究重点，应放在模拟的边界条件上，多做验证工作，多寻找实际可行的验证方法，多调查实际工程与模拟结果之间的差异，分析其原因。

提高民用建筑通风设计水平，工程界和学术界都还有大量的工作要做，更需要加强合作。

2.2 2019—2020 年的调查

2.2.1 网络调查

2019—2020 年，政府、媒体、行业学协会、设计研究单位等，发布了一系列的导则、指南、建议等。不论是专门针对中央空调系统的运行管理指南，还是整个建筑的运行管理，都在强调"全新风运行""加大新风量运行""新风持续运行""无新风系统的中央空调不能运行"。具体标准指南目录可参见《中国住宅与公共建筑通风进展 2020》。

2.2.2 设计师对医院的建设体会

结合医院的设计实践，以张银安总工程师为代表的中南设计团队从通风空调系统设计角度总结了临时应急医院负压病房区环境控制方法，并分析了临时应急医院与永久性的医院建设及设计上的差别。主要结论及建议如下：

（1）压差控制是隔离病房区域的关键控制要素，隔离病房与邻室的压差应不小于 5Pa，考虑到应急医院建筑气密性差的特点，外区污染走廊存在大量外窗，可适当降低负压值，但不宜低于 −2.5Pa，并应在缓冲间处加强空气隔断的辅助措施。

（2）应保证负压隔离病房区有序的压力梯度，气流应从"医护走廊→病房缓冲间→病房"的顺序有序流动。

（3）在建筑构造及密封性确定的情况下，设计压差的大小取决于排风量，过大的设计压差导致过大的排风系统，会带来投资、能耗的增加，工程建设难度增大等不利因素，不利于应急工程快速建设。

（4）病房内的气流组织应从保护医护工作人员及保护病人两个方面合理确定。

（5）临时应急医院工期短，不宜在空调通风系统中设计复杂的自动控制系统，需用简单实用的方式达到使用要求。设计中采用定风量阀措施固定各区域送风量及排风量，可简单有效地实现各区域的压力梯度，满足使用要求。

2.2.3 调查结果

2019—2020 年，建筑设计行业进一步加强了对通风重要性的关注和认识。不论是行业专家在各种论坛、会议上的经验分享，还是设计师们针对实际工程项目的设计，对涉及空气安全的压差梯度和气流组织等的考虑都摆在了重要位置。"全新风运行""无新风系统的中央空调不运行等"也是行业专家们对建筑通风空调系统的运行给出的建议。通风优先的设计和运维思想在行业内开始形成共识。

2.3 小结

人们对空气环境安全防护的需求与重视，让建筑设计行业加强了对通风重要性的关注和认识。然而，由于长期以来行业对建筑通风认识的不足以及不够重视，导致技术和经验积累的不足，设计师关于通风设计的水平参差不齐，大量的设计师们并不能很好的完成通风工程的设计。因此，需要集工程界以及学术界专家的智慧和力量，形成建筑通风方面的标准规范，指导和提升建筑通风的工程设计水平。

3 建筑通风标准现状

标准规范是工程建设全过程以及运行管理的依据，标准规范的发展一定程度上反映着通风技术水平以及通风行业的发展。以前专门的或以通风为主要内容、重点内容的工程标准规范很少。随着建筑行业的发展，建筑体量不断的增大，通风难度随之升级，再加上雾霾天气的频繁出现，社会各界对建筑通风需求越来越重视。近几年大量的通风标准的编制立项和发布实施，成为我国民用建筑通风行业发展的一大标志，表明了政府和行业对通风工程技术法规的加强。但标准规范的内容还存在一些问题，仍然有改进的空间。

《中国住宅与公共建筑通风进展2018》和《中国住宅与公共建筑通风进展2020》编写过程中均对通风相关的标准进行了梳理，并对标准中通风相关条款从合理性、科学性和可操作性等方面进行了学习与思考。详细内容可见《中国住宅与公共建筑通风进展2018》和《中国住宅与公共建筑通风进展2020》中有关通风标准进展的专篇。

医疗建筑作为工艺流程复杂、服务对象特殊的建筑类型，其对建筑通风的要求更高、更严。然而梳理现行标准规范发现，目前国内关于医疗建筑的通风标准，仅有重庆市编制的地方标准《综合医院通风设计规范》DBJ50/T-176—2014，与设计院暖通设计师的交流调研发现，在进行医院建筑通风空调系统设计时，设计师会参考重庆市的地方标准，但同时也发现在落地性方面还存在一定的欠缺。

因此，需要针对医疗建筑编制相关通风标准，规范和发展医疗建筑的通风工程。

4 "平疫结合"医疗建筑对通风设计标准的需求

4.1 医疗建筑平时和疫情时对通风系统的需求存在本质区别

通风的第一功能是保障建筑内人员的呼吸安全与健康，相对于热舒适，其对可靠性要求更高，医院室内空气的安全和健康需求应通过通风系统来实现。不同医院（综合医院和传染病医院）、不同病区（标准病区和传染病病区）以及不同运行状态（平时状态和疫情时状态）下的通风系统设计要求不同。例如，综合医院的标准病区或者传染病医院的非呼吸道传染病病区在平时运营状态下，因为室内污染物主要为建筑本体、人体呼吸和散发、医疗过程等产生的空气污染物，如甲醛、苯、TVOC、CO_2、臭气、湿气等，可利用通风稀释污染物的机理，通风系统设计以考虑呼吸健康为主；综合医院的标准病区在传染病疫情状态下，以及传染病医院呼吸道传染病区在平时和疫情状态下，因室内污染物中存在病人呼吸产生的传染性病毒，需要依靠通风对含有危害严重的传染性病毒的空气进行控制和排除，通风系统设计以考虑呼吸安全为主。

4.2 "平疫结合"医疗建筑建设需求急需"平疫结合"通风系统技术提升

公共卫生机构平时就应思考如何建设，以提高对未来的未知传染病疫情的应对能力。为此，国家发展和改革委员会、卫生健康委员会和中医药管理局于2020年5月9日联合发布的《关于印发公共卫生防控救治能力建设方案的通知》（[2020]735号）（以下简称《建设方案》），将平战结合作为公共卫生防控救治能力建设的五项基本原则之一，既满足"战时"快速反应、集中救治和物质保障需要，又充分考虑"平时"职责任务和运行成本。为了指导各地对《建设方案》的实施，2020年7月30日，国家卫生健康委员会、国家发展和改革委员会联合发布了《关于印发综合医院"平疫结合"可转换病区建筑技术导则（试行）的通知》（国卫办规划函[2020]663号）（以下简称《导则》）。《导则》从"平疫结合"可转换病区建设全专业的角度分别作了技术规定，可见，国家政策和需求都明确了建设"平疫结合"医疗建筑的趋势。通风作为实现医疗建筑内人员呼吸安全与健康的手段，迫切需要一套同时考虑平时和疫情时通风需求的通风系统设计技术标准来实现"平疫结合"医疗建筑的功能。

5 针对"平疫结合"问题的调研分析

5.1 调研基本情况

《公共卫生防控救治能力建设方案》和《综合医院"平疫结合"可转换病区建筑技术导则》发布后，为进一步了解医疗建筑"平疫结合"通风系统如何设计，了解"平疫结合"医疗情景、通风与建筑、医疗工艺之间的配合等，2021年上半年，重庆海润节能研究院组织人员对政府主管部门、设计院及医院等单位的工作人员进行了访谈调研。

调研的主要单位有重庆卫健委、四川省卫健委、四川省隆昌市健康局、山东省卫健委、重庆市设计院有限公司、山东省建筑设计研究院、重庆医科大学大学城医院、重庆市沙坪坝区陈家桥医院、解放军301医院、树兰（杭州）医院。

5.2 调研结果与分析

现有的医疗建筑特点包括：体量大，内部布局复杂，内区面积大，冬季仍需供冷；功能复杂、科室多，且不同的科室对设备和环境的要求差异大，如手术部、CT室、ICU病房、中心供应室；易感人员集中，多种病源并存；连续运转，24h就诊不间断，需要全方位、全天候为病人提供服务。

医院门诊区域白天人流量大，人员密度高，往往远超过规范的设计密度，就诊空间存在环境承载力超负荷、重点区域新风供给不足等问题，造成医院内近距离飞沫和触摸交叉传染风险高，防护压力大。即便是新风系统全开，甚至所有可开启外窗全开，室内污染物仍可能超过国内外相关标准的推荐值。病房区域，冷热舒适感较好，但是通风效果不好，室内空气品质较差，容易让人感觉疲倦头痛，以及引起病人之间的交叉感染。

目前相关标准规范中关于医疗建筑、工艺及通风的条款大多来源于《综合医院建筑设计规范》GB 51039—2014、《传染病建筑设计规范》GB 50849—2014及《技术导则》，已有的关于建筑、工艺及通风的研究成果中,关于医疗建筑、工艺及"平疫结合"通风的研究较少。

医护人员对个体防护措施非常重视,但对病房内的压差及气流组织认识不足,要提升医护人员对房间通风的认识。

针对医疗建筑"平疫结合"设计,经济水平、建设能力不同的地区,"平疫结合"医院建设实施程度也不一致。

大部分设计师对医疗建筑"平疫结合"通风的认识不清晰,对于医疗建筑"平疫结合"通风系统设计规范比较模糊。

综上,国家、行业和市场的需求,设计人员认识、设计水平的不足,进一步表明了迫切需要编制医疗建筑"平疫结合"通风系统的设计标准。

6 医疗建筑通风设计标准编制意义

随着社会的进步,大众越来越清楚安全健康比舒适更重要,疫情的突发,更让全社会各阶层认识到通风系统保障安全健康的重要性。

医疗建筑通风设计标准作为推荐性标准,明确医疗工艺、建筑设计和通风设计的配合需求,指导设计师们为医院建筑设计出安全、健康的室内空气环境。明确"暖通空调设计中通风优先"的理念和方法,指导设计人员设计出符合要求的医院通风工程。在国家全文强制标准的基础上,适当、合理地提高标准要求,为国家标准的提升做好工程实践准备。医疗建筑通风设计标准的编制有重大意义。

6.1 有利于提升通风工程技术发展

医疗建筑平时健康通风设计是基于人员健康、卫生的需求,从通风所具有的消除房间内污染、有毒、有害气体功能角度出发,是优先于建筑热湿调控的系统设计,是对医疗建筑通风系统提出了更高的要求,医疗建筑通风设计标准的编制可用于指导设计师进行综合医院建筑的通风系统设计,改善现有暖通空调规范中关于通风可执行性不强的现状。医院作为一个人流密集的重要公共场所,通过设计合理的通风系统,可改善医疗建筑室内环境质量,为患者及医护人员等提供安全、健康、舒适、高效、节能的室内空间。

6.2 将填补现有标准关于"平疫结合"通风系统设计的空缺

目前关于医疗建筑的标准和规范有20余部,工程设计人员在进行以呼吸健康为主的医院平时通风系统设计时,主要参考现行国家及地方标准《综合医院建筑设计规范》GB 50139、《民用建筑供暖通风与空气调节设计规范》GB 50736、《综合医院通风设计规范》DBJ50/T-176等;进行以呼吸安全为主的医院战时通风系统设计主要参考《传染病医院建筑设计规范》GB 50849、《医院负压隔离病房环境控制要求》GB/T 35428等标准。这些标准用于医院通风设计时,针对综合医院或传染病医院,通风条文的规定如系统分区、新风量、压差需求、气流组织等仅单一适用于建筑平时的健康通风或者疫情时的安全通风,现有标准指导下所设计的通风系统不能通过运行工况转换满足平时和疫情时需求,不能满足设计人员对"平疫结合"型医疗建筑的通风设计需求。

医疗建筑通风设计标准中的平疫转换设计就是针对"平疫结合"型医疗建筑，从医疗建筑平疫功能需求出发，在压力要求、通风量需求、气流组织、通风系统分区和形式、管道设计、机组选型以及系统控制等方面探讨技术要求，获得"平疫结合"型医疗建筑通风系统实现健康与安全两功能转换的设计方法，使得工程设计人员能够据此标准设计出一套可通过运行切换或简单改造实现平疫状态下的不同通风功能需求的通风系统，快速有效的应对突发疫情状况。因此，本标准的编制可以填补现有标准在医疗建筑"平疫结合"通风设计方面的空缺。

7 总结

通过大量的医院建筑室内空气环境调查以及分析发现，现有医院建筑通风不良以及医护人员和患者对空气环境品质不满意是普遍现象，提升医院建筑的通风工程技术、实现良好的就医空气环境品质是迫切需求。

暖通行业设计师长期以来对建筑通风的认识不清晰，把通风作为空调的一部分，偏离了通风与空调之间的原本关系，不能全面的理解和解决医疗建筑的通风问题，需要改变观点、调整设计思想和方法，以进一步提高医院建筑通风设计水平。疫情的暴发使得设计师在对建筑通风的认识和重视程度上有所改变和提高，但是关于建筑通风工程设计能力和经验积累的欠缺，导致无法很好的完成通风工程的设计。

通风作为实现医疗建筑内人员呼吸安全与健康的手段，迫切需要一套同时考虑平时和疫情时通风需求的通风系统设计技术标准来实现"平疫结合"医疗建筑的功能。

目前国内关于医疗建筑的通风标准欠缺，更没有完善的"平疫结合"通风设计标准，仅有一部编制时间较早的重庆市工程建设标准《综合医院通风设计规范》DBJ50/T-176—2014，不能满足"平疫结合"需求，同时标准在落地性方面还存在一定的欠缺。

综上，迫切需要针对医疗建筑编制相关通风标准，规范、提升和发展医疗建筑的通风工程设计。

本章参考文献

[1] 陈敏. 我国综合医院人流量预测模型的研究[D]. 重庆：重庆大学，2012.

[2] 杜燕鸿. 我国三甲医院住院楼人流量预测模型研究[D]. 重庆：重庆大学，2014.

[3] 居发礼. 综合医院新风需求与保障研究[D]. 重庆：重庆大学，2015.

[4] 王旭初，陈士杰，吴小辉. 杭州市公共场所集中式空调通风管道污染状况调查[J]. 浙江预防医学，2007，8（19）：49-50.

[5] 严燕，林阮群，刘可，等. 深圳市集中空调通风管道污染状况调查[J]. 中国热带医学，2012，4（12）：509-510.

[6] 吕辉雄，文晟，蔡全英，等. 广州市医院空气中苯系物的污染状况与来源解析[J]. 中国环境科学，2008，28（12）：1127-1132.

[7] 骆娜，刘晓云，谢鹏，等. 北京市医院候诊区空气中VOCs的污染特征[J]. 中国环境科学，2010，30（7）：992-996.

[8] 付祥钊，丁艳蕊.中国住宅与公共建筑通风进展2018[M].北京：中国建筑工业出版社，2018.

[9] 付祥钊，丁艳蕊.中国住宅与公共建筑通风进展2020[M].北京：中国建筑工业出版社，2021.

[10] 重庆市城乡建设委员会.综合医院通风设计规范：DBJ50/T-176—2014[S].2014.

[11] 中华人民共和国国家卫生健康委员会，中华人民共和国住房和城乡建设部.新冠肺炎应急救治设施负压病区建筑技术导则（试行）[S].国卫办规划函〔2020〕166号.

[12] 中国工程建设标准化协会.新型冠状病毒肺炎传染病应急医疗设施设计标准：T/CECS 661—2020[S].北京：中国建筑工业出版社，2020.

[13] 国家发展改革委，国家卫生健康委，国家中医药局.《关于印发公共卫生防控救治能力建设方案的通知》发改社会〔2020〕735号.

[14] 国家卫生健康委办公厅，国家发展改革委办公厅.《综合医院"平疫结合"可转换病区建筑技术导则（试行）》国卫办规划函〔2020〕663号.

《医疗建筑通风设计标准》研编学习思考

重庆海润节能研究院　付祥钊

1　对建筑方针的学习思考

在建筑工程标准编制过程中，必须贯彻执行国家的建设方针。这需要通过学习与思考，理解和掌握建筑方针。

随着社会经济发展，建筑工程实践的扩展和深入，我国建筑方针经历了如下的变化：

1952 年：适用、坚固安全、经济、适当照顾外形的美观。

1955 年：适用、经济、在可能条件下注意美观。

1986 年：全面贯彻适用、安全、经济、美观。

2016 年：适用、经济、绿色、美观。

其中，"适用、经济、美观"贯穿了各个年代，三者的轻重差异逐渐在表述上淡化，在 2016 年表述中"安全"消失，被包含在"适用"中，新增"绿色"，反映了时代的要求。

怎样理解当前建筑方针并列的"适用、经济、绿色、美观"这四大要素？是"排名不分先后"吗？是两两正交的四维空间吗？可以用一般正交表分析具体建筑工程，分析我们编制的设计标准对建筑方针的贯彻程度吗？这要回到建筑工程的来源，从什么是工程开始。

人类开展工程活动，是为了创建人类社会生存与发展所需要的使用价值。一项工程的目的表现为一个或多个具体明确的使用功能。安全性是使用功能的第一性能。医疗建筑的使用功能是"治病救人"，它的使用功能的安全性首先是医院安全；它的使用功能的强弱经济标尺是治病的有效性，这首先在于发挥医护人员的作用。医护人员需要从精神和物质两方面展开对病患的救治，因此，医疗建筑的使用功能也就包含精神和物质两个方面。我们的这个标准编制，当然主要是使用功能的物质方面，但也不能忽视使用功能的精神方面。这是对"适用"的初步理解——"适用"就是满足具体的使用功能要求，显然这是建筑方针的首要内涵。

"经济"的内涵是什么？怎样评价经济性？目前建筑工程招标投标的"低价中标"，甚至"最低价中标"是否就是"经济"的要求？"低价"就经济，"高价"就不经济吗？从具体医院建筑看，一个用 2 亿元建成的功能齐全、品质高的医院，和一个仅用 1 亿元建成的功能残缺、品质低劣的医院相比，何者经济效益好？何者浪费？"低价中标"的后果往往是浪费，甚至违规、违法行为。"经济"并非孤立的"贵"与"贱"，必须在实现使用功能的情况下，比较性价比，性价比才是"经济性"的评价指标。因此在评价一项技术的经济性时，需先对它的功能价值作出评价。我们在标准编制过程中，评价或比较技术、技术方案的经济性时也应如此。

"美观"与艺术相连，主观爱好往往是"萝卜白菜，各有所爱"。但在建筑的美观上并非完全没有统一的客观标准。医患对医疗建筑使用功能在精神方面的要求，就是评价医疗建筑"美观"的客观标准。无论中医、西医都强调精神状态对治疗效果的重要影响。美观的医疗建筑能使患者平息他的恐惧、忧虑、惊慌等不良情绪，建立起对医院的信任和患者的自信，情绪由慌乱不安转为平静安宁。

"绿色"是当代的新理念。这一理念将"当前需要"和"长远发展"统一协调起来，使建筑与环境相得益彰。在我们的标准编制过程中需以使用功能的实现为前提，高屋建瓴，掌握全局，遵循客观规律。同时需要我们具有现代大工程观和缜密的工程思维，而不是简单的对标。这对我们来讲，既是极大的挑战，也是发展和提高的机遇，需要我们加强学习和交流。

总之，理解和贯彻当前的建筑方针，应以"适用"——使用功能为中心。

2 《建设方案》与《技术导则》的学习思考（一）

《建设方案》指《公共卫生防控救治能力建设方案》(发改社会[2020]735号)，《技术导则》指《综合医院"平疫结合"可转换病区建筑技术导则（试行）》(国卫办规划函[2020]663号)。

本学习思考是按照《医疗建筑平疫结合通风设计标准》（简称《设计标准》）研编工作组文件（研编2021（005号））的安排进行，重点围绕《设计标准》的研编需要。

《建设方案》在总体思路的建设目标中，提出聚焦公共卫生防控能力短板，提高平战（疫）结合能力，构筑有力屏障；在基本原则中提出坚持合理布局，加快补齐县城医疗卫生短板，坚持平战（疫）结合，既满足"战时"快速反应，又充分考虑"平时"职责任务和运行成本。在建设任务（二）中，提出全面提升县级医院救治能力，适度超前规划布局，重点改善一所县级医院基础设施条件。建设可转换病区，一般按编制床位的2%~5%设置重症监护病房，平时可作为一般病床，发生重大疫情时可立即转换。具体建设要求：县级医院传染病救治能力做到"平战结合"，具备在疫情发生时迅速开放传染病病床的能力，能力大小原则见表1。

县级医院传染病救治能力要求　　　　　　　　　　　表1

县人口（万人）	< 30	30 ~ 50	50 ~ 100	> 100
平疫转换床位	≥ 20	≥ 50	≥ 80	≥ 100

在建设任务（四）中提出改造升级重大疫情救治基地，建设可转换病区，按照"平战结合"要求，改造现有病区和影像检查用房，能在战时状态下达到三区两通道的防护要求，水、电、气按照重症集中救治中心要求进行改造。

个人理解：

（1）县级医院是疫情救治第一道关口；重大疫情救治基地是上一级关口。

（2）在平疫转换建设的着重点上，县级医院是"病床"；重大疫情救治基地是"病区"和影像检查用房。

（3）县级医院的平疫转换似乎不要求达到"三区两通道"的防护要求。

《技术导则》在总则中明确提出"为指导《建设方案》实施，为综合医院"平疫结合"建设提供可借鉴的技术措施，特编制本导则"；"本导则适用于'重大疫情救治基地'建设项目，其他"平疫结合"项目，承担疫情救治任务的定点医院可参考执行"。显然《技术导则》没有专门针对县级医院的"平疫结合"提供可借鉴的技术措施。《建设方案》提出的"筑牢疫情救治第一道关口"的每县一所医院的"平疫结合"建设只能是"可参考执行"《技术导则》。这一方面是减轻对县级医院"平疫结合"建设的压力，主要是经济上的压力；但另一方面却使县级医院的"平疫结合"建设得不到精准的技术指导。由此，一个问题提到了我们的面前：《医疗建筑平疫结合通风设计标准》的针对性、使用范围怎样确定？

（1）完全遵照《技术导则》，本《通风设计标准》适用于"重大疫情救治基地"建设项目的通风设计，其他"平疫结合"项目，承担疫情救治任务的定点医院可参考执行。

（2）不完全遵照《技术导则》，本《通风设计标准》适用于"重大疫情救治基地"建设项目和县级医院的传染病救治能力建设项目的通风设计。其他医疗建筑的"平疫结合"通风设计可参考执行。

鉴于本《通风设计标准》是行业推荐标准，不会给经济基础差的县增加经济压力，却会给予他们急需的技术支持。建议本《通风设计标准》的适用范围应是（2）。

3 《建设方案》与《技术导则》的学习思考（二）

《通风设计标准》涉及的范围很小，这一特点使《通风设计标准》条文可以更有针对性，在《技术导则》《暖通规范》《传染病医院设计标准》等基础上更深入、更精准。

（1）"平疫结合"通风设计对医疗工艺的了解应包括哪些方面？应达到什么样的程度？通风设计人员又应对医疗工艺的哪些方面提出建议、提醒和警示？在标准条文中应具体明确规定。

（2）实现要求的压力梯度。压差的正负取决于进、排风的相对大小，而压差值的大小是由进、排风量的差值大小和房间、建筑的气密性决定的。进、排风量的差值由通风设计确定，但在不知房间、建筑的气密性条件下，150m³/h的进、排风量差值，就能保证要求的压差吗？或者会造成压差过大吗？不同的项目、不同的产品、不同的施工队伍，构建成的医院建筑的气密性是不一样的。对此，通风设计师在确定进、排风量差时，该怎样处理？标准条文或条文说明中应怎样给予指导？医疗工艺、建筑、结构、给水排水、电气，甚至我们暖通专业自身，有哪些因素会影响到建筑的气密性，是否应在《设计标准》条文或条文说明中指出来？是否应列出通风设计师在工种配合中应注意的事项，应向医疗工艺、建筑、结构、给水排水、电气和空调供暖设计师提出的要求？

（3）压力梯度在于防止建筑空间之间的传染。建筑空间内部（如病房内部）的防止传染，需要合理的气流组织，首先是气流组织的形式，然后才是风量。不同气流组织形式的有效性不一样，所需的风量也不一样。标准条文或条文说明是否能按不同的气流组织形式给出房间所需的送风量、排风量。现在仅按房间的性质（如普通病房、负压病房、负压隔离病房）给出换气次数要求太粗糙，不是太少就是太多，很难"恰如其分"，做不到"实用、经济"。这里有两个问题需要解决，一是气流组织形式的选择，二是在气流组织确定的基础上，确定风量。

（4）不同功能的房间需要不同的气流组织。同是病房，普通病房、烧伤病房、传染病房等，其中的医疗工艺、需控制的空气污染物是不同的，也要求在气流组织上有更强的针对性。作为疫情防治的病房，气流组织的主要目标是保护医护人员不被感染，感染的风险主要来自于病人呼吸、咳嗽、打喷嚏这3种气流发散出来的病毒，控制住这3种气流在病房里的扩散，及时做好病房里的消毒条件下，房内空气不对医护人员构成威胁。洁净手术室的气流组织的主要目标是保护被手术病人的伤口不被细菌感染、顺利愈合。感染的风险来自于手术室内空气中的细菌。二者的保护对象不一样，被保护者的行为特点不同。疫情防治病房的主要污染源是上述3种气流，其特点是位置固定、自身扩散能力弱、扩散范围有限，在整个病房内的扩散依赖于病房内的气流流动。洁净手术室的污染源特点是来自于多个位置不确定或不固定的源，使细菌、病毒呈现在整个空间分布的特点。显然疫情防治病房的污染源存在局部控制、捕集、排除的可能性，而洁净手术室的污染源不存在这种可能性。对于呼吸安全与健康而言，防止感染的控制手段从"实用、经济"结合考虑，优劣顺序依次是：①消除污染源；②在污染源附近限制其污染气流的扩散，并将其捕集排除；③用充足的清洁空气，稀释室内空气污染物，达到相应的卫生标准；④当室内空间较大、被保护对象少，且位置固定时，采用岗位送风，保证被保护对象呼吸区的空气污染物浓度达到相应的卫生标准。

以当前的科技水平，疫情防治病房和洁净手术室都不可能采用最理想的控制手段①消除污染源。但疫情防治病房存在采用较好的控制手段②的可能性。而洁净手术室却不得不采用控制手段③。许钟麟老先生关于洁净手术室的气流组织技术路线是正确、合理的，但若我们在《设计标准》中生搬硬套许老先生的气流组织方案和相关技术数据（如换气次数）则是不恰当的。我们应针对"平疫结合"病房的具体情况，探索合理的气流组织技术路线，创建恰当的气流组织形式和分析确定适当的技术数据（风量、风速、风口特性）。

4 《建设方案》与《技术导则》的学习思考（三）

为进一步加强综合医院"平疫结合"可转换病区建设，国家卫健委、国家发改委制定了《综合医院"平疫结合"可转换病区建筑技术导则（试行）》。我的体会有两点：

（1）制定《技术导则》体现国家对综合医院"平疫结合"可转换病区建设的重视；

（2）"参照执行"体现国家在建设的技术方面对地方的尊重。

而《技术导则》在"总则1.1"指明，编制《技术导则》的目的是为综合医院"平疫结合"建设提供可借鉴的技术措施。在"总则1.3"提出，除"参考本导则"的相关要求外，还应当符合国家和地方现行的有关标准规范的规定。其中的"可借鉴的""参考本导则"，体现了对技术的尊重，为技术人员发挥创新精神，结合具体项目的具体情况，构建合理的技术方案打开了大门。我们在编制《设计标准》时不宜生搬硬套《技术导则》的条款。而应在"借鉴""参考"上下功夫，这当然需要我们付出更大的努力来研编《通风设计标准》。

我们研编的一个重要问题是怎样科学合理地确定各种技术参数，首先是病房的风量，它影响通风工程的造价和运行费、能耗。《技术导则》在"六、供暖、通风与空气调节"中6.1.7、6.2.1、6.2.2、6.3.2、6.4.2这5个条款提出了需要的风量数据或风量计算方法。由于《技术导则》没有条文说明和相关的支撑材料，我们难以充分理解这些风量数据或方法的科学性和合理性，不容易"借鉴"和"参考"。在国内外的相关资料中，许钟麟的《隔离病房设计原理》"第十章 换气次数"给出的风量数据和方法与《技术导则》较为一致，是分析理解《技术导则》风量数据和方法的科学性和合理性较好的参考资料。其中"10.1 概述"第一句为了稀释和有效排除负压隔离病房内的微生物气溶胶，需要一定的通风量即换气次数。在"表10.1 关于稀释风量与新风量的相关标准"中给出了美、英、澳、日本等国标准规定的稀释通风与新风量。然后比较系统地提出一种计算负压隔离病房换气次数的思路。该思路建立了"循环风系统"和"全新风系统"两种系统模式，建立了稳定状态下室内空气中的微生物浓度 N 的计算公式（10.1），当要控制的特定微生物在进气中的浓度为零时，推出了换气量 n 的计算公式（10.3）：

$$n = \frac{60G \times 10^{-3}}{N}$$

其中，G 为室内单位容积的微生物发生量，N 为允许的空气中的微生物浓度。这实际上就是稳态全面通风方程（或稀释通风方程）。许老先生尽了极大的努力确定计算换气次数所需的 G 和 N，加强了科学性。但从疫情下病房内的传染源特点看（见"学习思考（三）"），采用稀释通风的气流组织方式是欠合理的。而当用合理的"控制、捕集、排除"气流组织方式时，采用式（10.3）计算换气量则是欠科学的。因此，对于稀释通风的气流组织方案，前述《技术导则》的5个条款中给出的风量数据和计算方法是科学的，但稀释通风的工程技术方案是欠合理的。合理的"控制、捕集、排除"气流组织方案还需科学的风量计算方法。

5 《建设方案》与《技术导则》的学习思考（四）

继续学习思考怎样"借鉴"和"参考"《技术导则》。

"（四）"中提到，病房的通风量受气流组织影响，要确定通风量，应先分析气流组织的有效性。

《技术导则》第6.1.13条，清洁区、半污染区房间送风、排风口宜上送下排，也可上送上排。送风、排风口应当保持一定距离，使清洁空气首先流经医护人员区域。第6.3.3条提出，住院部病房双人间通风口应当设于医护人员入口附近顶部，排风口在送风口相对的床头下侧。单人间送风口宜在床尾顶部，排风口在床头下侧。第6.4.3条，重症监护病房平时宜采用全空气系统，上送下回，回风口设置在床头下侧，并设中效过滤器。疫情期转换为全新风直流，利用平时回风口转换为疫情期间的排风口，尺寸应当按疫情排风量计算，应能方便、快捷安装高效过滤器。

第6.1.13条关于清洁区、半污染区房间的气流组织是与房间的空气污染特性相符合的。但关于住院部病房、重症监护病房（第6.3.3条、第6.3.4条）的气流组织与病房内空气污染特点的协调性需要进行仔细分析。在平时，病房内的污染物主要是医护过程和病人生活过程产生的，污染源是分散的空间分布，主要分布在病房下部，尤其是病床下面。医护人员、病人的呼吸区在病房上部。由于病人在病房内的时间长，医护人员在病房内的时间短，没有高危险的传染问题，气流组织的重点应是病人的呼吸健康。"上送下排（回），排（回）风口设在床头下侧"是合理的，也就是许钟麟老先生提出的"稀释和有效排除"，适用全面通风方程等稀释通风的科学原理和技术，由此结合工程实践总结出的通风量是恰当的。但在疫情时，保护的重点和主要的污染源不同了。疫情保护的重点是医护人员，传染的最大危险来自于病患呼吸、咳嗽、打喷嚏发出的传染病毒。此时气流组织的重要性从健康舒适上升到最高等级——生命安全。在医护人员进行医疗护理操作时，病患是躺在病床上的，带出病毒的呼出气流方向是鼻孔、口腔的前上方，气流温度高于周围空气温度，初始动量耗散后，向上飘浮，进入医护人员的呼吸区。气流组织的关键是防止这一气流进入医护人员的呼吸区。而平常设在床头下方的排风口，在病床的阻隔下，其形成的排风气流对病患呼出气流没有控制或阻挡能力，只能依靠送风气流阻挡。由于送风气流的扩散性特点，必然在阻挡病患呼出气流的同时，将其稀释并扩散到病房空间，再由回风口转换的排风口排出病房。这种将高危险度的固定点源先扩散稀释，再排除的气流组织，有悖于控制缩小范围捕集排除的原则，有效性差、所需风量大。病房"平疫结合"的气流组织，首要是构建疫情条件下，控制缩小病患呼出气流，就近捕集排除的气流组织及相关的风量，并考虑怎样进行气流组织的平疫转换。这需要专门的技术研发。

6 《建设方案》与《技术导则》的学习思考（五）

这里着重就过滤器的设置学习思考怎样"借鉴"和"参考"《技术导则》。

《技术导则》第6.1.8条提出，清洁区新风至少应当经粗效、中效两级过滤。疫情时半污染、污染区送风至少应当经过粗效、中效、亚高效三级过滤，排风应经过高效过滤。第6.3.4条提出，住院病房、平时病房及其卫生间排风不设置风口过滤器。疫情时负压病房及其卫生间的排风，宜在排风机组内设置粗效、中效、高效空气过滤器；负压隔离病房及其卫生间、重症监护病房（ICU）排风的高效空气过滤器应当安装在房间排风口部。第6.4.2条提出，重症监护病房平时空调系统设粗效、中效、高效三级过滤器，高效过滤器设在送风口。第6.4.3条提出，重症监护病房平时宜采用全空气系统，上送下回，回风口设置在床头下侧，并设中效过滤器。疫情期间转换为全新风直流，利用平时回风口转换为疫情期间的排风口，应能方便快捷安装高效过滤器。第6.5.1条提出，疫情时负压手术室顶棚排风入口以及室内回风口处均安装高效过滤器。

有以下问题需要我们学习思考：

（1）"疫情时半污染、污染区送风至少应当经过粗效、中效、高效三级过滤，排风口应经过高效过滤"中关于亚高效、高效的必要性和合理性。这里的"送风"是全新风吗？还是含有循环风？若是全新风，亚高效必要吗？在保持整个排风管道是负压的条件下，且排风系统在室外的排风口满足第6.1.12条要求（排风口与新风取风口水平距离不应小于20m，当不足20m时，排风口应当高出取风口不宜小于6m，排风口应高于屋面不小于3m，风口设锥形风帽高空排放）的情况下，没有必要"经过高效过滤"。

（2）第6.3.4条提出，"宜在排风机组内设粗效、中效、高效过滤器"。若（1）的结论是"没有必要设高效过滤器"，那就没有必要在排风机组内设粗效、中效、高效过滤器；若（1）的结论是应该设高效过滤器，也没有设粗效、中效过滤器的必要。在设有高效过滤器的同时，设粗效、中效过滤器是为了保护、延长高效过滤器的寿命。既然高效过滤器可以直接设在病房排风口部，不需要粗效、中效过滤器的保护，为什么在排风机组内要设粗效、中效过滤器保护？

过滤器的设置会增大系统阻力及增大运维工作量，影响系统快速转换，是把双刃剑。

7 《建设方案》与《技术导则》的学习思考（六）

在《建设方案》《技术导则》中提及一些重要名词术语：发热门诊、传染病房、负压病房、负压隔离病房、洁净手术室、重症监护室……，这些名词术语是医学医疗概念呢？还是工程术语？还是医学医疗与工程的交叉术语、概念？明确它们的含义，或给出确切的定义、说明，既是研编《设计标准》要做的基本工作之一，也是明确《设计标准》的情境设定的基础。我们首先需要从权威文献中（如已有的标准、规范等）找到解释或定义。对于出现在一般文献中的解释和定义，则需要进行分析和讨论，在《设计标准》编制中达成一致。

住建部制定的《2021年工程建设规范标准编制及相关工作计划》中已明确列出《传染病医院建筑设计规范》GB 50849—2014 和《综合医院建筑设计规范》GB 51039—2014 的局部修订工作。这两部规范都是由国家卫生健康委为主编部门，国家卫健委规划发展与信息化司为组织单位，起草/承担单位都是中国中元国际工程有限公司等，完成时间2022年6月。这两部规范的范围和主要内容与《设计标准》紧密关联，《设计标准》的完成时间在前，中元公司也是《设计标准》的主编单位之一。这为编写的协调配合创造了良好的条件。两部规范都是非强制性的，《设计标准》是行业推荐性标准，这也降低了协调配合的难度。

我们应主动与各地卫健委和医院建立联系，听取他们的意见，尤其是在《设计标准》的基本情境设定方面，应取得他们的认可，孙钦荣博士已在重庆市卫健委、相关医院开展了调查，重新完善调查大纲、调查问卷等，待完成后提供大家参考，也请大家提出修改建议，并在当地开展调查。

医院通风空调"平疫结合"及转换措施探讨

重庆海润节能技术股份有限公司　郭金成
中国中元国际工程有限公司　黄中

1 "平疫结合"指导原则

国家卫健委2020年7月印发《综合医院"平疫结合"可转换病区建筑技术导则(试行)》（国卫办规划函〔2020〕663号）（以下简称《导则》），对综合医院的"平疫结合"建设给出指导性意见。导则中要求"充分利用发热门诊、感染疾病科病房建筑设施"进行"平疫结合"建设，并在《导则》的2.2条、2.4条、2.5条中均提出"快速反应""快速转换"，2.6条要求"转化方案应当施工方便、快捷"。上述规定可以理解为：

（1）采用发热门诊、感染疾病科病房之类的感染楼或传染楼作为"平疫结合"医院建设的"底版"，在"平疫结合"、转换中更具有优势。

（2）"平疫结合"医院建设要兼顾平时、疫情两方面的需要，通常按"平"建设，在疫情期间进行转换以满足传染性强的传染病暴发所需要的救治、防控条件。

（3）"平疫结合"医院可以有转换期，但平转疫的过程要快速，施工要方便、快捷。

（4）结合与转换是相互依存的，大到系统、关键部位，小到各处细节，设计中都应同时考虑平、疫两种需求，要有相应的结合和/或转换措施。

上述的4点理解可以作为"平疫结合"医院在设计过程当中采取各项技术措施的指导原则。

2 "平疫结合"转换重点与措施

"平疫结合"医院转换的重点在半污染区、污染区，清洁区的平、疫要求基本一致，不需要转换。对暖通专业而言，结合、转换的范围包括末端系统的设备、风管、风口，这三者都存在"平疫结合、转换"的要求。

2.1 风管

《导则》的暖通空调部分要求"统筹设计，避免平、疫两套系统共存"，为避免疫情期间临时更换风管施工占用疫情救治时间，系统设置、风管尺寸都应按疫情要求进行设计（这是结合措施），以满足"快速转换"的技术要求。

2.1.1 调节措施

按疫情设计的风管，可根据风量调节平衡的措施分3种情况考虑"平疫结合、转换"措施。

（1）手动调节阀

对于各支管安装手动调节阀的管路，运行中平、疫两种工况转换的主要问题在于：转换后的实际供给风量能否满足原设计的需求风量，根据公式 $\Delta P=SQ^2$（其中，ΔP 为管路阻力，S 为管路阻力系数，Q 为管路风量），当平、疫的 S 值相等，即初调试满足风量平衡后管路不变，则平、疫两种风量状态下，支管风量的变化是等比的，如下式所示：

$$k_G = \frac{Q_{Y1}}{Q_{P1}} = \cdots = \frac{Q_{Yi}}{Q_{Pi}} = \cdots = \frac{Q_{Yn}}{Q_{Pn}} \tag{1}$$

式中，k_G——系统总风量变化时各支路实际供给的疫情风量与平时风量之比；

Q_{Y1}、Q_{Yi}、Q_{Yn}——分别为管路中第一分支、中间任一分支、最远端分支管路的疫情运行风量；

Q_{P1}、Q_{Pi}、Q_{Pn}——分别为管路中第一分支、中间任一分支、最远端分支管路的平时运行风量。

式（1）表明的是系统实际运行中支管"供给风量"的变化关系，如果末端平、疫需求风量也是等比，则支管风量满足要求；否则，支管风量不能满足需求风量，就需要在转换时重新调试，在平转疫时就很不利于"快速"的要求。

对于诊室、医技科室、半污染区的医护走廊、患者走廊，这类场所的平、疫通风量都是按换气次数计算的。若平时为传染病医院，则平时换气次数为 $3h^{-1}$，疫情换气次数为 $6h^{-1}$；若平时不是传染病医院，则平时换气次数为 $2h^{-1}$，疫情换气次数为 $6h^{-1}$。两种情况下各个支管的平、疫需求风量都是等比的，因此由平转疫或由疫转平，管路都能够维持需求的平衡，使得各支路的供给风量等于需求风量。

但是，对于病房则可能存在例外。病房的疫情新风量按 $216m^3/$（床·h）或 $6h^{-1}$ 计算，取两者较大值（《导则》6.3.2 条第 1 款）。当按 $216m^3/$（床·h）计算出的新风量为较大值时，末端平、疫需求风量就不是等比的。具体可通过表 1 的计算看出。

病房疫平风量比计算　　　　　　　　　　　　　　表1

病房号	病房面积（m^2）	床位数	疫情时新风量			平时新风量（$2h^{-1}$）/（m^3/h）	疫平风量比 K_x
			$216m^3/$（床·h）	$6h^{-1}$ 计算	取值		
1	18	1	216	324	324	108	3
2	18	2	432	324	432	108	4
3	20	2	432	360	432	120	3.6
4	25	2	432	450	450	150	3

由表 1 可见，病房 1、4 的疫情风量都是按 $6h^{-1}$ 取值，而病房 2、3 都是按 $216m^3/$（h·床）取值，病房 1~4 各自的 K_x 值不等，且面积小的病房 K_x 越大，如按平时工况调试，则疫情时 K_x 越大的病房，实际风量与需要的风量的偏差越大。

综上，可以得到两个结论：

1）平、疫通风量都是按换气次数计算的房间，系统各个支管 K_x 相等，平、疫的供给风量等于需求风量，平疫转换不需要额外调节措施。

2）疫情时按 $216m^3/$（床·h）计算取值的病房，系统各个支管 K_x 不等时，平疫转换之后的供给风量不等于需求风量，需要重新调试才能使支管满足设计风量。

显然，从"快速转换"的要求来看，结论 b 对设计提出了新要求，为了避免转换时重新调试，通风系统需要选取同面积、同病床数的病房组成同一系统。

（2）定风量阀

对于各个支管设置定风量阀的管路，根据翁文兵等的研究，定风量阀在不同风量状态下有不同的阻力曲线，因此在平疫转换风量变化时，定风量阀的阻力将发生变化，相当于 S 值改变，但只要管路压力变化仍在定风量阀的工作范围内（即：定风量阀的弹性调节机构不是处于自由状态或极限压缩状态），理论上管路仍能依靠定风量阀的自我调节作用达到平衡。但定风量阀的应用也存在两个问题：其一是增加了系统的阻力；其二，一定尺寸的普通定风量阀有个正常运行风量的范围，如表 1 中 K_x 至少为 3，已超出这个范围，无论定风量阀按平疫哪个风量选型，都不能很好的在另一种风量状态下维持良好运行状态。因此，对于传统定风量阀在"平疫结合"医院的使用，还需进一步研究改进。

（3）动力分布式

动力分布式系统由支路风机与总风机组成系统动力，总风机与支路风机分别承担干管与支管的阻力，支路的风量由支路风机调节控制，平疫转换依靠支路风机与总风机的联动调节来实现。理论上，动力分布式系统能较好适应平疫转换风量的变化，而且可以在平时就标定各支路风机疫情时的转速，对疫情时快速转换提供便利。设计中需要注意的是：

1）支路风机的选用

由于每个支路的入口压力存在着差异，因此在选择常规性能风机时需要考虑支路的入口压力对支路风量产生的偏移作用。文献实测结果表明：支路风量与支路入口静压大致呈线性关系，极端情况下，近端支路因静压过大使得支路风机反而起到阻碍作用。因此支路采用常规性能风机时，仍需安装调节阀，初调试时使得各支路入口静压趋于零。

在负压病房等送排风量差值要求严格控制的场合，上述常规性能支路风机对系统的设计、调试都提出精细化要求，实施难度较大。有鉴于此，近年来国内新研发出一种自适应风机，其最大特点是：当支路入口静压在其允许范围内变化时，风机能够自动调整适应，使得支路实际供应风量不变。这种自适应风机允许的入口静压最大变化范围可达 150Pa，在一般通风系统中，这个静压范围基本可以覆盖近端与最远端支管的资用压差，且在该入口静压变化范围内保持各档风量稳定。因此，自适应风机符合"平疫结合、转换"中"快速转换""施工方便、快捷"的要求。

2）排风系统中的应用

应详细计算排风系统中末端动力风机与总风机的压头分配，要杜绝末端动力风机之后的风管出现相对正压，确保风管对室内相对负压。之所以强调"相对"，是由于疫情下室内就是负压，例如负压病房，相对室外负压值为 –15Pa，那么末端动力风机之后的风管负压值就应当大于 –15Pa，不能只要求风管负压而忽略了风管与室内的压力关系，避免因风管相对室内正压而造成的污染。

2.1.2 风管转换

负压隔离病房、RICU 的平疫设计都是全新风直流系统，不需要转换。"平疫结合"、有回风的全空气系统存在风管转换的需求。

（1）舒适性空调全空气系统

门诊大厅等空间平时通常采用全空气系统，疫情时将回风管切换为排风管，系统转换为全新风、全排风运行，其平疫转换参见图 1。对于双风机的空调机组，按平时阻力选型的回风机不足以克服疫情时系统阻力,疫情时仍需配置排风机,因此排风机组的接法可有两种,如图1所示的①、②接管,从简化系统配置的角度推荐采用①接管。

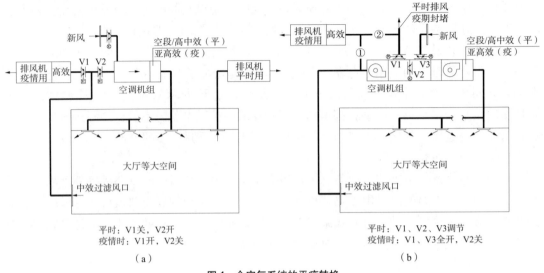

图1 全空气系统的平疫转换
(a)单风机;(b)双风机

(2)重症监护病房ICU

ICU的风管平疫转换可参见图2。由于疫情时全新风、全排风,排风量足够大,也没有非顶部排风不可的需求(手术室为了及时排除麻醉气体或电刀产生的烟尘气溶胶,平、疫都需保留顶部排风口),因此平时顶部排风系统可在疫情时关闭。

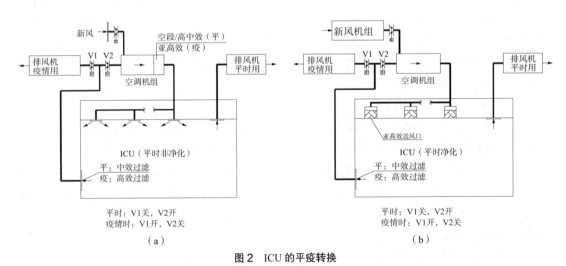

图2 ICU的平疫转换
(a)平时非净化的ICU;(b)平时净化的ICU

(3)手术室

对于手术室,虽然规范允许呼吸道传染病手术室采用回风,但疫情期间建设的手术室,几乎都是采用全新风系统。本文讨论的"平疫结合"手术室，均按疫情时全新风运行来考虑平疫转换，即：手术室平时的回风管在疫情时需切换为排风管，具体转换措施参见以下分类详述。

1）平时作为传染病医院的手术部，可分为呼吸道、非呼吸道两种传染病手术室，其平疫转换措施参见图3。

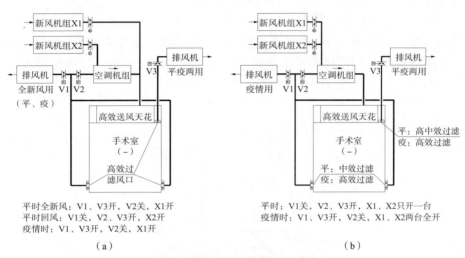

图3　传染病医院手术室的平疫转换

（a）平时为呼吸道传染病手术室；（b）平时为非呼吸道传染病手术室

2）平时不是传染病医院的手术部，多数为正压手术室，并设置1～2间正负压转换手术室。正压手术室的平疫转换相对简单，其平疫转换参见图4。正负压转换手术室相对复杂——既有平时的正负压转换，又有平疫转换。平时负压的概念，也需要根据医院的功

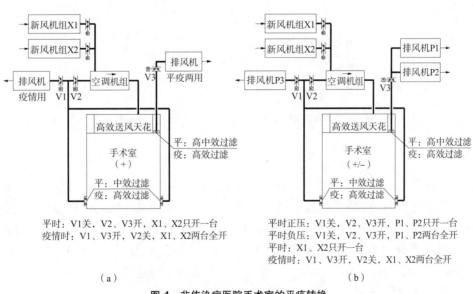

图4　非传染病医院手术室的平疫转换

（a）平时为正压手术室；（b）平时为正负（非空气传播）压手术室

能定位分两种情况考虑，多数医院（非传染病医院）的正负压手术室，其负压概念与《医院洁净手术部建筑技术规范》GB 50333—2013 中的正负压切换手术室有所不同，通常不是针对空气传播疾病，而是指肛肠外科之类的污染手术，这类手术过程中散发令人不适的异味，其负压的目的只是控制异味的扩散，而非感染控制的需要，这种手术室没必要按照《医院洁净手术部建筑技术规范》GB 50333—2013 的要求在下部回风口设置高效过滤器，一般设置中效过滤风口即可。其平疫转换参见图 4。

少数定位于区域或国家医学中心且地区传染病情况复杂的医院，可能会将正负压手术室考虑为供疑似空气传播感染或不明原因感染的手术使用，这种情况下，如果仍然按有回风运行，就需要按照《医院洁净手术部建筑技术规范》GB 50333—2013 的要求间隔设置高效与中效风口，风管及风机的平时切换、平疫转换见图 5。

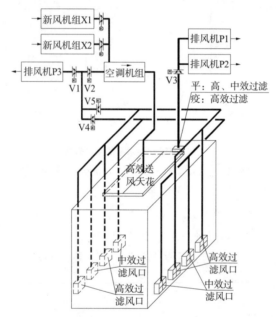

平时正压：V1、V5关，V2、V3、V4开，P1、P2只开一台
平时负压：V1、V4关，V2、V3、V5开，P1、P2两台都开
疫情时：V1、V3、V5开，V2、V4关，P1、P2只开一台，P3开
平时：X1、X2只开一台
疫情时：X1、X2两台全开

图 5 非传染病医院正负压（空气传播）手术室的平疫转换

2.2 风口

风口位置及尺寸应按疫情要求设置。由于疫情时要求排风高效、送风亚高效，这些过滤器的安装位置分两种：集中设置、风口口部处，集中设置的过滤器一般与风机设备组合到机组中，设置在口部的过滤器则可能存在风口的平疫转换问题。对于涉及平疫转换的口部，为响应平疫快速转换，口部接管的尺寸宜按常用的高效风口接口尺寸（如：$\varphi160$、$\varphi200$、200×200、320×250）设计。下面分几个重点场所详述。

（1）负压隔离病房

平疫设计要求一致，不需要转换。

(2) ICU

平时不要求净化的 ICU,疫情时可将送风口更换为亚高效送风口,也可在空调机组内设置亚高效过滤(参见图 2 (a));平时已设置净化的 ICU,送风口不需要转换。各床位下部回风口在疫情时切换为排风口,并更换为高效过滤排风口。

(3) 手术室

各类手术室的风口转换参见图 3 ~图 5。

(4) 全空气系统

全空气系统可在空调机组内设置亚高效过滤(参见图 1),送风口结合平时使用,不需转换。"平疫结合"的系统应注意回风口设置在下部,以满足疫情时上送下排的气流组织要求。

(5) 负压病房、诊室、放射检查室等

这些房间在"平疫结合"医院中占比最大。在疫情期间,送风系统均要求百叶风口低速顶送,这种要求也符合平时的需求,因此送风口可按疫情要求设置,不作平疫转换,而疫情时的送风亚高效过滤集中设置在机组处。虽然按疫情设计的风口尺寸较大,平时低风量时送风风速更低,可能导致平时气流扰动不足、气流组织效果不佳,但这种影响比较有限。相比之下,在疫情时更换风口(尺寸、位置)对平疫快速转换造成的影响更大,两害相权取其轻,所以应按疫情要求设置送风口。同理,排风口也按疫情要求设置,不作平疫转换,而疫情时的排风高效过滤集中设置在排风机组。

(6) 进出风口

新风取风口应按疫情风量计算。排风出口由于疫情时采用圆锥形风帽,平时使用需考虑阻力问题。

参照相关标准,建议圆锥形风帽排放风速 v 至少 10m/s,取风帽局部阻力系数 ξ 为 2.4,空气密度 ρ 为 1.2kg/m^3,则风帽阻力 $\Delta P = \frac{1}{2}\xi\rho v^2 = 144$Pa。平时风量减半,则排出风速为 5m/s,此时风帽阻力 $\Delta P = 36$Pa。可见平时风帽的阻力并不大,因此可按疫情时计算的锥形风帽设置,不需要平疫转换。

2.3 设备

这里的设备仅特指送风/新风机组、排风机(组)、全空气空调机组,除了平时可自然通风的区域(没有"平"只有"疫",也就谈不上"平疫结合")外,其余区域的设备都应考虑"平疫结合"转换措施。

设备如果不能"平疫结合",则平时安装的设备在平疫转换期更换为疫情设备。通常建议疫情设备应当库存,如有可靠货源并能快速运达,也可不作库存,疫情时更换设备、安装调试完成平疫转换。需注意的是在平时应预留疫期的相关配套,如设备基础、机房尺寸、供电、控制等。

设备"平疫结合"可理解为平、疫共用一台设备,结合主要考虑的是经济因素,能否"平疫结合"则取决于技术因素,主要包括:风机、空气过滤及冷热盘管等配置的兼容性、转换的便捷性。

2.3.1 风机

由于平、疫的过滤器配置要求不同,"平疫结合"系统中风机需要克服的阻力不同,当系统的平、疫风量差别不大时，可采用性能曲线为陡降型的风机来适应阻力变化，风机可以平疫合用；而当系统的平、疫风量差别较大时，疫情时增加并联风机的做法将消耗更多能源，甚至不一定能满足风量需求（例如：表1中疫平风量比大于3时），风机就不适合"平疫结合"，更好的选择是更换风机。表2列出各种系统中风机的"平疫结合"适宜性，供参考。

不同系统中风机"平疫结合"适宜性　　　　　　表2

序号	平时系统形式	应用场所	过滤器配置		疫、平阻力差（Pa）		疫、平风量比	风机"平疫结合"	
			平时	疫情时	初	终		适宜性	风机性能要求
1	全空气系统	舒适性空间	送风侧：粗效+中效+高中效 回风侧：中效	粗效+中效+亚高效	-60	-300	≈1	适宜	①
2		舒适性空间	送风侧：粗效+中效+高中效 回风侧：中效	粗效+中效+亚高效	40	0	≈1	很适宜	无
3		洁净手术室或ICU	送风侧相同，平时多了一道回风中效		-80	-300	=1	适宜	②
4	新风系统	舒适性空间	粗效+中效+高中效	粗效+中效+亚高效	20	0	>2	不适宜	—
5			粗效+中效	粗效+中效+亚高效	120	300	>2	不适宜	—
6	全新风直流系统	负压隔离病房	平疫配置相同		0	0	=1	很适宜	无
7	排风系统	手术室顶部排风	高中效	高效[*1]	120	200	≈1	可考虑	调速
8		舒适性空间	无	粗效+中效+高效[*1]	350	1000	>2	不适宜	—

注：1. 高效过滤器初阻力取220Pa，终阻力取500Pa，若采用低阻新材料高效过滤器，可根据实际疫、平阻力差确定"平疫结合"风机的工作点。

2. 风机性能曲线采用陡降型，因疫期时阻力小于平时，导致疫情时风量大于平时，故需注意匹配疫期排风机风量。

2.3.2 空气过滤器

系统末级过滤器与设备"平疫结合"关系密切。对于负压隔离病房、RICU、手术室，这些场所已明确要求末级过滤器设置在口部，除此之外，其他普通负压病房、诊室等房间，疫情时均可将末级过滤器集中设置，相比于疫情时将大量末端风口更换为高效/亚高效风口，集中设置的高效/亚高效过滤器在转换时间、维保更换等方面更有优势。因此建议疫情时排风高效过滤器、送风亚高效过滤器分别集中设置在排风机组、新风机组内。

（1）新风机组。表2中序号4、5的新风机组如"平疫结合"并通过更换风机进行平疫转换，则过滤器的平疫转换为：序号4可利用高中效过滤段转换为疫情时的亚高效过滤段，序号5则需要留出空段疫情时安装亚高效过滤。"平疫结合"新风机组段位参见图6。

（2）排风机组。由表2可见，除手术室顶部排风系统外，其余系统的排风机均不适合"平疫结合"，疫情时排风机组段位参见图7。排风高效过滤器的安装形式可采用卡扣安装，方便快捷，并可参照"动态气流密封原理"，从排风机组出口接出软管至高效过滤器外壳与组装框之间形成的密闭风腔，在风腔内形成正压从而阻止排风漏入风腔再排出室外。

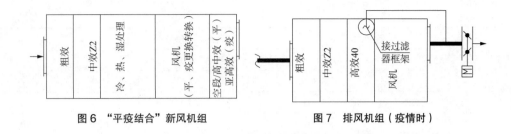

图6 "平疫结合"新风机组　　　图7 排风机组（疫情时）

（3）全空气空调机组。有关空气过滤器在空调机组中的"平疫结合"转换与新风机组类似，参见图1。

2.3.3 冷热盘管

盘管的平疫转换相对复杂，下文将以平疫不同风量的新风机组为例进行计算分析。

由于平疫风量差别较大，"平疫结合"新风机组的盘管可从供冷量、供热量两方面考虑盘管的平疫转换。

以热量选用盘管的地区，如严寒地区及寒冷地区（部分），盘管主要用于供热，可设置为两级加热盘管，如图8所示（"平疫结合"的新风机组，其尺寸按疫情风量下迎面风速要求设置，平疫两用盘管与疫期盘管可以并列布置，不一定要分上下游两级，为便于表达，下文表述仍采用一级、二级盘管）。一级盘管用于平时加热，夏季有降温需求的地区，可兼作表冷器；二级盘管用于疫情时补充加热，一级、二级两级盘管总供热量满足疫情时的需求，二级盘管可预留段位，疫情时再安装。

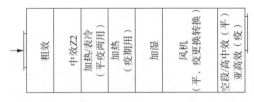

图8 以热量选用盘管的"平疫结合"新风机组（严寒地区、寒冷地区（部分））

以冷量选用盘管的地区，如夏热冬冷地区、寒冷地区（部分），盘管通常冷热兼用。新风机组盘管冷量显然不能满足疫情时的需求，可参照图8做法，设置两级盘管，每级盘管均可冷热兼用，但盘管热量的分配需要计算复核。

（1）夏热冬冷地区，新风计算冷负荷通常大于热负荷，表3列出夏热冬冷地区7座代表城市的新风计算冷热负荷。

夏热冬冷地区代表城市新风冷热负荷比　　　表3

城市	夏季负荷（kW）		冬季负荷（kW）	冷热比	
	等焓负荷（1000m³/h）	等湿负荷（1000m³/h）	加热量（1000m³/h）		
	Q_i	Q_L	Q	Q_i/Q	Q_L/Q
重庆	7.8	10.2	5.8	1.34	1.76
成都	7.7	10.1	6.1	1.26	1.66

续表

城市	夏季负荷（kW）		冬季负荷（kW）	冷热比	
	等焓负荷（1000m³/h）	等湿负荷（1000m³/h）	加热量（1000m³/h）		
	Q_i	Q_L	Q	Q_i/Q	Q_L/Q
武汉	10.7	13.2	7.7	1.39	1.71
长沙	9.6	12.1	7.5	1.28	1.61
合肥	10.2	12.7	8.3	1.23	1.53
上海	9.9	12.4	7.6	1.30	1.63
南昌	10.4	12.9	7.3	1.42	1.77

注：1. 计算条件室内夏季温度26℃、湿度60%，冬季温度20℃；
　　2. 等焓负荷为新风处理到室内等焓线，等湿负荷为新风处理到室内等含湿量线；
　　3. 表中计算负荷均以新风量1000m³/h计算。

如按医院新风处理到等室内含湿量线以改善室内湿度环境，则从表2读出最小冷热比为1.53。从需求端看，若疫、平风量为2倍关系，则疫情时需要热量大约为平时冷量的2/1.53=1.31倍；从供给端看，由于热水对空气传热温差远大于冷水，同一盘管相同流量下的供热量约为供冷量的1.5倍以上（下文均暂按1.5倍考虑），因此一级盘管的供热量完全满足需求，二级盘管不需要冷热共用，只作为疫情时供冷，这种情况下设置二级盘管的必要性并不大。

同样思路，对夏热冬冷地区7座代表城市分别按疫平风量2倍、3倍关系计算，一级盘管在疫情时供热量与平时供冷量比值关系参见表4。

夏热冬冷地区一级盘管疫情时供热量适应性　　　表4

城市	平时冷（等焓负荷）热比 Q_i/Q	疫期需热量/平时冷量		平时冷（等湿负荷）热比 Q_L/Q	疫期需热量/平时冷量	
		$K_x=2$	$K_x=3$		$K_x=2$	$K_x=3$
重庆	1.34	1.49	2.23	1.76	1.14	1.71
成都	1.26	1.58	2.38	1.66	1.21	1.81
武汉	1.39	1.44	2.16	1.71	1.17	1.75
长沙	1.28	1.56	2.34	1.61	1.24	1.86
合肥	1.23	1.63	2.44	1.53	1.31	1.96
上海	1.30	1.54	2.30	1.63	1.23	1.84
南昌	1.42	1.40	2.11	1.77	1.13	1.70

表中计算值小于1.5的数值以粗体显示，代表一级盘管在疫情时供热量满足需求。可见：疫平风量2倍关系时，7座城市按等湿负荷选用表冷器均可满足疫情时供热，而疫平风量3倍关系时，7座城市的一级盘管都可能不满足疫情时供热需求，这也从另一方面说明传染病区作为"平疫结合"病区的优势。

（2）寒冷地区（东经105°以东地区），新风计算冷量与热量大致持平或略小，但由于冷水温差小于热水，盘管仍按冷量选用。表5列举以冷量选用盘管的寒冷地区11座代表城市的一级盘管在疫情时供热量与平时供冷量比值，多数城市的一级盘管都不能满足疫情时供热需求,因此二级盘管也应冷热兼用。

寒冷地区一级盘管疫情供热量适应性　　　　　　表5

城市	夏季负荷（kW） 等湿负荷（1000m³/h） Q_L	冬季负荷（kW） 加热量（1000m³/h） Q	冷热比 Q_L/Q	疫期供热量/平时供冷量 "疫平"风量比 $G_{疫}/G_{平}$	
北京	10.2	10.2	1.00	2.00	3.00
天津	10.8	10.2	1.06	1.89	2.83
石家庄	10.8	9.8	1.10	1.81	2.72
太原	6.5	10.2	0.64	3.14	4.71
丹东	8.7	12.3	0.71	2.83	4.24
大连	8.1	11.2	0.72	2.77	4.15
连云港	12.3	9.1	1.35	1.48	2.22
济南	10.8	9.4	1.15	1.74	2.61
青岛	9.7	9.3	1.04	1.92	2.88
郑州	11.6	8.8	1.32	1.52	2.28
西安	9.2	8.4	1.10	1.83	2.74

（3）上述两个地区中,对于一级盘管不能满足疫情时供热需求的情况,也要加以复核,以判定二级盘管是否一定要冷热兼用。考虑的因素包括一级盘管防冻（分配给一级盘管足够的热量确保管内流速）及一级盘管加热后的温度。一级盘管加热后的温度可由下式计算:

$$\frac{Q_1}{Q} = \frac{t_1 - t_w}{20 - t_w} \qquad (2)$$

式中, Q_1—— 一级盘管满负荷（热水流量=冷水流量）供热量（W）（由厂家提供）,可视为疫情状态下空气经一级盘管吸收的热量;

Q—— 疫情时新风加热到20℃所需热量（W）;

t_1—— 一级盘管加热后的温度（℃）;

t_w—— 空调室外计算温度（℃）。

如果一级盘管加热后的温度可接受,例如16℃,且室内另有供热末端足以负担部分新风供热负荷,则二级盘管可以不供热。式（2）可改写为对 t_w 的判断式:

$$t_W \geq \frac{16 - 20\frac{Q_1}{Q}}{1 - \frac{Q_1}{Q}} \qquad (3)$$

式中, Q_1/Q 越大, t_w 越小,由于式（3）前提条件是 Q_1 小于 Q, Q_1/Q 的极限值为1,可计算出 t_w 最低值为 -4℃。

因此有结论:空调室外计算温度低于 -4℃的地区,宜采用两级加热盘管;但由于一级盘管按冷量选择,一级盘管供热能力 Q_1 取决于地区所需新风冷负荷,且 Q 值还受疫情时风量影响,如表3中疫平风量比为3时,所有一级盘管都不能满足疫情供热需求,因此不能反过来说高于-4℃的地区，一级盘管一定能满足疫情时供热。
（4）以冷量选用盘管的"平疫结合"新风机组段位参照图（图9）

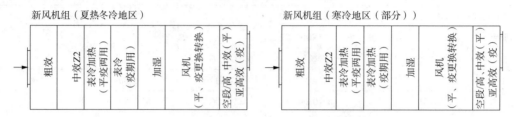

图9 以冷量选用盘管的"平疫结合"新风机组

3 结论

（1）采用手动调节阀的风管系统，各支路平疫风量比相等时，平疫转换不需要再调试；
（2）动力分布式系统采用自适应风机可在一定支路压力范围内满足平疫转换风量变化需求；
（3）手术室应根据平、疫使用性质进行管路切换；
（4）"平疫结合"新风机组应根据不同气候地区特点分析比较，确定盘管的平疫转换措施。

本章参考文献

[1] 黄中.排风排烟共用系统设计[J].暖通空调，2003，33（3）：60-63.

[2] 翁文兵，朱佳璐，张涛涛.文丘里定风量阀力学性能实验研究[J].暖通空调，2015，45（12）：78-81.

[3] 居发礼，刘丽莹，余晓平，等.动力分布式通风系统支路风量偏移测试与分析[J].暖通空调，2019，49（12）：104-108.

[4] 居发礼，黄雪，邓福华，等.动力分布式通风系统自适应性能测试与分析[J].暖通空调，2021，51（10）：114-119.

[5] 许钟麟.负压隔离病房建设简明技术指南[M].1版.北京：中国建筑工业出版社，2020.

[6] 郭金成，黄中.医院通风空调平疫结合及转换措施探讨[J].暖通空调，2022，52（9）：78-85.

医院建筑负压病房"平疫结合"通风气流组织研究

重庆科技学院　刘丽莹　廖春晖　边金龙　陈　杰
重庆海润节能研究院　付祥钊

0　引言

负压病房一般用于收治患有经空气传播疾病的病人，其主要功能有两个：其一，切断传染病的空气传播途径，有效防止传染病的传播和流行；其二，提供病人诊疗的热舒适环境；前者尤为重要。为此，负压病房必须安装通风空调设施，维持室内适宜的温湿度，以保障病房人员的热舒适；同时利用病房相对临时负压，足够的通风量以及清洁区—污染物的气流方向来有效排除病人的呼吸污染物，避免引起进入病房的医护人员的感染以及院内的其他交叉感染。病房作为病人接受治疗和医护实施救治的重要场所，使用时间最长，病房的气流组织关系到病患，尤其是医护人员的健康或者生命安全，值得我们关注。

负压病房的关键是控制好室内空气流线，按照清洁区—污染区流向，以此隔离排除病房的污染物；同时能源消耗也是一个问题，较高的新风处理能耗不利于国家"双碳"目标的实现。因此，本专题旨在通过研究呼吸道传染病病房内污染物排除机理，探索集空气安全、热舒适、节能于一体的病房气流组织形式。

1　病房气流组织的目的、功能与性能要求

1.1　目的

疫情时负压病房气流组织的目的，是保障疫情医护的生命安全；平时工况下病房气流组织的目的，是保障患者的呼吸健康。"平疫结合"型病房的气流组织目的，是既要保障平时情况下医患的呼吸健康，又要保障疫情时医患的生命安全。

1.2　功能

疫情时，通风系统应能够利用排风即时有效排除患者呼出污染空气，防止高浓度污染空气在房间内扩散，甚至扩散至病房外，以防止产生患者和医护人员的交叉感染，同时利用送入室内的洁净空气满足室内人员的呼吸需求。

平时工况下，应能够利用送风将室内污染物稀释到影响健康的浓度以下，利用排风将室内污染物排除。

通风方式与气流组织设计要优先保证防疫的要求，兼顾平时的需要，便于"平→疫"可靠、快速转换，"疫→平"安全、经济转换。

1.3 性能要求

平时工况下，普通病房内主要的污染物有臭气、一般细菌、病毒、CO_2等，通过相关研究可知，普通病房中房间上部的清洁度最高，房间下部清洁度最低，为了提高通风的有效性，应该设置排风口在房间下部，建议在病床附近，高度低于病床，送风口在房间上部，形成从房间清洁区到污染物的单向流线，利用清洁空气稀释房间污染物到安全浓度下。

疫情工况下，负压（隔离）病房主要病菌来自病人呼吸污染物，排风应该能在呼吸污染物产生位置将其及时排除，因此排风口应设置在病人头部附近，排风气流方向能够使得污染物更容易排除，防止呼吸污染物扩散到病房其他位置，同时排风风速应适宜，太大会影响人体头部的舒适度，太小则无法控制污染物排出；送风不能干扰呼吸气流，防止呼吸气流在病房内大范围扩散，因此送风口应该设置在远离病人头部的另一端，同时选用紊流系数小、射程短的风口，并且送风风速不宜过大，否则会干扰呼吸气流和排风气流。

2 气流组织已有研究成果

2.1 负压病房标准规范

国外针对负压（隔离）病房设计的相关标准有：美国疾病预防与控制中心 CDC 颁布了《医疗建筑环境感染控制指南》（2019年修订版），美国医院设施指南协会（Facilities Guidelines Institute，FGI）出版了 2018 版的《医院设计和建设指南》，并且纳入了 ANSI/ASHRAE/ASHE 标准 170-2017 中"医疗护理设施通风"部分提供医疗护理设施的通风要求。美国疾病预防与控制中心 CDC 颁布的《医疗建筑环境感染控制指南》中规定了空气感染隔离病房（AⅡ病房）内气流应该由洁净区流向污染区，对于患有经空气传播疾病的病人，气流应该向病患方向流动，同时给出了室内气流组织形式一般为上送下排，通过单向的室内空气流动，保证病患呼吸产生的病毒污染物不能自由在病房内扩散，经通风排污到室外，防止医护等其他人员的交叉感染。排风口应直接安装在病床的上部、床头附近的天花板或者墙上。图1为病房气流组织设计实例示意，送风口设置于病房顶棚，排风口设置于床头附近的墙面，空气形成从医护走廊—病房—卫生间的单向流动。对于新建或者改建病房，要求 $12h^{-1}$ 的通风换气次数，现有病房要求 $6h^{-1}$。

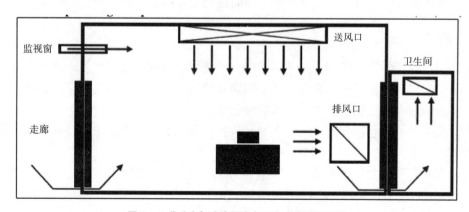

图1 AⅡ（空气感染隔离负压）病房实例示意

国内的针对传染病的负压隔离病房的相关标准规范是在2003年SARS后陆续颁布的。2003年5月卫生部应急发布了《收治传染性非典型肺炎患者医院建筑设计要则》，2014年国家颁布了相应的规范《传染病医院建筑设计规范》GB 50849—2014和《综合医院建筑设计规范》GB 51039—2014，这两部标准也是工程师设计参考执行的主要标准。2017年颁布了《医院负压隔离病房环境控制要求》GB/T 35428—2017；2019年7月1日《医院洁净护理与隔离单元技术标准》通过征求意见稿审查会。目前国内标准、规范、指南在参考国外标准指南和国内外科学研究成果基础上，对于传染病医院的呼吸道疾病的负压病房和标准的负压隔离病房室内环境控制的相关规定逐渐地明确和详细。对负压病房与邻室的压差、病房最小新风量、最小通风换气次数、最小排风次数、气流组织、是否直接排风、是否允许使用循环空气、设计温湿度、室内噪声等都作出规定。负压病房可设非全新风净化空调系统，对于收治危重病人的高危隔离病房应为全新风系统。同时对病房的送风口的个数、具体位置尺寸等都有详细规定，力求能保障病房内的定向空气流。中国中元国际工程有限公司发布《传染病收治应急医疗设施改造及新建技术导则》，其中按照收治患者危重与否，将传染病房分为负压病房和负压隔离病房，并分别规定设计要点。国内相关标准对气流组织的规定一般要求建筑气流组织应形成清洁区—半污染区—污染区有序的压力梯度。房间气流组织应防止送、排风短路，送风口位置应使清洁空气首先流过房间中医务人员可能的工作区，然后流过传染源进入排风口。呼吸道传染病病房最小换气次数（新风量）应为$6h^{-1}$。负压隔离病房的换气次数设计多为$12h^{-1}$。相关标准条文梳理见《通风进展2020》中"传染病医院通风系统的设计"专篇。

由此可见，已有标准规范对呼吸道传染病病房的气流组织设计，考虑了室内医护人员的呼吸需求和安全需求，但是较高的通风换气次数会带来较高新风能耗。

2.2 气流组织科学研究

国内外学者集中在2003年非典疫情之后对负压隔离病房的气流组织的形式、送风口的类型、送排风口的位置等做了大量科学研究。

首先，学者侧重优先对送风口的形式和位置等因素进行研究，沈晋明团队针对SARS隔离病房的特点，提出3种气流组织方案，以气流的定向性、有效性、舒适性等为评价指标，利用数值模拟对各种气流组织评价，结果表明单侧顶送异侧下回的风口布置方式较好。同时，研究了送风口形式对传染性隔离病房室内定向气流的影响，采用CFD模拟与实验测试的方法，发现在采用天花板顶送风和异侧下排气流分布方式的隔离病房中选用送风自由度较大的双层百叶送风口，调节百叶到合适的角度可实现较为理想的病房气流分布。冯昕、许钟麟等人对单人和双人负压隔离病房的3种气流组织形式以及4种送风口的效果进行了CFD数值模拟，得出在医护人员工作区顶送、病床异侧下回风的方案对污染物的控制效果最佳。李安桂团队对基于隔离病房，模拟了传统散流器顶部送风、竖壁贴附送风、竖壁贴附加导流板送风模式下的病房室内热环境和病原微生物的排除效果，给出了病房气流组织的有效性评价。结果表明：采用单风口竖壁贴附加导流板送风的气流组织形式，污染物排除效果优于传统散流器顶送下排，推荐作为隔离病房气流组织的优先选用形式。有学者利用感染风险评价模型对隔离病房气流组织进行研究，研究表明送风形式对医护人员呼吸区的感染风险影响较大。香港城市大学学者研究了层式通风下两床病房内咳嗽液滴的动态扩散过程和空间分布。层式通风的送风格栅安装在患者对面的墙上，中心高度在地板以上1.5m，排风扩散器安装在靠近患者的墙壁下部，换气次数是 $12h^{-1}$，结果表明层式通风下病房暴露风险较小，因为水平气流在弥散初期形成强沉积，使液滴浓度降低，同时直接供应到呼吸区的空气射流稀释了局部液滴浓度。与置换通风和混合通风相比，层式通风对50μm直径液滴的控制效果更好，可以早期控制液滴扩散。

其次，部分学者侧重研究了排风口的位置的影响。Hua Qian 和 Yuguo Li 研究了两床医院病房内向下通风系统时呼吸污染物的扩散，利用计算流体力学方法研究了试验病房的气流组织和污染物扩散。实验和数值模拟结果表明，由于湍流混合和气流夹带的影响，层流流型是不可能实现的，发现上面产生的热羽流导致了流动混合。排风口位置较高，可以排除小颗粒污染物；排风口位置较低对排除大颗粒的污染物更有效。MK Satheesan、KWmui、TW Ling 等通过数值模拟研究了中东呼吸综合征冠状病毒（MERS-CoV）在典型六床普通病房内的传播机制和沉积模式。结果表明，换气率和排风率对机械通风空间内的气流和颗粒分布均有显著影响。此外，感染患者在病房内的位置对于确定其他病房居住者的感染风险程度至关重要。因此，建议在靠近病人的地方设置排气格栅，最好是在每个病人床的上方。

第三，部分学者提出采用局部空气质量、医护人员的暴露水平、研究局部空调个性化装置性能、人员占用空间等指标评价通风排污效果。天津大学的凌继红等人通过实验研究了气流组织和换气次数对负压隔离病房排污效率的影响。通过测量医护人员呼吸区域的污染物浓度，比较了8种气流组织的排污效率，采用局部空气质量指数和排污效率来评价气流组织的排污效率，并通过降低换气次数进行了节能研究。研究结果表明：在顶送风的送风方式中，排风口位于病人头顶效果较好；在矢流风口送风方式中，排风口位于病人床侧效果较好。河北工业大学孔祥飞团队通过实验研究了典型病房中，在16种不同的气流组织模式下（包含顶部送风和排风以及侧送风和排风4种模式），医护人员的累积暴露水平。当"排风口和送风口在同侧，排风口下沿与病床相平，送风口下沿距地面约1.6m"时医护人员的累积暴露水平最大减少了70.8%，风口布置如图2所示。东南大学的郑晓红、钱华、

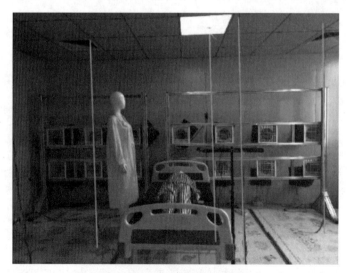

图2 实验病房送排风口布置图

刘荔研究了一种发散源可控的局部空调个性化通风装置作为空调系统末端，利用计算流体力学对该个性化通风系统进行模拟计算。研究结果表明：相比于传统空调，该个性化通风系统能够更有效地提供新风，并排走带有致病物的空气，使排污效率指数达到 1.6，吸入空气质量指数高达 20.5；该个性化通风系统流场也会受到中央空调系统流场的影响，导致排污效率及吸入空气质量指数降低。Aganovic A、Marie S、G Cao 等研究室内人员区域占用区通风（POV）性能，采用 CFD 数值计算的方法研究了医护人员在配备 POV 的单人床隔离室中因受感染而不满意的人的百分比。与传统的通风策略相比，POV 通风的条缝型送风口设置于医护和病人的中间顶棚处，在医护区和病人区侧墙上分别设置两个圆形排风口，布置如图 3 所示。研究表明 POV 具有改善吸入空气质量的能力。

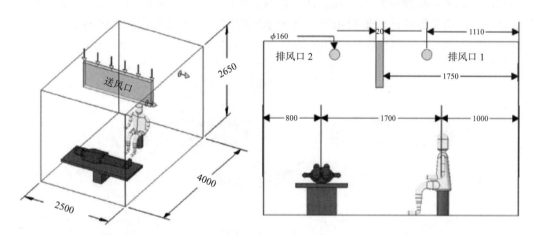

图 3　POV 通风系统风口布置图

最后，专家学者研究了病房人员活动对病房污染物的控制影响。如利用 CFD 动态模拟的手段研究了人体活动对医院空气污染控制的影响，结果表明，室内人员的行走会影响室内污染物、压力等分布，应尽量减少不必要的人和物的移动。李玉国研究团队利用示踪气体模拟研究了人体行走对六床隔离室中的气流和空气污染物传输的影响。

2.3　需要进一步研究的问题

呼吸道传染病病房空气环境安全的关键技术问题是保证气流的洁污定向流动，高效节能的排除室内污染物。目前，国内外标准规范和研究都针对呼吸道传染病房气流组织方面都做了规定和研究，包括送排风口的位置、风口的形式等对污染物排除的影响，同时采用排污率、局部空气质量指数、医护和病人病毒暴露量、感染风险等评价各种不同气流组织下以及层式通风、POV 通风性能，研发局部个性通风装置等，获得了大量宝贵的结论。

目前研究主要存在的不足：①较少优先以排风口为"汇"，研究流场对污染物扩散的影响，而后再考虑"送风口"对污染气流和排风气流的影响；②对病房风量需求的定量研究较少，现有规范中规定的病房换气次数基于现有稀释通风气流组织下，采用稀释通风的原理计算所得，排风量大，能耗高。基于以上问题，本研究专题拟根据送排风气流的流体力学特性，探索性开展病房病毒控制研究，研究所需通风量少、能耗低的气流组织，初步开展送排风气流对污染物控制能力、病房风量需求等的研究，为相应的技术专利与产品开发提供理论基础。

3 研究路线、方法与方案

本课题首先通过理论分析提出"汇流"为主的污染物排除方式下病房的气流组织形式，具体确定排风口和送风口的位置，以及排风口和送风口的形状；研究"汇流"为主的气流组织下污染物的排除效果。其次，建设实验系统，开展实验研究，研究对比不同排风口+送风口（位置、长宽比）下污染物排除效果。第三，通过计算机数值模拟研究排风口、送风口的位置、长宽比等影响因素影响程度分析。同时利用实验研究结果对数值计算的结果进行验证。最后，根据不同气流组织特点以及"平疫结合"气流组织要点、实验和数值计算研究结果，提出推荐的"平疫结合"气流组织的形式。研究的技术路线如图4所示。

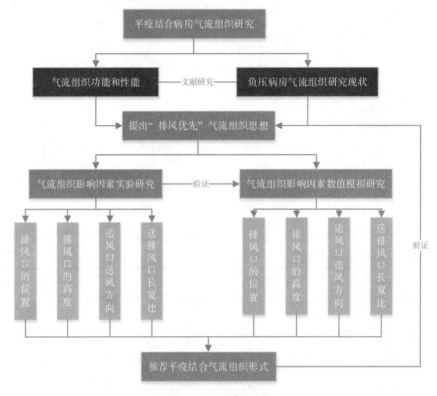

图4 研究技术路线图

4 气流组织影响因素的理论分析与实验研究

4.1 理论分析

气流组织的影响因素有送风口的位置、排风口的位置、送风口和排风口的形式、送风口和排风口的长宽比等。根据疫情工况下病房气流组织的功能和性能要求，根据"排风优先"的思想设置床头排风口和床尾送风口。

（1）为了分析污染物排除效果，开展实验研究床头排风口+床尾送风口的污染物排除效果，并与目前通常设置床头侧下方排风口 + 床尾送风口的情况进行对比。

（2）以污染气流汇流排除方式排除呼吸污染物时候，理论上来讲，排风口越靠近污染物，排除效果越好，因此，本节研究床头排风口不同高度对污染物排除效果的影响。

（3）送风气流可能对呼吸气流的排除造成干扰，因此，有必要研究两种常用的送风方式：侧送和顶送对污染物排除的影响。

（4）本课题没有考虑风口的形式，由于双层百叶送排风口对于保持气流的单向性较好，因此研究的送、排风口都为双层百叶风口，但是风口的长宽比可能会影响排风汇流流场和送风射流流场的范围，进而影响污染物的排除。因此有必要研究不同送、排风口长宽比的影响。

4.2　实验研究方案

利用实验研究送排风口位置、长宽比等对病房污染物排除效果的影响。设计不同送排风口位置、不同风口长宽比，在相同的排风量下，研究负压病房室内污染物浓度分布情况，寻求病房最佳气流组织形式。

4.3　实验系统建造

实验利用"安全健康封闭空间调控实验室"，该实验室位于重庆科技学院健康环境研究院，是根据负压病房的相关建设标准按照1∶1的比例建造而成。实验室由两间负压病房、医护走廊、患者走廊组成，每间负压病房各有一间卫生间，两间负压病房共用一间缓冲室。每间负压病房设有一套直流式通风空调系统，冷热源各选用一台空气源热泵，选用一台新风机组供给新风，新风机组设备初效和中效过滤段，选用两台排风机进行室内排风，主体病房和卫生间共用一台排风机，缓冲室单独设置一台排风机。病房内布置多个送排风竖井和送排风口，可以开展多种气流组织实验。通风空调系统设置自动控制系统，远程控制冷热源、末端设备等的启停，房间温度的设定，送排风支路风量的调节等。实验室建筑图见图5，实验室内部实景图及监控图见图6。

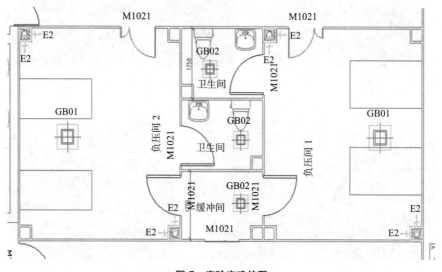

图 5　实验室建筑图

 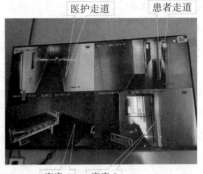

图 6　实验室内部实景图以及监控图

除去走廊、缓冲室、卫生间外的实验区域尺寸为 4.9m×4.5m×2.4m，实验区域放置两张标准病床，病床尺寸为 0.9m×1.9m。

实验台空调管道安装了电动调节阀，通过阀门调节可以使病房换气次数在 $6h^{-1}$ 以内可任意调节，以满足本实验对换气次数的要求；通过管道阀门、末端风口、外接风口的启闭，可以根据实验要求自由切换气流组织形式。房间温度保持在（22±1）℃，相对湿度保持在（50±5）%。

利用气溶胶发生器（图 7）产生一定浓度的 PAO 气溶胶，PAO 气溶胶从气溶胶发生器出口喷出，经分支管和塑料软管送至病床床头上方（图 8），气溶胶出口距床板高度 30cm，

图 7　气溶胶发生器

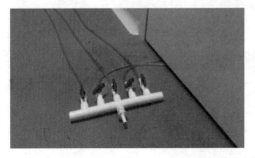 

图 8　气溶胶分支输配管

模拟病人呼吸产生的污染物,气溶胶出口浓度由气溶胶光度计测试(图9),控制浓度为70~90μg/L;采用Testo风速计测试流速,调节气溶胶分支管阀门控制出口流速为1m/s,出口直径8mm;室内气溶胶的颗粒数通过粒子计数器测试(图10)。各个仪器的参数如表1所示。

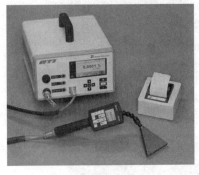

图9 气溶胶光度计

图10 粒子计数器

实验仪器参数　　　　　　　　　　　　　　　　　　表1

仪器	主要参数
Testo 风速计	风速:0~50m/s 温度:-10~60℃ 湿度:0~95%RH
TDA-6D/4B 气溶胶发生器	粒子输出范围 1.4~56.6m³/min 粒子浓度 10~100μg/L
DP30 气溶胶光度计	量程 0~600μg/L
粒子计数器	采样量:2.83L/min,同时检测0.3μm、0.5μm、1μm、3μm、5μm、10μm的粒子个数

4.4 实验设计

按照表2中设计的实验工况开展实验,改变送风口和排风口的位置,改变送风口和排风口的形状(面积不变),测试病床床头、床中和床位部、1.2m高度处颗粒物的个数。

实验工况表　　　　　　　　　　　　　　　　　　表2

工况	气流组织	送风口形状	排风口形状	排风口高度	目的
1	床尾侧送床头上排	正方形	正方形	床头上方40cm	1和2分析送风口长宽比的影响;1和3分析排风口长宽比的影响,2和4分析排风口高度的影响;1和5分析送风方向的影响;5和6分析排风口位置的影响
2	床尾侧送床头上排	长方形	正方形	床头上方40cm	
3	床尾侧送床头上排	正方形	长方形	床头上方40cm	
4	床尾侧送床头上排	长方形	正方形	床头上方80cm	
5	床尾顶送床头排	正方形	正方形	床头上方40cm	
6	床尾顶送床头侧下排	正方形	正方形	床头侧下方地面	
7	房间顶送床头侧下排	病房原高效过滤风口	原排风竖井的长方形排风口	下沿离地高度150mm	利用病房原有的送排风口,对比排风口位于病床侧面时,不同离地高度的影响
8	房间顶送床头上排	病房原高效过滤风口	原排风竖井的长方形排风口	下沿离地高度1150mm	

注:"床头上排"即排风口位于病床床头上方,如图11、图12所示;"床尾顶送"即送风口位于床尾屋顶处向下送风,如图13所示;"床尾侧送"即送风口位于床尾屋顶处侧向送风,如图14所示。

图 11 "床头上排"工况外接风口安装示意图(正方形风口)

图 12 "床头上排"工况外接风口安装示意图(长方形风口)

图 13 "床尾顶送"工况外接风口安装示意图(正方形风口)

图 14 "床尾侧送"工况外接风口安装示意图(长方形风口)

4.5 实验结果分析

（1）侧送和顶送风对比

由图 15 可知，工况 1 侧送风工况下，测点处小粒径粒子的个数比工况 5 的顶送风工况多。

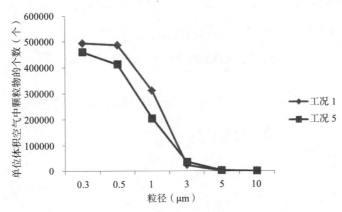

图 15　送风方向对污染物排除效果影响比较

（2）床头上排和下排对比

由图 16 可知，工况 5 排风口在床板上方处的工况下，各个测点处小粒径粒子的个数比工况 6 排风口在床侧下方的工况下少。

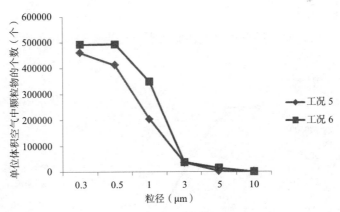

图 16　排风口位置对污染物排除效果影响比较

（3）床头上排风口高度影响

由图 17 可知，工况 2 排风口在床板上方 40cm 处时，各个测点处小粒径粒子的个数比工况 4 排风口在床板上方 80cm 处时少。

（4）送风口形状影响

由图 18 可知，两条曲线接近重合，实验工况条件下，表现出的风口影响不显著。

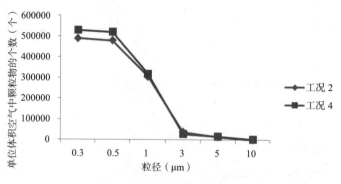

图 17　排风口高度对污染物排除效果影响比较

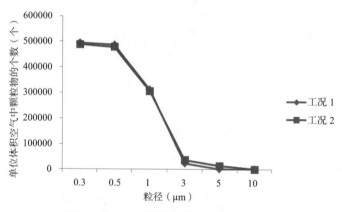

图 18　送风口形状对污染物排除效果影响比较

（5）排风口形状影响

由图 19 可知，两条曲线接近重合，实验工况条件下，表现出的风口影响不显著。

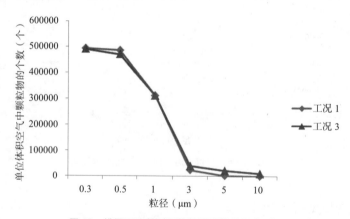

图 19　排风口形状对污染物排除效果影响比较

（6）床侧边排风口高度影响

由图 20 可知，实验工况条件下，排风口下沿离地 1150mm 时，比排风口离地 150mm 时，污染物排除效果好。

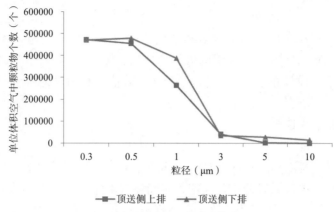

图 20　床侧排风时排风口高度影响

4.6　结论与讨论

根据实验结果可知：排风口位于床头上方 40cm 处污染物排除效果较床头侧下方和床头上方 80cm 要好；排风口位于床头侧边时，排风口离地 1150mm 较排风口离地 150mm 污染物排除效果好。分析可知，风机距离人体头部近，且位于上方时对污染物的排除效果好，这是由于排风口离人体头部越近，根据汇流原理，排风的汇流区域包裹污染粒子越多，污染粒子从产生—排除所经历的路径越短，越容易排除，且粒子粒径小在空气中会向上运动，如果排风口位于上部，有利于污染颗粒物的尽快排除。

送风口位置在床尾部时，实验结果显示送风口顶送较侧送效果好，分析原因，是实验的送风速度下，顶送风气流从送风口垂直向下送出，撞击地面后变为贴附地面射流，在此过程中送风速度衰减，送风气流较少干扰人体呼吸污染气流流动；而送风口位于床尾、朝病床方向侧送时，如果送风口风速较大，射流气流到达病床人体上方时，气流仍保持一定的速度，会与口鼻射流处的污染气流接触，干扰其从排风口排除，可能会引起污染气流的室内扩散。因此认为，进行送风口设计时，宜采用床尾顶送风方式，如果采用侧送风方式，应该计算速度衰减情况。

本实验研究所采用的模拟人体呼吸气流的气溶胶温度与室温相近，小于实际人体呼吸气流温度，如果呼吸气流温度高于室温，呼吸气流从口鼻处释放会向上扩散，从这个角度讲，排风口设置于床头上方更有利于呼吸污染物的及时排除。另外，实验工况下，未开启病房卫生间的排风系统、病房的冷热源机组，这些都会对病房气流组织产生影响。同时，应该进一步考虑排风口位置与医疗工艺相结合等实际应用的问题。

5　数值模拟研究及实验验证

5.1　研究方案

工程中气流组织设计需要考虑的因素除了送排风口位置、通风量的大小，还有送排风口风速、风口的长宽比等。本研究旨在基于 CFD 模拟，研究适宜病房疫情工况的气流组织，重点对风口位置、送风风速、风口长宽比等因素进行比较研究，设计几种通风模式，分析不同通风模式下负压病房室内污染物浓度分布情况，寻求病房最佳气流组织形式。

5.1.1 研究方法

参考医院负压病房布局，本文针对标准负压病房（面积为 $25m^2$）的气流组织及污染源扩散进行分析。筛选影响气流组织的因素（风口位置、风速、风口长宽比），每个影响因素设计 3 个水平，设计正交实验表，采用 CFD 数值分析方法对 9 种气流组织模式下的污染物浓度分布进行研究。

5.1.2 影响因素和水平选择

（1）送排风口位置

组织负压病房气流流动的目的，是防止病患呼吸污染物扩散至医护的工作区，增加医护人员感染的风险。送排风口的位置决定了房间空气的定向流的总体流向，是影响通风有效性的重要因素之一。《传染病医院建筑设计规范》GB 50849—2014 规定"房间气流组织应防止送、排风短路，送风口位置应使清洁空气首先流过房间中医务人员可能的工作区，然后流过传染源进入排风口"。《医院负压隔离病房环境控制要求》GB/T 35428—2017 规定"负压隔离病房的送风口与排风口布置应符合定向气流组织原则，送风口应设置在房间上部，排风口应设置在病床床头附近，应利于污染空气就近尽快排出"。《负压隔离病房建设配置基本要求》DB11/663—2009 指出"病房应采用上送下侧回气流组织，气流总方向与微粒沉降方向一致，负压病房与其所在病区内气流，应为定向气流，从清洁区流向污染区"。从已经颁布的标准看，认为负压病房的送风口应设置在房间上部，排风口设置在病床床头附近，有利于污染物排除。本研究选择工程常用的顶送（房间中部）、床头侧下排（距地面 0.15m）作为一种研究的送排风口组合。

考虑到负压病房应该依靠排风气流对病患呼吸气流的进行控制，避免其扩散到整个病房，同时送风气流不应干扰排风气流的控制，所以建议排风口靠近病患的头部，送风口设置于床头对侧且远离床头的位置。本研究提出"床头对侧上侧送、床头正下排"和"床头对侧上侧送、床头正上排"两种气流组织作为另外两种送排风口组合。

（2）送排风风速

负压病房的气流组织尽可能利用排风气流排除呼吸污染物，因此排风速度很重要，排风速度大，能够依靠捕集式气流组织就近排除污染物，但是排风速度太大，人的头部会产生吹风的不舒适感。《负压隔离病房建设配置基本要求》DB11/663—2009 中规定"回（排）风口风速应不大于 1.5m/s"，工程设计中一般排风风速设计为 1m/s 左右。由于排风风速和排风口面积共同影响排风气流的汇流区域，在通风量不变时，可以根据最大的汇流区域确定最佳的风口面积和排风速度，因此本研究暂不考虑排风风速和排风量的影响，假设排风量为规范规定的 $12h^{-1}$、排风风速为 1m/s。

送风速度太大会干扰排风气流和患者呼吸气流，容易引起污染物在室内扩散，现行的标准规范和实际工程设计中对送风速度的规定不一。因此，将送风风速作为气流组织影响因素之一。选择送风风速为 1m/s、1.5m/s、2m/s 3 个水平。

（3）风口长宽比

风口的形状对气流的汇流和射流的速度场形状和速度衰减有影响，进而影响室内污染物的扩散，故将风口长宽比作为气流组织影响因素之一。选择长宽比为 1：1、4：1、6：1 3 个水平。

选择 4 因素 3 水平的正交实验表进行不同气流组织的计算机模拟实验。互交实验工况见表3。

正交实验工况表 表3

工况	送排风口位置	送风口风速	送风口长宽比	排风口长宽比
1	1床头对侧上侧送床下排	1（1m/s）	1（1:1）	1（1:1）
2	1床头对侧上侧送床下排	2（1.5m/s）	2（4:1）	2（4:1）
3	1床头对侧上侧送床下排	3（2m/s）	3（6:1）	3（6:1）
4	2床头对侧上侧送床上排	1（1m/s）	2（4:1）	3（6:1）
5	2床头对侧上侧送床上排	2（1.5m/s）	3（6:1）	1（1:1）
6	2床头对侧上侧送床上排	3（2m/s）	1（1:1）	2（4:1）
7	3顶送床侧下排	1（1m/s）	3（6:1）	2（4:1）
8	3顶送床侧下排	2（1.5m/s）	1（1:1）	3（6:1）
9	3顶送床侧下排	3（2m/s）	2（4:1）	1（1:1）

5.2 物理数学模型及边界条件

根据标准负压病房尺寸建立数值计算的物理模型，并对物理模型进行简化。病房尺寸为长5.4m、宽4.7m、高3m，病房内布置2张病床（2m×1m×0.55m），每张床上平躺一名病人，房间与缓冲室之间、与卫生间之间、与患者走道之间设置简化为门下缝隙，缓冲间与病房之间门缝隙高为5mm、长为1m，卫生间与病房之间门缝隙为10mm、长度为0.9m，患者走廊与病房之间门缝隙高为10mm、宽为1m。采用ICEM CFD 19.0建立物理模型，建模时患者头部、口鼻和身体分别简化为多个正方体和长方体，人体污染物从口鼻水平喷出，口鼻尺寸为1.2cm×1.2cm。房间按照不同气流组织方式设置送风口和排风口，均采用单床独立送排风的形式。部分工况下的物理模型见图21至图23。

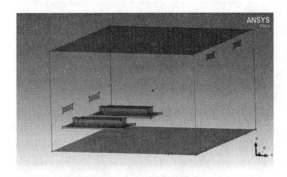

图21 工况2模型图

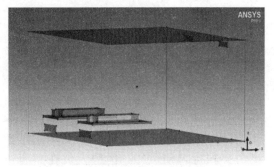

图22 工况4模型图

选择Ansys Fluent 19.0作为数值模拟软件，作如下假设：
（1）病房内空气为常温、低速、常物性、不可压缩的牛顿流体；
（2）不考虑气溶胶颗粒物的蒸发，不考虑颗粒物之间发生凝并、破碎，不考虑颗粒物的存活与衰减特性；
（3）假设人体呼吸污染物释放速率是均匀稳定的，不随时间变化。

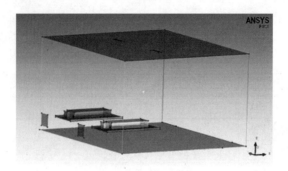

图 23　工况 9 模型图

房间空气的流动为湍流，选择标准 k-ε 模型进行求解，离散格式均采二阶迎风格式采用离散相模型模拟飞沫的喷射和传播过程，采用稳态模型进行求解，具体先利用 SIMPLEC 算法求解稳态的连续相流场，得到稳定的温湿度场后，加入离散相模型继续进行两相耦合计算，直至收敛。边界条件设置见表 4。

边界条件设置　　　　　　　　　　　　　　　　　　表 4

边界条件	详细参数
送风口	速度入口，送风温度 20℃，送风量 914m³/h
排风口	速度出口，排风温度 26℃，排风量 1064m³/h
口鼻	速度入口，速度为 0.89m/s，温度 34℃ 气溶胶颗粒物流量为 8.5×10^{-11}kg/s，泊松分布，粒径 0.3~1.6μm，密度 1000kg/m³
墙壁	绝热边界
人体	恒定壁温 25℃
头部	恒定壁温 34℃

5.3　结果与讨论

负压病房气流组织的功能之一是利用排风气流尽可能多的捕集并排除呼吸污染物，病房中捕集式排风与工业捕集式排风不同，需要考虑人体头部附近的吹风感，排风口一般距离人体头部有一定距离，排风速度不能过大，因此排风气流不能有效排除全部呼吸污染物，一部分污染物会扩散至房间其他部分。根据调研可知，医护人员在病房进行查房、交谈、操作时，多数时间站立在床周围，同时房间应该形成从送风口—排风口的定向流，从医护入口—患者头部的定向流，因此选择病床尾部房间剖面污染物的平均浓度 ρ 作为气流组织排污性能优劣的评价指标。图 24 为床尾部 x=2m 剖面的污染物浓度分布图。

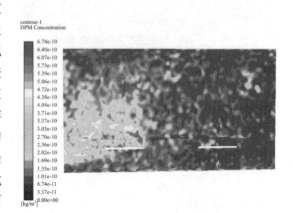

图 24　工况 4　x=2m 剖面污染物浓度分布

如表 5 所示，根据各个通风工况数值计算的结果，计算获得 4 个影响因素 3 个水平下床尾部 $X=2m$ 剖面处污染物浓度之和 $K1$、$K2$、$K3$ 以及极差 $R1$。如图 25 所示，根据污染物浓度极差计算结果可知，对于病床尾部污染物浓度影响因素的主次顺序为送排风口位置 > 送风风速 > 排风口长宽比 > 送风口长宽比。

正交实验数值计算结果　　　　　　　　　　　　　　　　表 5

工况	送排风口位置	送风口风速（m/s）	送风口长宽比	排风口长宽比	床尾部 $x=2m$ 污染物平均浓度 $\rho \times 10^{10}$（kg/m³）
1	床头对上侧送床下排	1	1∶1	1∶1	2.2
2	床头对上侧送床下排	1.5	4∶1	4∶1	3.6
3	床头对上侧送床下排	2	6∶1	6∶1	4.2
4	床头对上侧送床上排	1	4∶1	6∶1	0.79
5	床头对上侧送床上排	1.5	6∶1	1∶1	1.2
6	床头对上侧送床上排	2	1∶1	4∶1	3.5
7	顶送床头侧下排	1	6∶1	4∶1	0.74
8	顶送床头侧下排	1.5	1∶1	1∶1	1.6
9	顶送床头侧下排	2	4∶1	1∶1	1.5
$K1$	10	3.73	7.3	4.9	
$K2$	5.49	6.4	5.89	7.84	
$K3$	3.84	9.2	6.14	6.59	
$R1$	6.16	6.17	1.16	2.24	

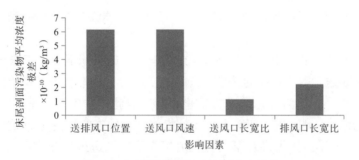

图 25　病床尾部污染物浓度影响主次因素

根据各因素水平下计算结果之和绘制图 26 至图 29，可知顶送床侧下、床尾侧送床头上排工况下床尾部的污染物浓度较低，床头下排的污染物浓度最高，排风口处于床下时，由于床板的遮挡污染物容易聚集。同时，床尾部污染物的浓度随着送风速度的增加而增加，原因可能是送风速度过大，形成的送风区与病人的呼吸区相交，干扰污染物的排除，使得污染物容易扩散至床尾部。

送排风口的长宽比对床尾部污染物浓度的影响不显著，且并非正比关系，排风口长宽比较小、送风口长宽比较高时，床尾部污染物浓度较小，分析原因可能是排风风速一定时，排风口的长宽比较小，排风区的汇流半径越大，排风气流更容易控制污染气流不扩散至房间其他部分；而送风口长宽比大，可以使清洁气流更大范围射流过病床尾部，因此病床尾部污染物浓度较低。

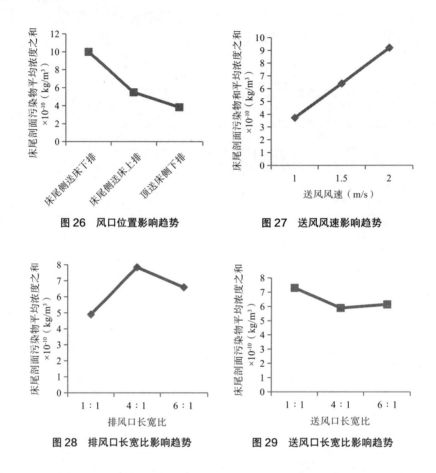

图26 风口位置影响趋势　　　　图27 送风风速影响趋势

图28 排风口长宽比影响趋势　　图29 送风口长宽比影响趋势

根据本章的研究成果可知，排风口位于床头上方、床头侧下方优于床头正下侧，送风口床尾顶送优于侧送。数值模拟也表明：送风速度越大，越不利于污染物的及时排除；如果送风速度控制较小，认为侧送风的方案也可行。因此，选用两种推荐的负压病房的气流组织形式：床尾顶（侧）送＋床头上排（捕集式排风优先的气流组织形式）以及床尾顶（侧）送＋床头侧下排。优先推荐第一种气流组织形式。送风口和排风口均选用正方形。具体结论如下：

（1）"平疫结合"病房适宜的气流组织应该就近排除呼吸污染物，减少污染物扩散至病房其他位置，因此气流组织设计应该考虑送排风口的位置、送排风风速、送排风口的长宽比等因素的影响。

（2）以病床尾部房间剖面污染物浓度分析气流组织效果，可知影响因素的主次顺序为送排风口位置＞送风风速＞排风口长宽比＞送风口长宽比。顶送下侧排和病床头对侧上侧送、床上排的效果优于病床头对侧上侧送、床下排；送风风速1m/s效果优于2m/s；送风口长宽比大、排风口长宽比小效果较好。

（3）为了减少数值模拟工况数量，本研究的方案设计未考虑影响因素之间的交互作用，比如工况8中床头侧下排时，当排风口长宽比为6时，由于病床旁边空间的限值，此工况下排风口呈竖直的长方形,实际是一半风口在床头侧上方,一半风口在床头侧下方,其结果不能完全代表床头侧下方排风的情况。后续工作应该进行更详细的方案设计。

5.4 数值模拟的实验验证

选用床尾顶送和床头侧下排的气流组织形式进行实验与模拟的验证,物理模型见图30。数值模拟边界条件与实验工况6相同,具体数据和设置见表6。采用离散相模型进行非稳态模拟,模拟人持续呼吸3min后的颗粒物状态以及整个房间的速度场分布。

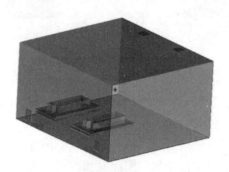

图 30 顶送床头侧下排的气流组织形式模型

边界条件设置 表6

边界条件	详细参数
送风口	速度入口,风速 0.72m/s
排风口	速度出口,风速 1.38m/s
口鼻	速度入口,速度为 1m/s,温度 34℃; 气溶胶颗粒物流量为 3.5×10^{-9} kg/s,泊松分布,粒径 $0.1\sim10\mu m$,密度 $1000kg/m^3$

5.4.1 数值模拟结果

(1) z=1.2m(人员呼吸区)高度颗粒物浓度随时间变化云图(图31至图34)

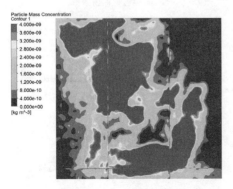

图 31 1min 颗粒物浓度云图

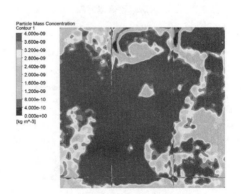

图 32 3min 颗粒物浓度云图

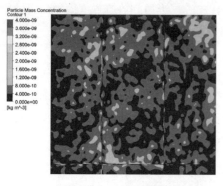
图 33 6min 颗粒物浓度云图

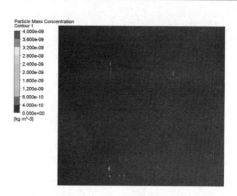
图 34 9min 颗粒物浓度云图

由于颗粒物持续释放 3min，导致在人员呼吸区 z=1.2m 高度处，在 1~3min 内颗粒物浓度最高，到 9min 后浓度几乎降为 0。

（2）不同时刻颗粒物的停留时间

由图 35 至图 38 可知，飞沫从病人口部释放后就会随呼吸气流迅速向上扩散，达到病房上部空间后逐渐朝着排风口位置聚集，因而对周围医护人员活动区的影响较大。在床头下侧的排风口，由于不能快速排走污染物，导致污染物快速扩散到整个房间内，从颗粒物的停留时间来看，在 4min 时颗粒物在室内充分混合，随着流场的流动，在 9min 时室内颗粒物已经从室内通过排风口经过过滤排除到室外，在最后时刻，室内仍然有少量的颗粒物。

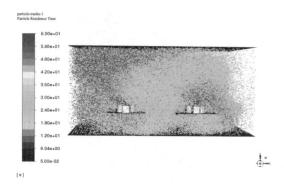
图 35 1min 时颗粒物停留时间

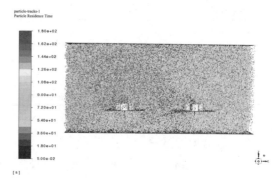
图 36 3min 时颗粒物停留时间

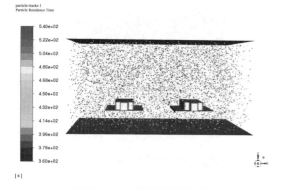
图 37 9min 时颗粒物停留时间

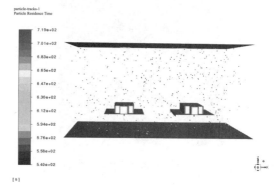
图 38 12min 时颗粒物停留时间

5.4.2 速度场实验验证

为保证数值模拟的可靠性，在负压病房内进行速度场验证实验。通过实测，送风口在开度为 30% 时测得平均风速为 0.72m/s，选取 L1 至 L6 6 条竖直线，每 0.1m、0.6m、1.2m、1.6m、2.2m 布置一个测点，一共 30 个，对比模拟得出的风速与验证实验实测的风速，结果如图 39 所示，模拟结果基本符合实际测试结果。但是由于实际负压病房密闭性较差，在风量达到设计的要求时，门缝渗透风速过高，导致在第 2、3 条线靠近门缝的 0.1m 高度处的测点实测风速高于模拟速度，其他模拟测点与实测测点基本符合。另外，速度测点风速较低，对小颗粒气溶胶的扩散影响有限。

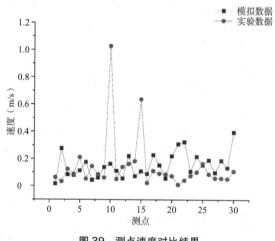

图 39 测点速度对比结果

5.4.3 污染物浓度实验验证

在验证了连续相模型的合理性后，继续用该模型验证室内轨道模型的准确性，见图 40。实验和模拟颗粒物释放时间均为 3min，可以看出在前 3min 内，实测获得测点的单位体积颗粒物个数和模拟测点的颗粒物浓度吻合度较高，在同一时刻达到最高值，随着流场的流动，颗粒物浓度和数量开始下降，在整体上升或下降的趋势上是吻合的，但是实验研究颗

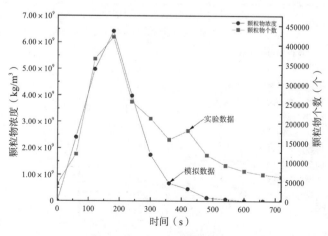

图 40 测点污染物浓度对比结果

粒物的排除时间较数值模拟长，分析可能是数值模拟设置的颗粒物是正态分布，但是实际气溶胶的颗粒物粒径分布以 0.5μm 的小颗粒居多，小颗粒的污染物易飘浮在空气中，在这种气流组织下（床头侧下排）不易去除。总体来说，证明本研究中使用数值模拟方法对负压病房室内颗粒物的运动分布及扩散进行研究是可信的。

6 研究成果

6.1 不同气流组织的原理和性能

根据气流组织的原理可以将其分为上部混合式、单向流或者活塞流，这两种气流组织一般用于全面通风中。此外，还有捕集式和吹吸式，一般用于局部通风中，各种不同气流组织的原理、形式、特点和适用场所见表7。

针对1.3节讨论的疫情工况负压病房对气流组织的性能需求，同时考虑节能低碳的要求，"平疫结合"气流组织宜采用捕集式排风+单向流送风的形式，即在病床和病人头部附近设置排风口，保证病人产生的呼吸污染物能够快速排除；同时在远离病人头部一侧（病床尾部）设置送风口，送入洁净空气，保证人体呼吸需求，同时稀释扩散到房间内部的污染物。

对于平时工况下，病房内的污染物主要是在病房病床的下部，因此排风口宜设置在房间下部，送风口设置在房间顶棚上。送风口到排风口形成单向流的气流组织，通过送风气流稀释房间污染物。

不同气流组织原理、特点和适用场所 表7

通风方式	气流组织	原理	形式与特点	用途
全面通风	上（顶）部混合式	用一股清洁空气从顶部送风口送入室内，迅速向四周扩散和混合，同时把差不多同样数量的空气从排风口带走，洁净空气稀释室内污染空气，降低室内空气中污染物的浓度，直到达到平衡状态	侧向送风、孔板上送风、散流器上送风、喷口上送风、条缝上送风、旋流风口上送风	空调房间的舒适性通风。通风效果与通风量和气流组织形式有关
	单向流（活塞流）	送风口被均匀地布置在吊顶、地面或者侧墙上，以提供低紊流度的"活塞流"横掠整个房间。室内气流流线平行、流向单一，并且有一定的、均匀的断面风速，送出的空气像活塞一样置换室内的污染空气，使房间保持很高的洁净度	空气从吊顶送出，通过地面排走；或者从地面送出，从吊顶排走；或者空气从侧墙送出，通过对面墙上的风口排走 垂直单向流 水平单向流	主要用于洁净室通风，任务是从房间除去污染物颗粒

续表

通风方式	气流组织	原理	形式与特点	用途
局部通风	捕集式	利用排风口的排风气流控制有害污染物的运动，把有害物迅速排出的方式	排风口应靠近有害物或者污染物浓度高的区域设置（上部集气罩、槽边集气罩、冷设备上吸式、排气槽边式、污染源侧吸式、侧吸罩）	工业污染物控制
	吹吸式	利用射流作为动力，把有害物输送到排风口再由其排除，或者利用射流阻挡、控制有害物的扩散。利用送风口和排风的气流的联合作用控制污染物，在控制面形成控制污染物不扩散的风速	排风口靠近有害物或者污染物浓度高的区域，送风口的射流空气能隔离有害物或者污染物的释放面，防止其扩散到空气中（条缝送风、射流、吹吸罩、B）	工业污染物控制

6.2 气流组织"平疫结合"要点

气流组织"平疫结合"设计应该既考虑平时作为普通病房的健康通风需求，又要考虑疫情时作为呼吸道传染病病房的安全通风需求，独立或者合用设置平疫工况下排风口与送风口，且风口位置应考虑平疫转换的要求。

6.3 推荐的"平疫结合"病房气流组织形式

平时工况，病房健康通风下，推荐采用单床独立送排风或者病房顶送＋床头侧下排的气流组织，有利于排除病房下部的污染物。送风口的具体位置见图41和图42。疫情工况下，呼吸道传染病房推荐采用单床独立送排风形式，并且排风口位于病床床头上方的侧墙上，送风口设置于顶棚高度、远离床头，侧送或者顶送，采用捕集式为主的气流组织。送排风口的具体位置见图43和图44。"平疫结合"病房建议参考平时风口设置病房下排风口，参考疫情设置病床区排风口，送风口设置位置可相同，如图45所示。

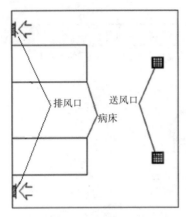

图 41　平时风口布置平面图（顶送风）

图 42　平时排风口高度

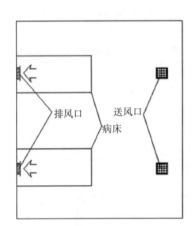

图 43　疫情时风口布置平面图（顶送风）

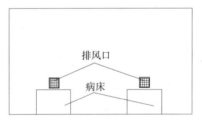

图 44　疫情时排风口高度

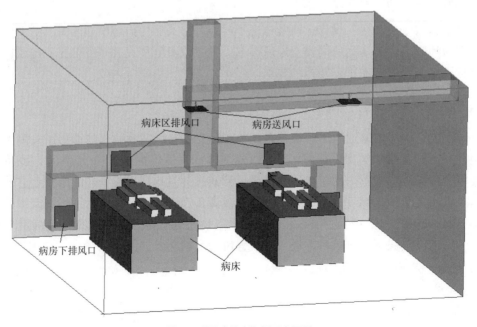

图 45　"平疫结合"风口布置图

本章参考文献

[1] CDC and the Healthcare Infection Control Practice Advisory Committee. Guidelines for Environmental Infection Cantrol in Health-Care Facilities[S]. 2023，Updated：July 2019.

[2] 中华人民共和国住房和城乡建设部.传染病医院建筑设计规范：GB 50849—2014[S]. 北京：中国计划出版社，2015.

[3] 中华人民共和国卫生和计划生育委员会.综合医院建筑设计规范：GB 51039—2014[S]. 北京：中国计划出版社，2015.

[4] 中华人民共和国国家质量监督检验检疫总局，中国国家标准化管理委员会.医院负压隔离病房环境控制要求：GB/T 35428—2017[S]. 北京：中国标准出版社，2017.

[5] 中华人民共和国住房和城乡建设部.中华人民共和国国家市场监督管理总局.医院洁净护理与隔离单元技术标准（征求意见版）[S].2019.

[6] 中国中元国际工程有限公司.中国中元传染病收治应急医疗设施改造及新建技术导则（第二版）[S]. 2020.

[7] 邓伟鹏，沈晋明，唐喜庆，等.SARS隔离病房内的气流组织优化研究[J]. 建筑热能通风空调，2005，24（2）：9-14.

[8] 唐喜庆，沈晋明，邓伟鹏，等.送风口对传染性隔离病房室内定向气流的影响[J]. 建筑热能通风空调，2005，24（4）：11-18.

[9] 唐喜庆，沈晋明，聂一新.人体活动对医院关键科室空气污染控制的影响（2）：背景风速为零情况下的行走模拟[J]. 暖通空调，2007，（10）：25-30，51.

[10] 李安桂，张莹，韩欧，等.隔离病房的环境保障与气流组织有效性[J]. 暖通空调，2020（6）：26-34.

[11] 谢军龙，吴鑫，郭晓亮，等.基于感染风险评价模型的隔离病房气流组织模拟研究[J]. 中南大学学报：自然科学版，2021，52（6）：11.

[12] Lu Y L, Lin Z. Coughed droplet dispersion pattern in hospital ward under stratum ventilation[J]. Building and Environment，2022，1.

[13] Qian H, Li Y G. Dispersion of exhalation pollutants in a two-bed hospital ward with a downward ventilation system[J]. Building and Environment，2008，43：344-354.

[14] Satheesan M K，mui K W，Ling T W. A numerical study of ventilation strategies for infection riskmitigation in general inpatient wards[J]. Building Simulation，2020，13（1）：887-896.

[15] 凌继红，于会洋，李猛，等.气流组织对负压隔离病房排污效率的影响[J]. 天津大学学报（自然科学与工程技术版），2014（2）：174-179.

[16] Kong X，Guo C，Lin Z，et al. Experimental study on the control effect of different ventilation systems on fine particles in a simulated hospital ward[J]. Sustainable Cities and Society，2021，73（6）：103102.

[17] 郑晓红，钱华，刘荔.新型个性化通风系统预防传染病传播数值研究[J]. 中南大学学报（自然科学版）.2011，12（42）：3905-3911.

[18] Aganovic A，marie S，Cao G. CFD study of the air distribution and occupant draught sensation in a patient ward equipped with protected zone ventilation[J]. Building and Environment，2019，162：106279.

[19] 冯昕，许钟麟.负压隔离病房气流组织效果的数值模拟及影响因素分析[J]. 建筑科学，2006（1）：

37-43,47.

[20] Huang J, Li Y G, Jin R Q. The influence of human walking on the flow and airborne transmission in a six-bed isolation room: Tracer gas simulation[J]. Building and Environment, 2014, 77: 119-134.

[21] 冯连元. 人体呼吸流动特征的 PIV 实验研究 [D]. 天津: 天津大学, 2015.

[22] 嵇赟喆, 王晓杰, 涂光备. 压差控制病房门缝渗透特性的 CFD 研究 [J]. 建筑热能通风空调, 2011, 30（3）: 5.

[23] 李瑞新, 张欢, 李秋生, 等. 用 CFD 方法研究空气通过缝隙的渗透 [J]. 暖通空调, 2004, 34（4）: 4.

[24] 张宠宠. 多梯度下洁净室区域的渗透风量计算与新风量之探讨 [J]. 洁净与空调技术, 2015（2）: 67-71.

"平疫结合"型动力分布式通风系统设计与调适指南

重庆科技学院　重庆海润节能技术股份有限公司　居发礼
重庆海润节能技术股份有限公司　黄雪　侯昌垒

1　系统特点

动力分布式通风系统是将促使风流动的部分或全部动力分布在各支管上形成的系统，可调节风机转速，满足动态风量需求。由主风机、支路风机、风口、低阻抗管网组和专用控制系统组成。

常规的通风系统大多采用动力集中式通风系统，其具有以下特点：

（1）风机的全压根据最不利环路总阻力确定，其他支路的资用压头富余，愈靠近动力源，富余量愈大；

（2）采用阀门消耗富余压头，实现管网阻力平衡，造成了很大的能量浪费；

（3）具有多个支路的动力集中式系统，在设计工况下，调节阀能耗占有颇高的份额；在调节工况下，改变动力的集中调节虽然减少了向系统投入的能量，但阀门能耗所占份额没有改变；

（4）末端恒定风量，无法按需调控，或者即使是变风量，也只能实现主风机调控，末端风量一致变大或变小。

动力分布式通风系统可以减小输配能耗，满足各空间动态非均匀的新风需求。在负压通风系统中，存在以下设计方案，其中送风和排风都是动力分布式通风系统时，其保障性和调节性最好。

（1）送、排风支管均设置手动蝶阀，手动调节。

此系统方案造价最低，调试难度最大。一套送风和排风系统负担多间负压病房，每间负压病房通过手动蝶阀逐间调试出5Pa以上的负压差，难度较大。《传染病医院建筑设计规范》GB 50849—2014 中 7.3.5 条要求：同一通风系统，房间到总送、排风系统主干管之间的支风道上应设置电动密闭阀，并可单独关断进行房间消毒。按此条要求，上述系统一旦关闭某间病房电动风阀，系统管网阻力特性瞬间变化，对其他病房压力梯度存在很大干扰，每间负压病房的5Pa以上负压差均会改变，甚至有可能成为正压。因此，此系统如需要房间消毒，只能整个通风系统全部同时关闭，统一消毒完成后再统一开启运行。

（2）送、排风支管均设置定风量阀。

此系统方案造价适中，因定风量阀为工厂设定好风量后运至现场安装，优势是系统安装完成后无需进行调试。此系统方案对设计要求较高，需严格准确计算单间负压病房送、排风量，并明确标注，通过设定好的风量差实现每间病房的负压差。存在的问题：实际现场门窗缝隙等漏风量与设计计算数值差别较大时,会出现单间病房负压差过大或不满足。压差过大造成能耗过高、能源浪费,压差不满足时,无法进行验收。

(3)送风支管设置定风量阀,排风支管设置"自带动力的末端风量调节模块"。

此系统方案造价较高,但现场安装完成后每间负压病房压差调试较为简单。送风系统按照负压病房新风换气次数要求,由定风量阀保证始终定风量运行,排风支管风量调节模块自带压力无关型小风机,在缓冲间设控制面板,根据压差表数值直接在控制面板上对排风模块排风量调大或调小,从而很容易完成每间负压病房的调试工作。存在的问题:送风量(新风量)只能按照负压病房的规定值定风量运行,如作为普通病房使用,新风量无法降低,系统运行能耗较高。无法实现通风系统的"平疫转换"。

(4)送、排风支管均设置"自带动力的末端风量调节模块"。

此系统方案与方案(3)一样,现场安装完成后调试非常简单。送风定风量,根据压差调试排风量,从而实现负压差。当负压病房作为普通病房使用时,送风量、排风量均可以根据实际需要在控制面板上进行设定,运行能耗大幅降低,但系统造价较高。

2 系统设置

"平疫结合"型动力分布式通风系统是指具有疫情工况和平时工况,可实现便捷、快速切换的通风系统。由送风系统和排风系统构成。每种系统由主风机和末端支路风机组成。根据末端支路风机的不同,可分为常规型动力分布式通风系统和自适应型动力分布式通风系统。根据末端支路风机运行时是否动态调节,可将系统分为定风量系统和变风量系统两种。

为了保障系统较好的设计与调节,考虑到负压隔离病房的风量需求是负压病房风量需求的2倍,将疫情时转化为负压隔离病房的系统规模控制在6间病房,将疫情时转化为负压病房的系统规模控制在12间病房。

3 风量计算

通风系统风量计算应首先确定"平疫结合"的功能定位,然后分别确定平疫工况下的风量。如病房"平疫结合"定位主要由普通病房切换为负压病房与普通病房切换为负压隔离病房两类。第一种排风高效过滤器可在排风机处设置,第二种排风高效过滤器在室内排风口处设置。平时工况的设计风量按照新风换气次数不低于 $2h^{-1}$,考虑到普通病房内人员变化特性,推荐采用新风量换气次数 $3h^{-1}$。平时保障末端最低新风量运行,考虑突然增大需求的新风量变风量运行(每个末端不同时最大运行,平时系统总风量应是每个末端 $3h^{-1}$ 换气次数累加后乘以小于1的系数);疫情时,每个末端最大风量运行。

疫情时为保证污染区不对其他相邻区域产生影响,各功能区之间往往会设计一定的压力梯度,对于负压房间,房间负压力对于新风系统的送风效果是促进作用,而对于排风系统来说则是负作用,所以排风系统的压力需考虑房间负压的影响。因此,风量确定还需考虑房间的压差设计值对送风系统和排风系统设计产生的影响。

4 风管设计及水力计算

4.1 风管设计

通风系统风管尺寸设计时应以疫情工况下的风量为主，兼顾平时工况下风管工作风速与压力。支风管尺寸应以最大风量设计。风管干管空气流速宜为 5～6.5m/s，支管宜为 3～4.5m/s，在条件允许时，干管管路风速宜取下限值，支路管路风速宜取上限值，即干管风管尺寸宜大些，支路风管尺寸宜小些，这样可以减小管网系统的不平衡率，保证系统的稳定性，但需兼顾主风管安装空间与末端噪声。

考虑到各支路的水力平衡，干管尺寸宜采用等管径设计，长度不宜大于 50m，所接出的支路个数不宜大于 30 个。原因是，目前主流支路风机平时运行型号规格的主流风量约为 150m³/h 和 250m³/h 两种，支路总数为 30 个时，系统总风量为 4500m³/h 和 7500m³/h，对于系统的调控和噪声的控制非常有利。目前的自适应模块所在环路的压力，需支路风机提供压力在 –150～150Pa 时的额定风量适应能力较好，能保证风量偏差不大于 15%，当转速调小时，风量的自适应能力有所降低，即风量适配范围将缩小（如缩小至 –100～100Pa）。由于零压点的设置为主管的 1/2 处，当风管的长度不大于 50m 时，若根据主管的压力损失为 2Pa/m 考虑，1/2 管道长度的阻力为 50Pa，对于各支路而言，考虑到支路本身具有一定的阻力（依据设计而不同，考虑下支路风机的入口出口效应，假设为 30Pa，甚至更大），这样，第一个支路需要支路风机提供的压头为 –20Pa，最末端支路风机需要提供的压头为 80Pa，处于风量自适应能力较强的压力范围内，故自适应能力较好。因此推荐主管长度小于 50m，以很好的保障支路风量的自适应能力。

4.2 水力计算

动力分布式通风系统将通风主风管入口至零压点的水力损失作为主风机需克服的阻力；将零压点至各个支路末端出口的水力损失作为支路风机需克服的阻力。

动力分布式排风系统的零压点宜在管路干管的最远端，以保障排风干管为负压。动力分布式新风系统设计宜以输配能耗为目标进行零压点的优化分析，零压点位置取决于主风机和支路风机效率。零压点的位置直接影响主风机压力选择和支路风机压力与转速设定。零压点越靠近主风机，主风机需提供的压力越小，而支路风机需提供的压力越大。对于同样风量需求的若干末端，远离主风机的支路风机转速越大。考虑到目前支路风机高转速下的噪声问题，故需将远离主风机的支路风机转速调低并控制在一定范围内，解决的技术措施为将零压点向后推移至主管的 1/2 处。在当前的系统设计半径下，可较好的控制远端支路风机的噪声问题。

此外，零压点的设置还影响到新风系统的输配能耗问题，通过动力分布式送风系统输配总能耗理论研究，得到下面两种典型情况（图 1）。

当主风机效率小于等于支路风机效率时，零压点在第一个支路入口时输配系统总能耗最小；当主风机效率大于支路风机效率，所有支路风机效率均相等时，零静压点应在最不利环路和最有利环路之间的某一点时输配系统总能耗最小。

考虑到目前风机效率的实际情况，故其输配系统总能耗应在第一个支路与最后一个支

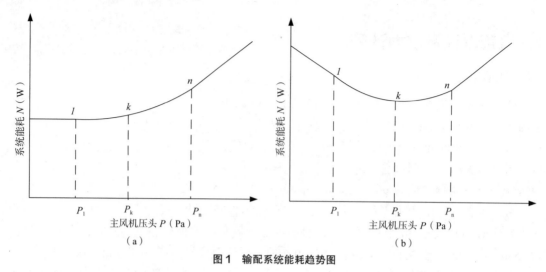

图 1 输配系统能耗趋势图

(a) 主风机效率小于等于支路风机效率；(b) 主风机效率大于支路风机效率

路中间，同时也考虑到平时动态通风需求，导致零压点在主管上不停的漂移，为了易于设计，宜将零压点选择在主管 1/2 处。

5 设备选型

5.1 风机选型

动力分布式通风系统的主风机应选择直流无刷可调速风机。风量应在系统总风量基础上附加 5%～10% 的风管漏风量。风机压力以系统总风量下主风管入口至零压点的阻力作为额定风压。宜选用性能曲线为平坦型的主风机。设计工况效率不应低于风机最高效率的 90%。

动力分布式通风系统的支路风机应选择直流无刷可调速风机。风量应在支路最大新风量上附加 5% 的漏风量。压头应为支路所在环路的总阻力减去主风机压头，且附加 10%～15%。宜选用性能曲线为陡峭型的支路风机，设计工况及典型新风量下支路风机效率不应低于风机最高效率的 90%。支路风机宜选用具有稳定风量功能的自适应风机，按照支路风量需求直接选择自适应动力模块，校核运行状态是否在自适应的压力变化范围内，风量偏差范围不大于 ±15%。

原因是，传统的支路风机性能曲线一般是固定转速下的风量风压关系曲线，呈现出风量增大、风压降低的对应关系。一般采用固定转速下的风机性能曲线与通风管网的特性曲线交点，确定风量及其运行风量下的风压，当管网阻力特性不变时，风机的运行状态点不变。当管网阻力增大时，风机的流量减小，其提供的压头增大。

而自适应支路风机是一种新型的可根据风量要求进行动态追踪调速的风机，本文所述的风量风压特性曲线并不是常规意义上的风量风压曲线，而是在不同管网阻力特性下，风机适配其特性而呈现出的风机调速下的风量风压曲线。也就是说，对于某一管网，设计时确定了风量，采用自适应支路风机提供压头，当管网阻力增大时，自适应支路风机可自动将风机转速调大，从而调大压力且稳定风量，当管网阻力减小时，可自动调小风机转速，减小压力且稳定风量。因此，自适应风机是以提供具体的风量大小为直接目标来进行调速匹配的。测试结果显示，自适应风机在调节工况下具有风量稳定性能，但仍不能忽视其风压适配范围。因此在动力分布式系统中，应充分分析不同支路的入口压力，分析其是否处在风量稳定条件下的风压范围。这也是保障系统风量可靠的达到设计要求及良好运行的关键。

测试的自适应风机稳定 $400m^3/h$ 风量（误差为 ±10%）的适配支路入口压力范围为 $-150 \sim 110Pa$（此处认为支路的阻力为0），因此自适应支路风机的性能表征参数可以为稳定风量和压力适配范围。当支路风机单机运行，可以认为其入口压力为零时的风量，其提供的压力在适配压力范围内，风量能够稳定。当支路风机入口压力为负时，只要入口压力负值的绝对值小于适配入口压力范围的上限值，其仍可以保证风量稳定。当支路风机入口压力为正时，只要入口压力值小于适配入口压力范围下限值的绝对值，其仍可以保证风量稳定。

但实际工程中，支路的阻力不可能为零，因此在具体的支路自适应风机匹配设计中，需对该稳定风量的适配压力范围作修正。对于自适应风机风量为 Q 时的适配支路入口压力范围为 $P_1 \sim P_2$，当支路阻力为 P 时，其稳定风量为 Q 时的适配支路入口压力范围即修正为（P_1+P）~（P_2+P）。

工程应用中，需首先根据设计支路风量下的阻力对适配压力范围进行修正，其次看该自适应支路入口压力是否处于修正后的压力范围内，如果处于修正后的范围内，则说明可以稳定风量，若处于该范围之外，则会偏离设计风量。若入口压力大于修正后的范围上限值，说明该自适应支路风机的实际风量会大于设计风量，若入口压力小于修正后的范围下限值，说明该自适应支路风机的实际风量会小于设计风量。

5.2 阀门设置

主风机选型完成后，靠近主风机近端的支路阻力若完全可由主风机压头克服，则不需要支路风机，支路也可以输送新风，此时，若设置支路风机，支路风机会存在阻碍作用，长期运行甚至会烧毁，这种情况下需要设置阀门以消耗多余的压力，为支路风机安全运行及风量调节提供条件。但风机选型应尽量减少阀门设置的数量，以减少阀门导致的能源消耗。另外，应在主风机进风口设置阀门，以防止凝露影响新风品质。

6 监测与控制

"平疫结合"型动力分布式通风系统设计应设置房间压差传感器，疫情时可根据压差需求设置压差值，并与排风支路风机联动自动调节以稳定房间压差。设置 CO_2 或空气品质传感器与末端控制面板，实现支路风机手动和自动调节。配备空气品质传感器，再配以控制面板，既可以根据空气质量自动调节支路风机转速，也可以根据人员主观感受自主调节。客观控制与主观控制相结合的方法，使得室内人员可自主调节新风量，但为了节能，也可以设置有限调节权：当主观控制增大的新风量使房间 CO_2 浓度（或其他物理参数）低于设定的下限值时，客观控制逻辑将自动减小新风量；反之，将自动增大新风量。

室内 CO_2 浓度是直接反映室内空气品质的参数。通过新风来稀释污染物浓度达到控制要求，存在机械通风量和自然渗透风量，两者均是对室内 CO_2 浓度有益的保障，需要对两者进行综合控制。自然渗透风量确定较为复杂，若不考虑此部分，直接根据人员数量进行机械新风量调节，则可能存在室内 CO_2 浓度处于较低状态（如 600ppm），这样间接反映了综合新风量供应较大，增大了新风处理能耗。用 CO_2 浓度直接反馈调节新风量是确定合理机械新风量的重要技术措施，既保障了效果，又节约了新风能耗。关于传感器位置，房间压差传感器宜设置在门上方，空气品质传感器应设置在人员主要活动区域或排风口，根据多点传感器监测值综合制定控制逻辑。如空气品质传感器设置在排风口，则需要进行修正，如设置在人行高度，可不修正。当人行活动区设置受限时，可综合设置排风口和人员高度墙壁传感器，由两者的探测值进行逻辑设定控制。

主风机应根据支路风机的工况调节自动适应，可采用总风量控制法或干管定静压设定控制法。采用干管定静压设定控制法，在风机出口气流稳定的干管处设定静压传感器，通过监测的干管静压值控制主风机转速，使其稳定在设定的静压范围内。采用总风量控制法，根据末端各支路风机的控制信号进行综合加权分析，得到系统风量的总需求信号，然后作用于主风机进行风机转速调控，使得总风量满足末端各支路风量需求之和。

7 系统调适

7.1 前提条件

（1）系统调适应由施工单位负责，设计单位与建设单位参与和配合。调适的实施可由施工单位或其他具有调适能力的单位完成。

（2）为便于在系统调适时，对管道静压进行测试，施工时需在风管系统中预留管道静压测试孔。测试孔的预留应在设计图纸中注明开孔位置和开孔尺寸及封堵方式，施工后应对测试孔进行位置标记。

（3）系统隐蔽工程在隐蔽前应经监理或建设单位验收及确认，并留下影像资料。

（4）对影响调适工作开展的重点施工部位质量进行检查，检查部位包括模块安装和接管质量是否符合施工规范。检查方式可以采取现场查看的方式，当难以进行现场查看时，可通过查看隐蔽工程验收资料、查看施工过程影像资料等进行检查，对于施工质量不符合要求的系统，应通知施工单位进行整改，整改完成后方可进行调适。

（5）应进行管道系统强度和严密性试验，应能满足《通风与空调工程施工质量验收规范》GB 50243 要求。

（6）房间的气密性等级决定了房间机械送、排风量差，调适前，对于房间可能存在明显漏风的区域应进行封堵和密闭处理，如门缝、传递窗周围等区域。

7.2 调适流程

"平疫结合"型动力分布式通风系统调适应包括系统检查、主风机和末端动力模块试运转、送风系统平衡调适、排风系统平衡调适。应分别对平时状态和疫时状态进行调适，调适前应编制调适方案，调适结束后，应提供完整的调适资料和报告。

针对现有通风系统管网阻力计算往往不考虑多阻力构件，如三通、风阀、弯管等，相邻连接造成的局部阻力系数误差较大的情况，在调适之前可以采用 CFD 数值模拟建立风系统模型，先在仿真平台上进行风量平衡调适，再根据仿真调平结果进行现场调适，以加快现场调适进程，提高调适质量。

系统检查是开展调适工作的前提，系统安装完成后应进行系统检查，包括设计、系统安装质量、设备安装质量和控制系统传感器安装质量。设计符合性检查是检查工程实施结果是否同设计图纸相符。施工质量符合性检查是检查系统施工是否符合施工的要求，施工质量应保证：风管连接及保温情况良好；设备与管道连接的软管应牢固可靠；进行系统管路严密性试验，无明显漏风现象；阀门均能正常开启、关闭，信号输出正确。设备安装质量符合性检查是检查设备是否满足设计和产品要求，设备安装质量应保证：实际安装设备参数与设计相符；设备安装位置、高度、减振措施及连接处符合规范要求；设备配电情况良好，调控面板标识明确，电路连接牢固。控制系统传感器检查是检查传感器是否满足设计和产品要求，对压差传感器进行检查校准，确定压差传感器引压管安装方向是否正确，检查压差传感器安装和接管是否牢固可靠。

主风机、末端动力模块应进行单机试运转和系统联动试运行，如表1所示。

设备单机试运转和系统联动试运行　　　　　　　　　　　　　表1

试运行	试运行要求
主风机、末端动力模块单机试运行	（1）模块应能正常运行、运转平稳、无异常振动与声响，电机运行功率应符合设备技术文件的规定； （2）模块运行噪声不应超过产品说明书的规定值； （3）模块阀门动作正常； （4）对比主风机、模块运行风量与设计风量
系统联动试运行	（1）送风系统：先开启主送风机至设计挡位，再开启末端送风模块至设计挡位； （2）排风系统：先开启主排风机至设计挡位，再开启末端排风模块至设计挡位，测量各末端模块送风量和噪声

若出现末端模块无法正常开启的情况，应检查：末端模块强电供应是否正常；面板控制接线连接是否牢固；控制信号传输是否正确；若以上均无问题，则需更换模块（或模块电机）。

末端模块送风量偏差较大，明显小于设计风量时，应检查：末端模块阀门是否正常完全开启；末端模块入口和出口接管是否牢固可靠，避免出现堵管情况；针对多风机高静压模块，需检查模块的所有风机是否都正常运行。

（1）送风系统平衡调适

1）调适前需明确主送风机和房间送风模块的风机性能曲线。主风机一般为变速风机（非自适应风机），依据送风系统主风机克服到最远端阻力之和确定主风机机外余压 P，然后依据末端所有风量需求之和确定主风机风量 Q，依据 P、Q 在图1中可确定风机转速 n（如图2中点O的确定方法）。而自适应模块是一种特殊的风机，可根据设定输入电压大小自动调节转速来稳定风量，如图3所示。对照末端模块风机性能曲线，结合仿真调平结果，确定各房间送风模块和主送风机挡位。

2）依据每个末端所需风量以及图2自适应风机性能曲线图，确定该末端的输入电压（或挡位，如8v即8档）。自送风系统最末端房间开始，测量房间送风口风量，检查是否满

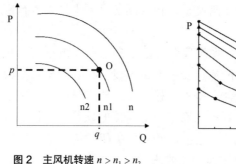

图2 主风机转速 $n > n_1 > n_2$

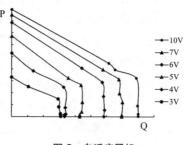

图3 自适应风机

足房间换气次数要求,若小于设计值,则将模块调大1挡;若远大于设计值,则将模块调小1挡,直至房间风量满足设计要求。

3)送风系统平衡调适分平时和疫时两种状态进行,调适完成后,分别记录两种状态下,各房间送风模块挡位及主送风机模块挡位。

(2)排风系统平衡调适应(送风系统调适完成后进行)

1)对照自适应模块风机性能曲线,结合仿真调平结果,根据房间排风量确定各房间排风动力模块挡位,根据总排风量确定主排风机挡位。

2)关闭房间所有门窗,先开启主排风机,再开启房间排风模块,最后开启送风主机、房间送风模块;待系统稳定运行。

3)检查各房间压差是否满足设计要求,若某房间超过设计要求,降低该房间排风模块1个挡位,反之,增加1个挡位,每调整一次挡位,均需观察各个房间的压差值是否满足设计要求;当排风主机和房间排风模块均开至最大仍无法满足房间压差需求时,需对房间气密情况进行检查,重点检查门、窗、传递窗部位的气密性情况,并对房间气密性进行试验;在保障房间气密性前提下,仍不能满足压差需求时,则需加大排风设备或者降低房间新风量来保障房间压差需求。

4)各房间压差调至满足设计要求后,测试排风系统主管最不利支路的管道静压是否小于零,且低于管道所在空间的压力。若大于零(或大于空间压力),则需调大主排风机风量,直至管道静压小于零且低于管道所在空间的压力,调整之后需要再次确认各房间压差情况。

5)分平时和疫时两种状态进行调适,调适完成后分别记录两种状态下,各房间排风模块挡位及主排风机挡位。

分平时状态和疫时状态完成调适后,将手动调适各状态下送、排风系统主机和模块挡位写入控制程序,作为系统开启时的基础风量。

7.3 控制逻辑调适

"平疫结合"型动力分布式通风系统的综合能效调适包括平时运行工况、疫情时运行工况控制系统效果验证。

记录送、排风主机所带的全部房间模块的各项参数数值和管道静压控制点静压,观察所记录的各项数据是否符合逻辑关系。更改管道设定静压值,待10~20min后,观察或测试主风机频率是否发生相应变化。例如,将设定数值调小,则风机频率也应下降。调适过程中应详细记录原始设定值和更改的设定值，以及相应的其他发生变化的数值。

记录房间压差值和对应房间模块挡位，更改房间压差设定值，观察房间末端挡位是否发生相应变化。例如，将房间压差设定数值调大，则相应房间排风模块挡位会调大。调适过程中应详细记录原始设定值和更改的设定值，以及相应的其他发生变化的数值。

第六篇 通风产业发展

通风产业进展

重庆海润节能技术股份有限公司　邓晓梅　徐　皓　官　敏

1　通风行业环境变化

1.1　市场环境

2015年，我国提出供给侧结构性改革。在2020年之前，我国供给侧与需求侧发展不匹配，同时通风在行业中的地位处于劣势。2020年后，通风的重要性突显，需求显著提升。但受制于国际产业分工，通风的产业链受到冲击，上游市场的价格上涨，如钢材、电机等零部件。

1.2　行业相关政策

与发达国家相比，我国针对建筑通风、室内空气质量的政策建设较为滞后。但从2018年起，我国室内环境政策密集出台，新风系统相关标准也逐渐完善。2018年，住房和城乡建设部出台了《住宅新风系统技术标准》JGJ/T 440—2018，从设计、施工、验收等各个环节对住宅新风系统的技术进行规定。紧接着，我国陆续出台了室外污染防护及室内污染控制政策，对建筑物通风换气、空气净化及污染物限值等提出更为严格的要求。2020年1月，住房和城乡建设部发布了严格的室内环境标准《民用建筑工程室内环境污染控制标准》GB 50325—2020。2021年9月，住房和城乡建设部发布了全文强制的室内环境标准《建筑环境通用规范》GB 55016—2021，规范中全部条文必须严格执行。

在室内环境标准日益趋严的背景下，北京、上海、江苏等多个省市也纷纷出台新标准，建议或要求安装新风系统，积极响应国家政策和公众对改善室内空气质量的要求。其中，江苏省在2020年发布的新版《住宅设计标准》DB32/3920—2020中要求住宅设置新风系统或新风装置；北京市在2020年发布的新版《住宅设计规范》DB11/1740—2020中，明确要求新楼盘要预留新风安装位置。由此可见，地方性政策对住宅设置新风系统的要求更高。而对于学校建筑而言，教育部办公厅于2020年6月发布《关于加强学校新建校舍室内空气管理的通知》，要求高度重视和防控校舍内空气质量问题，并且在全国各省市持续推进"温馨教室"工程，由教育部门对教室新风系统提出采购需求。

近两年，诸多政策性红利为通风行业产业未来的发展指明了方向。2021年3月，我国"十四五"规划在"推动制造业优化升级"中提出"深入实施智能制造和绿色制造工程，发展服务型制造新模式，推动制造业高端化智能化绿色化"，以及"全面提高资源利用效率"中提出"坚持节能优先方针，深化工业、建筑、交通等领域和公共机构节能，推动5G、大数据中心等新兴领域能效提升，强化重点用能单位节能管理，实施能量系统优化、节能技术改造等重点工程，加快能耗限额、产品设备能效强制性国家标准制修订"。通风产业应进行优化升级，向高端化、智能化、绿色化发展，同时提升设备及系统用能效率，助力国家"双碳"目标。

中国机械工业联合会于2021年7月8日正式发布《机械工业"十四五"发展纲要》，发展纲要中提到"在新一轮科技革命和产业变革背景下，绿色发展与产业数字化、信息化、智能化发展深度融合，叠加'碳达峰'和'碳中和'目标约束，催生新的绿色增长动能，促使机械工业发展迈向新阶段。在节能领域，高效锅炉、电机、发动机等节能机电设备，以及能源利用效率较高的空调、风机、泵、空压机等终端用能设备都将实现较快发展"。《工程机械行业"十四五"发展规划》进一步强调，在"十四五"期间，机械工业往绿色发展、数字化、智能化发展的必要性，高效率用能电机、风机等用能设备将实现更快的发展。

2021年10月工业和信息化部办公厅及国家市场监督管理总局办公厅发布《电机能效提升计划(2021—2023年)》，提出"加大高效节能电机应用力度。细分负载特性及不同工况，针对风机、水泵、压缩机、机床等通用设备，鼓励采用2级能效及以上的电动机。针对变负荷运行工况，推广2级能效及以上的变频调速永磁电机。针对使用变速箱、耦合器的传动系统，鼓励采用低速直驱和高速直驱式永磁电机。大力发展永磁外转子电动滚筒、一体式螺杆压缩机等电动机与负载设备结构一体化设计技术和产品"。电机作为通风设备内部的主要构件之一，《电机能效提升计划（2021—2023年)》的推出，将进一步加快高效节能电机在通风设备中的应用。

国务院2021年10月发布的《2030年前碳达峰行动方案》中明确了"碳达峰十大行动"，其中"节能降碳增效行动"作为重点任务之一，提出"推进重点用能设备节能增效。以电机、风机、泵、压缩机、变压器、换热器、工业锅炉等设备为重点，全面提升能效标准。建立以能效为导向的激励约束机制，推广先进高效产品设备，加快淘汰落后低效设备。加强重点用能设备节能审查和日常监管，强化生产、经营、销售、使用、报废全链条管理，严厉打击违法违规行为，确保能效标准和节能要求全面落实"。

2021年12月28日，国务院发布《"十四五"节能减排综合工作方案》，进一步强调了通风行业往高节能方向发展的重要性，高效率、低能耗通风设备及系统是未来通风产业发展的主要方向之一。在"碳达峰、碳中和"的政策要求下，国家出台了《通风机能效限定值及能效等级》GB 19761—2020，将3级能效作为强制性市场准入门槛，鼓励生产和使用先进的、高能效等级的风机；同时在国家制定的《战略性新兴产业分类》中，也将涉及节能型风机、通风设备（能效等级为1、2级）等的风机制造行业列为国家战略新兴产业。

为了满足不断升级的环境污染防治新需求，全面推进环保装备制造业持续稳定健康发展，提高社会经济绿色低碳转型的保障能力，工业和信息化部、科技部、生态环境部于2022年1月13日联合发布《环保装备制造业高质量发展行动计划（2022—2025年)》，明确我国环保装备制造业的发展目标、重点任务、保障措施。行动计划中提到高性能风机的研发将作为环保制造业重点任务之一，将是通风产业未来的发展方向之一。

随着我国步入新型工业化发展阶段，为加快推动智能制造发展，2022年12月21日，工业和信息化部、国家发展和改革委员会等多个部门联合发布了《"十四五"智能制造发展规划》，未来的通风行业着力迈向智能化发展，包括工厂产品制造智能化升级以及通风设备应用智能化升级。

1.3 行业协会发展动向

（1）中国新风行业联盟

中国新风行业联盟作为我国唯一一个新风行业民间团体，成立之初，发起主办了第一届"新风联盟杯"新风系统设计与应用大赛。大赛既是中国新风行业联盟旨在促进我国新风行业发展，提高和改善新风系统设计和应用水平，推动节能、高效、创新产品和新技术在国内发展的有益实践，同时也是为发掘行业内优秀设计方案和应用范例，表彰国内新风行业中为技术和行业发展做出贡献的优秀人才所搭建的一座技术竞赛平台。

联盟在 2015 年年会上公开发布了《2015 年度中国新风市场调研报告》，这是我国新风行业联盟首份调研报告。《2015 年度中国新风市场调研报告》是中国新风行业联盟加强行业服务、引领健康发展的一项重要举措。

根据笔者查阅到的公开信息显示，联盟每年会例行召开联盟年会，对我国新风市场进行解读，对年度工作进行总结并对未来发展进行规划。

（2）中国清洁空气联盟

在中关村管委会的支持下，中国清洁空气联盟演化形成专注于推动清洁空气产业发展的社团组织——中关村创蓝清洁空气产业联盟，并于 2018 年注册成立。

创蓝清洁空气联盟（注册名称：中关村创蓝清洁空气产业联盟）是一个致力于通过开展技术转移、技术评估与示范、投资服务、专利保护、政策研究等工作，推动清洁空气技术与产业发展，加速全球空气质量改善的非营利社团。经过 8 年多的运行，联盟开展了一系列清洁空气相关的研究项目，在 12 个省市设立了试点，发布了 50 多份政策与市场研究报告，评估了来自 22 个国家的 300 多项清洁技术，并与 20 个国家的伙伴机构建立了合作。创蓝清洁空气联盟自 2017 年启动了针对绿色科技的知识产权工作，以促进产业优质高速发展为目标，依托产业资源并引入国内外知识产权专家，组建了高价值专利战略、挖掘、布局等模块，通过开展培训，组织试点工作，积极推动清洁技术领域的科技成果转化与科技企业的高价值专利培育以及国际发展。联盟于 2019 年加入联合国世界知识产权组织的 WIPO GREEN 项目，成为其中国的官方合作伙伴，并共同推动绿色科技的知识产权保护以及国际技术转移。

通过建立联盟，可以整合相关的政策、技术和投资资源，与联盟的成员以及伙伴一起，共同实现以下目标：

1）建立国际合作，支持先进环保技术"引进来与走出去"，推动中关村与其他地区的清洁空气相关的产业发展；

2）支持京津冀一体化的转型与发展；

3）促进先进的清洁空气技术的研发、转移、示范、评估与推广；

4）支持中央和地方建设空气质量管理体系，并推动相关政策、方案和标准的制定与更新；

5）改善空气质量，保护公众健康，让环境更宜居、居民更幸福。

联盟为各地提供了一个有效平台，一方面推广国内外先进理念、经验、技术、工具，另一方面，加强了省、市以及科研机构之间的交流协作，为改善空气质量、减少空气污染对公共健康的危害尽了自己的一份责任。

（3）中国建筑节能协会绿健新风技术专业委员会

中国建筑节能协会绿健新风技术专业委员会成立于 2016 年 7 月 31 日。由中国建筑节能协会组织编制的团体标准《高性能新风净化机》（计划编号：T/CABEE-JH2021035）已完成了征求意见稿的编制，向社会公开征求意见。

（4）中国建筑金属结构协会新风与净水分会

中国建筑金属结构协会净化与新风委员会于 2017 年 12 月 22 日成立，以提高社会对新风的认知，促进新风行业的健康发展，提高新风的使用效果，规范市场，解决行业难点为宗旨。

根据笔者所了解到的动态信息，2021 年 8 月 24 日，中国建筑金属结构协会第十一届理事会三次常务理事会会议审议通过，中国建筑金属结构协会净化与新风委员会更名为"中国建筑金属结构协会新风与净水分会"。

当前，我国已成为全球第二大经济体、绿色经济技术的领导者，而"双碳"目标和城市更新行动的实现过程，将是催生全新行业和商业模式的过程。新风与净水行业的合并，顺应了科技革命和产业变革大趋势，抓住了绿色转型和老旧社区改造带来的巨大发展机遇，从中找到了发展的机遇和动力；新风与净水分会的更名，是业务的进一步外延，借助在建筑行业的发展优势，搭建行业对接与应用的平台，解决行业在发展中遇到的问题。

作为行业组织，中国建筑金属结构协会新风与净水分会积极深入企业，实地考察，促使企业间无障碍交流并达成战略合作意向。面对新变局、新形势、新的政策红利，中国建筑金属结构协会新风与净水分会积极投身城市更新行动，开展"助力城市更新行动——2021 年中国净化与新风行业发展论坛"。论坛邀请到地产界、社区家装界、智能舒适家居领域以及净化与新风业内权威学者，共聚一堂，携手头部优秀企业以及品牌代表、先锋人物等，站在产业及行业高度，论道新机遇、新模式、新趋势，共同引导、助力行业高标准、高规格健康发展。

为推动居住建筑新风系统工程应用市场的规范化、标准化发展，中国建筑金属结构协会新风与净水分会组织编写了《居住建筑新风系统应用技术导则》RISN-TG043—2022、《住宅及小型商用集成舒适系统应用技术导则》等，促进新风产品向标准化、有序化发展。在 2022 年全国"两会"期间，经协会会长提交的多份提案中包括"关于将新风净水系统纳入老旧小区改造项目中"的提案，该提案由新风与净水分会在征求行业专家和品牌企业意见和建议的基础上形成，受到社会各界广泛关注。

2 通风行业发展

通风系统按照应用领域可分为商用通风系统和民用通风系统。

2.1 商用通风系统

在建筑通风设计中，自然通风是一种重要的通风方式，尤其是在建筑群体布局时，可以形成良好的室外风环境。但由于公共建筑内部功能多、建筑布局复杂，单一依靠自然通风不能很好的解决室内空气问题，相反还会在空调采暖期间造成室内热能的大量流失。因此，对于公共建筑室内或者一些科技住宅建筑来说，需要设计合理的室内通风系统，笔者将这两类均归为商用通风系统。

2.1.1 公共建筑

（1）医院

在当今社会，人们对室内空气品质和热舒适要求越来越高，通风也因此在建筑设计过程中占据越来越重要的地位。作为建筑的基本需求，在任何时间、任何有人的建筑空间都需要通风。医院建筑区别于写字楼、酒店和一般民用建筑，因其区域功能类型较多，造成医院环境整体较为复杂。为维护安全卫生的就医环境，杜绝二次感染，为患者提供一个安全舒适的养疗场所，医院建筑对通风要求较高。因此，将医院建筑作为公共建筑的典型进行研究分析。

门诊是医疗机构针对不需要住院或尚未住院的个体防治疾病需求而设置的一种诊疗空间。医疗流程规划以及管理较好的情况下，诊室人员稳定，候诊区人员随时间变化；管理不佳时，各诊室人员数量同样随时间变化，变化趋势基本一致。该区域按人员新风量指标所确定的新风量远大于按稀释建筑污染物的换气次数确定的新风量，因此适宜采用动力集中式变风量系统。

综合医院标准病区即为普通病房组成的医疗护理单位，病房人员数量随时间变化，同时各个病房变化趋势并不一致。在严格执行病房管理制度的前提下，非探视时段内人员数量稳定，医生护士查房时存在短时的人员增多情况，探视时段内人员则是随机变化的。因此标准病房区有小空间独立变化通风量的客观需求，适宜采用动力分布式变风量系统。

根据我国医院建筑的特点与室内空气环境现状，病房区域的气流组织及新风量需求不同于医技门诊，适合采用动力分布式通风系统。动力分布式通风系统与动力集中式通风系统相对应，是促使空气流动的动力分布在各支管上而形成的通风系统。各支管上的通风模块与主机联动，结合末端室内空气品质的监测数据和预设的控制逻辑，按照实际通风需求进行变风量运行，形成有序的气流组织。确保相邻不同污染等级房间的压差，保障气流从清洁区流向污染区。在保障室内空气品质的同时实现新风的高效利用，降低输配系统能耗，实现系统节能运行。

"十四五"规划开局后，"双碳"战略明显加速，大力推动节能减排，加快建立健全绿色低碳循环发展经济体系，推进经济社会发展全面绿色转型。《"十四五"节能减排综合工作方案》中明确，到2025年，全国单位国内生产总值能源消耗比2020年下降13.5%。因此，在节能降耗和"碳中和"的大环境影响下，为了推进医院建设向更加安全、高效、低碳、环保的方向高质量发展，医院建设与发展也要随之向绿色低碳转型。

降低通风系统能耗的节能措施除了优化通风系统形式，合理采取热回收技术亦可实现医院节能的需求。新风处理需要的能耗在医院总能耗中占有较高的比例，对医院排风进行热回收能够有效降低新风能耗。由于医院内空气成分比较复杂，不同区域含菌量、化学污染物浓度、异味等各不相同，热回收方式应"对症下药"。为避免新风、排风间发生交叉污染的情况，医院建筑建议采用分体式热回收技术，其中主要采用乙二醇热回收设备实现分体式回收排风中的废弃能量，其具有布置灵活、新风无污染、维护简单、节省空间、运行可靠等特点。但由于是通过液体循环与新排风空气进行间接换热，热回收效率比较低，且配套循环水泵需要一定动力能耗。

（2）学校

随着社会对教育重视程度的不断提高，学校教学楼的建筑品质逐渐被人们关注，其中的室内空气品质也越来越引起人们重视。教学楼属于人员密集且长时间停留的场所，服务对象又是青少年或儿童，新鲜空气对于学生健康以及注意力是必要的保障。《中小学校设计规范》GB 50099—2011 中规定优先采用自然通风设施，但自然通风宜受到室外气候环境影响，风量不稳定且污染天气条件下难以提供干净卫生的新鲜空气；而在空调季节或供暖期间不开启外窗通风会造成室内空气质量不理想。因此，将机械通风作为教学楼通风方式的辅助手段，为教室提供足量舒适的新鲜空气，有一定合理性及必要性。

目前教学楼的新风系统主要分为全集中式、半集中式和分散式。其中分散式新风系统最为常见，分散式相比全（半）集中式，机组吊装在房间或走廊的吊顶内即可，不需要单独的机房；通风管道管径较小，对吊顶空间占用少；灵活方便，适用于新建和改造工程。

分散式新风系统主要衍生以下几类新风产品：①壁挂式新风净化机，对新风进行净化过滤，适用于新装修或已装修教室，安装便捷，不破坏原有装修，静音节能；②吊顶式单向流新风系统，适用于大部分教室项目，采用医用级三级净化，防霾智能化操作，高效节能，超长寿命；③吊顶式双向流热回收新风系统，适用于有节能需求的教室，能高效回收室内能量，节约空调能耗。

2.1.2 科技住宅

"健康中国2030"是党中央、国务院关于"十四五"发展的重要目标规划，提出了健康水平、健康生活、健康服务与保障、健康环境和健康产业五大指标。住宅作为承载健康生活、健康服务与保障的基础，建设健康住宅、打造美好居住生活是住宅发展的迫切需求。目前地产行业整体处于下行状态，各大住宅产品同质化严重、竞争白热化，于是各大地产项目聚焦差异化发展，转型打造健康型科技住宅。

第一大类，是以地产企业打造自有健康住宅品牌，在"健康中国"背景下，近30%的百强房企跨界转型，纷纷投入健康产业，加速布局健康住宅赛道。这一类品牌依托于自身地产项目，因项目数量受限，项目经验无法快速迭代，该类品牌的技术经验存在一定局限性。

第二大类，是通过提供技术服务为自主研发能力偏薄弱的地产企业做产品增值的企业，以海润为代表。海润多年专注打造绿色健康室内环境系统，对自身技术及品牌精准定位。通过项目与经验相结合，不断迭代自身核心技术，致力为更多地产企业提供经验与服务。

科技住宅系统融合了平衡文化与仿生理念，以业主生活感知为出发点，解决温度、湿度、空气品质、环境噪声、智能控制等生活痛点，满足业主空间尺度的同时，更实现对客户身体与心灵的双重愉悦，营造"衡温、衡湿、衡氧、衡洁、衡静、衡压、衡智"人居环境。通过动力分布式智适应通风技术和低能耗洁净新风处理技术，结合全屋室内置换通风，打造仿生呼吸空气处理系统，让室内变温、变风智慧运行。

2.2 民用通风系统

新风系统在商用行业场景已比较普及，在高层写字楼、人流密集的商场、机场、车站、地铁等场所几乎是标配。近年来新风系统正在加速向民用消费市场渗透。前些年民用住宅建筑的室内通风靠自然通风实现，近年来雾霾、灰尘等问题日益严重，人居环境消费升级在加速，新风系统开始逐渐成为更多民用建筑的基础配置。民用市场庞大，品牌竞争差异很大，但当前仍处于行业发展初级阶段，参与竞争的品牌难以形成市场壁垒。据统计，我国新风行业企业数量有近千家，行业集中度偏低，以中小品牌偏多，且各品牌主要以当地客源为主。

目前民用通风品牌主要集中在以南京市、苏州市为代表的江苏一带，这些地区配套设施齐备，供应商资源丰富，物流体系发达，区域内竞争企业较多。同时，这些地区的城市化进程快，居民的生活水平较高，人们对居住环境逐渐重视，因此对新风系统消费需求不断增加。现阶段我国新风系统行业整体集中度不高，中小品牌还未经历"洗牌"阶段，但随着市场需求持续扩大，驱使我国新风系统行业市场规模快速增长，未来行业集中度将进一步上升。同时，民用户式系统也将从原来的两联供系统逐步转换为为客户打造恒温、恒湿、恒氧的住宅室内环境。

3 通风产业发展

3.1 产业标准进一步完善与提升

2020年以来，国家、地方、行业陆续发布了一批与通风有关的规范及标准，涵盖了通风设计、通风产品或部件、通风系统管理与维护等产业链的方方面面。有一些是在既有标准的基础上进一步完善与提升，也有一些全新技术标准在行业发展前进的前提下填补了诸多空白。

设计类标准有两项。《住宅厨房空气污染控制通风设计标准》T/CECS 850—2021，主要从住宅厨房气流组织及污染物控制排风量，住宅厨房公共排油烟系统设计，排油烟装置及排油烟风道设计，监测与控制系统设计，防火、安全、噪声控制设计等方面对住宅厨房通风设计作出了要求。《建筑供暖通风空调产品信息模型标准》T/CECS 1155—2022，主要从模型命名、分类与编码、几何信息、非几何信息、节能信息、模型交付等方面对建筑通风产品的信息模型技术标准作出了要求。这两个标准都属于全新的技术标准，填补了行业空白。

产品或部件相关标准有17项，既包括整体设备的性能要求，又涵盖了动力风机、热回收、过滤器、消声器、百叶窗等通风系统或设备的部件技术性能要求。其中整体设备性能要求的标准有8项，依次规定了蒸发冷却式新风空调设备、独立新风空调设备、户式新风除湿机、热泵型新风环境控制一体机、家用和类似用途新风净化机、全屋净化新风机、具有消毒功能的新风净化机、户式辐射系统用新风除湿机等设备的定义、分类和标记、要求、试验方法、检验规则、包装、运输等方面的要求，都属于填补行业空白的全新技术标准，在行业发展到一定阶段应运而生，促进行业和产业的规范发展。从整体设备性能相关的技术标准来看，近年家用户式新风产品有了长足的发展，不仅标准数量多，而且涉及各种家用新风的需求，如净化过滤、热回收、消毒、除湿等。而与通风系统或设备的部件相关的标准有9项，其中关于动力风机、热回收、（高效）空气过滤器、消声器的标准是在既有标准的前提下进一步完善与提升，如《通风机能效限定值及能效等级》GB 19761—2020在2009版基础上删除了节能评价值和使用区的定义及要求，同时细化、补充、优化了不同压力系数风机能效等级限值的要求；《热回收新风机组》GB/T 21087—2020在2007版的基础上提升了热交换限值的要求，全热交换效率和显热交换效率提升5个百分点；

《高效空气过滤器》GB/T 13554—2020 在 2008 版的基础上删除了阻力限值要求,但要求初阻力不大于标称值的 105%,同时在超高效过滤器的等级划分上进一步细化;《空气过滤器》GB/T 14295—2019 在 2008 版的基础上放宽了对终阻力限值的要求;《通风消声器》GB/T 41318—2022 是国家市场监督管理局最新发布的标准,与 2012 年环保部门发布的《环境保护产品技术要求 通风消声器》HJ 2523—2012 相比,增加了抗性消声器的插入损失限值和全压损失系数限值要求,但阻性消声器的插入损失限值较之更低;《建筑用通风百叶窗技术要求》GB/T 39968—2021、《建筑用通风百叶窗通风及防雨性能检测方法》GB/T 39969—2021 是全新的技术标准,在通风百叶窗的分类标记、要求、试验方法、检验规则、包装、运输等方面作出了规定与要求,填补了行业中通风百叶窗领域的空白;《绿色建材评价 新风净化系统》T/CECS 10061—2019、《绿色建材评价 空气净化材料》T/CECS 10045—2019 都是全新的技术标准,属于绿色建材评价系列,首次将生产制造企业的生产管理纳入评价体系。

管理与维护相关标准 3 项,北京市《集中空调通风系统卫生管理规范》DB11/T 485—2020 在 2011 版的基础上,增加了运行管理要求和综合医院门诊区、病区的通风系统运行管理要求;上海市《集中空调通风系统卫生管理规范》DB31/T 405—2021 在 2012 版的基础上,增加了运行管理的基本要求(管理机构、制度等),新风量、CO_2 检测要求以及清洗消毒个人防护装备的要求等。

3.2 单一产品制造向系统化方案的转变

对于通风设备生产厂家而言,单一的通风产品只是系统中的一个零部件,不能实现用户所需要的功能,必须配套其他产品,经过优化配置后形成一个完整的系统来实现。长久以来,实现系统化的应用主体是设计院,通风设备制造企业只负责产品的生产与质量把控。

随着下游行业的需求变化,市场竞争日渐激烈,传统通风设备制造企在以高新技术、高质量服务为导向的市场中,因缺乏技术创新、产品创新、服务创新能力,企业之间同质化问题严重,无法在众多制造企业中突破重围。在寻求转型发展的过程中,专业化系统服务逐渐成为通风产业发展的重要趋势。企业一改过去单一制造生产的身份,转而向用户提供完整的系统解决方案。

部分综合能力强大的通风设备制造企业转型成为系统化解决方案服务商,替代部分设计院的工作内容,通过企业内部各专业间的配合工作,提高设计的工作效率;同时依靠自身优秀的创新能力,大胆应用最新研发技术,结合自身产品特性向客户提供针对性解决方案。通风制造企业加快向产业价值链的两端延伸,洞悉与深挖客户的潜在需求,创新提供系统解决方案,构筑企业竞争新优势,推动行业的高质量发展。

3.3 工程化向产品工业化的发展

纵观冷水机组的发展史,起初设备由设计人员选型、生产厂家组装,发展到如今厂家生产整机,设计直接按参数选型。制冷系统发展百余年,逐步走向机组化。通风产业亦是如此,产品工业化是现代通风设备的发展方向。

对于通风系统而言,单一产品无法实现通风功能,需要通过工程项目实现通风效果,所以目前通风产业整体偏向工程化，但大部分通风系统中设备功能单一、部件零散、后续的安装与调试工作复杂，且不同项目的施工品质参差不齐。目前我国经济社会进入全面深化改革期，大力推动创新发展和高质量发展，制造业作为国家的支柱产业，也经历着转型与改革。于是，通风系统从工程化转向产品工业化成为趋势。产品工业化也并非简单的标准化，而是实现现场的施工作业量最小化、最简化、最高效率化。

随着智能化时代的到来，5G互联网、大数据与人工智能的蓬勃发展，通风行业在自身技术水平不断提升的背景下，逐步进入升级换代阶段，产品也在向制造集成一体化、节能化、高效化、智能化方向发展。制造集成一体化产品可避免客户购买多种通风设备，既在经济上有所节约，也不必再为安装空间而烦恼。并且一体化产品同时实现多种功能，大幅提升安装调试的施工品质，提高施工效率。将多个通风产品工业化升级为机电一体化智能通风设备，提升产品自身的高效和智能性。设备可以根据项目自动匹配特性，满足实际需求，实现应用场景多元化。设备从原来单一的就地控制，发展到将数据通过物联网传至云平台，实现远程数据查看与分析，完成多层级的系统协同控制。

针对机电一体化的发展趋势，海润自主研发通用型机组控制器E-LOCO，将控制器主机、监控终端、传感器高度集成在机组上，解除传统控制柜大量线束的约束，实现强弱电一体化；降低施工成本和运营维护成本，安装调试工作更加便捷；实时监控空气质量数据并上传至云端，实现远程监控。E-LOCO的出现，将繁杂的设备安装调试工程精简为自带监控系统的设备采购，推动通风设备产品化，实现智能通风系统机-电-云一体化，推动通风行业智慧化控制、物联网化运维的发展进程。

3.4 通风装备的拓展应用

通风系统设备是众多建筑和大型基础设施的主要配套设备，具备较长期的发展历史，且在民用建筑领域享有巨大的市场空间。近年来随着"碳达峰、碳中和"、智能制造等政策的陆续推出，国家支持通风系统设备行业以新技术、新业态、新模式进行改造。

以往通风系统大多应用在常规的固定建筑内，近年来随着通风产业的发展，陆续拓展到其他产业并展开相关合作。通风系统不仅应用在住宅、公共建筑等传统建筑内，而且更多元地发展到各类移动空间，例如可移动PCR检测实验室、可移动负压观察室、集装箱式生物隔离运输系统技术与装备等。此类可移动装备涉及生物安全、医疗系统等，因存在交叉感染风险，对装置内通风环境要求高，需具备通风、净化等设备。合理的气流组织、符合规范的换气次数与压差设计、高效的过滤净化装置等技术都是保障移动装置内空气安全的有效措施。

针对大型突发公共卫生事件，可移动式负压安全观察室配置医用级洁净新风系统，可以形成有序的气流组织和区域梯度压差，有效避免高风险的传播性病毒或细菌。同时设备密封性能和废气废水排放时的消毒杀菌过滤系统，可以杜绝气、水的传染途径。相比简易帐篷或临时改造的隔离房间，移动式负压安全观察室能够阻止污染空气泄漏，避免形成二次传播甚至交叉感染，实现真正的安全隔离。

作为国家重点抗疫科研项目的移动式/模块化PCR加强型实验室，适用于旅客数量庞大的海、陆、空口岸和各大医疗机构、隔离观察点等。实验室内置分布式梯度压差智能控制系统、分布式全直流洁净新风空调系统、分布式智能负压排风系统等，可以做到定制化、集成化、模块化生产，实现灵活运输与布置。

3.5 产业集群化的发展现状

我国的产业集群政策诞生于20世纪80年代初，成千上万的中小型企业迅速崛起，不同产业集群逐渐形成。通过产业集群化可以使企业与企业之间形成技术互补、资产互补，加快学习过程，降低双方贸易的成本，有效克服了市场壁垒的制约，通过多方协作取得更大的效益。在社会飞速发展的今天，区域经济和企业竞争力要想得到进一步的强化和提升，就需要实现产业集群。

中国健康通风产学研协同创新平台作为我国通风产业代表性集群化战略平台，由中国产学研合作促进会批准设立，重庆海润节能技术股份有限公司牵头并负责日常总体运营的。平台致力于通过产学研协同创新，促进产业转型升级和建筑室内环境和公共交通工具空间环境事业发展提质加速。在各级科技、住建、卫生、教育等政府部门的支持下，平台内部各大企业、学校、科研院所、科普机构、社会团体和组织等共同协作，共享平台协同创新成果，促进和引领建筑室内环境产学研高端化、智能化、绿色化发展。

目前通风产业集群化发展仍处于起步阶段，行业内各厂家仍在积极寻求合作共赢之道，中国健康通风产学研协同创新平台自落地以来，尚未大规模开展合作，相关创新成果进展有待推进。

4 通风产业展望

为促进通风行业持续发展，通风产业集群化是未来的方向。从世界范围看，集群化已是一个非常普遍的现象，国际上有竞争力的产业大多是集群模式。着眼于整个通风行业，产业集群可突破企业和单一产品的边界，将具有竞争和合作关系的企业、相关机构组织起来，在政府的引领下，推动形成产学研规模效应。

成员企业之间既专业化分工又相互协作，竞争使得企业群落中的企业个体始终保持足够的动力以及高度的警觉和灵敏性，并依靠协作伙伴关系在竞争中发展壮大。中国健康通风产学研协同创新平台作为通风产业内部学习、合作的优质平台，未来需要持续加强企业间的研修与交流，加速推进产品创新、核心技术研发与快速应用，共同建设创新应用示范试点。

产业集群的健康发展，除了依赖市场自发性以外，也依赖于各地方政府的政策支持。各地政府开始充当产业集群化的"催化剂"及"润滑液"，间接参与产业集群的创建，引导企业成为产业集群的主导者，引导产业集群规模化，增强产业集群的生产能力，进而促进各地经济健康发展。